中国天然气组分地球化学研究进展丛书
戴金星　主编

卷六

中国含油气盆地硫化氢的生成与分布研究进展

主　编　朱光有
副主编　谷　团　房忱琛

科学出版社
北　京

内 容 简 介

本文集收录了戴金星院士弟子们在硫化氢天然气地质与勘探研究方面的代表性论文。收录内容涉及四川盆地、渤海湾盆地、塔里木盆地等主要含油气盆地高含硫化氢油气田，通过对天然气组分、碳同位素组成、硫同位素特征、地层水成分、岩心等化验测试数据的分析，结合盆地演化过程和生储盖匹配关系研究，对含硫化氢气藏进行解剖，重点研究了硫化氢的形成条件、形成过程、聚集和分布规律，以及主控因素等；讨论了TSR过程对烃类的蚀变作用，对碳、硫同位素的分馏作用，对储层的溶蚀改造作用，对原油裂解的驱动作用等。

本书可供从事石油天然气地球科学工作者、安全工程管理人员、石油院校师生、油田现场生产部门的技术和管理人员阅读参考。

图书在版编目（CIP）数据

中国含油气盆地硫化氢的生成与分布研究进展 / 朱光有主编. —北京：科学出版社，2024.6

（中国天然气组分地球化学研究进展丛书 / 戴金星主编；卷六）

ISBN 978-7-03-078460-5

Ⅰ.①中… Ⅱ.①朱… Ⅲ.①含油气盆地－硫化氢－研究－中国 Ⅳ.①P618.130.2②TE38

中国国家版本馆 CIP 数据核字（2024）第 087646 号

责任编辑：焦　健 / 责任校对：何艳萍
责任印制：赵　博 / 封面设计：有道文化

科学出版社 出版
北京东黄城根北街 16 号
邮政编码：100717
http://www.sciencep.com
北京建宏印刷有限公司印刷
科学出版社发行　各地新华书店经销

*

2024 年 6 月第　一　版　开本：787×1092　1/16
2025 年 2 月第二次印刷　印张：16 3/4
字数：400 000
定价：238.00 元
（如有印装质量问题，我社负责调换）

丛 书 序

　　天然气是重要的低碳绿色清洁化石能源，其组分作为天然气研究的基础单元，承载着丰富的信息和能源价值。对天然气不同组分的地球化学研究是天然气领域的重点关注方向之一，也对推动天然气资源的发现和提高天然气勘探开发效率具有举足轻重的意义。"中国天然气组分地球化学研究进展丛书"分为七卷，分别涉及中国的烷烃气碳氢同位素成因，天然气中二氧化碳、氮气和氢气，氦气地球化学与成藏，天然气轻烃组成及应用，无机成因气及气藏，含油气盆地硫化氢的生成与分布以及天然气中汞的形成与分布等的研究进展。该丛书汇集众多中国天然气组分地球化学的研究成果，深入剖析烷烃气、轻烃、无机气、硫化氢、氦、汞、二氧化碳等组分，使读者全面了解天然气的地球化学特征、分布规律、形成与运聚机制，明确天然气成藏、演化过程，并提供地质应用实例，为指导勘探开发提高资源利用效率提供支撑。

　　丛书的编撰团队由戴金星院士携手他的 20 名学生组成，几十年来致力于天然气的研究和勘探开发，在学术上取得了丰硕成果，培养一批优秀的青年科技工作者，推动了我国天然气学科的发展。戴金星院士曾先后出版过《天然气地质和地球化学文集》和《戴金星文集》等多部文集，这些文集均以他个人研究成果为主。而本次出版的"中国天然气组分地球化学研究进展丛书"，是以戴金星院士和他的学生组成的团队近二十余年的研究成果，包括对过去研究成果的回顾，对现在研究内容的思考，对未来研究思路的探讨。该丛书集团队力量，精心编制，是初学者了解天然气组分地球化学研究进展的参考文献，也是长期从事天然气勘探开发科研工作者相互交流的桥梁。研究者可以借助该丛书中的内容，开展更深入系统的合作研究，探讨天然气组分地球化学领域的前沿问题，激发科研成果的创新活力，推动天然气资源的可持续开发和利用。

在组织编撰丛书的过程中，戴金星院士携学生团队对研究数据一丝不苟，对研究成果精益求精。在戴金星院士鲐背之年，依然怀揣为祖国找气的理想，坚守为科研奋斗的信念，十分敬佩。期待该丛书的出版促进学术交流合作，推进天然气科学研究，为我国至关重要的天然气工业气壮山河的发展锦上添花。

中国科学院院士

发展中国家科学院院士

美国国家科学院外籍院士

2024 年 4 月 10 日

丛书前言

1961 年,我从南京大学地质系大地构造专业毕业后,被分配到北京石油部石油科学研究院。按石油部传统,刚到的大学生要到油田锻炼,所以我在北京只工作了半年,就和一些同事到江汉(五七)油田工作了十年。在大学五年中我没有学过一门石油专业课程,故摆在我面前的专业负担极其沉重,学习的专业和工作的专业矛盾着。面对现实,我发奋阅读油气专业文献和资料,江汉油田不大的图书馆中有关油气地质和地球化学的书,我几乎都读了,那时正值"文革",我作为逍遥派,读书时间是宽裕的。在不断阅读中,我了解到中国和世界其他一些国家存在石油与天然气的生产和研究的不平衡性。前者产量高,研究深入,研究人员济济;后者产量低,研究薄弱,研究人员匮乏。经过调查对比,我选定天然气地质和地球化学作为自己专业目标和方向,因为这样才在同一起跑线上与人竞争,才有跻身专业前列的条件和可能。

1986 年之前,中国没有出版包含天然气地质和天然气地球化学的图书,至今出版了天然气地质学、天然气地质学概论、中国天然气地质、天然气地球化学、煤成烃地球化学和天然气成因等书籍至少达 15 部,世界上第一部天然气地质学专著 1979 年在苏联出版。所以,在我选定天然气地质和地球化学方向的 20世纪 60 年代下叶至 70 年代下叶,没有可供系统学习的天然气地质和地球化学专业书籍。在此状况下,我经过反复斟酌,决定首先从学习天然气各组分入手,天然气是由基础单元各组分的混合物,主要是烷烃气、二氧化碳、氮、氢、硫化氢、汞、轻烃,还有稀有气体氦、氩等,也就是说天然气由元素气和化合物气组成。这些气组分的知识可以从当时普通地质学、石油地质学、化学等书籍,甚至可由化学辞典获取。我先用 2~3 年仔细学习各组分地球化学特征、气源岩或气源矿物及形成机制、成因类型、分布规律、资源丰度及经济价值,等等。

此类学习为我之后从事天然气地球化学研究提供基础，受益匪浅。近 20～30 年来，我与学生们在研究天然气组分方面，有许多成果，故拟以天然气单独组分为主，出版由 7 册组成的研究丛书：卷一：《中国天然气烷烃气碳氢同位素成因研究进展》，卷二：《中国天然气中二氧化碳、氮气和氢气研究进展》，卷三：《中国氦气地球化学与成藏研究进展》，卷四：《中国天然气轻烃组成及应用研究进展》，卷五：《中国无机成因气及气藏研究进展》，卷六：《中国含油气盆地硫化氢的生成与分布研究进展》，卷七：《中国天然气中汞的形成与分布研究进展》。此系列"中国天然气组分地球化学研究进展丛书"的各卷主编和副主编为我和我的学生。出版本套丛书一方面为我的学生们提供一个学术平台、环境，展示新成果，促使他们在学术上更上一层楼；另一方面，由于我国天然气工业近 20 年来蓬勃发展，需要大批人才，为他们提供系列天然气组分研究文献，显然对更稳、更好、更快发展天然气工业有利。

期待本丛书能够成为天然气领域的重要文献，为我国天然气事业的发展贡献力量，愿我们共同努力，开创天然气研究的新局面，为构建美好能源未来而努力奋斗！

2024 年 4 月 12 日于北京

前　言

　　硫化氢（H₂S）是一种剧毒的危害性气体，分布十分广泛，城市污水和生活垃圾腐败分解等都会产生硫化氢气体，但是形成的硫化氢含量往往不高，对人体健康一般不会构成严重威胁。自然界中绝大多数浓度较高的硫化氢气体赋存在油气藏中，且分布极不稳定。全球所发现的大多数气藏都或多或少含有硫化氢气体，其浓度从刚能被检测出到气体体积浓度的 90%以上不等。硫化氢特殊的化学活性，是其在天然气中含量较低的原因之一；但是在适当的条件下，可以形成高浓度的硫化氢气藏。硫化氢的化学活性极大，对钻具、井筒、集输管线等都具有极强的腐蚀作用，可形成"氢脆"，导致重大的安全事故，从而使高含硫化氢天然气的勘探开发成本提高、风险增大。由于含硫化氢天然气是天然气资源的重要组成部分，而高含硫化氢天然气也是硫黄的重要来源之一，因此对硫化氢的研究受到世界各国的普遍重视。目前世界上已发现了数百个具有工业价值的含硫化氢气田，多数分布在碳酸盐岩层系内；在陆相储层中发现的含硫化氢气田，绝大多数都与区域上含碳酸盐岩-蒸发岩地层有明显的联系或者与开发方式有关。我国含硫化氢天然气分布广泛，目前已在四川盆地、渤海湾盆地、鄂尔多斯盆地和塔里木盆地等含油气盆地中发现了含硫化氢天然气。硫化氢含量分布很宽，从微含硫化氢到气体中硫化氢含量占92%以上不等。

　　本书收录内容主要是2003年重庆开县（今开州区）特大硫化氢井喷事故发生以来，在戴金星院士、张水昌院士的指导和带领下，围绕含油气盆地硫化氢成因、成藏、富集、分布规律、预测、防范和治理等工作的代表性论文及研究成果。收录内容涉及四川盆地、渤海湾盆地、塔里木盆地等主要含油气盆地的硫化氢油气田，通过对天然气组分、碳同位素组成、硫同位素特征、地层水成分、岩心等化验测试数据的分析，结合盆地演化过程和生储盖匹配关系研究，对含硫化氢气藏进行解剖，重点研究了硫化氢的形成条件、形成过程、聚集和分布规律，以及主控因素等；讨论了 TSR 过程对烃类的蚀变作用，对碳、硫同位素的分馏作用，对储层的溶蚀改造作用，对原油裂解的驱动作用等。

　　本书结构编排总体上是从典型气田解剖开始，到成因机理研究，同时兼顾内容。本书的筹划和出版，得益于戴金星院士的支持。本书首篇文章由朱光有负责撰写，其余收录的各篇文章作者参见脚注。侯佳凯、石军、艾依飞博士等参与了书稿校对、图件修订等工作，在此一并表示衷心感谢！

编　者

2024 年 1 月 2 日

目　　录

热化学硫酸盐还原作用（TSR）及其程度评价进展

朱光有，石　军，王　萌，张志遥

0　引言

热化学硫酸盐还原作用（thermochemical sulfate reduction，TSR）是指硫酸盐与有机质或烃类之间的氧化还原作用，烃类及有机物被氧化形成一系列含硫原子的有机化合物，而硫酸盐被还原成 H_2S 气体，并伴随形成 CO_2、H_2O、S 单质和固体沥青等产物[1-12]。TSR 可发生在湖相、海相沉积的深埋藏储层中，特别是在海相深层富含蒸发岩的碳酸盐岩层系中[12-14]，广泛分布于世界各含油气盆地中[1, 15, 16]，这是因为富含硫元素的矿物可以提供大量的硫酸根离子（SO_4^{2-}），如硬石膏（$CaSO_4$）、石膏（$CaSO_4 \cdot 2H_2O$）、铁硫化物（FeS）、白云石（$MgSO_4$）及黄铁矿（FeS_2）等，在高温热液流体作用下油气性质[4, 16-22]及储层特征[13, 14, 23, 24]发生了明显的改变。储层中 TSR 的发生通常需要达到较高的环境温度条件，一般认为 TSR 发生的起始温度为 120℃[12]，TSR 的初始反应温度也可能在 80～100℃[1, 2, 25]，110～120℃[26]，＞140℃[27]，或是 160～180℃[28, 29]，均超过细菌硫酸盐还原作用发生的最高温度（80℃[3, 30]）。

在 Orr（1974）[1]首次提出油藏中很可能存在硫酸盐与原油间的氧化还原反应后，大量学者针对储层高温流体 TSR 作用的岩石学特征、产物组成及同位素特征开展了大量研究[2, 3, 6, 9, 10, 31]。TSR 作用促进有机质与硫酸盐之间的氧化还原反应，生成的 H_2S 气体使得油气藏演化处于酸性环境中[2, 6, 32-34]，加速了碳和硫在岩石圈的循环，并形成一系列有机含硫化合物，如硫醇、硫代金刚烷、硫代乙基降金刚烷、多硫化合物和噻吩类化合物等[5, 12-14, 35, 36]。同时 TSR 也是导致储层性质发生变化的主要原因之一，例如 CO_2 气体的大量产生使储层沉淀大量方解石[13, 14]；此外，H_2S 易与金属离子，如 Fe_2^{2+}、Cu_2^{2+}、Pb_2^{2+}、Zn_2^{2+} 等发生反应，形成大量金属硫化物[13, 37]。因此，对于储层中热化学硫酸盐还原反应过程的探究是解释储层中复杂流体作用下含硫化合物形成及储层溶蚀作用的重要方法，这在指示油气成因演化及指导勘探开发方面具有更重要的研究意义。

热化学硫酸盐还原反应（TSR）的研究涉及 TSR 的发生、反应途径、含硫组分的形成及其反应程度评价[3, 10, 18, 33, 34, 38-41]。在发育硫酸盐的储层中，大于 120℃的储层温度为 TSR 启动提供条件，伴随着 H_2S 的产生，TSR 程度逐渐增加，使得大量硫醇类、直链-环状含硫烷烃加速形成，水-岩相互作用下，一系列有机含硫化合物在自由基反应机制作用下逐渐形成多硫化合物、噻吩类化合物及硫代金刚烷等[6, 42-44]。这些化合物的丰度及相关指标为揭示有机质沉积环境、原油裂解程度、成熟度评价等提供了科学依据，特别对在复杂碳酸盐岩储层及深部埋藏地层条件下的一系列有机-无机物反应可能引起的复杂过程的重建[7, 45, 46]。因此，了解不同类型有机含硫化合物的形成过程和途径，以及 TSR 过程中含硫组分演化，对于阐明地质作用下有机质热演化特征，并反映各类型的地球化学作用就显得十分必要。

本文总结过去半个世纪以来对于热化学硫酸盐反应过程中各类有机含硫化合物的研究，讨论高温流体作用下 TSR 对硫醇类、硫代金刚烷、硫代乙基降金刚烷、多硫化合物和噻吩类化合物的形成途径及其控制条件的影响，并根据这些化合物评价 TSR 程度，旨在全面了解复杂储层环境下有机-无机物间反应可能诱发的一系列反应及影响。

1　TSR 反应产物证据

TSR 作用过程中，烃类中的碳原子转移到二氧化碳中，部分形成碳酸盐岩沉淀；与此同时，地层无机硫酸盐中的硫通过一系列热化学过程，转移到有机物中，形成多种类型的有机含硫化合物。硫在烃原岩、石油、天然气等地质载体中广泛存在，可分为以硫化氢和单质硫形式存在的无机硫化物和以硫醇、硫醚、二硫化物和噻吩等形式存在的有机硫化物。油气相关的含硫化合物被认为有两种源，一种是来自厚岩干酪根[39, 47]和原油[10]，另一种是储层中烃类与硫酸盐或还原硫间（H_2S，硫单质，多硫化物）发生 TSR[10, 39, 48]。TSR 属于有机质在储层中常见的两种硫化作用之一，另一种是细菌硫酸盐热还原反应（BSR），其主要发生在储层温度低于 80℃ 条件下[3]，而 TSR 在实验室热解实验中被认为起始温度为 175℃[17, 31]，但是当实际地质温度高于 100℃[4]，甚至是 80℃[3] 很有可能已经发生 TSR。一般认为，在储层温度大于 120℃ 条件下，硫酸盐与油气烃类之间发生的氧化-还原反应是地质盆地内烃-水-岩三者之间的复杂反应，此系列的有机物和无机物间的一作用将生成方解石、酸性气体、有机硫化物及其他产物[9, 10, 14, 37, 40, 45, 49]。储层中的原油经过 TSR 改造作用而形成的改造后的有机硫化物类型复杂多样，根据它们的化学结构主要可分为链状-环状硫化物，例如二乙基二硫，1,2,4-三硫环戊烷；芳香性硫化物，典型代表为噻吩类化合物，如苯并噻吩类（BTs）和二苯并噻吩类（DBTs），以及笼形硫化物，如硫代金刚烷（TA）和硫代乙基降金刚烷（TEA）。

热化学硫酸盐还原反应（TSR）的发生被认为存在三种途径，每一种涉及一种重要的中间物质[12]，分别是单质硫、三硫基团离子（S_3^-）和不稳定有机硫化物（LSCs，labile organosulfur compounds）。在单质硫参与的 TSR 反应过程中，新生成的 H_2S 促进了反应的进行，因此被认为是一种自我催化的反应，但是由于硫酸根离子与硫化氢气体间的反应难以正常发生，因此这种反应途径存在争议[12, 31, 45]；三硫基团离子（S_3^-）可以在温度（200～350℃）、pH（1.2～6）和总硫含量（0.1～0.7m）的大尺度范围内存在，被认为是 TSR 发生的重要中间价态硫化物[50]；LSCs 被认为是形成复杂有机硫化物的重要中间物质，研究结果表明在有大量 LSCs 存在的原油中参与 TSR 反应活性明显较高[8]。由于 LSCs 的反应活性相对于无机硫化合物明显较强，例如在 TSR 早期阶段，戊硫醇的反应活性是 H_2S 的 20 倍[8]，因此 LSCs 在热应力和硫酸盐存在的前提下，可以相对烃类分子更加快速的启动 TSR 反应，进而形成一系列有机硫化物、改造后的石油烃或沥青[12]。

2　有机含硫化合物的形成机制

2.1　硫醇类化合物

硫醇类（R-SH）化合物广泛存在于沉积物、石油、烃原岩中[51-53]，其与硫醚、硫酚、硫酮、硫脂、噻吩、硫代金刚烷等作为含硫组分大量存在于石油基质中。在经 TSR 蚀变后的凝析油和天然气中发现了大量的低分子量硫醇类化合物[1,6]，Wei 等（2011）[54]也在 Mobile Bay 凝析油中检测到 1-6 笼金刚烷硫醇。与硫代烷烃类化合物同样作为不稳定有机含硫化合物的硫醇类化合物总是伴随着稳定硫代化合物的形成，由于其化学活性较高，所以常作为有机含硫化合物的前体物质，为它们的形成提供大量的硫氢根基团，并因此作为中间产物极大促进了稳定有机含硫化合物的形成[8, 12, 34, 47, 54, 55]，表明了硫醇类化合物的存在与大部分高温油藏中烃类与硫酸间的 TSR 反应有密切关系。不仅如此，硫醇类化合物在全球硫循环中扮演重要角色，其作为含硫化合物被沉积有机质吸收，形成稳定的有机含硫化合物[51]，同时作为有机物分子组成的一部分，其存在有利于有机碳的保存[52]，这对于碳捕获、碳封存等相关问题具有重要意义。因此，对于硫醇的形成过程及其路径演化的研究是探讨 TSR 的重要因素之一。

硫醇的形成被认为与 TSR 成因的 H_2S 密切相关（式 1）[2, 6, 32-34]。Ho 等（1974）[32]在研究大角盆地石油熟化过程中硫含量与硫同位素值演化问题时发现高 H_2S 量与油和凝析油中存在的大量硫醇类化合物存在一定关系；四川盆地卧龙河气田三叠系底层中 H_2S 气体与硫醇含量呈现良好的线性关系（$R^2=0.55$）[6]；Zhu 等（2019）[34]通过结合傅里叶变换离子回旋加速器共振质谱法（FT-ICR MS）与全二维气相色谱质谱联用仪（GC×GC-MS）分析技术，发现了塔里木盆地深层凝析油中大量硫醇的存在，高温储层中发现多种杂原子（S_2，S_3，S_1O_1，S_1O_2，S_2O_1）的硫醇类化合物被认为与遭受 TSR 改造后的储层中大量存在的 H_2S 有关：正构烷烃在受热形成大量烯烃后与 H_2S 反应形成大量的含氢硫根离子（SH^-）的直链硫醇类化合物（式 2）。此外，Wei 等（2007）[38]认为硫醇的大量形成可来源于硫与石油烃间的直接反应，因此在 TSR 过程中硫代金刚烷的形成常常伴随着硫醇的形成，硫代金刚烷常来源于烷基金刚烷，而金刚烷硫醇可来源于多种金刚烷，包括金刚烷类化合物（式 3）和烷基金刚烷类化合物（式 4）。

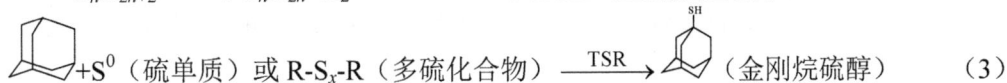

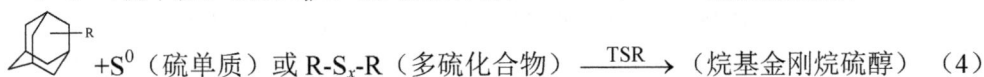

$$石油烃+硫酸盐（SO_4^{2-}）\xrightarrow{\triangle} H_2S（TSR 成因）+CO_2+改造的石油烃 \qquad (1)$$

$$C_nH_{2n+2}\xrightarrow{\triangle} C_nH_{2n}+H_2\xrightarrow{TSR成因H_2S} R\text{-}SH（直链烷烃硫醇）\rightarrow R+SH \qquad (2)$$

$$\text{（金刚烷）}+S^0（硫单质）或 R\text{-}S_x\text{-}R（多硫化合物）\xrightarrow{TSR} \text{（金刚烷硫醇）} \qquad (3)$$

$$\text{（烷基金刚烷）}+S^0（硫单质）或 R\text{-}S_x\text{-}R（多硫化合物）\xrightarrow{TSR} \text{（烷基金刚烷硫醇）} \qquad (4)$$

在高温条件下，石油中的烃类分子与硫酸盐发生热化学硫酸盐还原反应，形成大量的 H_2S 和 CO_2，饱和烃类同样在高温储层中热解形成大量的烯烃，烯烃与硫化氢则形成了小分子量硫醇类化合物（式 2）；在热力学作用下，硫醇发生自由基反应，形成硫氢根基团（HS•），当 HS• 与脂肪链烃发生自由基反应时则形成了直链硫醇类化合物，当 HS• 与金刚烷类化合物结合时则形成了金刚烷硫醇（式 3，式 4），这从反应机理方面印证了 Ho 等

（1974）[32]对于硫醇类化合物形成于 H_2S 与烃类间反应的结论。在自由基机制作用下，硫醇与正构烷烃和金刚烷类化合物的结合对于噻吩类化合物和硫代金刚烷的形成具有重要影响[10, 56, 57]。除 S_1 单硫代硫醇外，还有 S_2，S_3，S_1O_1，S_1O_2，S_2O_1 取代硫醇化合物，形成多种含硫化合物，如 S_2 硫醇类化合物的形成（式 5 和式 6）和 S_1O_1 硫醇类化合物的形成（式 7 和式 8[57]）。

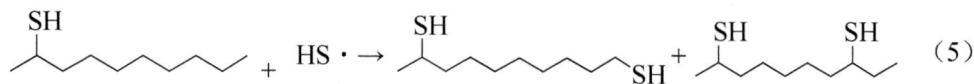

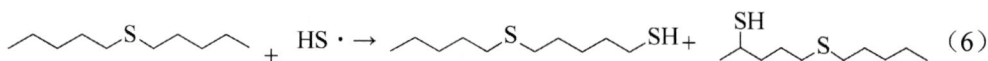

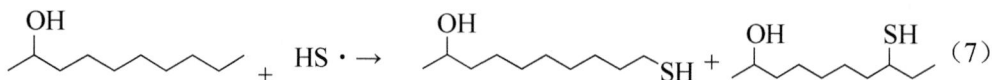

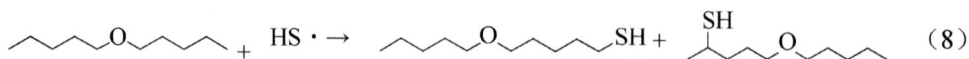

$$ \text{（5）} $$

$$ \text{（6）} $$

$$ \text{（7）} $$

$$ \text{（8）} $$

2.2　硫代金刚烷类化合物

研究发现，经过 TSR 改造后的原油中硫代金刚烷和硫醇等有机化合物的丰度会比在未改造油中更高[38]，可见 TSR 作用对于此类含硫化合物的形成与演化具有重要意义[5, 6, 21, 58]。金刚烷类硫化物和硫醇等化合物是原油及烃原岩经 TSR 改造后的一类主要硫化金刚烷类化合物[34, 54]。含硫金刚烷类化合物通常是金刚烷类化合物中的碳原子被硫原子所取代而形成的一类非烃类化合物，通常与 TSR 有关，被认为是由金刚烷类化合物氧化后在笼状结构中加入硫而形成的[55]。Hanin 等（2002）[48]认为含硫化合物可能形成于三环硫化合物，这类似于金刚烷类化合物多形成于多环烷烃。Wei 等（2007, 2012）[38, 39]和 Gvirtzman 等（2015）[47]证明了含硫化合物可由金刚烷类化合物与 $CaSO_4$，$CaSO_4+S^0$ or S^0 发生反应形成。Wei 等（2007）[38]通过开展一系列热解实验表明硫单质或多硫化物可以不断地攻击金刚烷的 3 号位置形成 1-单金刚烷硫醇或攻击 2 号位置形成 2-单金刚烷硫醇，随后在环化作用下形成硫代金刚烷。在此过程中，金刚烷硫醇的形成对于硫代金刚烷的最终演化十分重要，开环作用形成硫醇是作为硫代金刚烷的中间物质而存在的[12, 57]。在众多硫代金刚烷类化合物中，2-硫代金刚烷作为典型代表之一被认为是指示 TSR 的重要生物标志化合物[48, 59]，尤其是在 H_2S 含量较低的原油中，2-硫代金刚烷被明显检出，并被有效确定为指示 TSR 的指标之一[59]。

硫代金刚烷可以被分为单硫代金刚烷和多硫代金刚烷（C—S 键数≥2），其形成过程参与反应的含硫组分有关，硫单质的参与使得金刚烷中的 C—C 键被 C—S 键所取代，继而形成单硫代金刚烷；类似地，当参与金刚烷取代反应的硫组分为多硫键化合物时，金刚烷则逐渐形成多硫代金刚烷；多笼硫代金刚烷的形成与金刚烷的笼数有关，硫单质或多硫化物的作用相同，但是高笼数（笼数≥3）硫代金刚烷的形成主要是依靠自由基反应机制，硫代乙基降金刚烷则均为自由基反应机制导致的（图 1）。

在强烈 TSR 改造后的残余油中可能发生单硫代金刚烷和多硫代金刚烷的显著富集，例如塔里木盆地塔中地区 ZS1C 井寒武系原油属于 TSR 强烈蚀变后产生的残余凝析油，在该凝析油中发现了极为富集的硫代单金刚烷至四硫代双金刚烷（图 2）。

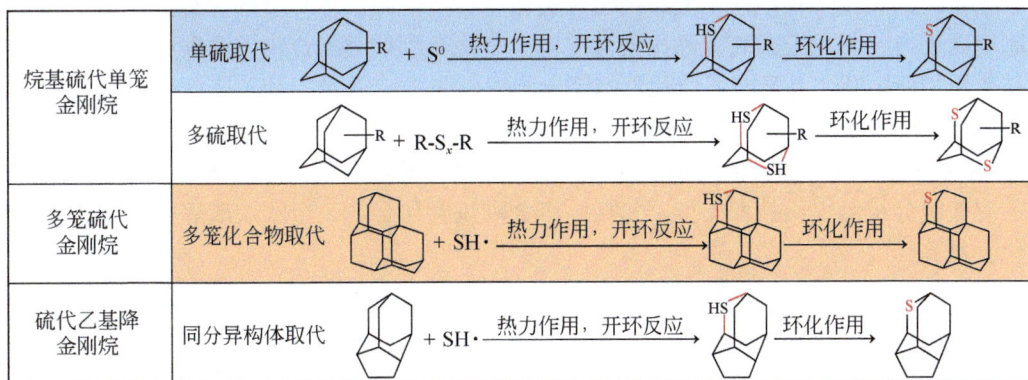

图 1 不同类型硫代金刚烷的形成过程

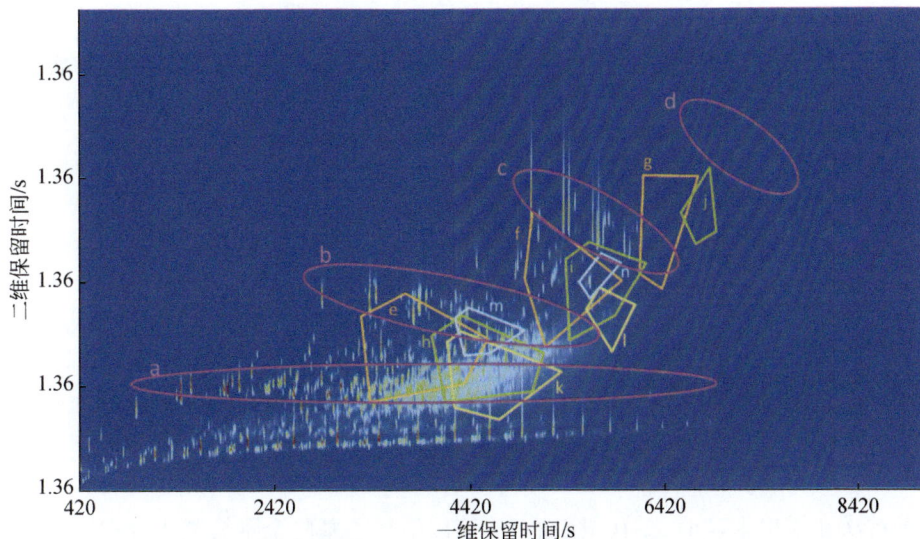

图 2 ZS1C 井凝析油中含硫化合物分布的全二维点阵谱图

a. 四氢噻吩+噻吩类；b. 烷基苯并噻吩类；c. 二苯并噻吩类；d. 菲并噻吩+苯并萘并噻吩类；e、f、g. 硫代单金刚烷类、硫代双金刚烷类、硫代三金刚烷类；h、i、j. 二硫代单金刚烷类、二硫代双金刚烷类、二硫代三金刚烷类；k、l. 三硫代单金刚烷类、三硫代双金刚烷类；m、n. 四硫代单金刚烷类、四硫代双金刚烷类

2.3　硫代乙基降金刚烷

在原油中，金刚烷类化合物由于其独特的三维笼形结构而展现出强大的抗热降解和抗生物降解能力[38, 48, 60, 61]，其广泛分布于各类地质载体中，包括烃原岩、原油、煤、沥青等，其浓度大致在 1～100ppm 范围内[62]。乙基降金刚烷类化合物作为单金刚烷的同分异构体含量更低，为纳米级含量[63]（表 1）。低级金刚烷类化合物和低级乙基降金刚烷类化合物（笼数<3）被认为是由多环芳烃通过 Lewis 酸催化的碳正离子重排引起的。硫代乙基降金刚烷类化合物是一种由C—S键取代乙基降金刚烷类化合物中C—C键而形成的硫代化

合物，其含量甚至低于纳米级，仅存在于少部分特殊石油中[63]。因为乙基降金刚烷类化合物被认为是石油中最为稳定的饱和烃组分，硫原子与笼形结构中的碳原子间的取代反应则十分困难。此类化合物不同于低级金刚烷类化合物和低级乙基降金刚烷类化合物，其形成机制取决于自由基反应。高温高压条件下，乙基降金刚烷类化合物中的碳原子在开环作用下被硫原子所取代，并形成了硫代乙基降金刚烷（图3），目前硫代乙基降金刚烷类化合物通过 APCI 电离技术结合 multi-dimensional mass spectrometry（MD-MS）strategy 分析技术（分辨率高达 50000）与 TIMS-MS 被检测出。此项技术可为含有复杂基质的原油中微量存在的有效组分检测提供技术支持，包括高级金刚烷类化合物、金刚烷硫醇类化合物、噻吩类化合物等[64]。

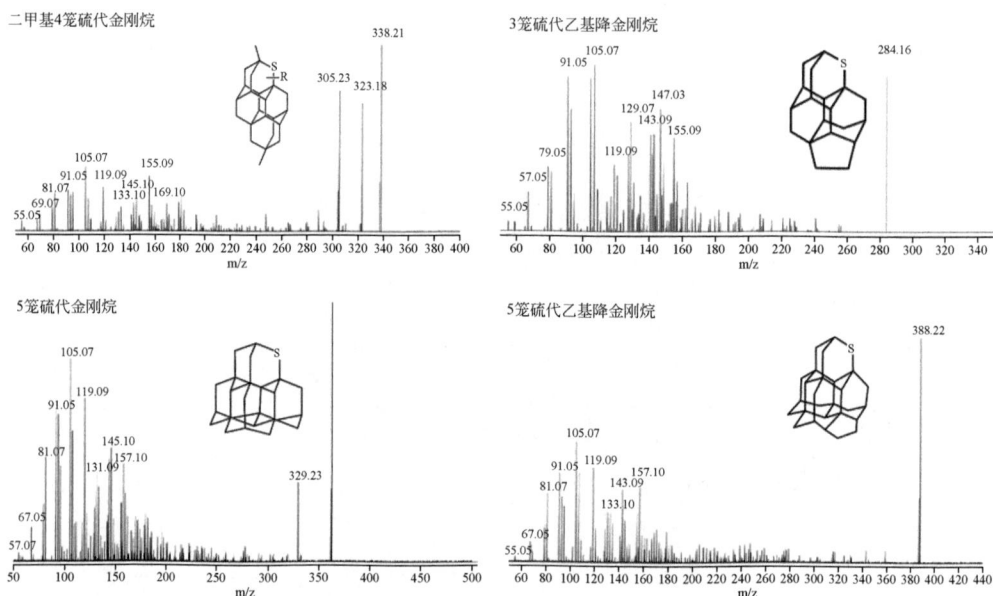

图3　高笼硫代金刚烷与高笼硫代乙基降金刚烷的 HCG 谱图

对于首次在塔里木盆地 ZS1C 原油中检测出硫代乙基降金刚烷类化合物（笼数最高可达 7）可为表征原油遭受 TSR 程度提供新的证据（图3），这对于揭示塔里木盆地深层油气藏演化以及油气来源等问题提供依据。ZS1C 样品为典型的经历过强烈的 TSR 改造的凝析油[63, 65]，在其中检测出多种含硫化合物，包括硫醇、烷基四氢噻吩、烷基噻吩、烷基苯并噻吩、二苯并噻吩与苯并萘并噻吩及多硫取代的化合物等多种类型。塔北原油样品中识别出了一到三笼的乙基降金刚烷，在经受严重热裂解的油样品中测量到的浓度较高[63, 66]。其中乙基降单金刚烷系列显示出比乙基降双金刚烷更高的含量和更丰富的种类，随着分子量的增大，乙基降金刚烷同系物的含量逐渐减小。通过对烃源岩和油样进行高温热模拟实验证实，热裂解增加了乙基降金刚烷的生成，这类化合物具有与金刚烷类化合物类似的热力学行为，但在较高的成熟度或烃裂解程度下反应更强烈[66]。

2.4　多硫化合物

多硫化合物（$R_1S_xR_2$，$x \geqslant 2$）对于促进自然界的硫循环具有重要意义，作为中间物质，促进了硫在有机硫与无机硫之间的转换[67-69]，作为基础物质参与到了硫代金刚烷及硫代乙基降金刚烷类化合物的形成过程，这源于其特殊的结构和化学活性[70]。随着多硫化合物越来越多地被发现存在于沉积物、石油和煤等有机物中，其含量和分布对于理解生物圈和岩石圈地球化学行为而言十分重要[43, 67]。Zhu 等（2018）[43]首次报道了在岩石圈中石油中多硫化合物的存在。如表 1 所示，在塔里木盆地下奥陶统和田河气田玛 3 井的凝析油中发现了大量不同种类的多硫化合物，包括 1,3 二甲基三硫酸盐，2,3,5-三硫代己烷，1,2,4-三硫环戊烷，1,4-二甲基四硫化物，1,3,5 三硫环己烷，1,2,4,5-四硫代己烷，1,2,3,4-四硫环己烷，1,2,3,5,6-五硫环庚烷，六硫环庚烷。

在石油中大量多硫化合物发现的对于理解硫元素进入有机质中，促进硫族组分在整个岩石圈中的演化提供了重要的实验依据。在海洋沉积物、地下水和石油储量中，HS^-（H_2S 的共轭基）和多硫阴离子（HS_x^-，$x=2\sim6$）的生成已经得到了很好的证实[71-73]。HS_x^-（$x=1\sim6$）是沉积环境中主要的硫亲核试剂，在硫溶入有机质过程中起主导作用。多硫化物阴离子是比氢硫化物阴离子反应性更强的亲核试剂，且多硫化物链越长，亲核性越强。关于石油中多硫化物的存在，Zhu 等（2018）[43]以 1，2，3，5，6-五硫代烷为例，提出了一种可能的有机多硫化合物的生成途径。最初的碳—硫键是由甲醛的正极性碳原子的亲核多硫化物攻击而形成的。在分子间反应中，羟基被 HS_x^- 取代，形硫代环烷烃环，并且在模拟实验中已经证明，有机物质的自然硫化可以在温和的条件下顺利进行据推测，无环多硫化合物也会以类似的过程生成。

表 1　金刚烷类化合物与多硫化合物的检测与发现

化合物类型	化学式	化合物名称	笼数	化学结构式	简写	同系物数量	发现者
金刚烷类化合物	$C_{10}H_{16}$	单金刚烷	1		A	22	[38, 57, 60-62]
	$C_{14}H_{20}$	双金刚烷	2		D	10	
	$C_{18}H_{24}$	三金刚烷	3		Tr	12	
	$C_{22}H_{28}$	四金刚烷	4		Te	8	
	$C_{26}H_{32}$	五金刚烷	5		P	6	
	$C_{30}H_{36}$	六金刚烷	6		Hex	17	
乙基降金刚烷	$C_{12}H_{18}$	乙基降单金刚烷	1		EA	70	[43,66]
	$C_{16}H_{22}$	乙基降双金刚烷	2		ED	37	
	$C_{20}H_{26}$	乙基降三金刚烷	3		ET	11	

续表

化合物类型	化学式	化合物名称	笼数	化学结构式	简写	同系物数量	发现者
硫代金刚烷	$C_{10}H_{16}S$	硫代单金刚烷	1		TA	43	[1, 9, 11, 21, 38, 40, 42, 85]
	$C_{13}H_{18}S$	硫代双金刚烷	2		TD	53	
	$C_{17}H_{22}S$	硫代三金刚烷	3		TT	20	
	$C_9H_{14}S_2$	二硫代单金刚烷	1		dTA	36	
	$C_{12}H_{16}S_2$	二硫代双金刚烷	2		dTD	34	
	$C_{16}H_{20}S_2$	二硫代三金刚烷	3		dTT	11	
	$C_7H_{10}S_3$	三硫代单金刚烷	1		tTA	43	
	$C_{11}H_{14}S_3$	三硫代双金刚烷	2		tTD	5	
	$C_6H_8S_4$	四硫代单金刚烷	1		tetTA	6	
	$C_{11}H_{12}S_4$	四硫代双金刚烷	2		tetTD	3	
硫代乙基降金刚烷	$C_{12}H_{18}S$	硫代乙基降单金刚烷	1		TEA	11	[64]
	$C_{16}H_{22}S$	硫代乙基降双金刚烷	2		TED	9	
	$C_{20}H_{26}S$	硫代乙基降三金刚烷	3		TET	9	
	$C_{24}H_{30}S$	硫代乙基降四金刚烷	4		TETe	6	
	$C_{28}H_{33}S$	硫代乙基降五金刚烷	5		TEP	3	
	$C_{31}H_{36}S$	硫代乙基降六金刚烷	6	—	TEHex	2	
	$C_{35}H_{40}S$	硫代乙基降七金刚烷	7	—	TEHep	1	
多硫化合物	$C_2H_6S_3$	1,3 二甲基三硫酸盐	0		无	0	[58]
	$C_3H_8S_3$	2,3,5-三硫代己烷	0		无	0	

续表

化合物类型	化学式	化合物名称	笼数	化学结构式	简写	同系物数量	发现者
多硫化合物	$C_2H_4S_3$	1，2，4-三硫环戊烷	0		无	0	
	$C_2H_6S_4$	1，4-二甲基四硫化物	0		无	0	
	$C_3H_6S_3$	1，3，5 三硫环己烷	0		无	0	
	$C_2H_4S_4$	1，2，4，5-四硫环己烷	0		无	0	
	$C_2H_4S_4$	1，2，3，4-四硫环己烷	0		无	0	
	$C_2H_4S_5$	1，2，3，5，6-五硫环庚烷	0		无	0	
	CH_2S_6	六硫环庚烷	0		无	0	

2.5　噻吩类化合物

含硫化合物与不饱和类异戊二烯发生反应而形成苯并噻吩，随后发生环化和芳构化反应[44, 74]。而事实上噻吩类化合物的形成并非来源于 TSR，不稳定有机硫化物在 TSR 不在持续发生时很有可能逐渐形成稳定的噻吩类化合物[12]。在 350℃的含水热解实验中，磷酸存在的前提下，单、双、三甲基噻吩类等化合物均大量产生[75]；随后的实验室模拟实验表明，碳催化表面吸附的硫与联苯之间的反应加速生成二苯并噻吩[76]。当活性炭存在时，硫的增强反应性与活性炭的化学反应性相一致，与石墨不同，活性炭的芳香环片经常被碳与氢结合的边缘打断，这些氢原子可以很容易地被 O、S 和 N 取代[76]。

噻吩类化合物中苯并噻吩类化合物（BTs）和二苯并噻吩类化合物（DBTs）携带的 S 同位素组成差异是由于其热稳定性和形成速率有所差异，前者的热稳定性相对后者较弱[75]，因此 BTs 的同位素特征比 DBTs 更快地转移至初始硫酸盐中，所以两者间的硫同位素值差异被用来表征石油烃类在其运移保存过程中 TSR 的发生和程度[9, 10, 47, 77, 78]。但是对于 BTs 和 DBTs 的硫同位素值组成的研究中，需要考虑温度对两者的降解影响，较低的温度可能并不能使得两种化合物显著降解[79]，这也是 TSR 并不是形成噻吩类化合物的途径的重要原因。此外，初始的噻吩类化合物一开始可能是硫酸盐还原所致，而后续的正常热作用下噻吩类化合物也会呈现异构化和甲基化网状演化路径，并发生硫同位素分馏。这一阶段的化合物参数可能并不能指示 TSR 作用程度，即并非与硫酸盐的继续作用所致。对于噻吩类化合物而言，烷基化二苯并噻吩类化物的分布显然与石油的成熟度水平有关，并提出了相关的指示成熟度的指标：4,6-DMDBT/1,4-DMDBT、2,4-DMDBT/1,4-DMDBT 和 TMDBT[80]。

3　TSR 的启动与评价

3.1　TSR 的发生

在含油气储层中，热化学硫酸盐还原反应的发生是一种普遍现象，因为 TSR 可广泛发生在湖相、海相沉积的深埋藏储层中，在成岩作用下，形成了一系列含硫化合物[6, 12, 13, 81]。关于 TSR 的起始温度，Orr（1974）[1] 对美国比格霍恩盆地古生代原油的地球化学分析表明高温储层条件下非生物硫酸盐还原作用（即热化学硫酸盐还原作用）下油的热裂解过程发生在 80~120℃；加拿大阿尔伯塔的 Burnt Timber 油田的轻烃气体发生的有效 TSR 环境温度在 <200℃，主要是在 90~175℃[25]；在实验室环境下，含水硫酸盐的还原作用发生在高于 250℃[17, 31]；基于热动力学的计算，自然环境下烃类由于 TSR 还原形成的大量的 H_2S 气体需要环境温度大于 150℃[82]；阿布扎比的 Khuff 组地层中的天然气存在的大量 H_2S 气体被认为是在超过 140℃条件下形成的[27]；在阿拉巴马侏罗系岩石中的石油和有机质的热演化过程中，当储层温度大于 130℃时，TSR 作用下生成气体和凝析油开始富集[83]。总的来说，TSR 初始温度在实验条件下相对较高，而地质条件下相对较低，控制 TSR 初始温度的条件包括了体系中有机质类型及浓度、初始的 H_2S 浓度，储层酸化情况和硫酸盐种类等。

3.2　TSR 程度评价

硫代金刚烷在一些高 H_2S 油气藏的广泛分布受到了地球化学家们的关注[38-40, 42, 48, 84]。原油中丰富的 H_2S、有机硫化合物的 $\delta^{34}S$ 以及油、油馏分和轻烃的 $\delta^{13}C$ 可以作为 TSR 的诊断指标，然而作为传统评价指标，它们并不能总是得出统一的结论，这对于指示原油所受到的 TSR 程度存在较大误差[39]。而高成熟度阶段下形成的稳定硫代金刚烷类化合物丰度可以与全油的 $\delta^{34}S$ 和 $\delta^{13}C$ 形成良好的线性关系，表明了硫化作用下形成的硫代金刚烷类化合物丰度可以用来表征原油遭受的 TSR 程度，类似的在受到 TSR 作用的原油中 H_2S 含量也与硫代金刚烷类化合物丰度呈现良好的线性关系。不仅如此，硫代金刚烷的存在为表征 TSR 发生的边界提供了证据，可见硫代金刚烷的存在对于表征 TSR，尤其是讨论较小的 TSR 程度范围内展现出强大的能力。

在硫代金刚烷中，2-硫代金刚烷被认为是表征 TSR 的有效生物标志物，且可以在相对较高的热应力作用仍然发挥稳定的地球化学作用[48]，即当有机质中检测出 2-硫代金刚烷时，表明在有机质热演化过程中受到了 TSR 的影响[3]。此外，通过对塔里木盆地中深 1C 和中深 5 井油样中硫代单金刚烷、硫代双金刚烷和硫代三金刚烷类化合物丰度以及易挥发硫代金刚烷占总硫代金刚烷的比例可确定了 TSR 作用程度以及是否原位发生，该认识为预测硫化氢分布与判识硫化氢成因及深层油气勘探提供理论依据[84]。姜乃煌等（2007）[85] 分析了塔中 83 井 2-硫代金刚烷的丰度和分布情况，并以此确定该井中 H_2S 的大量存在是属于 TSR 成因。在大多数遭受 TSR 的油中可检测到具有两个以上硫原子的硫代金刚烷类化合物和多笼金刚烷类化合物，这些化合物的存在多指示出 TSR 程度[39]。

不仅如此，硫代金刚烷的笼数和多硫代金刚烷丰度也可以作为表征 TSR 程度的有效指标[39]。单笼硫代金刚烷是表示 TSR 早期开始的最有效指标，但是其易受到热成熟度的影响而发生裂解；三笼硫代金刚烷并非是指征 TSR 开端的重要指标，但其不易受到热降解影响而裂解。多硫代金刚烷的形成来源于金刚烷的开环和硫氢根基团（SH·）的加入以及随后的环化作用，此过程中硫氢根基团（SH·）便是来源于 TSR 过程，对于复杂硫代乙基降金刚烷类化合物而言，同样可以用来表征 TSR 程度。类似地，多笼硫化物的形成与 TSR 程度也有关，随着笼数的增加，硫代金刚烷分子稳定性也增加，活化能的增加势必使得多笼硫代金刚烷的形成受阻，所以含 S 自由基（SH·）会优先进攻低笼数金刚烷，随后形成高笼数金刚烷，因此高笼数硫代金刚烷的形成也表示着原油受到的 TSR 程度较高[84]。此外，噻吩类化合物中苯并噻吩与二苯并噻吩间的硫同位素值的差异也可以用来表征原油所遭受的 TSR 程度，因为硫同位素在两者间的分馏受到 TSR 控制下 H_2S 含量的影响[9]。

总的来说，关于硫酸盐还原作用程度的指示目前以含硫金刚烷化合物为主。TSR 程度与体系中有机化合物类型、浓度有关，储层矿物的类型及对硫酸根离子和金属离子的供给、是否含水等密切相关。因此，对于各类有机硫化物的 TSR 判识有效性、TSR 阶段划分及程度评价参数的确定，以及各类指标的优缺点和适用性是值得开展深入探讨的。

4 TSR 的影响

TSR 反应过程在对于有机烃类的影响不仅在于含硫化合物的形成，还在于油气性质和储层特征的影响。随着储层深度和温度的增加，烃气含量逐渐增加，TSR 成因 H_2S 和 CO_2 气体大量形成[83]，凝析气的硫同位素也逐渐变重。烃类与硫酸盐之间的氧化还原反应的存在使得烃类逐渐含硫，其有机质热演化过程受到影响，势必影响原油的稳定性、天然气组成及同位素特征[13]。张水昌等（2011）[13] 通过黄金管热模拟实验表明 TSR 体系中的气体产量明显高于非 TSR 体系，这表明 TSR 作用下原油稳定性降低，促进了原油的热裂解过程；对于 TSR 程度较高的储层而言，其天然气的干燥系数普遍较高（接近 1.0），表明 TSR 作用明显提高了原油裂解气中甲烷的含量，甲烷和乙烷同位素组成的差异也表明了 TSR 作用的影响。不仅如此，轻烃的热稳定性在 TSR 作用下同样降低，热解体系是否含水、储层矿物种类对于轻烃的裂解同样存在影响[20]。类似地，不同类型烃类对于 TSR 的响应存在明显差异，这与烃类所含功能团类型和硫原子价态存在明显关系[15, 29]。此外，TSR 成因 H_2S 的大量生成对于烃类组分含量的稀释作用并不利于油气资源的勘探与开发[27]。尽管 TSR 作用加速了储层原油的热解，形成大量的有机烃类，然而伴随着 H_2S 和 CO_2 以及有机含硫化合物的形成，TSR 对于油气资源大量富集的作用仍存在不确定性。

热化学硫酸盐还原反应（TSR）是有机物与无机硫之间相互作用的途径，在此过程中产生的 H_2S 和 CO_2 对于油气储层（主要以碳酸盐储层为主）具有明显的溶蚀作用[1, 7, 13, 37]，酸性气体与水结合形成的酸性流体是导致储层溶蚀的主因[13, 27]。在油气藏演化过程中，相对较高的储层温度（120～140℃）利于碳酸盐岩储层中有机-无机相互作用的发生，并且不同类型的产物又作为反应物参与到下一阶段的物理化学反应，形成一系列相互关联的系列反应（图 4）[6, 13, 24]。在膏盐层中，石膏或硬石膏遇水在水溶液中形成硫酸根离子（SO_4^{2-}）和钙离子（Ca^{2+}），前者与石油烃在合适的温度下发生 TSR 作用，后者则与 TSR 反应产物 CO_2 气体反应形成方解石沉淀，并最终改造储层性质，在碳酸盐储层中发生相似的物理化学反应，但是硫酸根的供体由石膏/硬石膏转化为了白云岩；不同类型的矿物对于金属离子的供给，例如 Fe^{2+}、Pb^{2+}、Zn^{2+}，这些金属离子与 TSR 作用产物 H_2S 之间的反应使得大量金属硫化物形成；TSR 作用形成的大量有机含硫化合物来源于储层适宜条件下的一系列反应。总之，TSR 作用下储层特征及成藏中有机质类型发生强烈变化，硫元素及其相关的酸性流体决定了储层，特别是碳酸盐岩储层中可能发生的溶蚀作用及各类型产物的形成，这对于讨论在油气藏演化过程中有机质的生成、保存和降解等问题具有重大的参考价值。

TSR 反应形成的大量 H_2S 和 CO_2 气体溶解于水势必引起水体酸化，而酸性流体的形成导致碳酸盐岩储层的孔隙度和渗透率发生改变[13, 85]。至于 TSR 作用的意义，一方面酸性气体富集的储层孔隙易于保存油气资源，川东北地区下三叠统飞仙关组罗家寨、渡口河、铁山坡、普光、毛坝、七里北等高含硫化氢气藏群油气资源储量规模较大[86]；另一方面酸性气体的大量存在导致对烃类及气体浓度的稀释作用，以及大量含硫化合物的形成势必引起油气资源储量降低。因此，TSR 作用过程利于有机烃类的成藏及成储，但是有机烃类的形成与富集势必由于 TSR 作用受到一定影响。

膏盐溶蚀	膏盐溶蚀：(硬石膏+H_2O)/石膏→SO_4^{2-}+Ca^{2+} SO_4^{2-}+石油烃→H_2S+CO_2+改造后的石油烃 Ca^{2+}(aq)+CO_2(aq)+H_2O→方解石+$2H^-$(aq)
TSR反应过程及各类含硫化合物形成途径	直链-环状硫醇的形成： 饱和烃类 C_nH_{2n+2}→烯烃 C_nH_{2n}+H_2 $\xrightarrow{\text{TSR成因}H_2S}$ 直链硫醇 $C_nH_{2n+1}SH$ 笼形化合物硫醇的形成： 多硫化合物的形成： 噻吩类化合物的形成： C—C键的开裂和芳构化作用
碳酸盐岩储层溶蚀过程	储层溶蚀：白云岩→SO_4^{2-}供体+Mg^{2+} 白云石+$4H^+$(aq)→Ca^{2+}(aq)+Mg^{2+}(aq)+$2CO_2$+$2H_3O$ CO_2(aq)+灰岩+H_2O→Ca^{2+}+$2HCO_3^-$(aq)
金属硫化物的形成	金属离子类型：Fe^{2+}, Pb^{2+}, Zn^{2+} 金属硫化物形成反应： M^{2+}(aq)+H_2S→H^+(aq)+MS

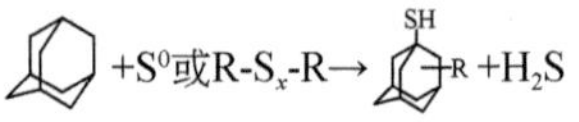

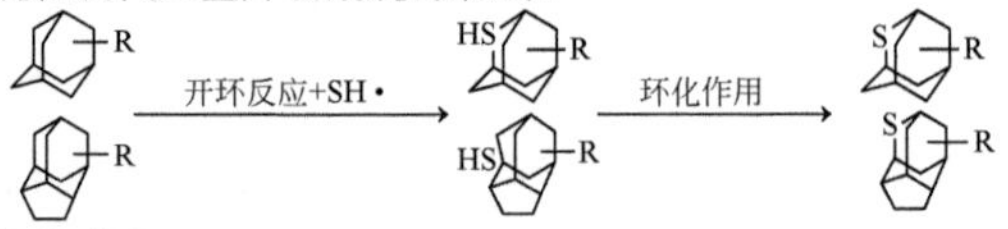

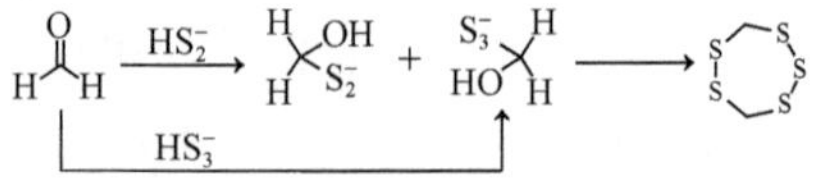

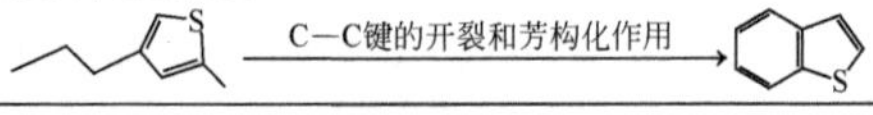

图 4　TSR 反应过程及各类含硫有机化合物、含硫矿物及金属硫化物的形成过程

5　结论

在高温含水储层中（>120℃），各类沉积有机质一起与硫酸盐发生反应，在 TSR 作用下，饱和烃类在热力作用下形成烯烃，并结合 TSR 成因 H_2S 形成不稳定的直链-环状硫醇类化合物。类似地，金刚烷与硫单质或多硫化物的结合下形成金刚烷硫醇；硫代金刚烷与

金刚烷硫醇总能同时形成，因为金刚烷硫醇还可通过金刚烷开环作用下同时形成，金刚烷硫醇在环化作用下可形成硫代金刚烷，乙基降金刚烷根据相似的自由基反应机制形成硫代乙基降金刚烷；多硫化合物的形成是基于多个含硫基团的连续取代，噻吩类化合物的形成主要来源于 C—C 键的开裂及随后的芳构化作用。

TSR 程度的评价对于了解有机-无机物反应过程及其影响十分必要，硫代金刚烷的特征，包括 C—S 键的数量及硫代金刚烷的笼数可对其进行定性评价。此外，TSR 作用对于原油裂解热稳定性和气体组成的影响，复杂储层中金属离子与 TSR 作用下形成的 H_2S 和 CO_2 气体与有机烃类间的自由基反应形成了不同类型的金属硫化物和方解石、黄铁矿等沉淀，反映了 TSR 对于油气性质和储层特征的改造作用。

参 考 文 献

［1］ Orr W L. Changes in sulfur content and isotopic ratios of sulfur during petroleum maturation—study of big horn basin Paleozoic oils. AAPG Bulletin, 1974, 58(11): 2295-2318.

［2］ Orr W L. Geologic and geochemical controls on the distribution of hydrogen sulfide in natural gas. Advances in Organic Geochemistry 1975, Pergamon Press, Oxford: 571-597.

［3］ Machel H G, Krouse H Roy, Sassen R. Products and distinguishing criteria of bacterial and thermochemical sulfate reduction. Applied Geochemistry, 1995, 10: 373-389.

［4］ Machel H G. Gas souring by thermochemical sulfate reduction at 140°C: Discussion. AAPG, 1998, 82(10): 1870-1873.

［5］ Machel H G. Bacterial and thermochemical sulfate reduction in diagenetic settings—old and new insights. Sedimentary Geology, 2001, 140: 143-175.

［6］ Cai C F, Worden R H, bottrell S H, et al. Thermochemical sulphate reduction and the generation of hydrogen sulphide and thiols(mercaptans)in Triassic carbonate reservoirs from the Sichuan Basin, China. Chemical Geology, 2003, 202(1-2): 39-57.

［7］ 蔡春芳, 李宏涛. 沉积盆地热化学硫酸盐还原作用评述. 地球科学进展, 2005, 20(10): 1100-1105.

［8］ Amrani A, Zhang T W, Ma Q S, et al. The role of labile sulfur compounds in thermochemical sulfate reduction. Geochimica et Cosmochimica Acta, 2008, 72(12): 2960-2972.

［9］ Amrani A, Deev A, Sessions A L, et al. The sulfur-isotopic compositions of benzothiophenes and dibenzothiophenes as a proxy for thermochemical sulfate reduction. Geochimica et Cosmochimica Acta, 2012, 84: 152-164.

［10］ Cai C F, Xiao Q L, Fang C C, et al. The effect of thermochemical sulfate reduction on formation and isomerization of thiadiamondoids and diamondoids in the Lower Paleozoic petroleum pools of the Tarim Basin, NW China. Organic Geochemistry, 2016, 101: 49-62.

［11］ Zhu G Y, Zhang Z Y, Milkov A V, et al. Diamondoids as tracers of late gas charge in oil reservoirs: Example from the Tazhong area, Tarim Basin, China. Fuel, 2019, 253: 998-1017.

［12］ Cai C F, Li H X, Li K K, et al. Thermochemical sulfate reduction in sedimentary basins and beyond: A review. Chemical Geology, 2022, 607.

［13］ 张水昌, 朱光有, 何坤. 硫酸盐热化学还原作用对原油裂解成气和碳酸盐岩储层改造的影响及作用机制. 岩石学报, 2011, 27(3): 809-826.

［14］朱光有, 张水昌, 梁英波, 等. TSR 对深部碳酸盐岩储层的溶蚀改造四川盆地深部碳酸盐岩优质储层形成的重要方式. 沉积学报, 2006, 22(8): 2182-2194.

［15］Zhang T W, Ellis G S, Wang K S, et al. Effect of hydrocarbon type on thermochemical sulfate reduction. Organic Geochemistry, 2007, 38(6): 897-910.

［16］He K, Zhang S C, Mi J K, et al. Experimental and theoretical studies on kinetics for thermochemical sulfate reduction of oil, C_{2-5} and methane. Journal of Analytical and Applied Pyrolysis, 2019, 139: 59-72.

［17］Toland W G. Oxidation of organic compounds with aqueous sulfate. Journal of the American Chemical Society, 1960, 82: 1911-1916.

［18］Manzano B K, Fowler M G, Machel H G. The influence of thermochemical sulphate reduction on hydrocarbon composition in Nisku reservoirs, Brazeau river area, Alberta, Canada. Organic Geochemistry, 1997, 27(7/8): 507-521.

［19］Yang C, Hutcheon Ian, Krouse H R. Fluid inclusion and stable isotopic studies of thermochemical sulphate reduction from Burnt Timber and Crossfield East gas fields in Alberta, Canada. Bulletin of canadian petroleum geology, 2001, 49(1): 149-161.

［20］Xiao Q L, Sun Y G, Chai P X. Experimental study of the effects of thermochemical sulfate reduction on low molecular weight hydrocarbons in confined systems and its geochemical implications. Organic Geochemistry, 2011, 42(11): 1375-1393.

［21］Zhu G Y, Zhang Y, Wang M, et al. Discovery of high-abundance diamondoids and thiadiamondoids and severe TSR alteration of Well ZS1C condensate, Tarim Basin, China. Energy & Fuels, 2018, 32(7): 7383-7392.

［22］Cai C F, Tang Y J, Li K K, et al. Relative reactivity of saturated hydrocarbons during thermochemical sulfate reduction. Fuel, 2019, 253: 106-113.

［23］Worden R H, Smalley P C, Oxtoby N H. The effects of thermochemical sulfate reduction upon formation water salinity and oxygen isotopes in carbonate gas reservoirs. Geochimica et Cosmochimica Acta, 1996, 60(20): 3925-3931.

［24］Cai C F, Hu W S, Worden R H. Thermochemical sulphate reduction in Cambro±Ordovician carbonates in Central Tarim. Marine and Petroleum Geology, 2001, 18: 729-741.

［25］Krouse H R, Viau C A, Eliuk L S, et al. Chemical and isotopic evidence of thermochemical sulphate reduction by light hydrocarbon gases in deep carbonate reservoirs. Nature, 1988, 333: 415-419.

［26］Heydari E, Moore C H, Sassen R. Late burial diagenesis driven by thermal degradation of hydrocarbons and thermochemical sulfate reduction: Upper Smackover Carbonates, Southeast Mississippi Salt Basin. AAPG Bulletin, 1988, 72(2): 197.

［27］Worden R H, Smalley P C, Oxtoby N H. Gas souring by thermochemical sulfate reduction at 140℃. AAPG Bulletin, 1995, 79(6): 854-863.

［28］Claypool G E, Mancin E A. Geochemical relationships of petroleum in mesozoic reservoirs to carbonate source rocks of Jurassic Smackover Formation, Southwestern Alabama. aAPG Bulletin, 1989, 73(7): 904-924.

［29］Goldstein T P, Aizenshtat Z. Thermochemical sulfate reduction a review. Journal of Thermal Analysis, 1994, 42(1): 241-290.

［30］ Jorgensen B B, Isaksen M F, Jannasch H W. Bacterial sulfate reduction above 100℃ in deep-sea hydrothermal vent sediments. Science, 1992, 258: 1756-1757.

［31］ Trudinger P A, Chambe L A, Smith J W. Low-temperature sulphate reduction: biological versus abiological. Canadian Journal of Earth Sciences, 1985, 22(12): 1910-1918.

［32］ Ho T Y, Rogers M A, Drushel H V, et al. Evolution of Sulfur Compounds in Crude Oils. AAPG Bulletin, 1974, 58(11): 2338-2348.

［33］ Worden R H, Smalley P C. H2S-producing reactions in deep carbonate gas reservoirs: Khuff Formation, Abu Dhabi. Chemical Geology, 1996, 133: 157-171.

［34］ Zhu G Y, Zhang Z Y, Zhou X X, et al. The complexity, secondary geochemical process, genetic mechanism and distribution prediction of deep marine oil and gas in the Tarim Basin, China. Earth-Science Reviews, 2019, 198.

［35］ Zhang Z Y, Zhang Y J, Zhu G Y, et al. Impacts of Thermochemical Sulfate Reduction, Oil Cracking, and Gas Mixing on the Petroleum Fluid Phase in the Tazhong Area, Tarim Basin, China. Energy & Fuels, 2019, 33(2): 968-978.

［36］ Liu Q Y, Worden R H, Jin Z J, et al. Thermochemical sulphate reduction (TSR) versus maturation and their effects on hydrogen stable isotopes of very dry alkane gases. Geochimica et Cosmochimica Acta, 2014, 137: 208-220.

［37］ 朱光有, 张水昌, 梁英波, 等. 川东北地区飞仙关组高含 H2S 天然气 TSR 成因的同位素证据. 中国科学: 地球科学, 2005, 35(11): 1037-1046.

［38］ Wei Z B, Moldowan J M, Fago F, et al. Origins of thiadiamondoids and diamondoidthiols in petroleum. Energy & Fuels, 2007, 21(6): 3431-3436.

［39］ Wei Z B, Walters C C, Michael M J, et al. Thiadiamondoids as proxies for the extent of thermochemical sulfate reduction. Organic Geochemistry, 2012, 44: 53-70.

［40］ Cai C F, Xiang L, Yuan Y Y, et al. Sulfur and carbon isotopic compositions of the Permian to Triassic TSR and non-TSR altered solid bitumen and its parent source rock in NE Sichuan Basin. Organic Geochemistry, 2017, 105: 1-12.

［41］ Zhu G Y, Zhang Y, Zhang Z Y, et al. High abundance of alkylated diamondoids, thiadiamondoids and thioaromatics in recently discovered sulfur-rich LS2 condensate in the Tarim Basin. Organic Geochemistry, 2018, 123: 136-143.

［42］ Zhu G Y, Wang H T, Weng N. TSR-altered oil with high-abundance thiaadamantanes of a deep-buried Cambrian gas condensate reservoir in Tarim Basin. Marine and Petroleum Geology, 2016, 69: 1-12.

［43］ Zhu G Y, Wang M, Zhang Y, et al. Low-molecular-weight organic polysulfanes in petroleum. Energy & Fuels, 2018, 32(6): 6770-6773.

［44］ Sinninghe D J S, Leeuw J W D, Dalen A C K V, et al. The occurrence and identification of series of organic sulphur compounds in oils and sediment extracts. I. A study of Rozel Point Oil (U. S. A.). Geochimica et Cosmochimica Acta, 1987, 51(9): 2369-2391.

［45］ Zhang T W, Amrani A, Ellis G S, et al. Experimental investigation on thermochemical sulfate reduction by H2S initiation. Geochimica et Cosmochimica Acta, 2008, 72(14): 3518-3530.

［46］ Kelemen S R, Walters C C, Kwiatek P J, et al. Characterization of solid bitumens originating from thermal chemical alteration and thermochemical sulfate reduction. Geochimica et Cosmochimica Acta, 2010, 74(18): 5305-5332.

［47］Gvirtzman Z, Said A W, Ellis G S, et al. Compound-specific sulfur isotope analysis of thiadiamondoids of oils from the Smackover Formation, USA. Geochimica et Cosmochimica Acta, 2015, 167: 144-161.

［48］Hanin S, Adam P, Kowalewski I, et al. Bridgehead alkylated 2-thiaadamantanes: novel markers for sulfurisation processes occurring under high thermal stress in deep petroleum reservoirs. Chemical Communications, 2002, 16: 1750-1751.

［49］Giruts M V, Gordadze G N. Generation of adamantanes and diamantanes by thermal cracking of polar components of crude oils of different genotypes. Petroleum Chemistry, 2007, 47(1): 12-22.

［50］Truche L, Bazarkina E F, Barré G, et al. The role of S−3 ion in thermochemical sulphate reduction: geological and geochemical implications. Earth and Planetary Science Letters, 2014, 396: 190-200.

［51］Vaivaramurthy A, Mopper K. Geochemical formation of organosulfur compounds (thiols) by addition of H_2S to sedimentary organic matter. Nature, 1987, 329: 623-625.

［52］Hebting Y, Schaeffer P, Behrens A, et al. Biomarker evidence for a major preservation pathway of sedimentary organic carbon. Science, 2006, 312(5780): 1627-1631.

［53］Jalilehvand F. Sulfur: not a "silent" element any more. Chem Soc Rev, 2006, 35(12): 1256-1268.

［54］Wei Z B, Mankiewicz P, Walters C, et al. Natural occurrence of higher thiadiamondoids and diamondoidthiols in a deep petroleum reservoir in the Mobile Bay gas field. Organic Geochemistry, 2011, 42(2): 121-133.

［55］Walters C C, Wang F C, Qian K G, et al. Petroleum alteration by thermochemical sulfate reduction—a comprehensive molecular study of aromatic hydrocarbons and polar compounds. Geochimica et Cosmochimica Acta, 2015, 153: 37-71.

［56］Nguyen V P, Burklé V V, Marquaire P M, et al. Thermal reactions between alkanes and H_2S or thiols at high pressure. Journal of Analytical and Applied Pyrolysis, 2013, 103: 307-319.

［57］Zhu G Y, Wang P, Wang M, et al. Occurrence and origins of thiols in deep strata crude oils, Tarim Basin, China. ACS Earth and Space Chemistry, 2019, 3(11): 2499-2509.

［58］Zhu G Y, Chen F, Wang M, et al. Discovery of the lower Cambrian high-quality source rocks and deep oil and gas exploration potential in the Tarim Basin, China. AAPG Bulletin, 2018, 102(10): 2123-2151.

［59］姜乃煌, 朱光有, 张水昌, 等. 塔里木盆地塔中 83 井原油中检测出 2-硫代金刚烷及其地质意义. 科学通报, 2007, 52(24): 2871-2875.

［60］Landa S, Machacek V. Adamantane, a new hydrocarbon extracted from petroleum. Collection of Czechoslovak Chemical Communications, 1933, 5: 1-5.

［61］Grice K, Alexander R, Kagi R I. Diamondoid hydrocarbon ratios as indicators of biodegradation in Australian crude oils. Organic Geochemistry, 2000, 31: 67-73.

［62］Dahl J E, Moldowan J M, Peters K, et al. Diamondoid hydrocarbons as indicators of oil cracking. Nature, 1999, 399: 54-56.

［63］Zhu G Y, Wang M, Zhang Y, et al. Higher Ethanodiamondoids in Petroleum. Energy & Fuels, 2018, 32(4): 4996-5000.

［64］Wang Y H, Zhu G Y, Wang M, et al. Discovery of novel cage compounds of diamondoids using multi-dimensional mass spectrometry. Chemical Engineering Science, 2023, 273.

［65］Wang M, Zhao S Q, Liu X X, et al. Molecular Characterization of Thiols in Fossil Fuels by Michael Addition Reaction Derivatization and Electrospray Ionization Fourier Transform Ion Cyclotron Resonance Mass Spectrometry. Analytical Chemistry, 2016, 88(19): 9837-9842.

［66］Zhu G Y, Li J F, Zhang Z Y, et al. Stability and cracking threshold depth of crude oil in 8000m ultra-deep reservoir in the Tarim Basin. Fuel, 2020, 282.

［67］Kohnen M E L, Damsté J S S, Haven H L, et al. Early incorporation of polysulphides in sedimentary organic matter. Nature, 1989, 341: 640-641.

［68］Charlson R J, Lovelock J E, Andreae M O, et al. Oceanic phytoplankton, atmospheric sulphur, cloud albedo and climate. Nature, 1987, 326: 655-661.

［69］Steudel R. The Chemistry of Organic Polysulfanes R−Sn−R(n>2). Chemical Reviews, 2002, 102: 3905-3945.

［70］Ishii A, Yinan J, Sugihara Y, et al. The first isolation and structure analysis of a crystalline tetrathiolane. Chemical Communications, 1996: 2681-2682.

［71］Gun J, Goifman A, Shkrob I, et al. Formation of Polysulfides in an Oxygen Rich Freshwater Lake and Their Role in the Production of Volatile Sulfur Compounds in Aquatic Systems. Environmental Science & Technology, 2000, 34(22): 4741-4746.

［72］Boulegue J, Ⅲ Charles J. Lord, Church T M. Sulfur speciation and associated trace metals (Fe, Cu) in the pore waters of Great Marsh, Delaware. Geochimica et Cosmochimica Acta, 1982, 46: 463-464.

［73］Schouten S, Graaf W D, Damsti J S. Sinninghe, et al. Laboratory simulation of natural sulphurization: Ⅱ. Reaction of multi-functionalized lipids with inorganic polysulphides at low temperatures. Advances in Organic Geochemistry, 1994, 22(3-5): 825-834.

［74］Sinninghe D J S, Rijpstra W I C, Leeuw J W D, et al. Origin of organic sulphur compounds and sulphur-containing high molecular weight substances in sediments and immature crude oils. Advances in Organic Geochemistry, 1988, 13(4-6): 593-606.

［75］Katritzky A R, Balasubramanian M. Aqueous High-Temperature Chemistry of Carbo-and Heterocycles. 17. ' Thiophene, Tetrahydrothiophene, 2-Met hylthiop hene, 2, 5 -Dimet hylt hiop hene, Benzothiophene, and Dibenzothiophene. Energy & Fuels, 1992, 6: 431-438.

［76］Asif M, Alexander R, Fazeelat T, et al. Geosynthesis of dibenzothiophene and alkyl dibenzothiophenes in crude oils and sediments by carbon catalysis. Organic Geochemistry, 2009, 40(8): 895-901.

［77］Li Y, Chen Y, Xiong Y Q, et al. Origin of Adamantanes and Diamantanes in Marine Source Rock. Energy & Fuels, 2015, 29(12): 8188-8194.

［78］Ellis G S, Said A W, Lillis P G, et al. Effects of thermal maturation and thermochemical sulfate reduction on compound-specific sulfur isotopic compositions of organosulfur compounds in Phosphoria oils from the Bighorn Basin, USA. Organic Geochemistry, 2017, 103: 63-78.

［79］Meshoulam A, Ellis G S, Said A W, et al. Study of thermochemical sulfate reduction mechanism using compound specific sulfur isotope analysis. Geochimica et Cosmochimica Acta, 2016, 188: 73-92.

［80］Chakhmakhchev A, Suzuki M, Takayama K K. Distribution of alkylated dibenzothiophenes in petroleum as a tool for maturity assessments. Organic Geochemistry, 1997, 26(7): 483-490.

［81］Seewald J S. Organic-inorganic interactions in petroleum-producing sedimentary basins. Nature, 2003,

426(6964): 327-333.

［82］Anisinmov L A. Conditions of abiogenic reduction of sulfate in oil-and gas-bearing basins. Geochemistry International, 1978, 15: 63-71.

［83］Claypool G E, Mancini E A. Geochemical relationships of petroleum in mesozoic reservoirs to carbonate source rocks of jurassic smackover formation, southwestern Alabama. AAPG Bulletin, 1989, 73(7): 904-924.

［84］朱光有, 王瑞林, 王霆, 等. 塔里木盆地深层海相原油中硫代金刚烷系列化合物的鉴定. 地球科学, 2023, 48(2): 398-412.

［85］姜乃煌, 朱光有, 张水昌, 等. 塔里木盆地塔中 83 井原油中检测出 2-硫代金刚烷及其地质意义. 科学通报, 2007, 52(24): 2871-2875.

［86］马永生. 四川盆地普光超大型气田的形成机制. 石油学报, 2007, 28(2): 9-14.

川东北地区飞仙关组高含 H_2S 天然气 TSR 成因的同位素证据[*]

朱光有，张水昌，梁英波，戴金星，李　剑

0　引言

硫化氢（H_2S）是天然气中的有害成分，它的存在一方面降低了天然气中烃类气体的百分比例，使天然气的工业价值降低；同时它极强的毒性和腐蚀性，威胁着钻探、开发的每一个环节，常导致重大的安全事故[1]，从而造成高含硫化氢天然气的勘探开发成本提高、风险增大。目前世界上已发现了 10 多个高含硫化氢气田，分别分布在加拿大阿尔伯塔[2-5]、法国拉克[6]、美国（密西西比[7-10]、南得克萨斯、东得克萨斯、怀俄明[11]）、德国[12]、伊朗[11, 13]、苏联[14] 和中国（川东北[15-20]、华北赵兰庄[21-23]）等富含碳酸盐的含油气盆地或蒸发盐比较发育的储层中。这些气田中硫化氢含量一般占气体组分的 10%～98% 左右。目前普遍认为天然气藏中硫化氢的主要来源有以下三种可能：生物成因（bacterial sulfate reduction，BSR）[24-26]、含硫化合物的热裂解[27]、硫酸盐热化学还原（thermochemical sulfate reduction，TSR）[5, 7, 12, 13, 18, 19, 28, 29]。硫化氢对微生物的毒性[24, 30]和岩石中含硫化合物的数量[27]决定了生物成因和含硫化合物热裂解形成的硫化氢浓度一般不会超过 3%～5%，因此天然气中高含、特高含硫化氢的成因目前普遍认为是硫酸盐热化学还原作用形成的（TSR）。硫酸盐热化学还原（TSR）是指硫酸盐与有机质或烃类作用，将硫酸盐矿物还原生成硫化氢及二氧化碳气体（硫酸盐被还原和气态烃被氧化）[31, 32]，通常用采用方程式（1）表示：

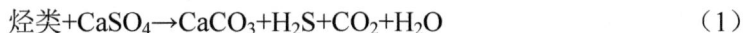

$$烃类+CaSO_4 \rightarrow CaCO_3+H_2S+CO_2+H_2O \tag{1}$$

虽然目前多数学者公认高含硫化氢天然气是 TSR 作用的结果，但是由于硫化氢的形成是热动力驱动下烃类和硫酸盐之间的反应，中间涉及各种烃类参与反应，不同的地区或不同油气藏具有不同的地质条件，而且也可能是不同的烃类参与反应，反应中间产物（如硫黄等）的数量和种类也难以估计，因此在 TSR 的最低反应温度、反应条件、反应体系方程、反应产物及其识别等方面[32-34]，不同学者的认识存在较大分歧。另外由于 H_2S 气体易于与地层中 Fe、Cu、Ni、Co、Pb、Zn 等重金属离子发生反应，生成金属硫化物[35-37]，从而消耗 H_2S，保存下来的硫化氢并非是其真正反应生成量。而且 BSR 和 TSR 发生的温度范围有相互重叠部分[8, 32]；同时 TSR 也可能形成低含硫化氢的气藏，所以采用硫化氢浓度来划分成因类型也不是可靠的标志。因此只有对高含硫化氢气藏开展深入而细致的研究工作，

---

* 原载于《中国科学》（D 辑：地球科学），2005 年，第 35 卷，第十一期，1037～1046。

查明 TSR 作用后留下的地质地球化学证据，才能对硫化氢成因类型的判识，以及反应的条件和反应的动力学机制等提供依据。本文通过对四川盆地川东北地区下三叠统飞仙关组高含硫化氢气藏的解剖，特别是碳、硫同位素分馏过程的研究，进一步证实了川东北高含硫化氢天然气系 TSR 成因，并揭示了 TSR 十分复杂的地质地球化学作用和过程。

1　川东北高含硫化氢地区的油气地质特征

四川盆地是在前震旦系变质岩基底上沉积了巨厚的震旦纪－中三叠世海相碳酸盐岩和晚三叠世－始新世陆相碎屑岩的大型复合含油气盆地，沉积总厚度约 $8000 \sim 12000m$，具有多套储集层和原岩层。盆地呈北东向延展的菱形，面积约 $19 \times 10^4 km^2$。近年来发现的高含硫化氢天然气主要分布在川东北地区（图 1），地理位置上主要属于宣汉、开县和开江等县区。

图 1　川东北高含硫化氢气田分布及飞仙关组沉积相图

硫化氢含量最高的渡口河（H_2S 平均占气体组分的 16%）、铁山坡（H_2S 平均占气体组分的 14%）、罗家寨（H_2S 平均占气体组分的 12%）、普光（H_2S 平均占气体组分的 16%）等气田均分布在开江－梁平海槽东侧的下三叠统飞仙关组鲕滩储层分布区（图 1），属于蒸发台地相[19]，区域面积约 $4000km^2$。该区石炭系是 20 世纪的主要开采层，为一套潮坪沉积的白云岩为主的沉积建造[38, 39]，多遭剥蚀，目前残留厚度在 20～55m 左右，且自身不具生烃能力，前人研究表明，石炭系气源主要来自志留系烃原岩，天然气中不含硫化氢或硫化氢含量很低。而高含硫化氢的下三叠统飞仙关组，与下伏二叠系长兴组和上覆三叠系嘉陵江组均为整合接触，沉积面貌基本上继承了晚二叠世的特点，主要发育鲕粒溶孔云岩为主夹粉晶鲕粒灰岩、泥－粉晶灰岩、泥质白云岩并夹有厚 15～30m 石膏层和白云质膏岩。该套地层厚度则一般在 350～450m 左右，其中飞仙关组中部的鲕粒溶孔云岩为高含硫化氢的主要储层，顶部的泥质岩类和石膏，以及膏岩十分发育的嘉陵江组～雷口坡组组成了高含硫化氢的优质区域盖层。由于川东北地区飞仙关组主要发育浅海充氧环境的鲕粒灰岩和粉晶灰岩，因此自身不具备形成大规模气藏的烃源条件。大量研究证实，飞仙关组天然气可能主要来自上二叠统滨海含煤层系和海槽相、深缓坡相的暗色泥晶灰岩[40]，下伏志留系烃原岩可能也有贡献，目前这些烃原岩已经达到了高-过成熟的热演化程度。

2　样品采集、制备及试验分析

对于硫化氢气体而言，硫同位素是研究其成因的最有效手段。由于硫化氢极强的腐蚀性，需要在现场将其转化为稳定的硫化物，方可送入实验室分析。作者在罗家 11 井等井的试气现场，在各项安全保护措施到位的情况下，将高含硫化氢天然气通过导管输入饱和的乙酸锌 [Zn（CH₃COO）₂·2H₂O] 溶液中，反应后很快形成了大量白色 ZnS 沉淀物，带回实验室又将其烘干保存。这样共获得了十个硫化氢的处理样品。

虽然川东北地区飞仙关组已钻遇高含硫化氢气井 20 余口，但由于脱硫设备尚未建成，这些高含硫化氢气井均未投入生产，因此只能在其试井时才能将放喷的硫化氢气体转化为硫化物（ZnS），所以这为大量硫样品制备带来了一定的难度。但是作者通过对川东北 50 多口取心井 2700m 岩心的细致观察，发现一些储层岩心中有淡黄色的硫黄晶体，部分呈大晶族状分布；另外在储层中还采集到颗粒状分布的黄铁矿、泥晶灰岩中的黄铁矿颗粒、白色纯净的石膏等大量硫化物样品。

作者将这些硫化物和硫黄送到中国科学院地质与地球物理研究所实验室，采用储雪蕾等人硫同位素的分析方法[41]，将样品中的硫转化为 SO₂，采用 Finnigan MAT 公司的 Delta S 同位素质谱仪，进行质谱分析，最后测量获得各类硫化物的 $\delta^{34}S$ 值。$\delta^{34}S$ 值采用的国际标准为 CDT，分析精度为±0.2‰（表 1）。

分析结果表明（表 1），四川盆地飞仙关组硫化氢的硫同位素组成比较稳定，$\delta^{34}S$ 在 10.28‰～13.71‰之间，主频值在 12.6‰～13‰。石膏的硫同位素值较高，且分布范围较宽，在 18.09‰～25.80‰，大多数在 22‰～23‰。同时文中引用了王一刚等人用相似方法分析获得的硫同位素资料[18]，这为对比研究提供了良好基础。

表 1　川东北地区硫同位素分析结果及其成因

井号	层位	深度/m	样品类型	$\delta^{34}S$/‰	样品特征描述	成因类型
渡 3 井	T₁f	4290	石膏	18.12		
渡 5 井	T₁f³⁻¹	4740.28	石膏	24.34		
渡 5 井	T₁f³⁻¹	4753.38	石膏	25.8	白色纯净的硬石膏晶体	沉积成因
渡 5 井	T₁f³⁻¹	4765.98	石膏	22.83		
金珠 1 井	T₁f³⁻¹	2825.81	石膏	22.13		

续表

井号	层位	深度/m	样品类型	$\delta^{34}S$/‰	样品特征描述	成因类型
金珠 1 井	T_1f^{3-1}	2877.23	石膏	19.35		
金珠 1 井	T_1f^{3-1}	2897.16	石膏	22.07		
罗家 2 井	T_1f^{3-1}	3302.72	石膏	22.59		
坡 1 井	T_1f^{3-1}	3464.73	石膏	19.46		
坡 3 井	T_1f^{3-1}	3536	石膏	18.92		
七里 52 井	T_1f^{3-1}	3490.43	石膏	24.64		
七里 52 井	T_1f^{3-1}	3941.89	石膏	23.57		
朱家 1 井	T_1f^{3-1}	5648.91	石膏	23.74		
紫 1 井	T_1f^{3-1}	3416.79	石膏	25.4		
紫 2 井	T_1f	3350.48	石膏	19.71		
紫 1 井	T_1f^{3-1}	3481.62	石膏	18.09		
渡 3 井	T_1f	4290	黄铁矿	-2.13	细粒灰岩上的黄铁矿颗粒	BSR 成因
渡 4 井	S	5225	黄铁矿	-0.61	细粒灰岩上的黄铁矿颗粒	
七里 14 井	S	4615.1	黄铁矿	-15.96	细粒灰岩上的黄铁矿颗粒	
金珠 1 井	T_1f^{3-1}	2914.26	硫黄	4.47	膏岩层面上的硫黄晶体	TSR 成因
罗家 5 井	T_1f^{3-1}	2939	硫黄	14.11	黑色灰岩上的大块硫黄晶体	
七里 52 井	T_1f^{3-1}	3941.89	硫黄	24.59	膏岩间的大块状硫黄晶体	
朱家 1 井	T_1f^{3-1}	5648.91	硫黄	5.6	膏岩层面上的斑状硫黄晶体	
坡 1 井	T_1f^{3-1}		硫黄	19.11[a]	斑状硫黄晶体	
罗家 11 井	T_1f	3900	H_2S	13.08	H_2S 含量占 9.12%	井场将 H_2S 气体转化为 ZnS 沉淀
				13.17		
				12.65		
				12.58		
罗家 16 井	T_1f	3800	H_2S	13.71	H_2S 含量占 9.320%	TSR 成因
			H_2S	13.64	H_2S 含量占 9.320%	
渡 6 井	T_1f	4465	H_2S	11.52	H_2S 含量占 16.20%	
七里北 1 井	T_1f	5800	H_2S	13.53	H_2S 含量占 16.25%	
普光 2 井	T_1f	5027	H_2S	10.28	H_2S 含量占 14.71%	
普光 2 井	T_1f	5200	H_2S	12.47	H_2S 含量占 15.67%	
渡 3 井	T_1f	4308	H_2S	13.70[a]	H_2S 含量占 17.06%	
坡 1 井	T_1f	3430	H_2S	12.00[a]	H_2S 含量占 14.19%	
七里 52 井	T_1f^{3-1}	3794.98	黄铁矿	20.16	储层中的黄铁矿晶体	TSR 成因
渡 4 井	T_1f^{3-1}		黄铁矿	20.10[a]	储层中的黄铁矿晶体	
坡 1 井	T_1f^{3-1}		黄铁矿	18.70[a]	储层中的黄铁矿晶体	

a 据王一刚等[18]，其他为本文分析值。

在岩心观察中，灰岩晶洞发育，部分呈蜂窝状，并见有大量的方解石晶体或晶斑，同时在一些石膏晶体或硫黄晶体中间也发育了斑块状方解石晶体，为做对比，还采集了一些较致密的灰岩和白云岩样品。这些碳酸盐样品在中国石油勘探开发研究院实验研究中心开展了碳同位素分析（表2）。以上碳、硫同位素分析结果均达到了行业标准。

表 2　川东北地区飞仙关组碳酸盐的碳、氧同位素组成

井号	深度	样品特征	$\delta^{13}C/$（PDB，‰）	$\delta^{18}O/$（PDB，‰）	成因类型
渡 2 井	3458.10	鲕粒灰岩	2.0	-3.9	
渡 2 井	4368.00	鲕粒灰岩	1.8	-4.6	
渡 3 井	4290.00	鲕粒灰岩	2.5	-4.2	
渡 5 井	4765.98	泥晶灰岩	0.9	-5.6	
黄龙 8 井	2601.06	鲕粒灰岩	3.7	-4.4	
罗家 2 井	3218.53	鲕粒灰岩	1.6	-4.1	I
坡 3 井	3430.70	鲕粒灰岩	1.0	-5.2	
普光 2 井	4829.64	灰质白云岩	2.7	-4.4	
普光 2 井	4829.64	灰质白云岩	2.9	-6.8	
七里 52 井	3794.98	灰质白云岩	3.7	-6.4	
黄龙 8 井	2604.32	裂缝充填方解石	0.4	-6.8	
黄龙 8 井	3174.25	裂缝充填方解石	0.2	-6.6	
黄龙 8 井	3179.21	裂缝充填方解石	0.2	-6.8	
黄龙 8 井	3183.62	裂缝充填方解石	0.1	-6.8	
黄龙 8 井	3178.32	方解石斑晶	1.0	-6.3	
黄龙 8 井	3130.12	方解石斑晶	0.4	-6.2	II
渡 3 井	4290.00	粒状方解石晶体	0.5	-7.6	
罗家 1 井	3465.32	粒状方解石晶体	0.5	-7.0	
坡 1 井	3461.50	粒状方解石晶体	-0.9	-5.8	
坡 1 井	3461.50	方解石粗晶	-0.7	-6.4	
普光 2 井	4879.71	粒状方解石斑晶	0.8	-7.0	
罗家 9 井	3151.00	粒状方解石斑晶	-1.4	-5.5	
渡 5 井	4765.98	粒状方解石斑晶	-3.5	-7.8	
罗家 1 井	3517.27	粒状方解石斑晶	-3.9	-8.1	
七里 52 井	3490.43	粒状方解石斑晶	-3.7	-6.5	
七里 52 井	3941.89	粒状方解石斑晶	-5.0	-6.9	
朱家 1 井	5648.91	粒状方解石斑晶	-4.6	-5.5	III
罗家 5 井	3002.91	粒状方解石斑晶	-6.1	-5.7	
坡 1 井	3464.73	灰岩中方解石晶体	-6.5	-4.1	
坡 1 井	3451.69	粒状方解石斑晶	-7.4	-6.2	
紫 1 井	3416.79	石膏间方解石晶体	-11.4	-4.9	
紫 1 井	3481.62	石膏间方解石晶体	-10.3	-6.0	
坡 1 井	3461.50	大晶斑状方解石	-13.8	-6.6	IV
坡 4 井	3238.00	石膏间方解石晶体	-16.3	-6.0	
坡 3 井	3536.00	石膏间方解石晶体	-17.0	-5.9	
坡 1 井	3464.73	石膏间方解石晶体	-18.2	-6.3	

3 讨论

3.1 硫同位素

硫有四种稳定同位素,其丰度分别为:^{32}S 占 95.1%、^{33}S 占 0.74%、^{34}S 占 4.2%、^{36}S 占 0.016%[42]。由于 ^{33}S 和 ^{36}S 在自然界中含量较低,其变化不易测定,因此一般只研究 $^{34}S/^{32}S$ 比值,并常用其值与标准样品相比的千分偏差值 $\delta^{34}S$(CDT,‰)来表示[42]。由于硫有多种价态,当同位素交换平衡时,硫的价态越高,含硫化合物越富集 ^{34}S;温度越低时,分馏系数越大;高温时分馏系数趋于一致[43]。特别是 TSR 成因的硫化氢,硫同位素的最大分馏一般不会大于 22‰。这便可以得出:硫酸盐相对于 H_2S 富集 ^{34}S;高温形成的 H_2S 比低温形成的 H_2S 更富集 ^{34}S。由于川东北地区下三叠统飞仙关组曾一度埋深超过 7000~8000m,古地温可能达到或超过 180℃;地层中又富含硫酸盐(石膏),具备发生 TSR 条件,因此多数人认为川东北飞仙关组高含硫化氢天然气是 TSR 作用的结果[18-20]。由于 TSR 是在较高的热动力条件驱动下硫酸盐与烃类发生的化学反应,生成 $CaCO_3$、H_2S、CO_2、S^0(硫黄)和水的过程,这些产物在川东北飞仙关组储集层中均可找到:天然气中除占 13%左右的 H_2S 外,还有 CO_2 占 8%左右,CH_4 占 77%左右,C_2H_6 小于 0.11%,C_3H_8 以上的重烃类几乎不含;另外飞仙关组储层岩心中可以看到十分发育的硫黄、次生方解石交代石膏等现象,这些都暗示了 TSR 曾发生过。

而通常情况下人们用反应方程(1)来表示烃类与硫酸盐发生 TSR 生成硫化氢这一结果。事实上重烃类比甲烷更易于和硫酸盐发生 TSR[7, 32],同样也可以形成 $CaCO_3$、H_2S 等,并且能够生成 S^0(硫黄),反应方程可能为

$$CaSO_4+CH_4\rightarrow CaCO_3+H_2S+H_2O \tag{2}$$

$$2CaSO_4+C_2H_6\rightarrow 2CaCO_3+H_2S+S+2H_2O \tag{3}$$

$$3CaSO_4+C_3H_8\rightarrow 3CaCO_3+H_2S+2S+3H_2O \tag{4}$$

$$nCaSO_4+C_nH_{2n+2}\rightarrow nCaCO_3+H_2S+(n-1)\,S+nH_2O \tag{5}$$

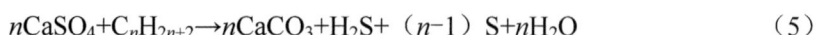

而本次开展的化学热力学计算也表明,在 120℃时甲烷和石膏发生反应[方程式(2)]的活化能为-42.74kJ/mol;乙烷和石膏发生反应[方程式(3)]的活化能为-102.01kJ/mol;丙烷和石膏发生反应[方程式(4)]的活化能为-159.81kJ/mol;而丁烷和石膏发生反应的活化能为-216.64kJ/mol,可见随着烃类碳数的增多,反应的活化能越小,反应更易进行。这一计算结果一方面证实了重烃类比甲烷更易于和硫酸盐发生 TSR 的推论,同时也解释了川东北飞仙关组天然气干燥系数最高的原因,即 TSR 选择性消耗重烃的结果。

从反应方程(2)~(5)可知,硫化氢和硫黄中的硫均来自于硫酸盐。硫同位素分析结果表明(表1),下三叠统飞仙关组块状白色纯净硬石膏的硫同位素分布在 18.09‰~25.80‰(CDT),主峰值分布在 22‰~24‰之间,反映了三叠纪早期海水的硫同位素组成特征[15]。硫化氢中的硫同位素值分布比较稳定,$\delta^{34}S$ 在 10.28‰~13.71‰之间,比石膏的硫同位素值低,反映 TSR 过程中硫在较高温度下的分馏特征。储集层中的硫黄晶体的同位素分布范围较宽,在 4.47‰~24.59‰,比硬石膏的硫同位素值小,体现出硫同位素的分馏特征以及硫在各个反应式中变化规律,即硫同位素在分馏的过程中,^{32}S 先逸出,而且逸出越早,其形成硫化物(H_2S)或硫黄的 $\delta^{34}S$ 越轻;而对于参与反应的石膏来讲,反应程度越高,其

^{32}S 逸出越多，剩余的 ^{32}S 就越少，就会导致 $\delta^{34}S$ 增重。由于反应程度和反应地质条件的差异，导致硫同位素分馏较大，分布范围较宽，而最大的分馏值也没有超过20‰。川东北地区硫黄和硫化氢的硫同位素值充分证实了其形成过程是遵循上述反应方程式。

为做对比，采集原岩中的黄铁矿和储层中的黄铁矿进行分析，$\delta^{34}S_{FeS_2}$ 分别分布-15.96‰～-0.61‰和 20.10‰～18.70‰。由于原岩中的黄铁矿形成于沉积早期的低温还原环境，属于生物成因（BSR），其较低的硫同位素值也反映出生物成因的特点。而储层中颗粒状分布的黄铁矿晶体，镜下观察明显具有后期生成特征，是由 TSR 形成的硫化氢与地层中的铁离子相结合而形成的。因此储层中的黄铁矿为次生成因，其硫来自于 TSR 反应形成的 H_2S。由于 FeS_2 中硫的价态比 H_2S 高，因此出现了黄铁矿的硫同位素组成比 H_2S 硫同位素富 ^{34}S 的特点（表1）。

硫化氢、硫黄和后期次生黄铁矿硫同位素的组成特征表明：

①含硫化合物中硫的价态越高，越富集 ^{34}S，硫化氢、后期次生黄铁矿和硫黄中硫的价态分别为-2、-1、0，它们的硫同位素平均分别为 12.7、19.66、13.58（硫黄的硫同位素分布很宽，最高分析值为 24.59‰，接近硫酸盐的同位素值）；

②由于硫黄为 TSR 反应的中间产物，它还可能与烃类发生进一步反应，形成二氧化碳和硫化氢 [方程式（6）]：

$$4S+CH_4+2H_2O \rightarrow CO_2+4H_2S \tag{6}$$

因此硫黄的硫同位素分布较宽。

③硫化氢的硫同位素相对分布稳定，各井相差不大，$\delta^{34}S$ 平均在 12.7‰，而石膏的 $\delta^{34}S$ 平均在 20.67‰，分馏值较小，平均在 7‰，体现出高温分馏的特点。同时也说明气藏中硫化氢形成时的温度条件相近或气藏内部气体组分之间混合比较充分。总之，硫化氢、硫黄、后期次生黄铁矿和地层硫酸盐的硫同位素组成之间的差异性和硫同位素的变化特征，证实了川东北地区飞仙关组硫化氢是 TSR 成因，同时也体现出 TSR 过程中硫同位素的分馏机制。

3.2 碳同位素

从碳、氧同位素组成来看，下三叠统飞仙关组碳酸盐碳同位素分布范围较宽，而氧同位素则比较集中（表2）。碳同位素值的分布特征可以分为四个区间或划分为四种类型（图2）。

其中第 I 区间碳同位素较重，分布在 0.9‰～3.7‰之间，平均在 2.0‰，该类样品均为地层碳酸盐，有鲕粒灰岩、泥晶灰岩、灰质白云岩和白云岩等岩类，其碳同位素组成主要代表了沉积成岩时期的海水碳同位素特征。第 II 区间碳酸盐的碳同位素平均在 0‰左右，该类碳酸盐大多分布在早期溶洞或裂缝内，周围没有石膏，该类方解石属于溶解于地层水中的二氧化碳沉淀而成，属于无机成岩事件。与之悬殊最大的是第 IV 种类型方解石晶体的碳同位素值，该值显著偏负，最低到-18.2‰，平均在-14.5‰，是我国目前发现的碳同位素最轻的次生方解石。这类方解石样品主要分布在膏盐层中间，呈大块状或晶簇状分布，是去膏化作用而形成的，即石膏溶解，方解石次生沉淀形成。这一现象在我们对飞仙关组储层薄片观察中是经常可以看到的，而且它也是高含硫化氢储层的重要成岩事件：石膏的溶解促进了孔隙的发育，而次生方解石的沉淀又使孔喉收缩变小。这一过程是通过反应方程式（1）～（4）完成的。因此这些次生方解石（$CaCO_3$）的碳来自于烃类，或甲烷、乙烷、丙烷等。由于烃类碳同位素系有机成因，普遍较轻，有机物质氧化造成次生方解石 $\delta^{13}C$ 偏负。因此从这些去膏化方解石较轻的碳同位素组成，也进一步证实了川东北高含硫化氢系 TSR 成因。同位素相对较轻的第Ⅲ种类型方解石，多呈颗粒状晶体，分布在膏质云岩或灰岩中，层面上可以看到浅黄色硫黄小晶体（没有第Ⅳ种类型的硫黄晶体发育），该类次生方解石的碳同位素平均在 -5.1‰，应受到有机质氧化的影响，但还继承了部分无机成因碳同位素的特征，因此是一种混合成因，但大部分碳应来自于烃类。

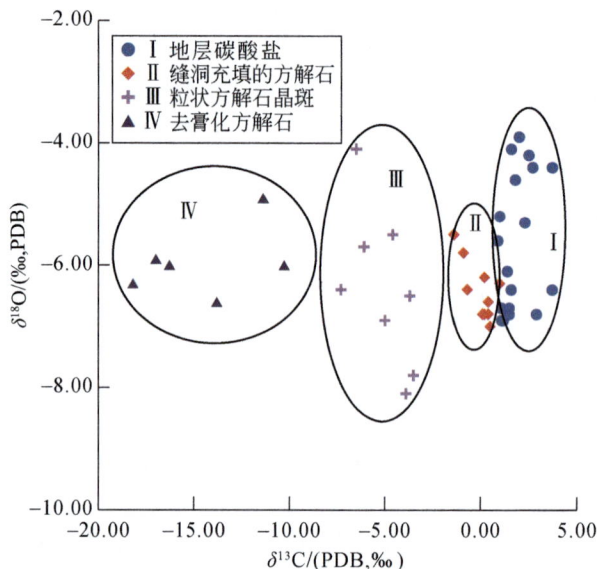

图2 川东北地区碳酸盐的碳、氧同位素组成

总之，从图 2 中第Ⅳ、Ⅲ类次生方解石的碳同位素组成来看，有机烃类不同程度参与了次生方解石的形成，是无机与有机相互作用的体现。因此川东北下三叠统飞仙关组碳酸盐较轻的碳同位素组成反映出 TSR 成因，那些纯净石膏层中的次生方解石的碳来源于烃类气体，即

$$nCaSO_4 + {}^*C_nH_{2n+2} \rightarrow nCa^*CO_3 + H_2S + (n-1)S + nH_2O$$

3.3 TSR 的其他证据

1）天然气中硫化氢的含量及组分间的关系

川东北下三叠统飞仙关组高含硫化氢天然气主要集中分布在膏岩相对发育的开江—梁平海槽以东的蒸发岩台地相储层中，而海槽相和海槽东西两侧的开阔台地相硫化氢含量均较低。从川东北各地区飞仙关组天然气的组成来看（表 3），分布于海槽东侧的罗家寨、普光、渡口河和铁山坡等气田各井硫化氢含量均较高，大部分大于 10%，部分高达 16% 以上，如此之高的硫化氢含量只有 TSR 才能大量形成。

高含硫化氢天然气也富含二氧化碳（表 3），二者之间具有良好的相关关系。虽然二氧化碳也可能由其他成因来源，但是海槽两侧硫化氢和二氧化碳含量的同步变化表明，二氧化碳与硫化氢有相关性。事实上，TSR 反应过程中，在形成硫化氢的同时，也不断形成二氧化碳 [方程式（6）]。

表 3　川东北地区下三叠统飞仙关组各井气体组分百分含量数据表　（单位：%）

地区	井号	比重	CH$_4$	C$_2$H$_6$	C$_3$H$_8$	C$_4$H$_{10}$	H$_2$S	CO$_2$	H$_2$	He	Ar
普光	普光1	0.72	77.91	0.02	0.00	0.000	12.31	9.07	0.01	0.02	0.65
渡口河	渡3	0.74	73.71	0.06	0.05	0.000	17.06	8.27	0.01	0.05	0.74
	渡2	0.69	78.74	0.04	0.01	0.000	16.24	3.29	0.02	0.06	1.60
	渡5	0.68	72.94	0.00	0.00	0.000	15.86	4.19	0.25	4.41	2.35
	渡4	0.66	83.73	0.06	0.00	0.000	9.81	5.03	0.02	0.70	0.65
罗家寨	罗家1	0.71	75.29	0.11	0.06	0.000	10.49	10.41	0.01	3.45	0.18
	罗家2	0.66	84.68	0.08	0.03	0.000	8.77	5.44	0.02	0.27	0.71
	罗家4	0.64	84.50	0.08	0.00	0.000	7.13	5.13	0.02	2.59	0.56
	罗家5	0.73	76.66	0.05	0.00	0.000	13.74	8.93	0.02	0.01	0.59
	罗家6	0.67	84.95	0.05	0.00	0.000	8.28	6.21	0.02	0.01	0.45
	罗家9		80.52	0.04	0.00	0.000	11.68	6.97	0.02	0.02	0.75
	罗家7		81.37	0.07			10.41	6.74			
铁山坡	坡1	0.71	78.38	0.05	0.02	0.000	14.19	6.36	0.03	0.05	0.92
	坡2	0.71	78.52	0.05	0.03	0.000	14.51	5.87	0.02	0.02	0.98
	坡4	0.72	77.17	0.04	0.00	0.000	16.05	5.78	0.00	0.13	0.82
福成寨	成16	0.56	98.38	0.35	0.02	0.000	0.13	0.35	0.03	0.00	0.73
	成22	0.56	98.84	0.25	0.01	0.000	0.00	0.09	0.01	0.00	0.69
铁山	铁山11	0.57	97.99	0.23	0.10	0.002	0.74	0.67	0.03	0.00	0.48
	铁山21	0.57	97.64	0.23	0.01	0.000	0.59	0.57	0.01	0.00	0.94
	铁山5	0.56	98.60	0.23	0.01	0.001	0.02	0.60	0.01	0.00	0.51
	铁山13		97.96	0.24	0.00	0.000	0.59	0.50	0.02	0.02	0.66
沙罐坪	罐6		98.65	0.35	0.02	0.003	微	0.18	0.02	0.00	0.00
	罐9		99.05	0.33	0.02	0.000	微	0.01	0.01	0.00	0.56
	罐22		97.75	0.28	0.01	0.003	微	0.87	0.00	0.01	1.05
黄草峡	草10		96.85	0.53	0.38	0.069	微	0.00	0.04	0.00	1.87
	草8	0.57	97.81	0.91	0.19	0.013	微	0.04	0.01	0.00	0.92

　　由于重烃类（乙烷以上）的活性比甲烷强，易于发生 TSR，从而导致天然气干燥系数增大。从海槽两侧天然气组分对比来看，高含硫化氢天然气中的重烃类含量极微（表3），而福成寨、铁山、沙罐坪和黄草峡等海槽西侧微含硫化氢气田的天然气中重烃含量显然比海槽东侧高含硫化氢天然气高。重烃类组分间的差异性表明 TSR 消耗烃类过程的选择性。

　　2）烃类碳同位素组成特征

　　由于 TSR 是在热动力驱动下烃类同硫酸盐之间的化学反应，因此在 TSR 过程中，不可避免地存在同位素的分馏现象。而 ^{12}C 和 ^{13}C 各自键能的差异，决定了在 TSR 过程中，^{12}C 优先参与 TSR 反应，致使剩余的烃类中 ^{13}C 相对增多，从而导致烃类碳同位素增重；而轻的碳同位素最终转移到次生方解石和二氧化碳中去。川东北海槽东侧高含硫化氢天然气比同一气源的海槽西侧不含或微含硫化氢的天然气中甲烷的碳同位素增重 1.0‰～2.5‰之间，而乙烷的增重幅度比甲烷大，可达 4.0‰，这进一步证实了重烃类优先参与 TSR 反应。

3）储层岩石学证据

在储层微观观察中，发现一些板状石膏溶蚀，次生方解石在石膏溶蚀的孔洞周围沉淀，即石膏溶蚀提供 TSR 反应物——硫酸根离子，TSR 反应后形成的二氧化碳溶于水与钙离子结合，形成次生方解石沉淀。另外，还见到次生的黄铁矿颗粒，它们是硫化氢与地层中的铁离子结合而形成的。上述的碳、硫同位素证据也都支持了这些现象。

4 结论

四川盆地川东北地区下三叠统飞仙关组高含硫化氢天然气藏中气体组分的含量、硫化氢和二氧化碳之间的相关性、重烃类的含量、烃类碳同位素、碳酸盐和硫化物的碳硫同位素组成，以及储层岩石学特征等证据表明，该区高含硫化氢天然气属于硫酸盐热化学反应成因（TSR）。

在 TSR 作用过程中，键能决定了 ^{32}S 先逸出，因此 TSR 形成的各类硫化物的硫同位素要轻于硫源的硫同位素。测试表明，飞仙关组硫化氢、硫黄和黄铁矿硫同位素平均值分别为 12.7‰、19.66‰、13.58‰（硫黄的硫同位素分布很宽，最高分析值为 24.59‰，接近硫酸盐的同位素值），飞仙关组硫酸盐的 $\delta^{34}S$ 平均在 20.67‰（分布在 18.09‰～25.80‰），分馏值主要分布在 6‰～13‰，分馏值较小，体现出高温分馏的特点。因此运用硫化物的硫同位素可以判别硫化氢的成因。

石膏间和硫黄周围的次生方解石晶体较轻的碳同位素组成（次生方解石 $\delta^{13}C$ 低到 -18.2‰，平均在-14.5‰），以及显微镜下次生方解石交代石膏的现象，表明烃类中的碳是通过 TSR 反应形成二氧化碳，最后转移到次生方解石，这也是人们把 TSR 划归为有机—无机相互作用范畴的最有力证据。

致　谢：本研究工作得到中石油西南油气田分公司勘探开发研究院王一刚、王兰生、张静等同志的帮助；川东钻探公司周国源高工提供了天然气组分数据，并协助进行了气样采集和样品制备；中国科学院地质与地球物理研究所和中国石油勘探开发研究院实验室分别完成了硫、碳同位素的分析，在此深表感谢！

参 考 文 献

[1] 戴金星, 胡见义, 贾承造, 等. 关于高硫化氢天然气田科学安全勘探开发的建议. 石油勘探与开发, 2004, 31(2): 1-5.

[2] Hutcheon I, Krouse H R, Abercrombie H. Geochemical transformations of sedimentary sulfur: controls of the origin and distribution of elemental sulfur, H2S and CO2, in Paleozoic reservoirs of western Canada. In: Vairavamurthy M A, Schoonen M A A (eds). Geochemical Transformations of Sedimentary Sulfur. ACS Symposium Series, 1995, 612: 426-438.

[3] Riciputi L R, Cole D R, Machel H G. Sulfide formation in reservoir carbonates of the Devonian Nisku Formation, Alberta, Canada. Geochimica Cosmochimica Acta, 1996, 60: 325-336.

［4］ Desrocher S, Hutcheon I, Kirste D, et al. Constraints on the generation of H₂S and CO₂ in the subsurface Triassic, Alberta Basin, Canada. Chemical Geology, 2004, 204: 237-254.

［5］ Machel H G. Gas souring by thermochemical sulfate reduction at 140°C: discussion. AAPG Bull, 1998, 82: 1870-1873.

［6］ Sokolov V A, Tichomolova T V, Cheremisinov O A. The composition and distribution of gaseous hydrocarbons in dependence of depth, as the consequence of their generation and migration. Advance in Organic Geochem, 1971: 479-486.

［7］ Orr W L. Geologic and geochemical controls on the distribution of hydrogen sulfide in natural gas. Advances in Organic Geochemistry. Enadisma Madrid, 1977: 571-597.

［8］ Anderson G M, Garven G. Sulfate-sulfide-carbonate associations in Mississippi valley-type Lead-zinc deposits. Economic Geology, 1987, 82(2): 482-488.

［9］ Sassen R. Geochemical and carbon isotopic studies of crude oil destruction, bitumen precipitation and sulfate reduction in the deep Smackover Formation. Org Geochem, 1988, 12: 351-361.

［10］ Claypool G E, Mancini E A. Geochemical relationships of petroleum in Mesozoic reservoirs to carbonate source rocks of Jurassic Smackover Formation, southwestern Alabama. AAPG Bull, 1989, 73: 904-924.

［11］ Hunt J M. Petroleum Geochemistry and Geology, 2nd ed. New York: Freeman, 1996, 743.

［12］ Worden R H, Smalley P C, Oxtoby N H. Gas Souring by thermochemical sulfate reduction at 140℃. AAPG Bull, 1995, 79(6): 854-863.

［13］ Machel H G, Krouse H R, Sassen R. Products and distinguishing criteria of bacterial and thermochemical sulfate reduction. Applied geochemistry, 1995, 10(4): 373-389.

［14］ Amursky G I, Ermakov V I, Zhabrev I P, et al. 刘方槐译. 苏联天然气中的有用组分. 见: 第十一届世界石油会议报告论文集(第六分册). 北京: 石油工业出版社, 1984, 86-93.

［15］ 沈平, 徐永昌, 王晋江, 等. 天然气中硫化氢硫同位素组成及沉积地球化学相. 沉积学报, 1997, 15(2): 216-219.

［16］ 戴金星. 中国含硫化氢的天然气分布特征、分类及其成因探讨. 沉积学报, 1985, 3(4): 109-120.

［17］ 樊广锋, 戴金星, 戚厚发. 中国硫化氢天然气研究. 天然气地球科学, 1992, 3(3): 1-10.

［18］ 王一刚, 窦立荣, 文应初, 等. 四川盆地东北部三叠系飞仙关组高含硫气藏 H₂S 成因研究. 地球化学, 2002, 31(6): 517-524.

［19］ Cai C F, Worden R H, Bottrell S H, et al. Thermochemical sulphate reduction and the generation of hydrogen sulphide and thiols(mercaptans)in Triassic carbonate reservoirs from the Sichuan Basin, China. Chemical Geology, 2003, 202, (1): 39-57.

［20］ 朱光有, 张水昌, 李剑, 等. 中国高含硫化氢天然气田的特征及其分布. 石油勘探与开发, 2004, 31(4): 18-21.

［21］ 朱光有, 戴金星, 张水昌, 等. 中国含硫化氢天然气研究及勘探前景. 天然气工业, 2004, 24(9): 1-4.

［22］ 梁宏斌, 陈素考, 马世金, 等. 冀中晋县凹陷含硫化氢油气藏的形成与资源预测. 见: 华北石油勘探开发科技文献. 北京: 石油工业出版社, 1995: 27-44.

［23］ 朱光有, 戴金星, 张水昌, 等. 含硫化氢天然气的形成机制及其分布规律研究. 天然气地球科学, 2004, 15(2): 166-170.

［24］ Orr W L. Changes in sulfur content and isotopic ratios of sulfur during petroleum maturation—Study of the Big Horn Basin Paleozoic oils. AAPG Bulletin, 1974, 50, 2295-2318.

［25］Vester F, Ingvorsen K. Improved MPN method to detect sulphate reducing bacteria with natural media and radiotracer. Appl Environ Microbiol, 1998, 64(5): 1700-1707.

［26］Saunders D F, Burson K R, Thompson C K. Model for hydrocarbon microseepage and related near—surface alterations. AAPG Bulletin, 1999, 83(1): 170-185.

［27］戴金星, 裴锡古, 戚厚发. 中国天然气地质学(卷一). 北京: 石油工业出版社, 1992: 31-33.

［28］Worden R H, Smalley P C. H₂S producing reactions in deep carbonate gas reservoirs: Khuff Formation, Abu Dhabi. Chem Geol 1996, 133: 157-171.

［29］Goldhaber M B, Orr W L. Kinetic controls on thermochemical sulfate reduction as a source of sedimentary H₂S. In: Vairavamurthy M A, Schoonen M A A (eds). Geochemical Transformations of Sedimentary Sulfur. ACS Symposium Series, 1995, 612: 412-425.

［30］Ohmoto H, Felder R P. Bacterial activity in the warmer, sulphate-bearing, Archaean oceans. Nature, 1987, 328(16): 244-246.

［31］Krouse H R, Viau C A, Eliuk L S, et al. Chemical and isotopic evidence of thermochemical sulphate reduction by light hydrocarbon gases in deep carbonate reservoirs. Nature, 1988, 333(2): 415-419.

［32］Mache H G. Bacterial and thermochemical sulfate reduction in diagenetic settings—old and new insights. Sedimentary Geology, 2001, 140(1-2): 143-175.

［33］Triduing P A, Chambers L A, Smith J W. Low temperature sulfate reduction: biological versus abiological. Can J Earth Sci, 1985, 22: 1910-1918.

［34］Bildstein R H, Worden E B. Assessment of anhydrite dissolution as the rate-limiting step during thermochemical sulfate reduction. Chemical geology, 2001, 176: 173-189.

［35］Rickard D, George W, Luther III G W. Kinetics of pyrite formation by the H₂S oxidation of iron (Ⅱ) monosulfide in aqueous solutions between 25 and 125°C: The mechanism. Geochimica et Cosmochimica Acta, 1997, 61(1): 135-147.

［36］Rickard D, Schoonen M A A, Luther I G W. Chemistry of iron sulfides in sedimentary environments. In: Vairavamurthy M A, Schoonen M A A. Geochemical Transformations of Sedimentary Sulfur. ACS Symposium Series, 1995, 612: 168-193.

［37］Schoonen M A A, Barnes H L. Reactions forming pyrite and marcasite from solution. Ⅱ. via FeS precursors below 100℃. Geochim Cosmochim Acta, 1996, 60: 115-134.

［38］Cai C F, Worden R H, Wang Q F, et al. Chemical and isotopic evidence for secondary alteration of natural gases in the Hetianhe Field, Bachu Uplift of the Tarim Basin. Organic Geochemistry, 2002, 33: 1415-1427.

［39］王一刚, 刘划一, 文应初, 等. 川东北飞仙关组鲕滩储层分布规律、勘探等方法与远景预测. 天然气工业, 2002(增刊): 14-18.

［40］杨家静, 王一刚, 王兰生, 等. 四川盆地东部长兴组—飞仙关组气藏地球化学特征及气源探讨. 沉积学报, 2002, 20(2): 349-352.

［41］储雪蕾, 赵瑞, 藏文秀等. 煤和沉积岩中各种形式硫的提取和同位素样品的制备. 科学通报, 1993, 38(20): 1887-1890.

［42］郑永飞, 陈江峰. 稳定同位素地球化学. 北京: 科学出版社, 2000: 128-240.

［43］刘英俊, 等. 元素地球化学. 北京: 科学出版社, 1986: 72-168.

四川盆地东部嘉陵江组气藏天然气的成因机制与控制因素*

朱光有，张水昌，梁英波，周国源，王政军

在漫长的地史时期中，烃类气体多是由有机物质通过细菌作用或热成因转化而生成并聚集起来形成气藏，或原油催化热分解形成天然气（Alain and Eric，1997；Dai et al.，1992；Frank and Joe，1997；Schoell，1996），天然气的同位素指纹长期被用作油气田充填史和驱动油气阶段性运移的动力学过程的灵敏示踪剂（Stahl，1974；James，1983；Schoell，1984；Galimov，1988；Carpentier and Ungerer，1996）。但是对于多气源的含油气盆地来说，多种成因气的充填和混合，或次生蚀变等，都可能引起气田范围内碳同位素指纹的变化（Wilhelms et al.，1990；Larter et al.，2003；Tang et al.，2000；Dai，2004；Krouse et al.，1988；Worden et al.，1996；金强等，2004；Zhang et al.，2005；Zhu et al.，2005a），因此依据天然气组分及碳同位素组成特征进行气源对比正受着越来越激烈的挑战（朱光有等，2005a）。天然气地球化学与油气地质综合研究逐渐成为解决复杂地区天然气成因的有效手段而被逐渐推广。

四川盆地是一个复合含气为主、含油为辅的大型叠合盆地，也是中国最重要的含气盆地之一。多旋回的沉积演化过程，孕育了多套海相、陆相及海陆过渡相烃原岩，这些烃原岩均已进入高演化阶段，并以成气为主（朱光有等，2006a）。下三叠统嘉陵江组储层是四川盆地川东和川南地区的重要产气层之一，气藏多且分布广，储层类型多样。天然气成分和碳同位素组成较为复杂，各气藏差别较大。本文通过对嘉陵江组已发现的 20 多个气藏及含气构造的解剖，并通过油田 120 多口产气井天然气地球化学分析数据的综合研究，系统分析了嘉陵江组气藏的气源、硫化氢的成因以及控制因素等，为四川盆地含硫化氢天然气的分布提供了预测依据。

1 四川盆地东部地区嘉陵江组气藏概况

四川盆地东部地区（以下简称川东）下三叠统嘉陵江组为一套碳酸盐岩夹膏岩层的沉积，鲕粒滩沉积广泛分布（图 1），是四川盆地一个较重要的产层，也是埋藏较浅的重要天然气勘探目的层（下伏石炭系是川东地区的主力产气层），嘉陵江组气藏的现今埋深绝大多数都小于 2500m。截至目前已在嘉陵江组的 5 个层段内（嘉一段、嘉二段、嘉三段、嘉四段、嘉五段）发现气藏及含气构造 20 多个，获得产气井 120 多口，探明储量 300 多亿立方米，主要以中小型气藏为主。嘉陵江组气藏分布广泛，裂缝性气藏比较普遍（储量小），因

---

* 原载于 *Acta Geologica Sinica*（English Edition），2007 年，第 81 卷，第五期，805～817。

此气藏规模相差较大（规模较大的有：卧龙河、东溪、麻柳场、同福场、张家场、福成寨、铁山、黄草峡、石油沟等）（图 1），多数为小储量的裂缝系统，其中卧龙河气田已探明储量占嘉陵江组总探明储量的 50% 左右，且气体中硫化氢含量较高（硫化氢含量在 4%～7%），是四川盆地嘉陵江组目前已发现硫化氢含量最高的气藏，其他气藏硫化氢含量都小于 2%，部分低含硫化氢或微含硫化氢。

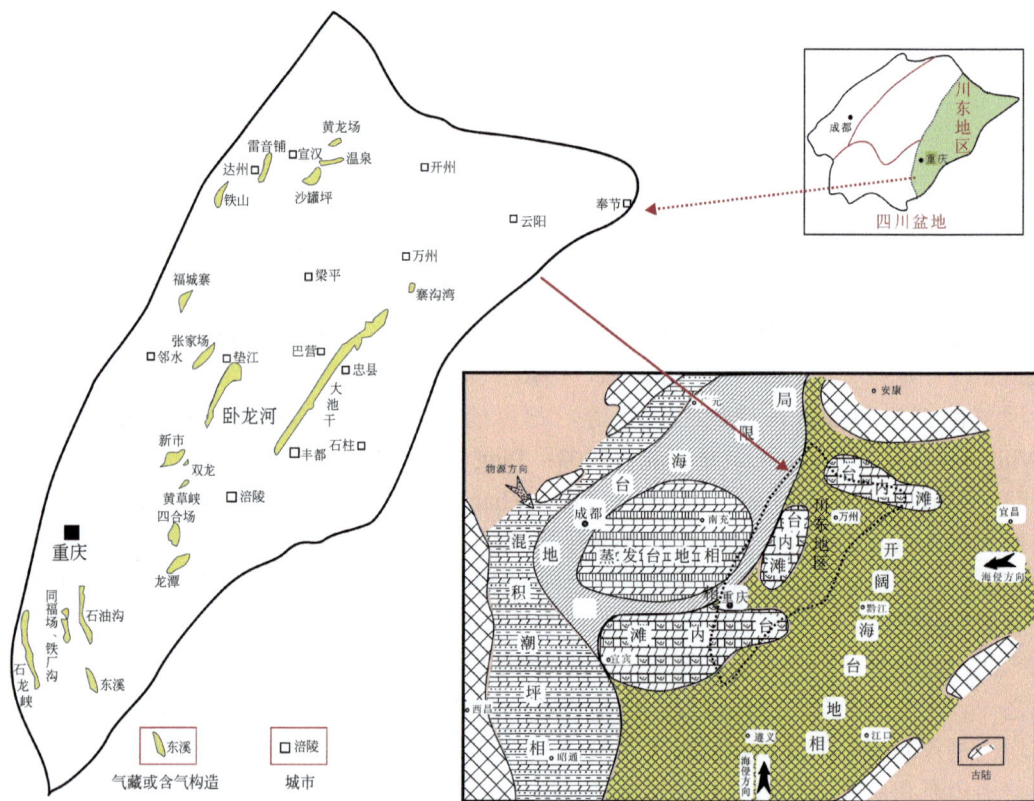

图 1　川东嘉陵江组气藏分布及四川盆地嘉陵江期沉积相图（沉积相图修改自翟光明，1992）

2　嘉陵江组沉积组合与储层特征

四川盆地三叠系嘉陵江组是继飞仙关组的连续沉积，海盆环境继续保持东深西浅特点（图 1），主要海进方向来自盆地的东侧，使整个盆地的沉积基面是西高东低（翟光明，1992；张静和王一刚，2003）。因此海进期为广泛的碳酸盐岩沉积，海退期则主要为广泛的蒸发岩类沉积（图 2）。盆地内绝大部分沉积的是灰岩、白云岩和硬石膏、盐岩。川东、川南一带为开阔海台地相，发育台内滩，沉积灰色粉晶灰岩夹白云岩、石膏等，厚度近千米，也是四川盆地嘉陵江组储集层主要发育区带。

川东嘉陵江组纵向上岩性显示三个沉积旋回，即通常所划分的嘉一—嘉二、嘉三—嘉四、嘉五旋回。嘉一、嘉三为海进期，浅水潮下为主的碳酸盐岩沉积（图 2）；嘉二、四主要为海退期潮间碳酸盐岩及潮上蒸发岩沉积，嘉五则是海进至海退沉积。从嘉陵江组沉积演化特征来看，嘉一、嘉三除了在灰岩中夹有粗结构鲕粒灰岩条带外，孔隙基本不发育，一般以微孔隙为主；孔隙主要发育在嘉二、嘉四和嘉五的海进末期至海退的蒸发环境。大量样品统计表明，在纵向上嘉一、嘉二、嘉三、嘉四和嘉五的平均孔隙度分别为 1.28%、4.12%、1.75%、3.07%、3.65%。常见的孔隙类型有白云化晶间孔、粒内及粒间溶孔以及微孔隙等，偶见膏模溶孔、生物体腔孔及鸟眼孔隙，但各气田或各气区又有明显差异。

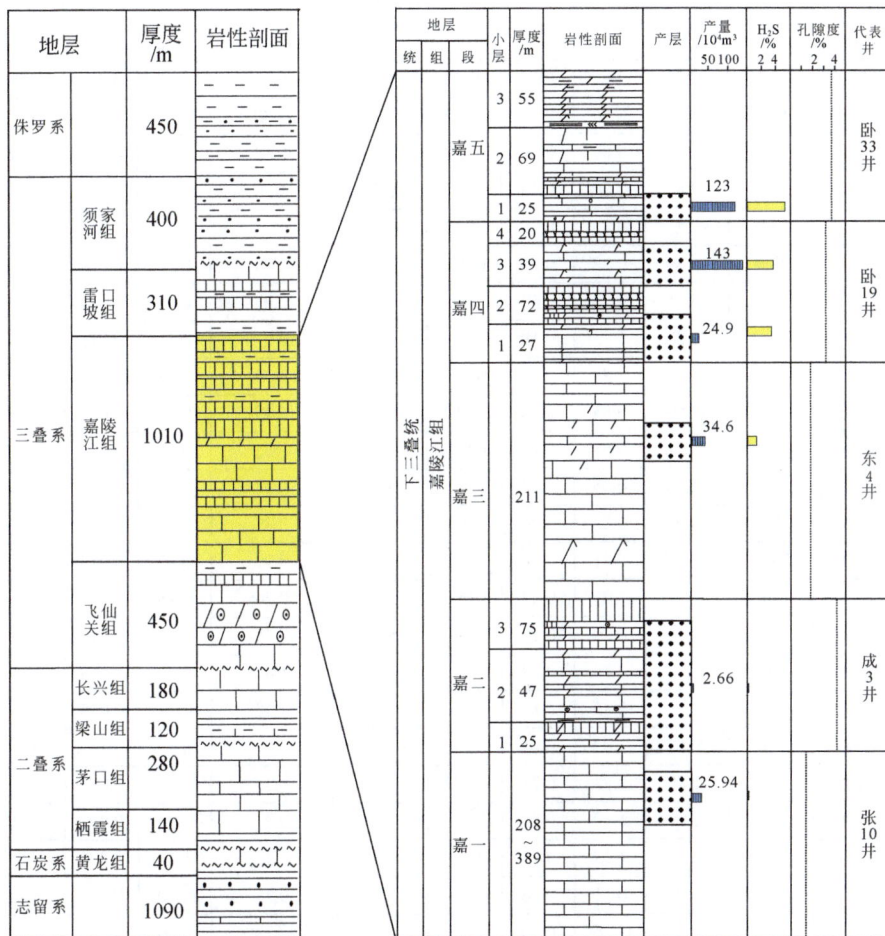

图2　川东嘉陵江组储层特征与测试分析特征

3　各气藏天然气的地球化学特征与气源分析

根据四川石油管理局有限公司川东钻探公司历年对川东地区天然气的分析资料，发现川东嘉陵江组气藏天然气的组成成分差异较大（表1），其中甲烷含量分布在 88%～99%（图3），除卧龙河气田，其他大部分气田甲烷的含量都在 94% 以上；重烃含量一般较低，小于3.5%，大部分小于 2%；重烃中的主要成分是乙烷，而丙烷的含量一般小于 0.2%，丁烷小于 0.15%，大多数在 0.004% 左右，因此川东嘉陵江组天然气属于干燥系数较高的天然气。天然气中非烃含量较高，且各气藏分布范围较宽。其中，硫化氢含量变化较大，分布在 0～10%（图3），绝大多数气田硫化氢含量小于 2%，平均在 0.5% 左右；而卧龙河气田硫化氢含量较高，主要分布在 3%～8%，属于高含硫化氢的天然气。二氧化碳含量一般在 2% 以下

（图 3），多数小于 1%；氮气含量一般小于 2%。嘉陵江组各气藏天然气组成上的差异反映了天然气的来源或形成过程有所不同。

表 1　嘉陵江天然气组分特征数据表（%）

气田	井号	井深/m	甲烷	乙烷	丙烷	丁烷	硫化氢	二氧化碳	氮	氦	氢	氩
卧龙河	卧 11	1497	92.61	0.90	0.21	0.061	5.19	0.40	0.42	0.015	0.000	
	卧 12	1605	92.73	0.80	0.19	0.051	5.23	0.35	0.48	0.022	0.009	
	卧 126	1826	88.75	0.75	0.16	0.058	8.48	1.00	0.50	0.014	0.025	
	卧 13	1570	91.68	0.84	0.20	0.064	5.95	0.53	0.43	0.016	0.028	
	卧 14	2425	92.81	1.00	0.15	0.090	5.21	1.20	0.15		0.070	
	卧 15	1478	92.21	0.85	0.20	0.061	5.54	0.43	0.40	0.016	0.012	
	卧 16	2211	96.88	0.28	0.22	0.003	1.91	0.25	0.65	0.020	0.003	0.01
	卧 17	1153	94.45	0.73	0.12	0.046	3.94	0.03	0.48	0.021	0.005	
	卧 19	1742	91.22	0.85	0.19	0.064	6.46	0.57	0.36	0.016	0.001	
	卧 24	1577	93.05	0.88	0.18	0.070	4.82	0.32	0.45		0.130	
	卧 25	1675	92.09	0.85	0.16	0.064	5.70	0.49	0.40	0.016	0.000	
	卧 26	1958	93.71	0.85	0.18	0.060	4.00	0.25	0.66			
	卧 27	1493	92.18	0.85	0.18	0.065	5.59	0.44	0.40	0.015	0.007	
	卧 28	2255	93.01	0.82	0.20	0.061	4.84	0.35	0.44	0.016	0.009	
	卧 29	1980	90.00	0.81	0.18	0.066	7.20	0.99	0.42	0.013	0.017	
	卧 3	1266	94.52	1.01	0.33	0.090	3.74	0.26	0.15		0.060	
	卧 30	2410	90.44	0.89	0.17	0.020	5.95	0.55	1.83	0.013	0.080	0.02
	卧 31	2066	86.35	0.78	0.18	0.063	10.11	1.83	0.38	0.015	0.040	
	卧 32	2004	92.39	0.85	0.18	0.060	5.39	0.48	0.39	0.015	0.005	
	卧 33	2340	90.67	1.02	0.41	0.140	7.19	0.67	0.52		0.080	
	卧 35	1796	92.89	0.83	0.24	0.072	4.68	0.33	0.58	0.017	0.000	0.001
	卧 36	2035	92.27	1.19	0.25	0.080	4.78	0.24	0.83	0.030	0.080	0.01
	卧 37	1882	93.04	1.17	0.23	0.070	2.86	0.32	1.28	0.024	0.006	0.054
	卧 38	1766	94.99	0.71	0.16	0.050	3.20	0.25	0.40	0.022	0.012	0.003
	卧 39	2154	92.47	1.36	0.30	0.090	4.74	0.28	0.56			
	卧 40		92.69	1.06	0.54	0.120	5.36	0.33	0.09		0.080	
	卧 42	2611	90.55	1.73	0.40	0.100	3.15	0.39	1.74	0.080	2.000	
	卧 45	2105	91.76	1.34	0.30	0.094	5.25	0.46	0.38	0.018	0.005	
	卧 46	1833	93.83	0.90	0.16	0.084	3.89	0.39	0.61	0.025	0.009	0.004
	卧 5	1796	93.64	0.94	0.15	0.046	4.57	0.08	0.41	0.018	0.000	
	卧 50	1875	94.07	0.91	0.20	0.063	4.16	0.03	0.21	0.011	0.007	
	卧 56	1464	92.54	0.85	0.21	0.064	5.21	0.42	0.41	0.018	0.023	
	卧 57	1946	96.68	0.51	0.08	0.010	1.09	0.25	1.30	0.003	0.003	0.017
	卧 6	1568	93.60	0.88	0.21	0.140	4.43	0.26	0.05		0.080	
	卧 7	1538	89.65	0.79	0.17	0.064	7.71	0.83	0.50	0.015	0.000	
	卧 71	2179	91.90	1.04	0.30	0.096	3.35	1.53	0.65	0.200	0.102	0.003
	卧 8	1170	91.95	1.27	0.30	0.081	5.23	0.41	0.41	0.017	0.007	
	卧 9	1996	90.58	1.03	0.23	0.030	7.26	1.30	0.59		0.080	

续表

气田	井号	井深/m	甲烷	乙烷	丙烷	丁烷	硫化氢	二氧化碳	氮	氦	氢	氩
东溪	东14	843	97.38	0.41	0.05	0.000	0.93	0.13	1.05	0.050	0.000	0.004
	东4	1430	97.30	0.44	0.06	0.000	1.24	0.22	0.70	0.039	0.004	0.000
	东2	1102	97.45	0.51	0.06		1.18	0.10	0.63		0.120	
福成寨	成14	2278	98.21	0.55	0.09	0.040	0.01	0.02	0.00	0.740	0.000	
	成3	1953	98.86	0.49	0.07	0.010	0.06	0.13	0.32	0.048	0.000	0.011
铁山	铁山5	2354	98.04	0.20	0.01	0.000	0.63	0.54	0.03	0.550	0.000	
	铁山14		99.13	0.22	0.01		0.00	0.09	0.51	0.300	0.002	0.007
大池干井	池28	1929	98.03	0.24	0.01	0.000	0.83	0.12	0.73	0.001	0.032	0.005
	池31	2163	98.61	0.37	0.02	0.003	0.01	0.04	0.89	0.046	0.004	0.002
	池47	2808	98.72	0.18	0.01	0.000	0.07	0.17	0.80	0.018	0.028	
雷音铺	雷1	1741	95.56	1.35	0.57	0.150	0.00	0.00	1.58	0.048	0.012	0.000
	雷3	1993	98.90	0.37	0.01	0.000	0.00	0.08	0.55	0.044	0.000	0.000
张家场	张9	2748	98.82	0.39	0.03	0.014	0.00	0.03	0.67	0.028	0.000	
	张10	2655	99.03	0.36	0.04	0.011	0.00	0.11	0.41	0.025	0.000	
沙罐坪	罐14	2856	97.04	0.44	0.08	0.053	0.01	0.02	2.15	0.001	0.060	0.017
	罐1	2600	99.02	0.36	0.03	0.012	0.01	0.02	0.42	0.031	0.009	
黄草峡	草1	1198	98.30	0.72	0.17	0.021	0.00	0.01	0.69	0.034	0.000	
	草2	1010	97.30	0.70	0.15	0.000	0.88	0.04	0.04	0.820	0.000	
	草30		97.40	0.70	0.15	0.008	0.77	0.18		0.033	0.007	
铁厂沟	铁2	834	95.64	0.50	0.07	0.000	1.70	0.78	1.28	0.029	0.000	0.005
	铁3	690	96.62	1.18	0.34	0.130	0.63	0.07	0.68		0.140	
石龙	峡12	939	97.36	0.51	0.10	0.028	0.41	0.13	1.42	0.064	0.001	0.008
	峡7	636	94.97	0.71	0.16	0.028	1.95	0.43	1.63	0.062	0.004	0.006
	峡9	516	92.65	2.30	0.81	0.270	0.75	0.23	2.76		0.110	
石油沟	巴9	1049	97.20	0.70	0.12	0.022	0.65	0.32	0.91	0.041	0.004	
	巴27	1224	96.27	1.02	0.20	0.038	1.06	0.16	1.09	0.042	0.001	0.001
	巴29	1048	97.51	0.48	0.07	0.009	0.43	0.12	1.22	0.056	0.001	0.018
新市	新2	2773	97.14	0.66	0.18	0.052	0.07	0.48	1.39		0.125	
	新11	2328	94.62	1.76	0.51	0.159	0.60	0.72	0.93	0.016	0.000	0.003
双龙	双1	2304	94.67	2.13	0.64	0.123	0.48	0.30	1.49		0.166	
	双9	2418	94.72	1.98	0.53	0.180	0.43	0.69	1.14	0.000	0.012	
麻柳场	麻6	2157	94.80	0.32	0.02	0.002	0.00	0.36	4.45	0.035	0.001	0.011
	麻8	2026	95.95	0.23	0.01	0.000	0.00	0.06	3.59	0.056	0.000	0.100
	麻3	2231	96.84	0.24	0.01	0.000	0.00	0.42	2.44	0.042	0.000	0.005
温泉	温泉4	1872	99.10	0.32	0.03	0.000	0.01	0.18	0.34	0.000	0.023	
	温泉4	1872	98.94	0.35	0.03	0.008	0.07	0.20	0.37	0.000	0.023	

嘉陵江组天然气中烃类碳同位素组成分布较宽，特别是乙烷的碳同位素高低相差近10‰，而乙烷的碳同位素组成则主要受气源母质类型的控制，因此嘉陵江组天然气气源较为复杂。嘉陵江组天然气的甲烷碳同位素分布相对较为集中，$\delta^{13}C_1$主要在-33‰～-31‰（图

4），$\delta^{13}C_2$ 分布在 -37‰～-27‰，$\delta^{13}C_3$ 分别在 -32.5‰～-23‰。从同位素组成来看，嘉陵江组天然气既有油型气，也有煤成气的特点，事实上，川东地区既发育煤系烃原岩，也发育腐泥型泥岩和碳酸盐烃原岩。

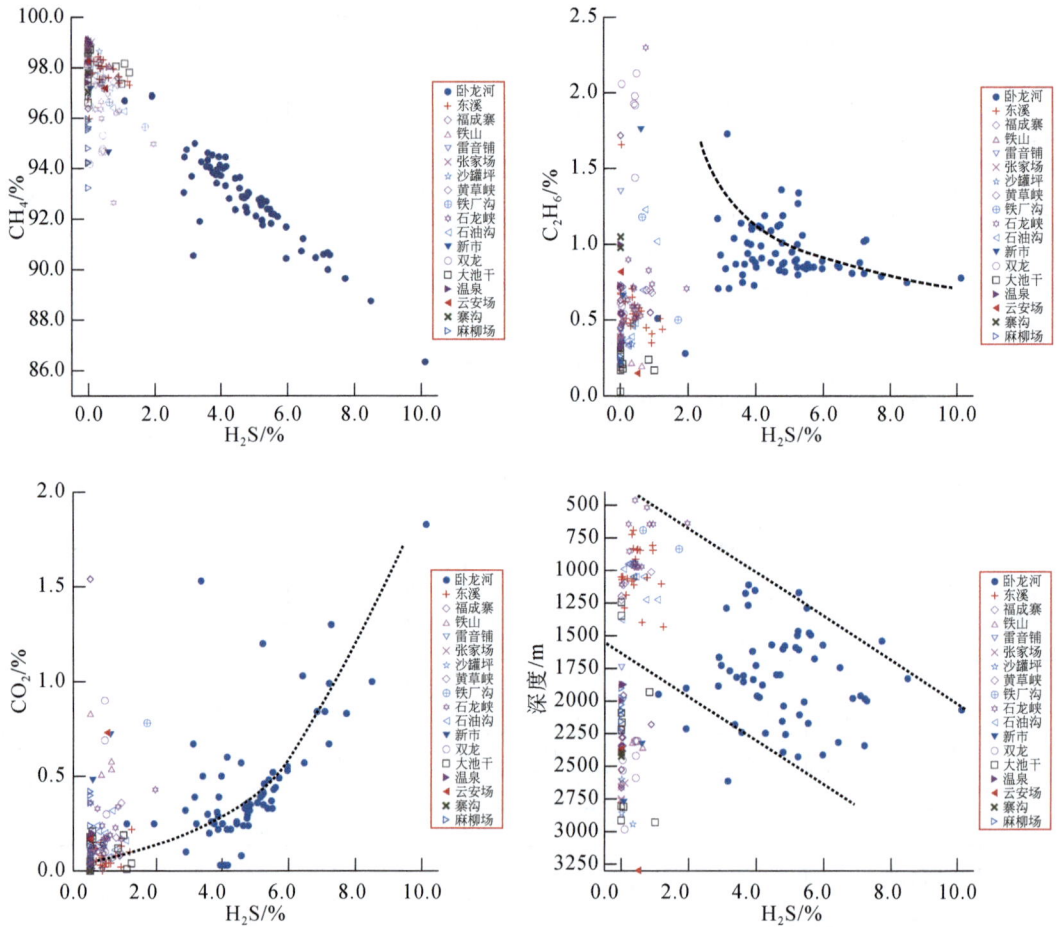

图 3　四川盆地嘉陵江组天然气组分间的关系

从垂向上看，川东不同层系天然气同位素组成具有较大差异：石炭系是川东地区的主要产层，已发现了三个大型气田，探明天然气储量超过 $2500\times10^8m^3$，天然气甲烷的碳同位素在 -33‰～-32‰左右，$\delta^{13}C_2$ 在 -37‰～-35‰，$\delta^{13}C_3$ 在 -32‰～-30.5‰左右，体现出油型气碳同位素特征（图 4），大量研究结果认为川东石炭系藏的气源来自志留系的原油裂解（刘树根和徐国盛，1997；朱光有等，2006b）（川东地区志留系龙马溪组发育一套富含有机质的黑色泥岩，TOC 高达 3%以上，是一套优质的烃原岩）。石炭系储层广泛分布有沥青，证明早期曾有过古油藏，后期随温度升高而发生裂解成气。川东二叠系气藏规模一般较小，多以裂缝型气藏为主；下二叠统栖霞组和茅口组发育碳酸盐岩烃原岩，从成藏条件来看，二叠系气藏的气源可能主要来自其本身的烃原岩，即下二叠统碳酸盐岩烃原岩。从二叠系气藏天然气的碳同位素组成来看，也分布在油型气的区域（图 4），因此二叠系气藏的气源应来自于下二叠统烃原岩。由于在川东北部地区上二叠统龙潭组发育一套富含有机质的碳质泥岩烃原岩，生烃潜力巨大（对目前勘探发现的川东北飞仙关组大气藏如普光、罗家寨等大气田可能有重要贡献），这套烃原岩介于煤系、泥岩和碳酸盐岩的过渡，形成于海-陆交互相沉积，其形成的天然气不是典型的煤成气（乙烷碳同位素小于-28‰），这套烃原岩形成的天然气乙烷碳同位素一般在-30‰～-28‰之间。另外，川东地区还发育上三叠统须家河组煤系烃原岩（湖相和三角洲沉积），厚度在 350m 以上，暗色泥质岩和薄煤层有机质含量很高，是一套优质的煤系烃原岩，也是须家河组储集层系重要的烃源，目前处于成熟、高成熟演化阶段，并以形成煤型气为主，它对浅层天然气藏可能有重要贡献。因此川东地区嘉陵江组气藏的气源可能来自于：志留系泥岩、下二叠统碳酸盐岩烃原岩、上二叠统龙潭组、上三叠统须家河组或者它们之间的混合。

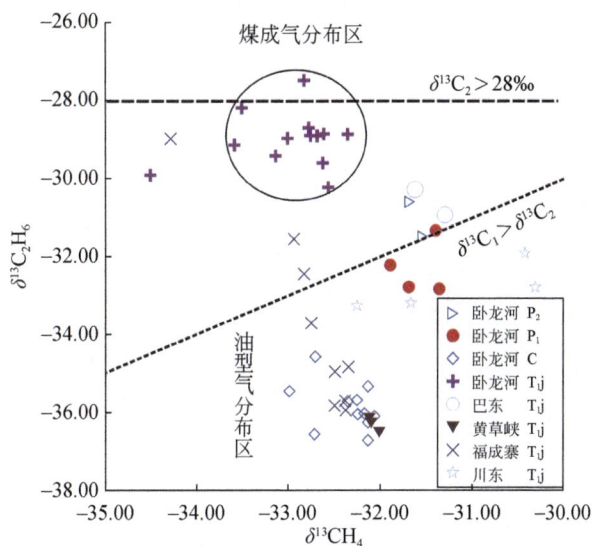

图 4　川东气藏甲烷与乙烷碳同位素组成图

　　从图 4 来看，黄草峡嘉陵江组气藏和福成寨嘉陵江组气藏部分天然气与卧龙河石炭系气藏的同位素较为接近，天然气来源应相近，属于油型气，天然气来自志留系龙马溪组烃原岩。卧龙河嘉陵江组气藏的同位素则较重，与其他层系的天然气存在较明显的差异，特别是乙烷的碳同位素接近于煤成气的特征，因此气源不可能来自志留系龙马溪组或下二叠统。从对研究区嘉陵江组嘉一段、嘉三段灰色、褐灰色及深灰色灰岩、灰褐色泥质云岩、深灰色白云质灰岩等分析表明，其有机碳含量大部分低于 0.2%，一般为 0.1%，硫含量也较低，反映了沉积环境并非有利于烃原岩的形成，因此嘉陵江组不具备生成大量烃类的条件。卧龙河嘉陵江组气藏的气源可能主要来自于上二叠统龙潭组或混有上三叠统须家河组煤成气；而从乙烷的碳同位素组成来看，煤成气的特点不明显，特别是上三叠统须家河组煤系烃原岩形成的天然气乙烷的碳同位素一般大于-26‰，据此可以认为上三叠统须家河组煤成气可能对卧龙河嘉陵江组气藏没有贡献，因此卧龙河嘉陵江组气藏的气源主要来自上二叠统龙潭组。

　　川东其他嘉陵江组气藏的天然气同位素则与卧龙河二叠系气藏的同位素比较接近，因此气源可能是来自下二叠统烃原岩烃原岩。从硫化氢含量与气源的关系上来看，二者之间没有必然联系，因此采用硫化氢含量的差异判识不同气藏是否同源缺少依据。

4   嘉陵江组气藏硫化氢的分布与成因探讨

4.1   硫化氢的分布

川东地区嘉陵江组气藏硫化氢的含量差别较大，基本上可以分为两类：含或低含硫化氢天然气、高含硫化氢天然气。嘉陵江组气藏绝大多数属于前者，目前只有川东卧龙河气田嘉陵江组气藏硫化氢含量较高，大部分在 4%～7%，少数高达 7%～10%。平面分布上，呈现出两个含量较高的硫化氢分布区［图 5（a）］，即卧龙河高含硫化氢分布区，同福场、铁厂沟含硫化氢分布区，其中前者硫化氢分布区域广。

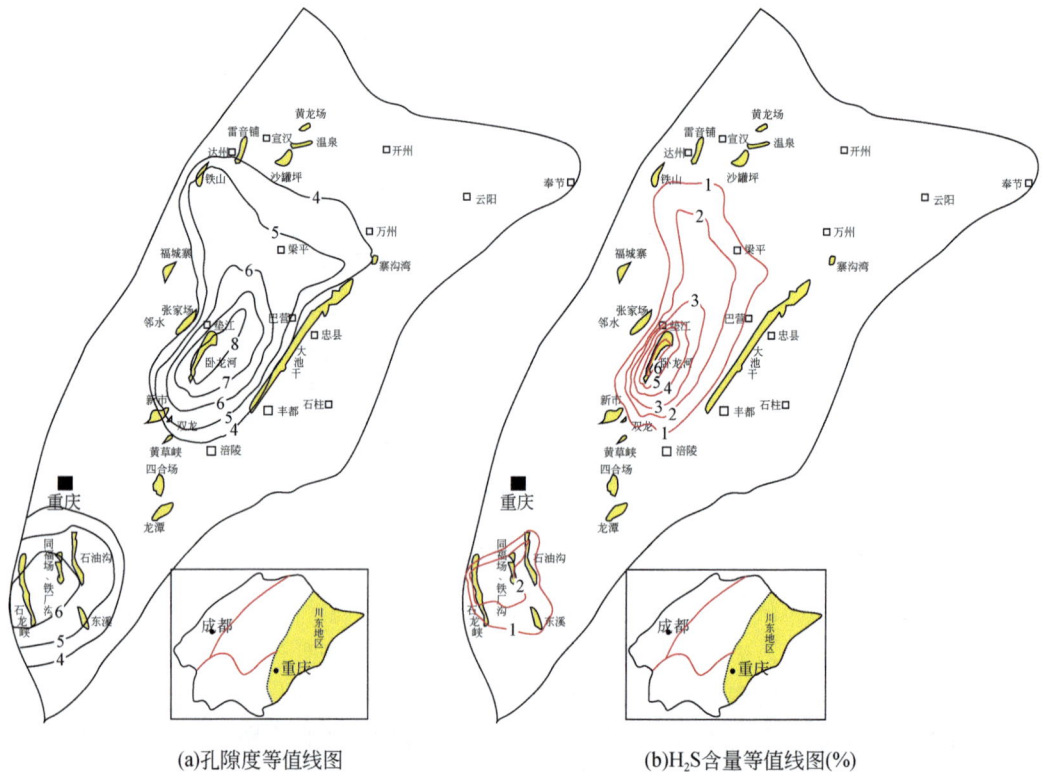

(a)孔隙度等值线图   (b)H$_2$S含量等值线图(%)

图 5   川东嘉陵江组储层特征及 H$_2$S 含量等值线图

4.2   硫化氢 TSR 成因与证据

虽然天然气中的硫化氢可以通过多种方式形成，如生物成因（BSR）、含硫化合物热分解，以及 TSR（thermochemical sulfate reduction）成因（Krouse et al.，1988；Worden et al.，1996；Cai et al. 2003），但由于硫化氢的毒性及含硫化合物的数量决定了前二者形成的硫化氢含量较低，而目前公认高含硫化氢天然气只有 TSR 成因才能形成。因此，卧龙河高含硫化氢天然气应属于 TSR 成因。

1）卧龙河气田嘉陵江组硫化氢的生成条件

卧龙河地区具备 TSR 发生的条件，首先烃类和膏质岩类充沛，其次储层曾经历过较高的温度，从埋藏史曲线来看（图 6），嘉陵江组在侏罗纪中期至白垩纪晚期埋深曾达到 4000m 以下，温度在 120～160℃左右；另外，川东嘉陵江组烃类包裹体均一温度也在 120～160℃左右，因此嘉陵江组具备 TSR 发生的温度条件。在喜马拉雅运动抬升作用的影响下，嘉陵江组储层目前的埋深在 2000m 左右，温度低于 100℃，TSR 已经停止。

2）卧龙河气田嘉陵江组硫化氢 TSR 成因的硫同位素证据

从硫同位素的分析资料来看，卧龙河嘉陵江组嘉三段气藏硫化氢的硫同位素在+22‰～+31‰，嘉三段石膏的硫同位素在+35‰～+38‰，分馏值在 7‰～10‰，体现出 TSR 高温反应过程中硫同位素低分馏值的特点（朱光有等，2006c），与国内外高含硫化氢气田硫同位素分馏值比较相似（TSR 成因的硫化氢硫同位素分馏值一般在 5‰～15‰，而且 TSR 反应温度越高，分馏值越小，多数高含硫化氢气田硫同位素的分馏值在 6‰～12‰）。

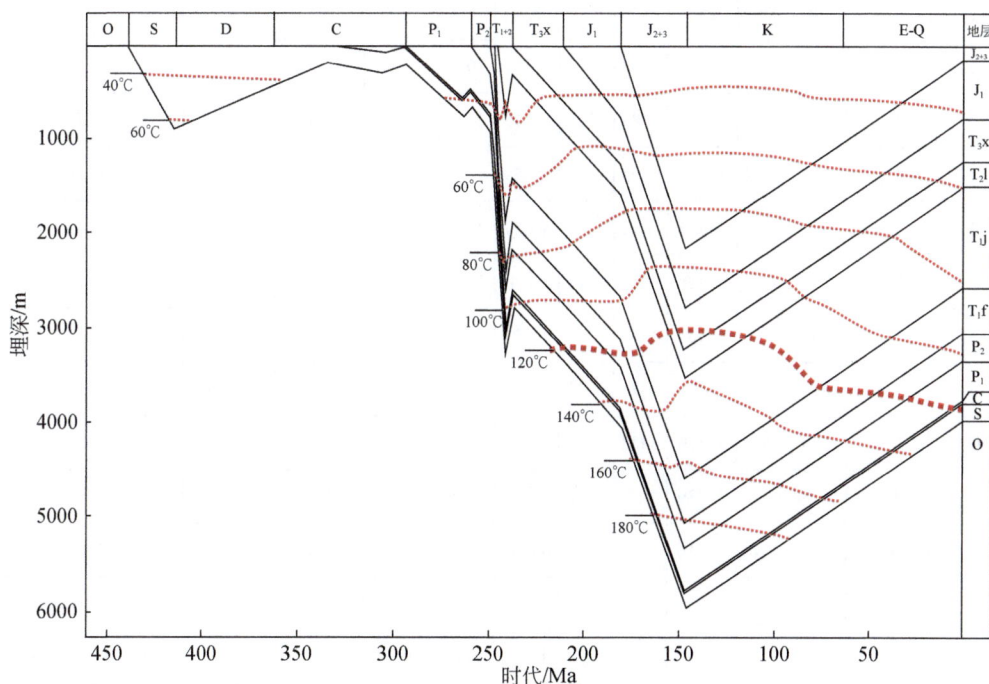

图 6　卧龙河气田卧 48 井埋藏史曲线图

3）硫化氢 TSR 成因的间接证据

其他含硫化氢天然气（硫化氢含量小于 2%）的硫化氢成因，虽然没有直接证据来证实它属于 TSR 成因，但是可以排除其他成因的可能。

首先，BSR 形成条件来看，一般认为微生物活动的上限温度小于 80℃，最适宜的温度是在 35～42℃（Larter et al.，2003）；而嘉陵江组气藏自油气进入储层成藏后一直处于较高的温度条件，储层温度绝大多数大于 80℃（据埋藏史和包裹体均一温度），多数气藏不具备微生物活动的温度条件。

其次，从地层水条件来看，大量地层水分析数据表明，震旦系气藏的地层水矿化度很高，绝大多数大于 40g/L（表 2），且分布稳定，富含溴、碘等代表高度蒸发浓缩海水特征的离子，如此高的矿化度水，也是不利于微生物的繁殖和活动。特别是从嘉陵江组气藏地层水的水型为氯化钙型水，是代表油气藏封闭性较好的证据，说明气藏未遭受微生物的侵蚀。根据这些特征，可以否定嘉陵江组硫化氢 BSR 成因的可能。

表 2 嘉陵江组气藏地层水组成特征

井号	层位	井段	阳离子/（mg/L）			阴离子/（mg/L）				微量元素/（mg/L）				矿化度/（g/L）	水型
			Na$^+$+K$^+$	Ca^{2+}	Mg^{2+}	Cl$^-$	SO$_4^{2-}$	HCO$_3^{2-}$	CO$_3^{2-}$	I$^-$	Br$^-$	B$^-$	H$_2$S		
卧 4	$T_1j_1^5$	2576~2578	60258	6155	70.3	104452	607	1559						171.30	CaCl$_2$
卧 64	$T_1j_1^5$	2971~3020	33548	2323	111	34538	1506		185					158.60	CaCl$_2$
卧 16	T_1j_2		38847	6079	1208	72289	1701	1015		146	1068	33		121.10	CaCl$_2$
卧 19	T_1j_2	2240~2251	38686	6350	1023	72345	1885	222						113.10	CaCl$_2$
卧 24	T_1j_2		39146	5088	981	70587	2099	126		36	1186	364		118.00	CaCl$_2$
卧 26	T_1j_2	2130~2140	41616	4689	1021	73175	2329	24	3.9					123.20	CaCl$_2$
卧 5	T_1j_2	2075~2084	38245	5293	1120	70059	1924	162		5	572	58		118.90	CaCl$_2$
卧 36	T_1j_3	1949~2035	35834	3028	2282	80457	4559	967						138.10	CaCl$_2$
卧 39	T_1j_3	2200	51888	12667	1214	104619	1320	446	167	11		273.6		172.30	CaCl$_2$
卧 57	T_1j^2	1990.9	42366	4557	1065	74521	2339	527		30	4	381		125.30	CaCl$_2$
温泉 4	T_1j^2	1871~1899	3759	9578	3059	29254	2733	669	0	0	0	0		49.05	CaCl$_2$
黄龙 5	T_1j^1	3598~3602	34479	6348	140	63014	2094	0	174	微	0	0		106.30	CaCl$_2$
云安 15	T_1j^1	3400	39339	29108	10603	141821	817	0	1084	微				222.77	CaCl$_2$
寨沟 2	$T_1j_2^{2-1}$	2359~2440	53816	7062	1399	99260	235	146	0					161.90	CaCl$_2$
麻 4	$T_1j_2^{3-1}$	2312	17126	76559	3185	170857	276	100						268.10	CaCl$_2$
草 6	T_1j^2	1223	21024	4368	87	38493	2457	156	0				9074	66.59	CaCl$_2$
温泉 4	T_1j^2	1872~1899	3759	9578	3059	29254	2733	669	0	0	0	0		49.05	CaCl$_2$
麻 4	$T_1j_4^{1-3}$	2165.5	24835	17634	1088	71910	766	293						116.50	CaCl$_2$
新 15	$T_1j_5^{2-1}$	2436~2468	32791	5337	720	60981	1375		72	0	0	0	2735	101.28	CaCl$_2$

注：据川东钻探公司化验室。

对于含硫化合物热分解来说，富硫干酪根在高温作用下，能够生成一定量的 H$_2$S，从理论计算得知，含硫化合物热裂解形成的 H$_2$S 浓度不会超过 3%（干酪根中含硫化合物的量所决定），而且目前国际上也没有发现含硫化合物热裂解途径形成 H$_2$S 含量大于 1%。再说，如果这些硫化氢是通过含硫化合物热分解形成的，那么这些气藏硫化氢的含量应该相近，不应该存在这么大的差别。因此嘉陵江组天然气中的硫化氢应属于 TSR 成因。

5 川东地区嘉陵江组气藏硫化氢的形成与控制因素

5.1 硫化氢的形成条件

虽然充足的烃类、发育石膏和具备高温条件（120℃以上）是 TSR 发生的必要条件，但是在许多情况下，即使具备了这三个条件，TSR 也未必一定发生（朱光有等，2006d），川东地区硫化氢的分布特征就能说明这一点。而正是由于硫化氢形成的控制因素不甚明朗，有效预测硫化氢的分布一直存在较大困难。川东嘉陵江组石膏十分发育，具有平面上分布广、垂向上层数多厚度大的特点，因此各气藏膏岩条件都具备。对于 TSR 反应物之一的烃类来说，只要具备成藏条件或对于已经形成的气藏来说，烃类也是具备的。温度是 TSR 发生的驱动力，也是控制 TSR 反应速度和反应程度的重要因素之一（Worden et al., 1996）。从埋藏史和包裹体均一温度来看，嘉陵江组在川东北部经历的温度较高，储层曾经历过 140℃以上高温条件，而川东南部嘉陵江组储层曾经历的温度要明显比中北部低，多数在 90～130℃。但是对于川东高温储层也有气藏未形成高含硫化氢天然气，说明 TSR 的发生明显还受其他因素的控制，烃类、石膏和高温只是 TSR 发生的基本条件。

5.2 硫化氢与储层类型

TSR 是在高温驱动下烃类与硫酸盐发生的化学反应，并形成硫化氢、二氧化碳的过程。由于烃类是与硫酸根发生化学反应，这就决定了 TSR 反应离不开水，只能发生在油气藏中的气－水界面或油－水界面附近，因为只有这些地方同时具备烃类和硫酸根离子（Mache，2001；Zhu et al., 2005b）。从对含硫化氢气藏的统计来看，含硫化氢气藏普遍具有底水或边水。而对于裂缝型气藏来说，气－水界面或油－水界面这一条件往往受限；另外 TSR 是一个化学反应过程，反应物的不断供给与反应产物的不断转移可以促进反应的进行，如果储层性质较差或以裂缝性储层为主，反应物的供给和反应产物扩散稀释必然受到限制，这也是目前所发现的高含硫化氢天然气普遍对应了优质储层或孔隙型储层，而在裂缝型储层中难以形成高含硫化氢天然气的最重要原因。从图 5 可以看出，硫化氢含量越高的地方，储层性质也越好，便充分证明了这一点。

5.3 硫化氢与储层温度

温度是 TSR 反应的驱动力，而且温度越高，越有利于 TSR 的快速发生（Orr，1974）。储层经历过的最高温度低于 120℃时，TSR 难以发生。川南麻柳场气藏就属于这种类型，储层性质较好，孔隙度在 5.14%，孔隙以晶间孔、晶间溶孔、粒内溶孔及针孔为主，具有整装气藏的特点。天然气中甲烷占 94.2%～96.84%，重烃含量低，不含硫化氢，二氧化碳为 0.013%～0.422%，地层水矿化度较高，为氯化钙型水，证明气藏保存条件好。但由于埋藏较浅，又未经历过较高的古地温（图 7，储层温度几乎从未大于 120℃），因此 TSR 未发生，所以在孔隙型储层条件具备的情况下，TSR 的发生仍然离不开高温条件。

总之，硫化氢的形成（TSR 的发生）不仅需要具备反应的物质基础，温度条件，还受其他多种因素的制约，特别是在反应物（烃类和硫酸盐）和温度条件都具备时，储层的性质扮演着相当重要的角色，孔隙型储层提供了烃类循环反应所需的空间和大范围的油—水或气—水接触面，使得烃类能与硫酸根离子接触，反应物与产物又能不断循环，使反应能够持续进行，从而形成大量硫化氢；而裂缝型储层则难以满足上述条件（TSR反应条件受限），硫化氢也就难以形成。这不仅给出了目前中国所发现的十余个高含硫化氢天然气田普遍形成于孔隙型储层的原因，同时也为预测硫化氢的分布提供了重要依据。

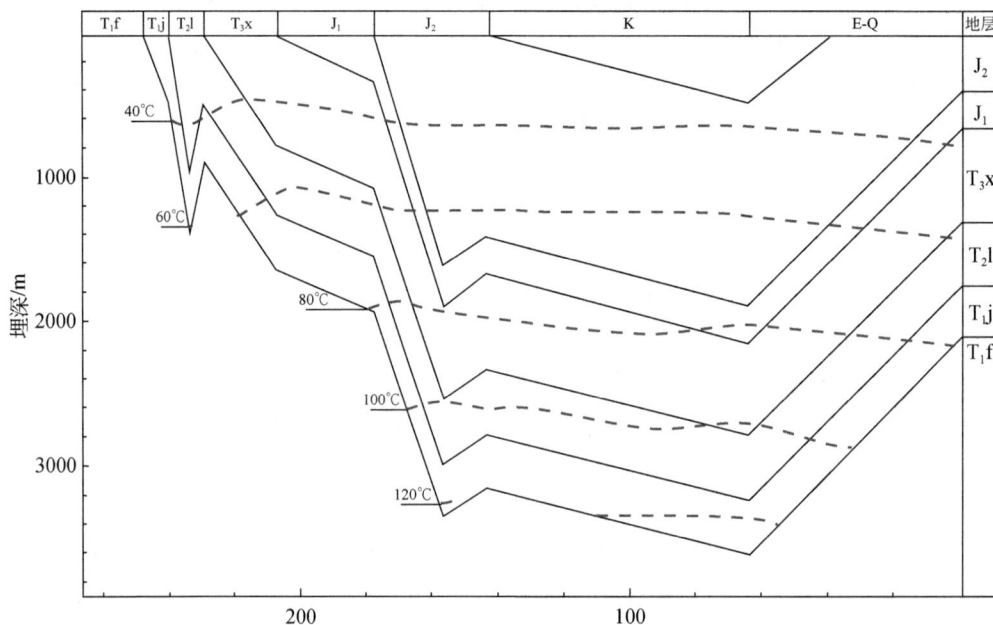

图7　川南麻柳场构造麻8井埋藏史曲线图

6　结论

嘉陵江组大多数气藏的气源是来自于下二叠统碳酸盐岩烃原岩；卧龙河嘉陵江组气藏的气源主要来自于上二叠统龙潭组；黄草峡和福成寨气藏部分天然气自志留系泥质烃原岩。

地质与地球化学综合研究认为，卧龙河嘉陵江组高含硫化氢气藏和川东其他20多个含硫化氢气藏或低含硫化氢天然气藏的硫化氢属于TSR成因，气源与硫化氢之间没有必然联系。

研究发现TSR反应与储层性质具有密切关系：即高含硫化氢形成于孔隙型储层，而裂缝性储层由于缺少烃类循环反应所需的空间，因此不可能形成高含硫化氢天然气。

温度对硫化氢的形成也具有重要的控制作用。在孔隙性储层中，若储层从未经历过较高的温度条件，也难以形成高含硫化氢天然气。因此，在预测硫化氢分布时，除了要考虑石膏存在外，一定要考虑储层的性质和储层经历过的温度条件。

参 考 文 献

金强, 程付启, 刘文汇. 2004. 混源气藏及混源比例研究. 天然气工业, 24(2): 22-24.

刘树根, 徐国盛. 1997. 川东石炭系气藏含气系统研究. 石油学报, 18(3): 13-22.

翟光明. 1992. 中国石油地质志(第十二卷). 北京: 石油工业出版社.

张静, 王一刚. 2003. 四川宣汉河口地区飞仙关早期碳酸盐蒸发台地边缘沉积特征. 天然气工业, 23(2):

19-22.

朱光有, 张水昌, 梁英波, 等. 2005a. TSR 对烃类气体组分和碳同位素的蚀变作用. 石油学报, 26(5): 54-58.

朱光有, 张水昌, 梁英波, 等. 2005b. 川东北地区飞仙关组高含 H_2S 天然气 TSR 成因的同位素证据. 中国科学(D 辑: 地球科学), 35(11): 1037-1046.

朱光有, 张水昌, 梁英波, 等. 2006a. 四川盆地天然气特征及其气源. 地学前缘, 13(2): 234-248.

朱光有, 张水昌, 梁英波, 等. 2006b. 天然气中高含 H_2S 的成因及其预测. 地质科学, 41(1): 152-157.

朱光有, 张水昌, 梁英波, 等. 2006c. 四川盆地 H_2S 的硫同位素组成及其成因探讨. 地球化学, 35(3): 432-442.

朱光有, 张水昌, 梁英波, 等. 2006d. 四川盆地威远气田硫化氢的成因及其证据. 科学通报, (23): 2780-2788.

Alain P, Eric P. 1997. Isotopically light methane in natural gas: bacterial inprint of diffusive fractionation? Chemical Geology, 142: 193-200.

Cai C F, Worden R H, Bottrell S H, et al. 2003. Thermochemical sulphate reduction and the generation of hydrogen sulphide and thiols (mercaptans) in Triassic carbonate reservoirs from the Sichuan Basin, China. Chemical Geology, 202, (1): 39-57.

Carpentier B, Ungerer P. 1996. Molecular and isotopic fractioration of light hydrocarbons between oil and gas phases. Organic Geochemistry, 24(12): 1115-1134.

Dai J, Pei X, Qi H. 1992. Natural gas geology in China. Vol. 1. Beijing: Petroleum Industry Press.

Dai J, Xia X, Qin S, et al. 2004. Origins of partially reversed alkane $\delta^{13}C$ values for biogenic gases in China. Organic Geochemistry, 3: 405-411.

Frank D M, Joe H. 1997. The catalytic decomposition of petroleum into natural gas. Geochimica at Cosmochimica, 61(24): 5347-5350.

Galimov E. 1988. Sources mechanisms of formation of gaseous hydrocarbon on sedimentary rocks. Chemical Geology, 71: 77-95.

James A T. 1983. Correlation of natural gas by wet of carbon isotopic distribution between hydrocarbon components. AAPG Bull, 67: 1176-1191.

Krouse H R, Viau C A, Eliuk L S, et al. 1988. Chemical and isotopic evidence of thermochemical sulphate reduction by light hydrocarbon gases in deep carbonate reservoirs. Nature, 333(2): 415-419.

Larter S, Wilhelms A, Head I, Koopmans M, et al. 2003. The controls on the composition of biodegraded oils in the deep subsurface-part 1: biodegradation rates in petroleum reservoirs. Organic Geochemistry, 34: 601-613.

Mache H G. 2001. Bacterial and thermochemical sulfate reduction in diagenetic settings—old and new insights. Sedimentary Geology, 140(1-2): 143-175.

Orr W L. 1974. Changes in sulfur content and isotopic ratios of sulfur during petroleum maturation—Study of the Big Horn Basin Paleozoic oils. AAPG Bulletin, 50: 2295-2318.

Schoell M. 1984. Recent advance in petroleum isotope geochemistry. Organic Geochemistry, 6: 645-663.

Schoell M. 1996. Natural gases and their use in exploration and production. AAPG Bulletin, 80(11): 1829-1830.

Stahl W. 1974. Carbon isotope fractionation in natural gases. Nature, 251: 134-135.

Tang Y, Perry J K, Jenden P D, et al. 2000. Mathematical modeling of stable isotope ratio in natural gases: Geochim Cosmochim Acta, 64: 2673-2687.

Wilhelms A, Larter S R, Leythaeuser D, et al. 1990. Recognition and quantication of the effects of primary migration in a Jurassic clastic source-rock from the Norwegian continental shelf. Organic Geochemistry, 16: 103-113.

Worden R H, Smalley P C, Oxtoby N H. 1996. The effects of thermochemical sulfate reduction upon formation water salinity and oxygen isotopes in carbonate reservoirs. Geochim Cosmochim Acta, 60: 3925-3931.

Zhang S C, Zhu G Y, Dai J X, et al. 2005. TSR and sour gas accumulation: a case study in the Sichuan Basin, SW China. Geochemica et Cosmochimica Acta, 69(10): 562.

Zhu G Y, Zhang S C, Dai J X, et al. 2005a. Character and genetic types of shallow gas pools in Jiyang depression. Organic Geochemistry, 36(11): 1650-1663.

Zhu G Y, Zhang S C, Liang Y B, et al. 2005b. Discussion on origins of the high-H_2S-bearing natural gas in China. Acta Geologica Sinica, 79(5): 697-708.

四川盆地威远气田硫化氢的成因及其证据[*]

朱光有，张水昌，梁英波，李其荣

H_2S 是天然气中的有害成分,通常将天然气中 H_2S 体积含量>2%称为高含 H_2S 天然气[1-3]。TSR(thermochemical sulfate reduction,硫酸盐热化学还原反应)是高含 H_2S 天然气形成的重要途径，是指烃类在高温条件下将硫酸盐还原生成 H_2S、CO_2 等酸性气体的过程[4-13]。低含和微含 H_2S 天然气（H_2S<2%）则可以通过多条途径形成，如生物成因、含硫化合物的热分解等过程生成，因此低含和微含 H_2S 天然气的成因识别比较困难。

四川盆地威远震旦系灯影组气藏和寒武系洗象池组气藏 H_2S 含量分布在 0.8%~1.4%，属于含 H_2S 型天然气。多年来对该气藏 H_2S 成因的认识存在不同观点[14-18]。本文通过采集大量天然气样品、岩心样品和石膏、硫化氢、黄铁矿等硫化物样品，分别分析其碳同位素和硫同位素；结合油田历年来分析的大量地层水数据和天然气组分数据；并通过对震旦系灯影组气藏和寒武系洗象池组气藏的解剖，从 TSR 发生的条件、TSR 作用的地质和地球化学证据等多个方面，系统论证了该区 H_2S 属 TSR 成因。

1 威远气田概况

威远气田位于四川盆地西南部，是威远-龙女寺隆起带上的巨型穹窿背斜（图 1）。1964 年发现了震旦系灯影组整装气藏，它是我国发现的储层最古老（产层年龄为 800~600Ma[19]）的气田[20]。该气田闭合面积 850km²，其中含气面积 216km²，探明天然气地质储量 408.61×10⁸m³[21-23]。由于早期对气藏特征认识不够，开采速度过快而导致气藏水淹，灯影组气藏于 2004 年 1 月停产，累计采气 143.88×10⁸m³。2004 年对威 42 井进行上试作业时在寒武系洗象池组顶部储层段获得工业气流，从而发现了威远寒武系气藏，目前已投产 7 口井。震旦系灯影组气藏为背斜型底水块状气藏（图 1 左），气藏最大高度为 244m，产层埋深主要在 2800~3200m。震旦系灯影组储层主要发育在灯影组灯二段上部和灯三段[24]，其形成于能量较高的礁滩、藻粒滩相带，岩性主要由隐藻白云岩构成，后期由于古岩溶作用、白云化作用和深埋溶蚀作用等，促进了原生、次生孔隙的发育，有效储层累积厚度为 90m，优质储层厚约 20m，有效储集层段的平均孔隙度为 3.15%（图 1 右）。

寒武系洗象池组岩性为浅灰、灰褐色泥晶-粉晶云岩，夹薄层浅灰色砂岩、黑灰色页岩，底部见鲕粒云岩，厚度为 150~260m。储层主要分布在洗象池组顶部，岩性为白云岩，溶蚀孔洞顺层分布，也可见到蜂窝状溶洞层，有效储层厚度约 15~50m，孔隙度一般 3%~4%（图 1 右），属裂缝-孔隙型储层。

威远灯影组气藏和洗象池组气藏的烃源主要为下寒武统九老洞组的深灰色-黑灰色页

* 原载于《科学通报》, 2006 年，第 51 卷，第二十三期，2780~2788。

岩，区域分布稳定，厚度在 230～400m，页岩有机碳含量＞2.0%（图 1 右），有机成分以腐泥组为主，演化程度已进入过成熟期（R_0＞2.5%）。

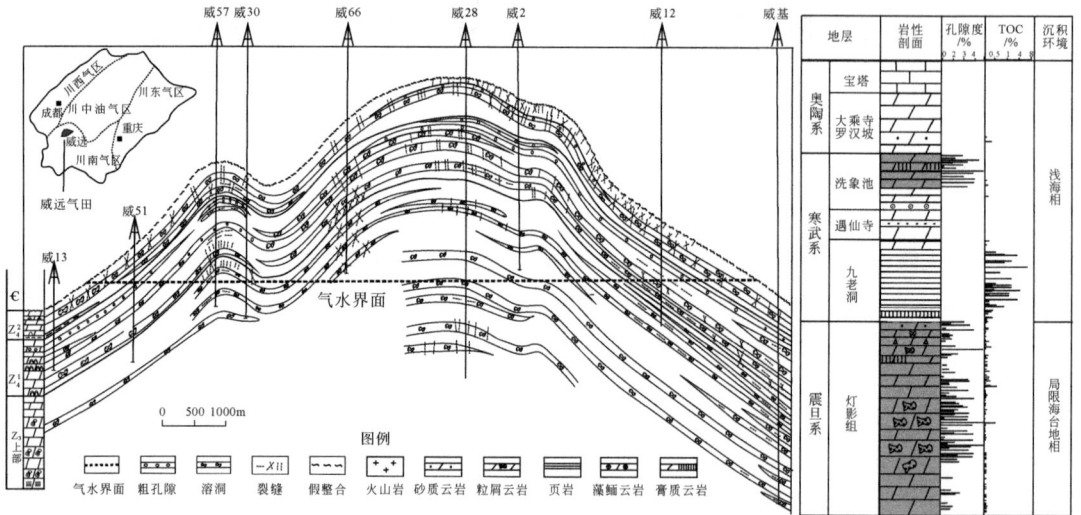

图 1　威远气藏横剖面图及岩性综合柱状图（气藏横剖面图据翟光明[25]，有修改）

2　样品采集、制备与分析

威远气田震旦系气藏仅有数口井在生产，寒武系洗象池组也仅投产 7 口井。通过在井场分别对寒武系洗象池组 7 口生产井（威 42 井、威 78 井、威 65 井、威 93 井、威 5 井、威 52 井、威水 2 井）和震旦系灯影组 3 口井（威 70 井、威 34 井、威 39 井）的天然气用碘量法测定了 H_2S 含量，并采集了这十口井的天然气样品，带回实验室后测定了天然气组分和碳同位素值（表 1）。其中，在现场采用吸收、滴定的方法测定了天然气中的硫化氢质量分数，执行的新标准是 GB/T11061·1-1998《天然气中硫化氢质量分数的测定 碘量法》。碘量法是用过量的乙酸锌［Zn（CH_3COO）$_2$·$2H_2O$］溶液吸收天然气样中的硫化氢，生成硫化锌沉淀，加入过量的碘溶液以氧化生成的硫化锌，剩余的碘用硫代硫酸钠（NaS_2O_3·$5H_2O$）溶液滴定。取样过程和取样设备都是严格按标准执行，分析精度完全达到行业标准，检测精度达到 0.01%以上。

在系统观察威远震旦系和寒武系取心井 800m 岩心的过程中，除了发现震旦系储层中沥青分布十分广泛外，震旦系储层中还发育有黄铁矿颗粒，震旦系和寒武系都发育雪花状石膏或肠状石膏层，分别采集黄铁矿颗粒和白色纯净石膏样品各 6 件。

由于 H_2S 极强的腐蚀性，需要在现场将其转化为稳定的硫化物。通过在威远井场将含 H_2S 天然气通过导管输入到乙酸锌［Zn（CH_3COO）$_2$·$2H_2O$］饱和溶液中，反应后很快形成了白色硫化锌（ZnS）沉淀物，这样共获得了 8 个 H_2S 的处理样品，与岩心中采集的黄铁矿和石膏共 20 个样品，送到中国科学院地质与地球物理研究所稳定同位素实验室，采用储雪蕾等研制的硫同位素分析方法[26]，将样品中的硫转化为 SO_2，采用 Finnigan MAT 公司的 Delta S 同位素质谱仪，进行质谱分析，最后获得各类硫化物的 $\delta^{34}S$ 值（表 2），采用国际标准（CDT），分析精度为±0.2‰。

表 1　威远震旦系和寒武系气藏气体组分和同位素组成

产层	井号	井深/m	天然气组分/%									δ13C/‰		
			CH4	C2H6	C3H8	H2S	CO2	N2	H2	Ar	He	CH4	C2H8	CO2
震旦系灯影组	威34	3125.97	88.14	0.11	0.00	1.18	5.78	6.00	0	0.036	0.280	-32.6		-2.1
	威39	2833.50	84.91	0.10	0.00	1.03	4.73	8.86	0	0.053	0.273	-32.6		-4.6
	威70	3064.00	85.95	0.09	0.00	1.00	4.03	8.53	0	0.052	0.355	-32.4		-2.5
	威2	2836.50	85.07	0.11	0.00	1.31	4.86	8.33		0.053	0.25	-32.38[a]	-31.34[a]	
	威12	3005.00	85.07	0.11	0.00	1.31	4.66	8.33	0.023	0.053	0.25	-32.54[a]	-30.95[a]	-11.16
	威27	3950.00	87.07	0.09	0.00	1.28	5.19	6.02		0.045	0.218	-31.96[a]	-31.19[a]	
	威28	2905.00	88.3	0.08	0.00	0.90	3.3	7.12	0	0.027	0.269	-32.53[a]	-31.61[a]	-12.51
	威30	2950.00	86.57	0.14	0.00	0.95	4.4	7.55	0	0.046	0.342	-32.73[a]	-32.00[a]	
	威39	2986.00	86.74	0.12	0.00	1.22	4.53	7.08	0	0.071	0.273	-32.42[a]	-33.91[a]	-14.60
	威63		85.16	0.07	0.00	1.051	5.626	7.89	0.004	0.042	0.22	-32.84[a]		
	威100	3041.00	86.8	0.13	0.00	1.18	5.07	6.47	0.011	0.046	0.298	-32.52[a]	-31.71[a]	-11.56
	威106		86.54	0.07	0.00	1.32	4.82	6.26		0.043	0.315	-32.54[a]	-31.40[a]	-12.45
寒武系洗象池	威65	2206.00	86.49	0.05	0.00	1.07	5.81	6.34	0.009	0.08	0.168	-32.4		-5.4
	威42	2178.00	87.62	0.05	0.00	1.152	4.95	6.25	0.01	0.068	0.187	-32.6		-1.4
	威5	2037.00	87.36	0.06	0.00	0.706	4.50	7.076	0.008	0.089	0.203	-32.5		-3.1
	威水2	2109.00	86.48	0.06	0.00	0.871	6.04	6.259	0.234	0.062	0.173	-32.3		-3.7
	威78	2018.00	86.73	0.06	0.00	0.985	5.686	6.279	0.009	0.077	0.173			
	威52	2468.52	86.79	0.070	0.002	0.412	6.066	6.41	0.006		0.179			
	威93	2037.50	86.978	0.073	0.00	0.624	5.004	7.078	0.006	0.048	0.191			
	威79	2090.00	85.58	0.056	0.00	0.539	6.017	7.57	0.033	0.039	0.175			

a 据戴金星等[20]，其他为本文分析值。

同时表 1 和表 2 中分别引用了戴金星和徐永昌、沈平等早年在威远震旦系气藏未停产前用相似方法分析获得的碳、硫同位素资料[20, 16, 24]，为对比研究提供了良好基础。另外，还从油田收集到了威远震旦系气藏历年所分析的 86 口井的天然气组分数据，他们的这些 H_2S 含量数据也是用碘量法现场分析测试的。由于 H_2S 化学活性较大，比如从水中的析出量、在井管中与金属的消耗等，导致各井之间 H_2S 含量在一定范围内有变化。总体来看，各井天然气组分比较相近，表明气藏内部的连通性较好。限于篇幅，不将这些分析数据列出，编制出体现天然气组分特征的下图（图 2）。

表 2　威远气田震旦系和寒武系硫化物的硫同位素分析结果

分析编号	井号	样品层位	深度/m	样品特征	δ34S/‰
W-6	威117井	震旦系灯影组	3378.00	石膏	20.84
W-1	威117井	震旦系灯影组	3560.00	石膏	21.59
W-9	威117井	震旦系灯影组	3613.00	石膏	22.15

续表

分析编号	井号	样品层位	深度/m	样品特征	$\delta^{34}S/‰$
W-10	威 117 井	震旦系灯影组	3607.00	石膏	22.53
W-20	威寒 104 井	寒武系洗象池组	1937.62	石膏	28.89
W-2-2	威 117 井	寒武系洗象池组	3286.20	石膏	29.35
ZW-7	威 70 井	震旦系灯影组	3064.00	H_2S	14.85
ZW-3	威 34 井	震旦系灯影组	3125.97	H_2S	16.32
ZW-4	威 39 井	震旦系灯影组	2833.50	H_2S	16.89
X-1	威 2 井	震旦系灯影组	2837.00	H_2S	13.70 [b]
X-2	威 2 井	震旦系灯影组	3005.00	H_2S	14.40 [b]
X-3	威 23 井	震旦系灯影组	3100.00	H_2S	11.50 [b]
X-4	威 23 井	震旦系灯影组	3100.00	H_2S	12.60 [b]
W-3	威 117 井	震旦系灯影组	3010.09	黄铁矿	13.98
W-7	威 117 井	震旦系灯影组	3135.80	黄铁矿	14.86
W-2-1	威 117 井	震旦系灯影组	3286.20	黄铁矿	15.11
W-8	威 117 井	震旦系灯影组	3471.57	黄铁矿	12.61
W-4	威 117 井	震旦系灯影组	3478.30	黄铁矿	12.71
W-5	威 117 井	震旦系灯影组	3625.00	黄铁矿	13.85
ZW-5	威 42 井	寒武系洗象池组	2178.00	H_2S	18.42
ZW-6	威 65 井	寒武系洗象池组	2206.00	H_2S	17.87
ZW-8	威 93 井	寒武系洗象池组	2052.00	H_2S	16.04
ZW-1	威水 2 井	寒武系洗象池组	2109.00	H_2S	17.20
ZW-2	威 5 井	寒武系洗象池组	2037.00	H_2S	15.66

b 据徐永昌、沈平等 [16, 24]，其他为本文分析值。

3　结果与讨论

3.1　震旦系和寒武系天然气的组成与气藏特征

威远震旦系灯影组气藏 89 口井天然气组分分析表明，天然气的干燥系数（C_1/C_1+C_{2+}）主要在 0.998～0.999，CH_4 平均含量在 86.33%（图 2），C_2H_6 大多数小于 0.2%，平均在 0.118%，C_3H_8 及其以上的重烃几乎检测不到（表 1）；H_2S、CO_2、N_2 含量较高，平均分别为 1.067%、4.628%、7.504%（图 2）。其中 H_2S 含量最高在 1.5% 左右，大多数在 0.9%～1.2%；同样 CO_2 绝大多数在 4.1%～5.1%；N_2 大部分在 6%～9%；He 含量较高，平均在 0.273%。H_2S、CO_2 和 N_2 占据了天然气中 98% 以上的比例，因此甲烷与氮气或甲烷与二氧化碳组分之间都存在较好的负相关关系 [图 2（d）]，即消长关系；其他成分由于含量较少或分布较窄，因此之间的相关性不十分明显（图 2）。各井非烃组分和烃类组分间比较相近，反映了气藏内部天然气混合比较均匀。

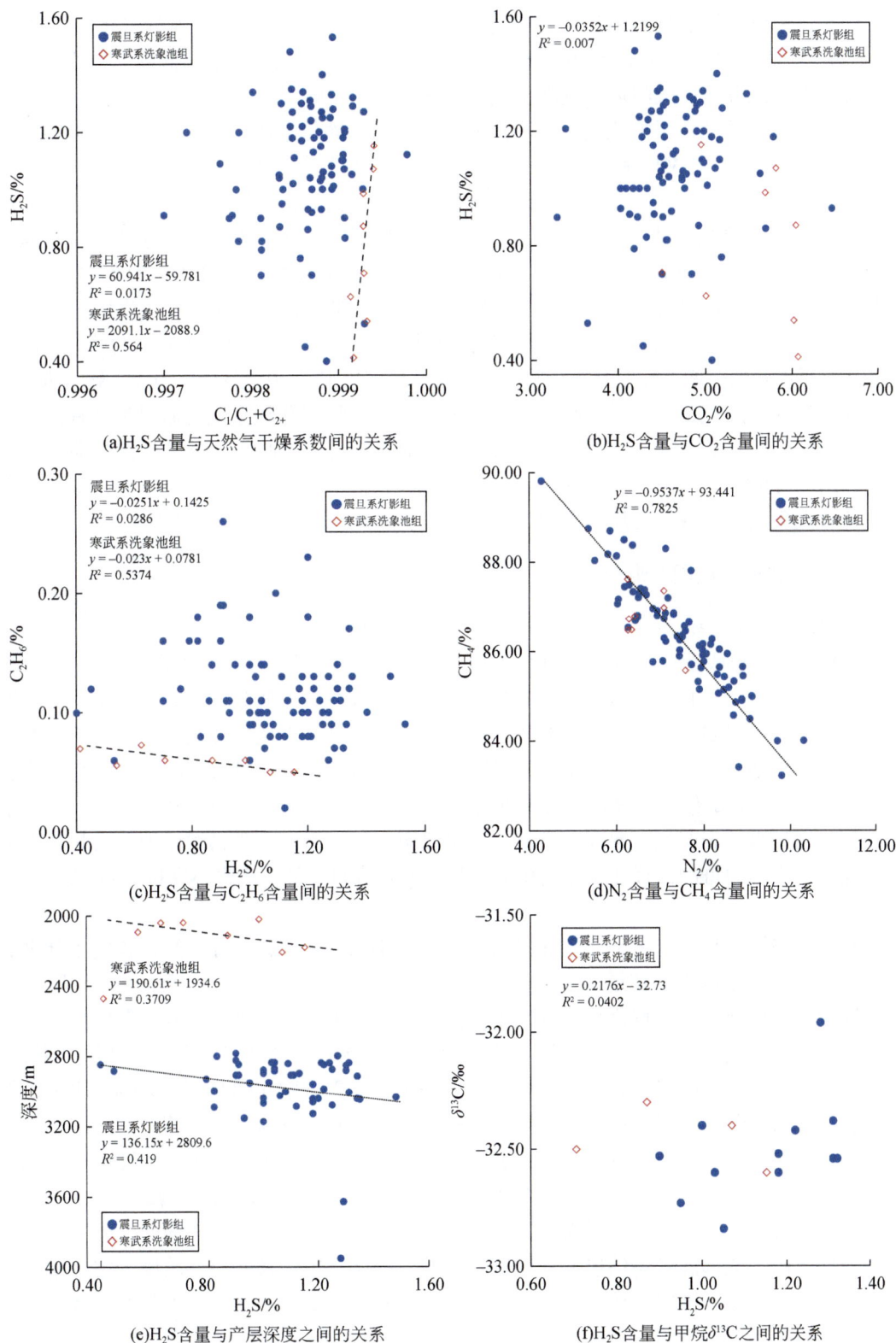

图2   威远气田天然气组分及碳同位素间的关系

洗象池组气藏天然气组分与灯影组气藏比较相近（表1、图2），天然气也普遍含 H_2S、CO_2、N_2，平均分别为0.8%、5.5%、6.6%（图2），H_2S 含量比灯影组稍低些。洗象池组气藏各井天然气组分也比较相近，反映了气藏内部连通性也较好。

由于天然气较干，只能测到甲烷和部分井乙烷的碳同位素值。甲烷和乙烷的碳同位素比较接近，分别为-32.52‰和-31.71‰，基本上具有正碳同位素系列特征（$\delta^{13}C_1 < \delta^{13}C_2$），为有机成因烷烃气。碳同位素值分析表明，震旦系和寒武系气藏具有相同的气源，都是来自寒武系的油型气。本次采样分析也发现，寒武系九老洞组厚层页岩有机碳含量都在2.0%以上（图1右），而其他相邻层系的有机碳含量都小于0.3%，不可能作为有效烃原岩。另外，天然气中 N_2 含量高，N_2 含量的增加与下寒武统泥质岩在高成熟阶段生成天然气有关[27-28]。震旦系灯影组溶蚀孔洞中普遍有沥青充填，部分呈层状分布，表明早期曾有古油藏的存在，后期随埋深增大温度升高，发生了原油裂解[29]，因此威远气田以原油裂解气为主。

从现场测试及试采情况来分析可知：①威远构造灯影组和洗象池组储层都具有高部位产气、低部位产水的特征；②灯影组气藏的平均地层压力为16MPa，洗象池组气藏的平均地层压力为20MPa，反映了洗象池组与灯影组分属不同的压力系统。以此来看，威远灯影组气藏和洗象池组气藏分别属于不同的压力系统，因此它们不属于同一气藏。

3.2 硫化氢的成因及形成条件

1）硫化氢的成因

H_2S 有多种形成途径，特别是 H_2S 含量小于2%时，可以通过含硫化合物热裂解成因、生物成因（BSR）或 TSR 生成等。BSR 往往在浅部位发生，介质条件也要适宜微生物的繁殖发育[30, 31]，而威远气田不具备 BSR 发生的条件：①储层温度明显高于微生物活动的上限温度（小于80℃），自成藏后储层一直处于较高的温度条件（大于100℃）；②从地层水分析资料来看，矿化度较高，绝大多数大于70g/L，不利于微生物的繁殖和活动，而且水型为氯化钙型水，表明气藏封闭性较好，这也说明气藏未遭受微生物的侵蚀，因此基本可以排除生物成因的可能；而且硫化氢和次生黄铁矿的硫同位素构成也不支持 BSR 成因（后面论述）。

富硫干酪根在高温作用下，能够生成一定量的 H_2S，从理论计算得知，含硫化合物热裂解形成的 H_2S 浓度不会超过3%（干酪根中含硫化合物的量决定的），而且目前国际上也没有发现含硫化合物热裂解途径形成 H_2S 大于1%。精细研究发现，与威远气田具有相同气源的二叠系气藏（川南二叠系只有个别井段出气，基本上不具有工业价值；从组分来看，硫化氢含量较低，一般在0.04%，甲烷、乙烷的碳同位素分别在-34‰和-36‰，比威远震旦系和寒武系气藏的碳同位素要偏轻一些，是未遭受 TSR 氧化蚀变的结果，因此二叠系气源应与震旦系和寒武系气藏相同。另外据文献[20]也有此结论性论述），天然气中 H_2S 很微量（二叠系不发育石膏，不具备 TSR 发生条件），由此来看，威远气藏的 H_2S 可能有少量是通过含硫化合物热裂解形成的，但绝大部分的 H_2S 不是通过这条途径生成的。

另外，由于威远震旦系储层遭受过较长时期的风化剥蚀，其储层性质属于古岩溶型储层，与上覆层系属于不整合接触，因此其储集层中的重金属含量将会高于其他未遭受风化剥蚀的碳酸盐岩储层中的重金属含量。根据最近的研究成果[32]，硫化氢极易被重金属氧化形成黄铁矿；储层中广泛发育的次生黄铁矿颗粒，便是硫化氢被消耗的证据，特别是黄铁矿的硫同位素证实了其硫来自于硫化氢（后面论述）。因此，威远气藏硫化氢的早期含量要高于目前气藏中的含量。

TSR 是目前国际公认的高含 H_2S 天然气形成的重要渠道，是指硫酸盐与有机质或烃类作用，在高温条件下将硫酸盐矿物还原生成 H_2S 及 CO_2 的过程[33, 34]，通常用采用方程式（1）表示

$$烃类+CaSO_4 \rightarrow CaCO_3+H_2S+CO_2+H_2O \tag{1}$$

威远震旦系灯影组和寒武系洗象池组气藏具备 TSR 的发生条件。

2）TSR 发生条件

硫酸盐（膏岩）、烃类和高温条件（120℃以上）是 TSR 发生的三个必要条件[31]。震旦系灯影组在潟湖或浅滩—潮坪等沉积环境下，发育了薄层膏质岩；同样寒武系洗象池组也发育有薄层膏盐（图1右）。膏岩是硫酸根（SO_4^{2-}）的重要来源，是 TSR 的必要反应物。另一个反应物就是烃类，对于震旦系和寒武系气藏来说，烃类也是具备的，寒武系九老洞组巨厚的优质烃原岩为威远构造提供了充足的烃源，这也是威远大气田形成的基本保障。

威远震旦系和寒武系储层都经历过较高的埋藏温度。从威2井埋藏史曲线可以看出，灯影组在喜马拉雅运动前埋深达到 6000m，温度接近 200℃（图3）。另外从包裹体资料分析可得知晶洞壁上的白云石晶粒均一温度为 140～160℃，第三世代交代白云石的石英其成岩温度可达到 200～230℃[35]，因此是具备 TSR 发生的温度条件。烃类和 SO_4^{2-} 在高温作用下充分接触，并发生有机-无机相互作用，从而形成 H_2S。

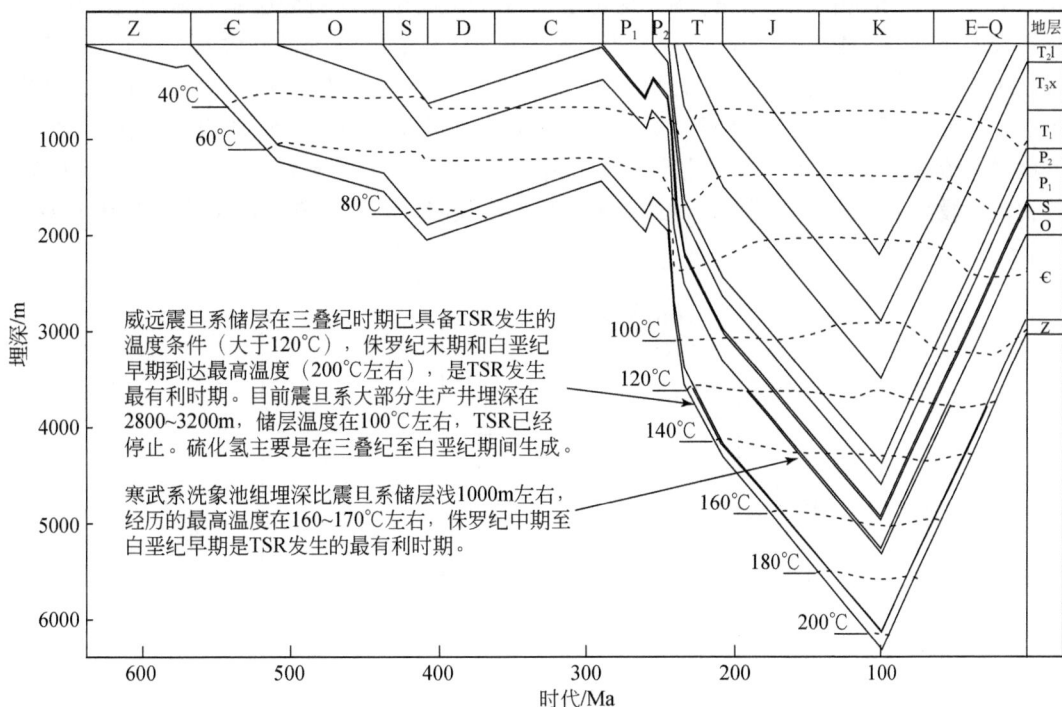

图3　威远气田威2井埋藏史曲线图

4　TSR 成因证据

4.1　硫同位素证据

1）震旦系灯影组硫化物的硫同位素

震旦系灯影组硫酸盐（石膏）的硫同位素分布较稳定，四个白色纯净石膏样品的 $\delta^{34}S$ 值在+20.84～+22.53‰（CDT）之间（表 2），平均值为+21.78‰；寒武系洗象池组石膏的硫同位素较重，分布在+29‰左右。两套碳酸盐层系的硫酸盐硫同位素的差异，反映了二者形成环境介质条件的不同，特别是寒武系洗象池组可能形成于比灯影组更强的蒸发环境。

灯影组气藏七个 H_2S 样品的 $\delta^{34}S$ 值分布在+11.5‰～+16.89‰，平均值为 14.32‰。其中本文作者的分析样品比徐永昌和沈平老师在 20 世纪 80 年代测得数据偏重 3‰左右。由于两家的取样方法和分析方法都是一样的，H_2S 都是在现场用乙酸锌溶液吸收沉淀，然后在实验室中制备成 SO_2 后用质谱仪分析，操作过程也不会出现明显分馏现象，因此数据的差异很可能是系统误差。

灯影组 H_2S 的 $\delta^{34}S$ 值比灯影组储层中硫酸盐的 $\delta^{34}S$ 偏轻 8‰左右。由于 H_2S 中的硫来自于相关储集层系中的硫酸盐类，H_2S 的 $\delta^{34}S$ 偏轻，显然与 TSR 过程中硫的分馏有关。TSR 发生在 120～140℃以上的高温条件，在 SO_4^{2-} 还原成 H_2S 的过程中，硫同位素的分馏程度是由 S—O 键被打断的速率不同而造成的，由于 ^{32}S—O 键比 ^{34}S—O 键更容易被打断[36]，因此形成的 H_2S 比硫酸盐更富集 ^{32}S，这也是 H_2S 的硫同位素比对应层系石膏的硫同位素值低的根本原因。灯影组硫同位素的分馏结果与国外著名 TSR 成因的高含 H_2S 气田（H_2S 含量在 30%）——加拿大阿尔伯塔上泥盆统气藏相比硫同位素分馏值相近，阿尔伯塔上泥盆统 H_2S 的 $\delta^{34}S$ 比石膏的硫同位素轻 7‰[5]。与我国川东北下三叠统飞仙关 TSR 成因高含 H_2S 气藏群的硫同位素分馏值也比较接近[37]。由于含硫干酪根热裂解过程中硫同位素的分馏值较大，一般在 15‰左右。因此，硫同位素分析结果表明灯影组气藏的 H_2S 属于 TSR 成因。

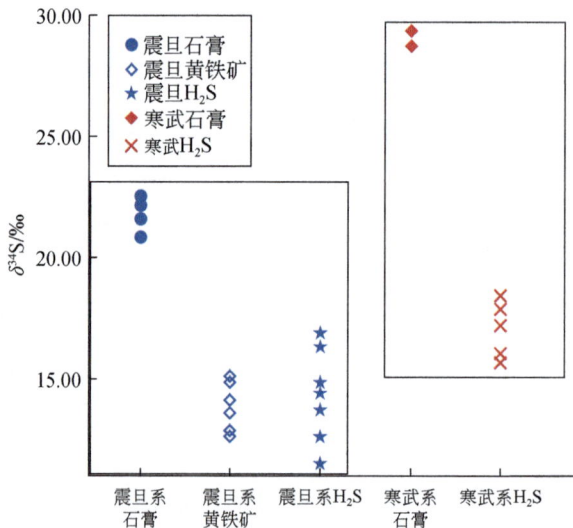

图 4　震旦系和寒武系硫化物的 $\delta^{34}S$ 间的关系

灯影组储集层中次生黄铁矿的 $\delta^{34}S$ 与 H$_2$S 的 $\delta^{34}S$ 有相似的分布规律（图 4），黄铁矿的 $\delta^{34}S$ 平均在 13.85‰。由于生物成因的黄铁矿往往形成在低温条件下，硫同位素值一般很低，主要分布在-20‰左右，因此这些黄铁矿不属于生物成因。由于 H$_2$S 易与金属离子结合形成金属硫化物，黄铁矿是最常见也是最稳定的含硫化合物。这些黄铁矿中的硫应来自 H$_2$S，即 H$_2$S 与铁离子结合，形成黄铁矿，这一过程很快即可完成，因此该过程硫同位素的分馏不明显。灯影组黄铁矿与 H$_2$S 的硫同位素的相似性进一步证明了震旦系 H$_2$S 的 TSR 成因。

2）寒武系洗象池组硫化物的硫同位素

寒武系洗象池组硫酸盐的硫同位素在+29‰左右，五口气井 H$_2$S 的硫同位素值分布比较集中，在 15.66‰～18.42‰；平均值为+17.04‰，与灯影组 H$_2$S 和黄铁矿的硫同位素存在较明显差异，反映了硫源的不同，也就是说 TSR 主要发生在储集层中，储集层中硫酸盐的硫同位素组成是决定 H$_2$S 硫同位素的关键因素之一。洗象池组 H$_2$S 的硫同位素值比洗象池组石膏的 $\delta^{34}S$ 偏轻 12‰左右，比震旦系灯影组硫同位素分馏值偏大，这可能与洗象池组储集层经历过的最高温度没有震旦系储集层高有一定关系。各气藏 H$_2$S 和硫酸盐之间硫同位素分馏值的差异应归因于 TSR 的反应速率和反应程度。因为反应越快，分馏越小[38]；反应程度越高，H$_2$S 的硫同位素与石膏的硫同位素越接近。温度对 TSR 反应速率起到重要的控制作用，它最终决定了 S—O 键断裂时的动力学同位素效应。通常情况下，如果 TSR 发生的温度越高，分馏值将越小，最终 H$_2$S 和石膏的硫同位素值趋于一致或接近；如果 TSR 发生的温度低，分馏值就偏大，理论计算最大分馏值不会超过 20‰。比如华北油田赵兰庄高含 H$_2$S 气田，TSR 发生的温度较低，分馏值很大，H$_2$S 比石膏的 ^{34}S 亏损将近 18‰左右[30]。威远构造洗象池组 H$_2$S 的 $\delta^{34}S$ 亏损 12‰，也是在 TSR 分馏的正常范围之内。

从储层垂向间距来看，灯影组和洗象池组相距 1000 多 m（寒武系九老洞组厚度为 500m，遇仙寺组厚约 250m，洗象池组下部非储层厚约 200m，震旦系灯影组储层和洗象池组储层厚度在 300m 左右），按川南地温梯度 3.15℃/100m 计算，两储层之间温度差在 35～40℃左右；而且从威 2 井埋藏史曲线上也可以看出二者目前储层温差也在 35℃左右。由此来推断：寒武系洗象池组 TSR 发生的温度比震旦系灯影组低，而且洗象池组也从未经历过像灯影组那样的高温过程。从埋藏史来看，洗象池组储层经历的最高温度在晚白垩世末期，温度约 165℃，远高于 TSR 发生的起始温度；而此时灯影组储层经历的温度可能在 200℃以上（包裹体资料能够证实这一点，一些富含 H$_2$S 的包体，均一温度在 190～210℃）。因此洗象池组 H$_2$S 的硫同位素比灯影组 H$_2$S 的硫同位素亏损大，主要是由温度差异造成的，温度在 TSR 过程中对硫同位素的分馏具有重要的控制作用。另外，寒武系气藏 H$_2$S 含量也比震旦系偏低（图 2），同样可能与温度有关，即反应程度有关。

4.2 天然气组成及烃类碳同位素的证据

TSR 是选择性消耗烃类的过程，由于乙烷以上重烃类的化学活性比甲烷强，丙烷又比乙烷强，因此重烃类优先参与 TSR，从而导致重烃含量降低，天然气干燥系数增大[39]。威远灯影组和洗象池组气藏的天然气是世界上最干的天然气之一，干燥系数在 0.999%［图 2（a）］。如此干的天然气，除了热成熟作用影响外，TSR 对重烃类的优先消耗可能也起到一定作用。

　　由于 TSR 是在高温驱动下的化学反应，因此伴随着烃类的氧化蚀变，烃类碳同位素则会发生相应的变化。由于 ^{12}C—^{12}C 键优先破裂[40]，^{12}C 更多参与了 TSR 反应，而 ^{13}C 则更多保留在残留的烃类中，使反应后残留的烃类中相对富集 ^{13}C。因此 TSR 蚀变后的烃类碳同位素将会变重，而 CO_2 的碳同位素将变轻。威远气田甲烷碳同位素主频在-32.5‰，乙烷碳同位素在-31～-32‰（表 1），与其他不含 H_2S 的原油裂解气的碳同位素相比是明显偏重的，而且乙烷的碳同位素偏重幅度更大。由于威远气田各井 H_2S 含量差异不大，碳同位素也比较相近，所以 H_2S 含量与碳同位素之间相关性不十分明显。不过从 H_2S 含量与碳同位素的关系图上还是可以看出，H_2S 含量越高，甲烷的碳同位素也有越重的趋势［图 2（f）］，说明 TSR 对碳同位素的蚀变作用在威远气田是存在的。由于海相碳酸盐岩在深埋情况下可能产生热分解，形成的 CO_2 碳同位素很重，$\delta^{13}C_{CO_2}$ 在 0±3‰左右，这种成因的 CO_2 与 TSR 成因 CO_2 混合后碳同位素将出现较大浮动的变化，这也是威远气田 CO_2 碳同位素分布较宽的原因。

4.3　气藏充满度与储层优化、储层沥青的分布特征

　　TSR 实质上也是一个消耗烃类的过程，烃类的大量消耗势必导致气藏充满度降低。威远震旦系气藏为背斜型底水气藏，闭合面积 $850km^2$，其中含气面积仅 $216km^2$，是一个低丰度的大气田。气藏的充满系数很低，面满度只有 25.4%，高满度只有 27.3%，综合充满度为 26.3%[20]，气藏底部位是一个大的水库，而且气藏为常压气藏，压力系数为 1.05。寒武系洗象池组气藏也具有类似情况，储层高部位产气，低部位产水，气藏充满度低，气藏压力系数小（小于 1.2），这与 TSR 对烃类的大量消耗存在一定的关系。

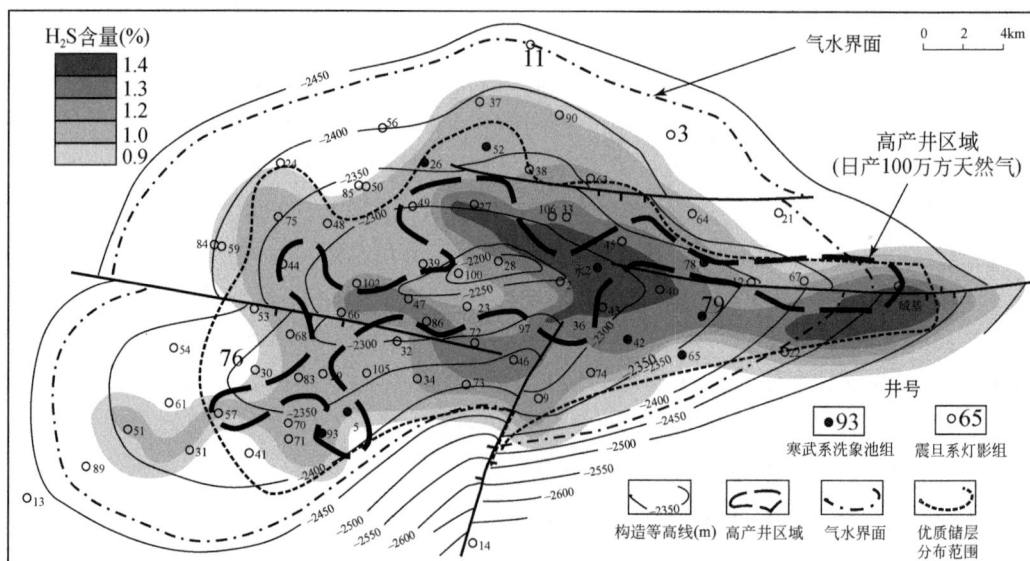

图 5　威远气田各井硫化氢含量、高产井分布及优质储层分布图

　　TSR 的发生需要膏质岩类溶解提供 SO_4^{2-}，反应后形成的 H_2S 溶入水形成氢硫酸，在高温条件下对白云岩储层具有最佳的溶蚀作用[41]，促进了次生孔洞的发育和优质储集层的形成。从震旦系气藏的开发情况来看，发现 H_2S 含量与各井日产量有明显的正相关关系，也

与优质储层的分布有良好的对应关系（图5），即 H_2S 含量越高的井，其日产量也越大，储层性质也越好，表明 TSR 对储层有一定的蚀变和改造作用，使储层孔渗性变好。另外从震旦系储层微观岩石学特征来看，发现一些储层沥青呈环形分布于孔隙的中间部位或沥青环的外围还有溶蚀孔隙（通常在不含 H_2S 的储层中，沥青围绕溶孔边缘分布），说明储层沥青干化后溶蚀孔隙仍在继续形成，这类孔隙与 TSR 对碳酸盐岩储层的进一步溶蚀作用有关。

5　结论

（1）威远震旦系灯影组气藏与寒武系洗象池组气藏天然气组分具有相似的特征，且具有相同的气源，但是它们分属于不同的气藏。

（2）威远灯影组和洗象池组都具备 TSR 发生的条件。硫化氢、黄铁矿与石膏的硫同位素组成及分馏值的特征是硫化氢 TSR 成因的可靠证据；天然气组分较干与 TSR 选择性消耗重烃类有关；烃类碳同位素增重是 TSR 对烃类氧化作用的结果；气藏的充满度较低与 TSR 对烃类的大量消耗作用有关；储层性质与硫化氢含量等方面综合地质和地球化学资料构成了威远震旦系灯影组和寒武系洗象池组硫化氢 TSR 成因的证据链。

（3）温度对硫同位素的分馏过程和 H_2S 的生成量具有重要的控制作用。寒武系与震旦系硫化氢硫同位素分馏值相差 4‰，硫化氢含量相差 0.3%～0.4%，与二者储层温度相差 35～40℃（储层垂向相距 1200m 左右）有密切关系，高温过程 ^{34}S 亏损较低，更利于硫化氢形成。

致　谢：本研究工作得到中国石油西南油气田分公司勘探开发研究院王一刚教授的帮助、蜀南气矿科研所协助进行了野外采样；中国科学院地质与地球物理研究所稳定同位素实验室完成了硫同位素的分析测试工作，中国石油勘探开发研究院完成了碳同位素分析；特邀专家和审稿专家提出了宝贵的修改意见和建议，在此对他们的辛勤劳动深表感谢！本工作受国家自然科学基金项目（40602016）和国家重点基础研究发展规划项目（2001CB209100）的资助。

参 考 文 献

［1］Amursky G I, Ermakov V I, Zhabrev I P, et al. 苏联天然气中的有用组分. 刘方槐译. 第十一届世界石油会议报告论文集(第六分册). 北京: 石油工业出版社, 1984, 86-93.

［2］戴金星. 中国含硫化氢的天然气分布特征、分类及其成因探讨. 沉积学报, 1985, 3(4): 109-120.

［3］朱光有, 张水昌, 李剑, 等. 中国高含硫化氢天然气田的特征及其分布. 石油勘探与开发, 2004, 31(4): 18-21.

［4］Orr W L. Changes in sulfur content and isotopic ratios of sulfur during petroleum maturation—Study of the Big Horn Basin Paleozoic oils. AAPG Bull, 1974, 50, 2295-2318.

［5］Krouse H R, Viau C A, Eliuk L S, et al. Chemical and isotopic evidence of thermochemical sulphate reduction by light hydrocarbon gases in deep carbonate reservoirs. Nature, 1988, 333(2): 415-419.

［6］Machel H G. Saddle dolomite as a by-product of chemical compaction and thermochemical sulfate reduction. Geology, 1987, 15, 936-940.

［7］Worden R H, Smalley P C, Oxtoby N H. Gas Souring by Thermochemical Sulfate Reduction at 140℃. AAPG

Bulletin, 1995, 79(6): 854-863.

[8] Martin M C, David A C M, Simon H B, et al. Thermochemical sulphate reduction(TSR): experimental determination of reaction kinetics and implications of the observed reaction rates for petroleum reservoirs. Organic Geochemistry, 2004, 35: 393-404.

[9] Zhu G Y, Zhang S C, Liang Y B, et al. Discussion on origins of the high-H_2S-bearing natural gas in China. Acta Geologica Sinica, 2005, 79(5): 697-708.

[10] Cai C F, Worden R H, Bottrell S H, et al. Thermochemical sulphate reduction and the generation of hydrogen sulphide and thiols (mercaptans) in Triassic carbonate reservoirs from the Sichuan Basin, China. Chemical Geology, 2003, 202, (1): 39-57.

[11] Cai, C F, Xie, Z Y, Worden, R H. et al. Methane-dominated thermochemical sulphate reduction in the Triassic Feixianguan Formation in East Sichuan Basin, China: Toward prediction of fatal H_2S concentrations. Marine and Petroleum Geology, 2004, 21: 1265-1279.

[12] Liu D H, Xiao X M, Xiong Y Q, et al. Origin of natural sulphur-bearing immiscible inclusions and H_2S in oolite gas reservoir, Eastern Sichuan. Science in China(Series D), 2006(49): 242-257.

[13] 岳长涛, 李术元, 丁康乐, 等. 影响天然气保存的 TSR 反应体系模拟实验研究. 中国科学(D 辑: 地球科学), 2005, 35(1): 48-53.

[14] 戴金星, 裴锡古, 戚厚发. 中国天然气地质学(卷一). 北京: 石油工业出版社, 1992: 31-33.

[15] 黄籍中. 四川盆地天然气地球化学特征. 地球化学, 1984(4): 307-321.

[16] 沈平, 徐永昌, 王晋江, 等. 天然气中硫化氢硫同位素组成及沉积地球化学相. 沉积学报, 1997, 15(2): 216-219.

[17] 徐永昌. 天然气成因理论与应用. 北京: 科学出版社, 1994, 1-414.

[18] 朱光有, 戴金星, 张水昌, 等. 含硫化氢天然气的形成机制及其分布规律研究. 天然气地球科学, 2004, 15(2): 166-170.

[19] 王先彬. 地球深部来源的天然气. 科学通报, 1982, 27(17): 1069-1071.

[20] 戴金星, 陈践发, 钟宁宁, 等. 中国大气田及其气源. 北京: 科学出版社, 2003.

[21] 康竹林, 傅诚德, 崔淑芬, 等. 中国大中型气田概论. 北京: 石油工业出版社, 2000.

[22] 戴金星. 威远气田成藏期及气源. 石油实验地质, 2003, 25(5): 473-479.

[23] 戴鸿鸣, 王顺玉, 王海清, 等. 四川盆地寒武系-震旦系含气系统成藏特征及有利勘探区块. 石油勘探与开发, 1999, 26(5): 16-20.

[24] 徐永昌. 天然气地球化学文集. 兰州: 甘肃科学技术出版社, 1994: 103-112.

[25] 翟光明. 中国石油地质志(卷十二). 北京: 石油工业出版社, 1992.

[26] 储雪蕾, 赵瑞, 藏文秀, 等. 煤和沉积岩中各种形式硫的提取和同位素样品的制备. 科学通报, 1993, 38(20): 1887-1890.

[27] Krooss B M, Leythaeuser D, Lillack H. Nitrogen-rich natural gases, lualitative and quantitatire aspects of natural gas accumulation in eservoirs. Erdol and kohle-Erdgas-Petrochemie，993, 46(7-8): 271-276.

[28] Littke R, Krooss B, Idic E, et al. Molecular nitrogen in natural gas accumulations: Generation from sedimentary organic matter at high temperatures. AAPG Bulletin, 1995, 79(3): 410-430.

[29] 耿新华, 耿安松, 熊永强, 等. 海相碳酸盐岩烃原岩热解动力学研究: 气液态产物演化特征. 科学通报, 2006, 51(5): 582-588.

［30］Zhang S C, Zhu G Y, Liang Y B, et al. Geochemical characteristics of the Zhaolanzhuang sour gas accumulation and thermochemical sulfate reduction in the Jixian Sag of Bohai Bay Basin. Organic Geochemistry, 2005, 36(11): 1717-1730.

［31］朱光有, 张水昌, 梁英波, 等. 川东北飞仙关组 H_2S 的分布与古环境的关系研究. 石油勘探与开发, 2005, 32(4): 65-69.

［32］Pan C C, Yu L P, Liu J Z, et al. Chemical and carbon isotopic fractionations of gaseous hydrocarbons during abiogenic oxidation. Earth and Planetary Science Letters, 2006, 246: 70-89.

［33］Machel H G. Gas souring by thermochemical sulfate reduction at 140°C: discussion. AAPG Bulletin, 1998, 82: 1870-1873.

［34］Worden R H, Smalley P C, Oxtoby N H. Gas souring by thermochemical sulfate reduction at 140℃. AAPG Bulletin, 1995, 79(6): 854-863.

［35］唐俊红, 张同伟, 鲍征宇, 等. 四川盆地威远气田碳酸盐岩中有机包裹体研究. 地质论评, 2004, 50(2): 210-214.

［36］Harrison A G, Thode H G. The kinetic isotope effect in the chemical reduction of sulfate. Trans Faraday Sco, 1957, 53: 1-4.

［37］王一刚, 窦立荣, 文应初, 等. 四川盆地东北部三叠系飞仙关组高含硫气藏 H_2S 成因研究. 地球化学, 2002, 31(6): 517-524.

［38］郑永飞, 陈江峰. 稳定同位素地球化学. 北京: 科学出版社, 2000: 128-240.

［39］朱光有, 张水昌, 梁英波, 等. TSR 对烃类气体组分和碳同位素的蚀变作用. 石油学报, 2005, 26(5): 54-58.

［40］Tang Y, Perry J K, Jenden P D, et al. Mathematical modeling of stable isotope ratio in natural gases. Geochim Cosmochim Acta, 2000, 64(15): 2673-2687.

［41］朱光有, 张水昌, 梁英波, 等. TSR & H_2S 对深部碳酸盐岩储层的溶蚀改造作用——四川盆地深部碳酸盐岩优质储层形成的重要方式. 岩石学报, 2006. 22(8): 1814-1826.

中国四川盆地中坝气田天然气的成因与硫化氢的形成[*]

朱光有，张水昌，黄海平，梁英波，孟书翠，李跃刚

0 引言

硫化氢是天然气中的有害成分，对油气的安全勘探与开采带来重大隐患，历来受到重视。在碳酸盐岩储层中硫化氢十分常见，全球目前已发现近百个高含硫化氢的天然气田，部分气田硫化氢含量高达 50%以上（Orr，1974；Krouse et al.，1988；Worden and Smalley，1996；Machel，2001；Worden and Smalley，2001；Belenitskaya，2000；Heydari，1997；Jafar et al.，2006；Carrigan et al.，1998；Baric et al.，1998；Cai et al.，2003；Zhang et al.，2005；Zhu et al.，2005a）。虽然多数学者认为高含硫化氢天然气主要属于 TSR 成因(thermochemical sulfate reduction，简称 TSR)，而且近年来在硫化氢的反应机制与反应动力学、TSR 过程中的催化剂、各种反应物质之间的转变顺序等方面取得了重要进展（Machel et al.，1995b；Manzano et al.，1997；Worden et al.，1996；Machel，2001；Cross et al.，2004；Zhang et al.，2007；朱光有等，2007；Zhang et al.，2008；Amrani et al.，2008；Zhang et al.，2008），但是，在硫化氢的分布预测等方面还不能有效解决油气田勘探的需要，特别是对于中国目前正在加强碳酸盐岩油气勘探来说，面临的众多天然气都是高含—微含量硫化氢的天然气，部分天然气不含硫化氢，因此对硫化氢的形成与分布方面的研究工作十分重视。

四川盆地是中国最大的含气盆地，几年来发现了多个高含硫化氢的天然气田，如普光、罗家寨等，它们主要分布在四川盆地的东部，而且这一地区的碳酸盐岩气藏普遍含有硫化氢（戴金星等，2004；Zhu et al.，2005b；Ma et al.，2008）。大量研究结果表明，这些地区的硫化氢主要属于硫酸盐热化学成因（TSR）（Zhu et al.，2005b；Ma et al.，2008）。而在四川盆地的西部，上三叠统以上的陆相组合系列中发现的天然气均不含硫化氢，但在海相组合序列中发现的最大气田——中坝气田雷三气藏，则以高含硫化氢为特征（硫化氢平均大于 6%），而紧邻该层系的上覆层系和下伏层系均不含硫化氢，天然气的性质和成因也存在明显差异，因此，开展对中坝气田油气地球化学的精细研究，对于阐明天然气来源及硫化氢的成因，特别是预测深部天然气的成分与性质和勘探潜力等方面，具有十分重要的科学意义和勘探价值。

---

* 原载于 *Applied Geochemistry*，2011 年，第 26 卷，第七期，1261~1273。

1　区域地质概况

四川盆地是中国构造最稳定的沉积盆地之一，是扬子准地台西部一个呈北东向延展的菱形构造兼沉积型含油气盆地（图1），即震旦纪至中三叠世的海相碳酸盐岩和晚三叠世至始新世的陆相碎屑岩沉积组合的大型复合含油气盆地，沉积总厚度约 8000～12000m，盆地面积约 $19 \times 10^4 km^2$（翟光明，1992）。

根据基底性质、沉积盖层、气藏（田）特征及天然气类型等，把四川盆地划分为四个油气聚集区（图1），即四个构造区块：川东气区、川南气区、川西气区和川中油气区（图1）。目前已发现震旦系、石炭系、二叠系和三叠系四套 9 个主要产气层，其中川东区块发现的大、中型气田 20 多个（王兰生等，2004），川西区块最少；原油集中分布在川中的下侏罗统砂岩储集层中。中坝气田位于川西地区的北部（图1）。

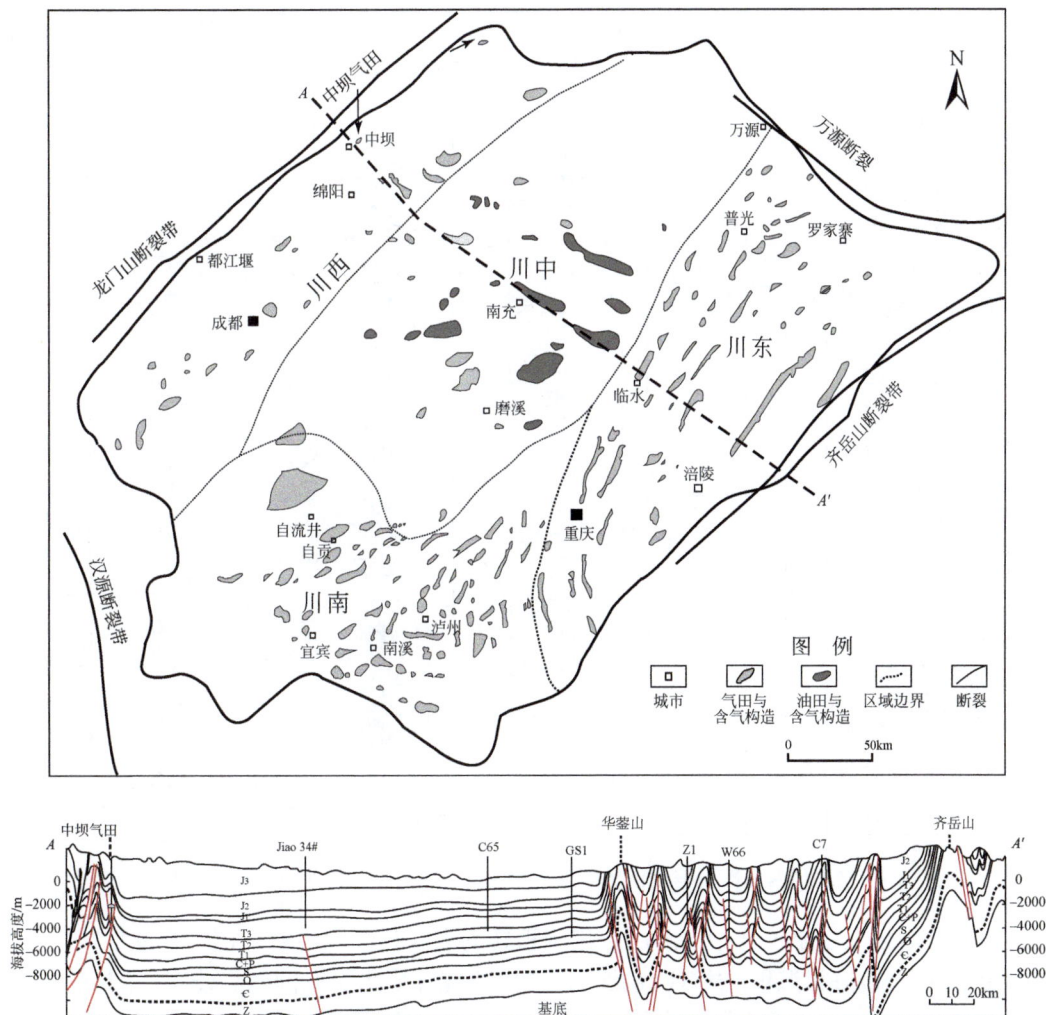

图1　四川盆地主要油气分布图（上）与东西向剖面图（下）

从沉积演化序列来看，四川盆地震旦系下部发育长石砂岩和页岩，上部发育白云岩夹页岩（图2）；寒武系在海侵背景下发育广海陆棚和开阔海台地沉积，形成一套黑色页岩、白云岩、灰岩互层。奥陶系下部发育粉砂岩、生物灰岩和白云岩；中-晚奥陶世海侵规模扩大，发育块状灰岩，西部发育泥质灰岩和白云岩。志留纪早期盆地西部区域发育开阔海台地相的粉细砂岩、页岩和灰岩；中志留统为海退沉积。泥盆纪时四川盆地上升为古陆，盆地内大部分沉积缺失（翟光明，1992）。石炭系仅在盆地东部保留了黄龙组。早二叠海侵初期，普遍沉积了河湖沼泽和滨海沼泽相砂、泥岩、泥灰岩，中期为浅海台地相灰岩，早二叠晚期，发育块状灰岩、白云岩，局部夹黑色页岩；上二叠统沉积相带由陆到海呈东西向分布，南北延伸，发育海陆过渡相和陆相沉积。早三叠继承了晚二叠的构造沉积环境，为海陆过渡相沉积和平原河流相沉积；中三叠世海盆面貌发生深刻变化，海盆环境西深东浅，为局限海台地相，发育灰岩、白云岩夹石膏和岩盐。

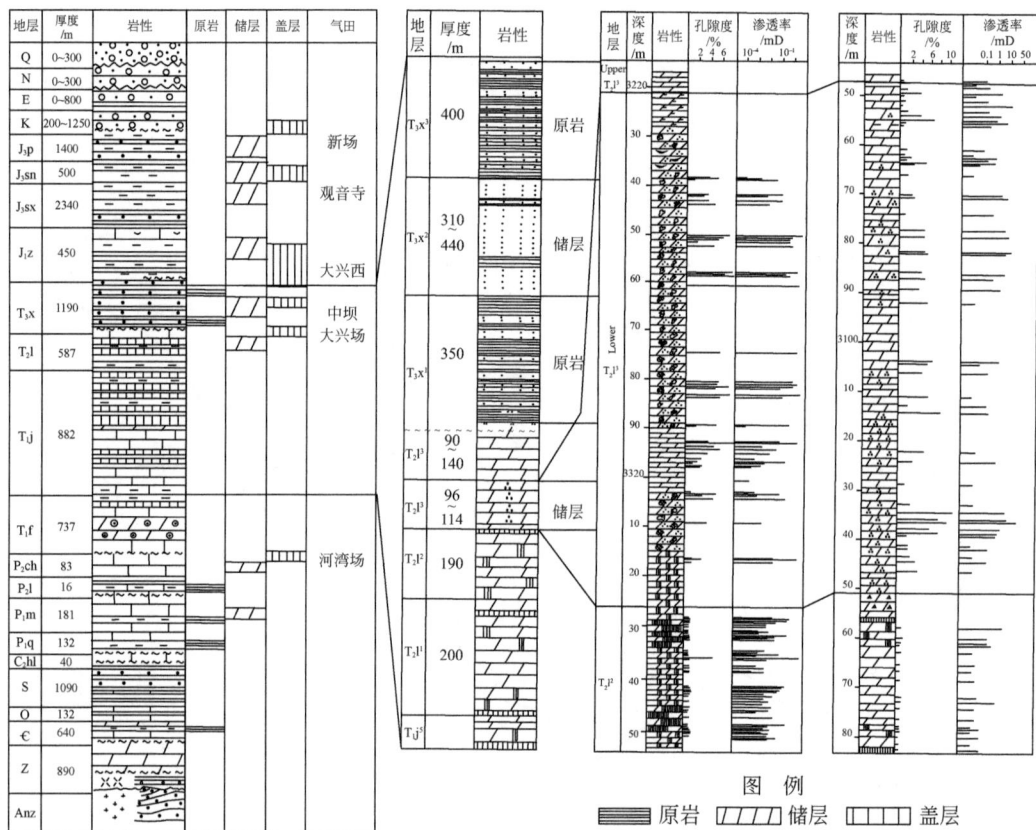

图2 四川盆地川西北地区综合柱状图及中坝气田主力产层岩性组合与雷三段储层特征

四川盆地自上三叠统开始逐渐由海相沉积转变为陆相沉积序列。晚三叠世早期川西地区接受了滨海-浅海相沉积，发育暗色泥岩夹粉细砂岩和煤层，东侧地势较高，未接受沉积；随着西侧海水退去，一个大型的内陆湖盆逐渐形成，沉积了厚层砂岩、泥页岩、粉砂岩夹煤层组成的须家河组沉积。中-下侏罗统紫红色泥岩、灰色泥页岩夹薄煤层，在东南部广泛出露。白垩系主要分布在川西、川北和川南地区，为碎屑岩沉积。第三系盆地内绝大部分遭受剥蚀。目前出露地表的主要是白垩系红色砂岩。

川西北地区主要发育了二叠系海相碳酸盐岩烃源岩和上三叠统须家河组煤系烃源岩。侏罗系和三叠系是主要的含气层系，均为陆相碎屑岩储集层。中坝气田是川西地区唯一在海相碳酸盐岩层系内发现的工业规模的气藏，同时，在上三叠统须家河组也发现了工业气藏，其规模比中三叠统大。

2 中坝气藏的地质特征

中坝气田位于四川省江油市，是龙门山推覆带前缘的一个低背斜（图3）。中坝气田共完钻井约70多口，其中须家河组53口、雷口坡组19口、嘉陵江组4口，其中有气井38口。已探明雷三段、须二段两个气藏（图3，表1）。须二段气藏探明储量为$100.52×10^8m^3$（安凤山等，2003），含凝析油，不含硫化氢，气藏压力系数为1.07。雷三气藏探明天然气地质储量$86.3×10^8m^3$（彭英和弋戈，2004），含气面积13.4km²，含凝析油，含量为65.45～74.28 g/m^3左右，凝析油储量为$51.78×10^4t$，气藏压力系数为1.15，储层温度在88.3℃左右。另外，雷二段下亚段虽有较好的油显示，但产能较低，目前尚未获得工业性油气流（何鲤等，2002）。由于雷三段孔渗性好（图2右），横向连通也较好，具有油气水重力分异的现象，构造核部的井产气量高，倾伏端及两翼产气量较低，或完全产水，雷三气藏高含硫化氢，是本文的重点研究对象。

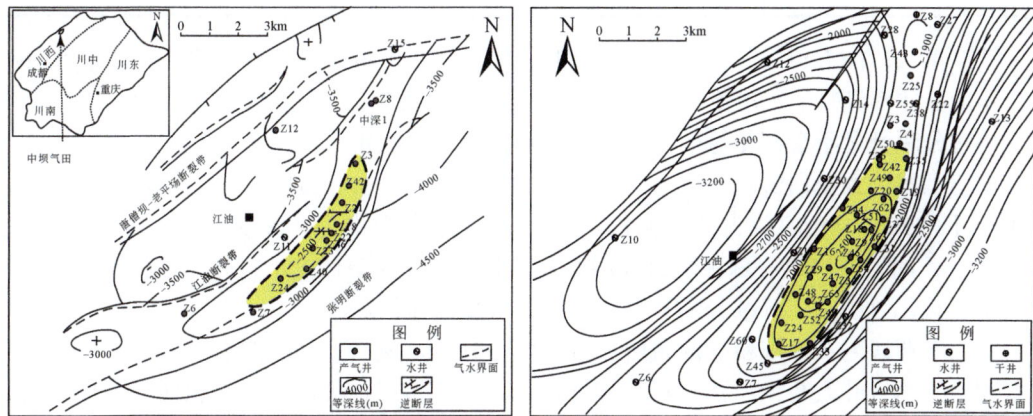

图3 中坝构造雷三气藏顶面构造图（左）和须二气藏顶面构造图（右）（据翟光明，1992，有修改）

2.1 中坝雷三气藏

雷三气藏是受一个狭长背斜构造控制的层状边水气藏，呈北东南西轴向。东西两翼东陡西缓，两翼倾角分别为34°和26°左右，并且分别被彰明和江油两大断层所切割（图3）。这两条断层断距大、延伸长，最大垂直落差大于400m，断层沿轴线方向延伸长达20km，控制了雷三气藏东西两翼的分布范围，气藏在形态上属长轴背斜构造（图3）。

雷口坡组为大套白云岩，残厚约600余米。纵向上按岩性可分为雷一、雷二、雷三上、雷三下段（图2）。雷二段为大套膏质白云岩间夹云质石膏岩，厚约200m，岩心普遍含石膏，其中石膏层和云质石膏层厚约23～44m。根据岩心分析，雷二上段膏质含量普遍在

20%～40%，局部高达 85% 以上，雷二顶部出现 6～10m 的石膏层和白云质石膏；雷二上亚段岩心平均孔隙度<1.1%（图 2），裂缝也都被石膏充填，压汞毛管压力分析表明，储层渗透性能极差，可作为气藏的底板。雷一段白云岩储层较差，仅有几口井获得低产，目前没有生产井。

表 1 中坝气田雷三段气藏和须二段气藏基本参数统计表

气藏	雷三段气藏	须二段气藏
含气面积为/km²	13.4	24.5
天然气探明储量	$86.3 \times 10^8 m^3$	$100.52 \times 10^8 m^3$
产层埋深/m	3140～3400	2100～2800
储层特征	白云岩，厚约 100m，平均孔隙度 3.94%	陆相砂岩，厚 600～100m，孔隙度为 5.6%
储层温度/℃	88.3	75
气油比/（m³/m³）	13463～15279	30000
压力系数	1.15	1.07
CH_4 含量/%	84	90
C_{2+} 含量/%	3.6	9.5
硫化氢含量/%	6.52	0

钻穿雷二段的五口井（中深 1、川参 1、川 19、22、中 7 井）中，除中 7 井有水显示外，其余各井都没有油气水流产出（屈德纯，2004），表明雷二段为干层，是良好的不渗透隔层，它分隔开了不含硫化氢的雷一储层和高含硫化氢的雷三储层。

雷三上段为致密白云岩，区内残厚 100m，泥质含量 1%～5%，平均孔隙度 1.485%，孔隙小于 2% 的岩样块数占总块数的 95.6%；渗透率平均为 $0.8239 \times 10^{-3} \mu m^2$，而小于 $1 \times 10^{-3} \mu m^2$ 的岩样块数占总块数的 94.1%，因此本层储渗条件差，将高含硫化氢的雷三气藏与不含硫化氢的须二气藏分隔开来，是雷三气藏的盖层。

雷三下亚段为灰色细粉晶藻屑白云岩，厚约 100m，是气藏的主要储集层段，以含藻团粒多和次生溶蚀孔发育为特点，粗结构发育，藻屑、砂屑、细粉晶多，泥质、灰质、石膏质等含量低。平均孔隙度 3.94%，最高 11.95%，最小 0.24%。储层孔隙可分为两大类，一类为原生孔隙，包括粒间、粒内孔隙和晶间、晶内孔隙；一类为次生孔隙，即在原生孔隙的基础上，经溶蚀扩大或次生充填改变了原生孔隙的形体，因形似针孔状，故而又称针孔，其沿裂缝密集分布，可达 40 孔/cm² 之多，因此储层属于以孔隙型为主的裂缝-孔隙型储层。

中坝雷三气藏天然气中硫化氢含量分布在 4.90%～8.34%，平均约 6.52%。产层埋深 3140～3400m，气藏原始地层压力 35.304Mpa，多数气井产量较高，都在 $50 \times 10^4 m^3/d$ 以上，压力下降稳定，表明气藏连通好，具有统一压力系统，关井压力能很快稳定，各井压力下降均衡，表明气藏各井之间是互相连通的。

2.2 中坝须二气藏

须二气藏是一个具有边水的背斜圈闭气藏（图 2），储集层是一套三角洲沉积相的砂岩，有效储存厚度在 60～100m，孔隙度平均为 5.6%，渗透率大部分小于 $1×10^{-3}\mu m^2$，属于裂缝-孔隙型储集层。须三段泥岩发育，是气藏的直接盖层，气藏保存较好。

2.3 中坝雷三气藏与须二气藏的独立性

从现今各气藏地层水的组成来看，须二气藏和雷三气藏均为氯化钙型，但矿化度和离子含量等存在明显差异（表 2）。须二气藏为一底水气藏，地层水不含硫化氢，矿化度低，但含有 365～1868mg/L 的钡离子，钡离子是须二气藏地层水的特征元素。而雷三气藏地层水总矿化度较高，106000～112000mg/L，硫化氢含量为 182～1081mg/L，不含钡离子。各层系地层水组成的差异表明，雷三和须二各气藏之间是独立的。

表 2　中坝气田各层系地层水组成特征

| 层位 | 井号 | 井段 | pH | 阳离子/ (mg/L) | | | | | 阴离子/ (mg/L) | | | | | H_2S/ (mg/L) | 矿化度/ (g/L) | 水型 |
				Na^++K^+	Ca^{2+}	Mg^{2+}	Ba^{2+}	总计	Cl^-	SO_4^{2-}	HCO_3^-	CO_3^-	总计			
T_2l^3	中 11	3768-3900	5.2	34732	5569	1706	0	42007	66544	835	2077	0	69456	428	111.46	$CaCl_2$
	中 3	3282-3460	6.9	28628	11110	5116	0		77668	776	797	0		831	124.10	$CaCl_2$
	中 7	3423-3531	4.9	42133	2388	379	0	44900	68626	736	1905		71267	1081	116.68	$CaCl_2$
	中 7	3423-3531	3.9	40783	2314	320	0	43417	65902	1109	2015	0	69026	581	112.44	$CaCl_2$
	中 8	3383-3450	3.9	37340	3019	516	0		63539	239	1186	0		182	105.84	$CaCl_2$
T_3x^2	中 11	3065-3100	6.2	12531	14533	7395	350	34808	48526	0	2710	0	51236	0	86.05	$CaCl_2$
	中 20	2509-2674	7.0	20611	1148	242	1203	23284	34832	0	574	0	35406	0	58.69	$CaCl_2$
	中 22	2825-3073	6.2	19850	848	57	926	21681	32622	0	207	0	32829	0	54.51	$CaCl_2$
	中 28	2679-2685	6.6	18962	4318	738	911	24929	39176	0	542	0	39718	0	64.65	$CaCl_2$
	中 31	2522-2590	6.4	22279	1117	198	1868	25462	37572	0	492	0	38064	0	63.53	$CaCl_2$
	中 36	2568-2629	7.2	22336	1049	148	1736	25269	37282	0	562	0	37844	0	63.11	$CaCl_2$
	中 37	2432-2481	6.3	22221	1267	135	1807	25430	37532	0	490	0	38022	0	63.45	$CaCl_2$
	中 4	2535-2586	7.3	23945	1167	167	1322	26601	39833	0	530	0	40363	0	66.96	$CaCl_2$
	中 60	2555-2575	4.8	17260	4931	813	365	23389	37269	0	1140	0	38399	0	61.79	$CaCl_2$

中坝气田雷三气藏和须家河组须二气藏垂向上叠置，平面上须二气藏分布范围涵盖了雷三气藏的范围，埋深相差 800m 左右，但是二者间的油气性质存在明显差异。为了阐明各气藏的油气的来源与成因，开展了大量的分析化验。

3　样品采集、制备及分析

本文除了系统收集油田历年来积累的分析化验资料外，比如地层水的分析结果、天然气和凝析油的分析数据等，还开展了大量的取样与分析化验工作。在井场采集了生产井的原油和天然气样品，并在取心井段中采集了石膏、硫黄等样品。分别开展了如下分析化验：

（1）对天然气开展组分分析，部分井段天然气开展了组分碳同位素测定。

（2）对原油开展了轻烃、生物标志化合物等系列分析：原油和天然气的地球化学分析由中国石油勘探开发研究院实验研究中心完成测定。其中硫代金刚烷的分析方法如下：取

50mg 凝析油，提取饱和烃、芳烃、非烃和沥青质四个馏分。2-硫代金刚烷存在于非烃馏分中。准备银盐色层分离柱：将分析纯的 $AgNO_3$ 溶解在蒸馏水中，制成 20mg/100mL 的溶液。把 15g 硅胶浸泡入该溶液中，30min 后用滤纸滤去溶液。在 120℃下烘 6 小时，冷却后备用。将长约 20cm、直径约 6mm，下端带活塞和尖嘴，上端带储存溶剂漏斗的玻璃管装入硅胶并轻敲震实，加入适量正己烷使其润湿。把非烃样品稍加二氯甲烷稀释后倒入柱顶，加 50mL 二氯甲烷冲洗，再加 50mL 二氯甲烷甲醇混合溶剂（1∶9，v/v）冲洗，并收集，待挥发至 2mL 后作 GCMS 分析。

GCMS 是在连接有 Agilent 5973 质量选择监测器的 Agilent 6890N 气相色谱仪上进行。电离室温度：200℃；电离电压：70eV；质量范围：50～500amu；毛细管柱：Equity-5（60m，0.25mm，0.25μm）；汽化室温度：280℃；柱箱升温程序：50℃（2min）；50～200℃（3℃/min）；200～320℃（10℃/min），320℃（20min）；载气：氦气。

（3）对石膏、硫黄和硫化氢开展了硫同位素测试，这些测试在中国科学院地质与地球物理研究所实验室完成，采用储雪蕾等的硫同位素的分析方法（储雪蕾等，1993），将样品中的硫转化为 SO_2，采用 Finnigan MAT 公司的 Delta S 同位素质谱仪，进行质谱分析，$\delta^{34}S$ 值采用的国际标准为 CDT，分析精度为±0.2‰。

4 结果与讨论

4.1 天然气地球化学特征

1）天然气组分特征

雷三气藏天然气组分中高含 H_2S、CO_2（表 3），并含有一定量的凝析油。其中 H_2S 含量 100～150g/m³ 左右，平均占 6.65%，CO_2 含量 90～100g/m³，占 4.23%。天然气的比重约在 0.65～0.68 变化，重烃含量平均 3.3%，其中 C_3～C_4 含量（0.9254%～1.0591%）和 C_2～C_6 含量（2.985%～3.514%）相对较低，表明凝析气富化程度低，气油比在 13463～15279m³/m³，凝析油含量在 65.45～74.28cm³/m³，属典型的低含凝析油型凝析气藏。雷一段天然气比重 0.705，甲烷 83.26%，不含硫化氢，二氧化碳 0.1%，天然气较湿。由于雷一段没有工业规模的气井，资料也比较有限，本文不做详细讨论。

表 3 中坝气田天然气组分数据表（%）

井号	层位	深度/m		CH_4	C_2H_6	C_3H_8	C_4H_{10}	重烃	H_2S	CO_2	N_2	Ar	He	H_2
川 19	T_2l^3	3351	3355	82.64	1.86	0.56	0.38	2.80	7.65	5.67	1.15	0	0.056	0.03
中 18	T_2l^3	3100	3232.1	82.98	1.69	0.68	0.72	3.09	6.75	4.51	1.67			0.05
中 21	T_2l^3	3298	3319.5	85.11	1.73	0.54	0.35	2.62	5.25	5.43	1.36			0.09
中 23	T_2l^3	3040	3155	83.01	1.85	0.8	0.96	3.61	5.99	5.2	1.37			0.05
中 24	T_2l^3	3145	3253	82.39	1.78	0.72	0.97	3.47	7.11	4.95	1.89			0.05
中 3	T_2l^3	3392	3460	84.01	1.76	0.51	0.27	2.54	7.72	4.06	1.39			0.07
中 40	T_2l^3	3110	3126.5	83.14	4.51	0.6	0.177	5.56	5.67	4.18	1.11		0.053	0.004
中 42	T_2l^3	3322.4	3410	84.42	2.71	0.55	0.276	3.92	6.86	3.29	0.79		0.067	0
中 46	T_2l^3	3075	3139	85.54	1.7	0.462	0.287	2.45	5.76	4.17	1.77	0.005	0.063	0.001
中 8	T_2l^3	3382.7	3450	85.18	1.73	0.52	0.31	2.56	8.34	1.43	2.12			0.08

续表

井号	层位	深度/m		CH$_4$	C$_2$H$_6$	C$_3$H$_8$	C$_4$H$_{10}$	重烃	H$_2$S	CO$_2$	N$_2$	Ar	He	H$_2$
中80	T$_2$l^3	3075	3166	85.23	1.58	0.49	0.37	2.44	6.39	4.01	1.41		0.06	0.007
中81	T$_2$l^3	3191	3289	81.36	3.85	0.49	0.541	4.88	6.24	4.66	1.31		0.071	0.007
川22	T$_3$x^2	2218	2604	91.23	5.79	1.63	0.66	8.08	0	0.5	0.03			0.03
中11	T$_3$x^2	2845.3	3004.4	83.26	9.46	4.19	1.87	15.52	0	0.06	0.69			0.04
中13	T$_3$x^2	3768.5	3939	90.83	6.24	1.24	0.48	7.96	0	0.1	0.95			0.05
中14	T$_3$x^2	3265.8	3289.2	83.34	8.7	3.88	2.07	14.65	0	0.32	0.7			0.06
中16	T$_3$x^2	2426	2529	88.47	6.63	2.25	0.564	10.03	0	0.43	0.38	0.003	0.018	0.002
中17	T$_3$x^2	2427.6	2494	89.72	6.99	1.73	0.358	9.45	0	0.46			0.019	0.005
中18	T$_3$x^2	2250	2430	88.34	6.46	2.05	0.95	9.46	0	0.76	0.9			0.04
中19	T$_3$x^2	2589.5	2612	89.1	7.72	1.84	0.394	10.33	0	0.3	0		0.012	0.004
中2	T$_3$x^2	2314.6	2501.1	90.89	6.09	1.56	0.44	8.44	0	0.31	0.09		0.017	0.01
中20	T$_3$x^2	2509.3	2674	88.54	8.06	1.86	0.353	10.61	0	0.46	0.13		0.016	0.005
中24	T$_3$x^2	2565	2666	91.83	5.53	1.45	0.67	7.65	0	0.24	0.56			0
中25	T$_3$x^2	2505	2666	89.87	6.31	1.85	0.429	9.01	0	0.32	0.002		0.019	0.003
中29	T$_3$x^2	2269	2361	88.34	8.69	1.81	0.348	11.16	0	0.34	0.01		0.016	0.005
中3	T$_3$x^2	2541	2625	90.6	5.82	1.52	0.426	8.11	0	0.97	0.07		0.016	0.014
中31	T$_3$x^2	2522	2590	88.79	8.05	1.83	0.355	10.56	0	0.32	0.11		0.01	0
中32	T$_3$x^2	2851.1	3050	84.47	9.85	3.48	0.4	13.73	0	0.08	0.72			0.05
中34	T$_3$x^2	2409.1	2373	89.93	5.81	1.71	0.4	8.51	0	0.38	0.46			
中44	T$_3$x^2	2494	2600	88.55	8.2	1.96	0.411	10.95	0	0.32	0.01		0.018	0.006
中47	T$_3$x^2			90.46	5.82	1.67	0.774	8.722	0	0.50	0.28	0.005	0.021	0.014
中5	T$_3$x^2	2464.6	2529	87.35	7.21	2.32	1.21	10.74	0	0.11	1.72			0.04
中52	T$_3$x^2	2355	2480	90.08	6.23	1.78	0.746	8.76	0	0.4	0.4	0.012	0.021	0.006
中53	T$_3$x^3	2015.1	2100	92.9	5.17	1.19	0.438	6.80	0	0.03	0.03	0.003	0.017	0.04
中54	T$_3$x^2			90.41	5.91	1.71	0.735	8.80	0	0.34	0.25	0.002	0.016	0.011
中6	T$_3$x^2	2964.5	3016	81.98	6.81	3.34	1.79	11.94	0	2.62	2.81			0.07
中60	Tx^3	2054.7	2094	87.37	9.74	1.94	0.723	12.40	0	0	0		0.018	0.009
中62	T$_3$x^2	2500.5	2607	88.65	8.15	1.88	0.776	10.81	0	0.29	0		0.016	0.004
中55	T$_3$x^2	2618.5	2737.6	87.54	8.29	1.98	0.892	11.16	0	0.81	0		0.011	0.009
中8	T$_3$x^2	2514	2635	90.49	5.82	1.61	0.75	8.18	0	0.05	0.85			0.06
中9	T$_3$x^2	2238	3100	90.29	6.14	1.81	0.471	8.90	0	0.16	0.03		0.017	0.017

须二气藏是以气为主，甲烷 87.33%～90.95%，不含硫化氢，二氧化碳仅 0.03%～0.84%，气中含少量凝析油，比重 0.7612～0.857。凝析油组分分析表明，饱和烃占 82.7%，不饱和烃占 17%。

总体上看，中坝气田各层系天然气组分差异明显（图4），其中 T$_2$l^3 体现出高含硫化氢、高含二氧化碳、重烃和氮气含量较高；T$_3$x^2 体现出重烃含量高，不含硫化氢、氮气含量低。

天然气组分间的差异，反映了气源的不同。

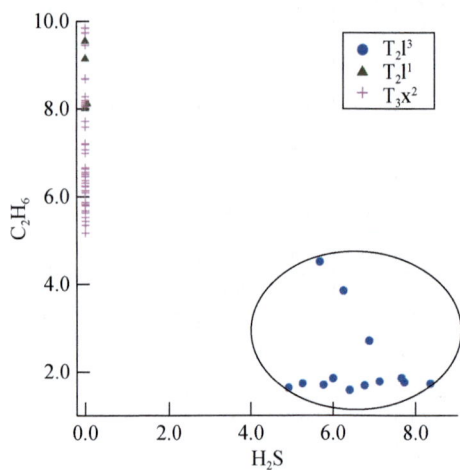

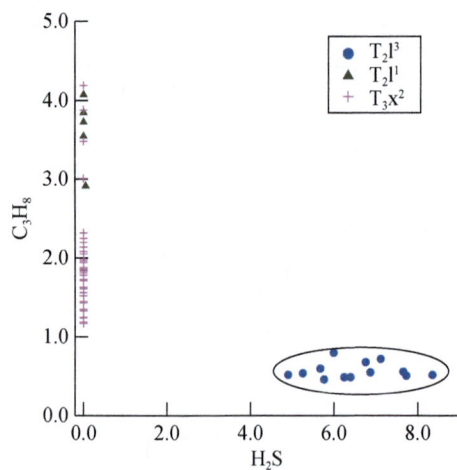

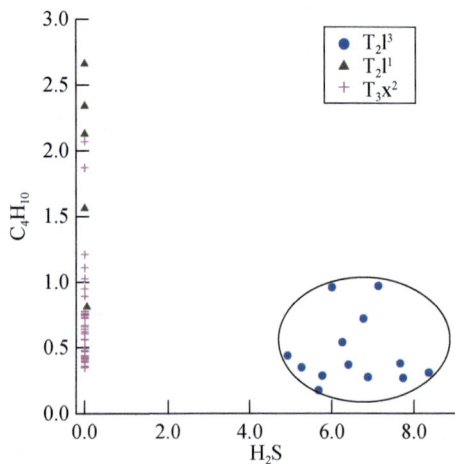

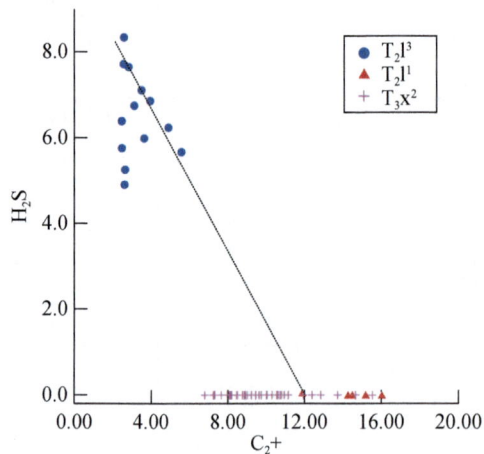

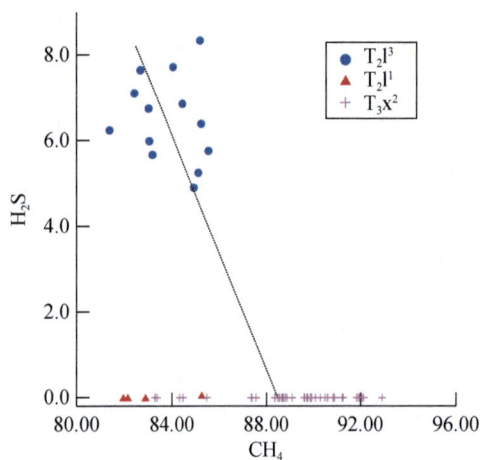

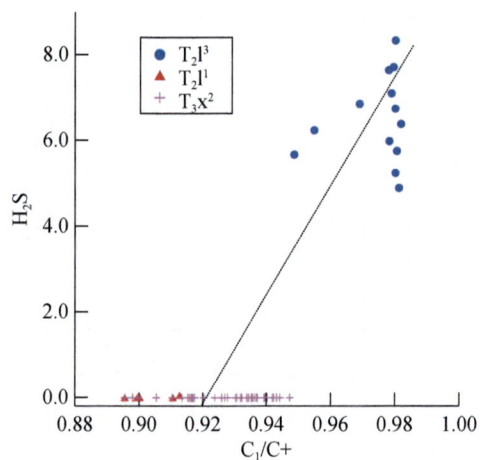

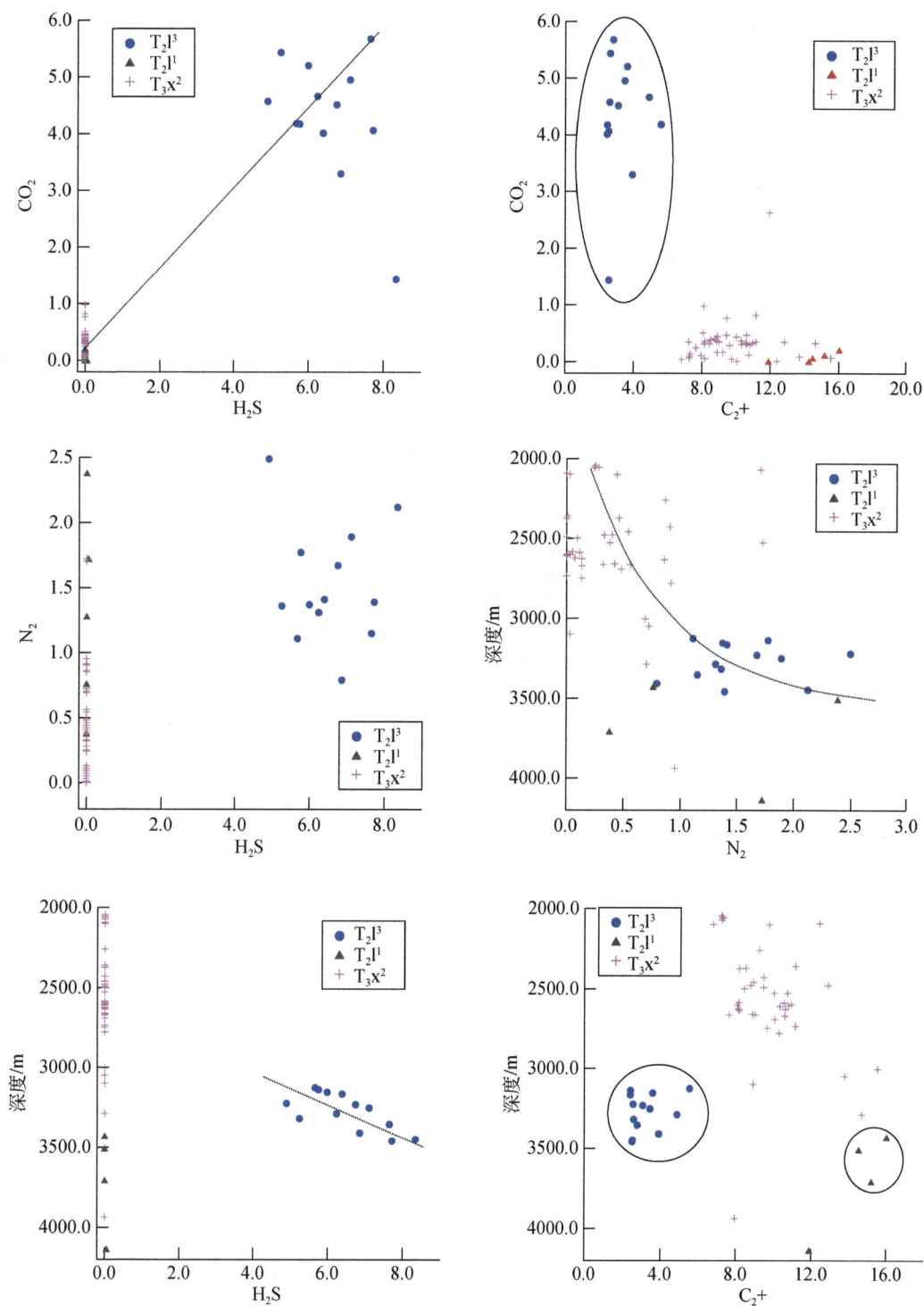

图 4　中坝气田各层系气体组分间及其与深度的关系

硫化氢含量越高，重烃类含量越低，天然气干燥系数越大。高含 H_2S 天然气也富含 CO_2 和 N_2；而随
着深度增大，N_2 和 H_2S 含量增加，而重烃类的变化仅与各层系有关，反映气源的差异

2）碳同位素组成特征

各层系天然气碳同位素组成有明显差异（表 4），T_2l^3 气藏甲烷碳同位素在-35.5‰左右，$\delta^{13}C_2$ 在-29.3‰，$\delta^{13}C_3$ 在-26‰，$\delta^{13}C_4$ 在-26.5‰左右，比煤成气碳同位素轻。T_3x^2 气藏天然气碳同位素分布比较集中，甲烷一般在-36.5‰左右，$\delta^{13}C_2$ 在-26‰，$\delta^{13}C_3$ 在-25‰，$\delta^{13}C_4$ 在-24‰，属于比较典型的煤成气；通过收集四川盆地以前分析的碳同位素资料，并将本次采样数据做成图 5，可以看出中坝须二气藏乙烷同位素比川西北其他地区须家河组天然气的碳同位素偏轻，雷三气藏天然气的碳同位素处于中间位置，反映了这些气藏气源的复杂性，需要从烃原岩入手讨论。

表 4　中坝气田天然气碳同位素组成

井名	层系	$\delta^{13}C_{PDB}$/‰							备注
		C_1	C_2	C_3	C_4	C_5	C_6	CO_2	
中23	T_2l^3	−35.10	−29.20	−27.90	−30.40	−29.90	−29.20	−5.30	本文分析
中21	T_2l^3	−34.80	−28.90	−26.90	−28.80	−29.30		−7.10	本文分析
中46	T_2l^3	−35.26	−30.01	−26.24	−26.49			−6.30	本文分析
中81	T_2l^3	−33.80	−27.10					−6.90	本文分析
中18	T_2l^3	−36.90	−27.70	−22.10	−29.60				秦胜飞等，2007
中21	T_2l^3	−35.40	−31.10	−30.30	−29.80				秦胜飞等，2007
中24	T_2l^3	−35.70	−30.30	−27.90	−27.90				秦胜飞等，2007
中54	T_3x^2	−36.30	−25.10	−23.60	−23.30	−24.30		−6.10	本文分析
中29	T_3x^2	−36.73	−25.51	−23.30	−23.50				秦胜飞等，2007
中34	T_3x^2	−36.09	−26.04	−23.20					秦胜飞等，2007
中31	T_3x^2	−37.25	−25.43	−23.29	−22.50				本文分析
中39	T_3x^2	−35.79	−26.00	−23.11	−25.12				本文分析
中71	T_3x^2	−35.99	−25.01	−23.23	−22.41				本文分析

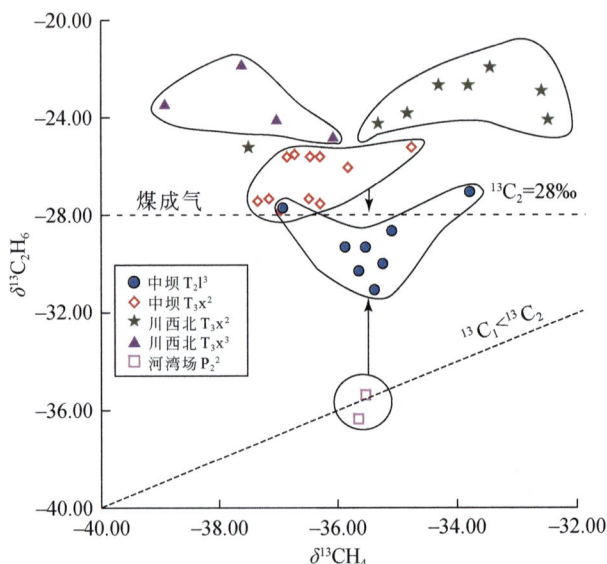

图 5　川西北各气藏天然气甲烷和乙烷碳同位素组成 5.2 凝析油的地球化学特征

本次研究选取了目前正在开采的三口井的凝析油样品，中 81（T_2l^3）、中 47（T_3x^2）、中 54（T_3x^2）井，开展了原油的轻烃地球化学和生物标志化合物的精细研究。由于三个原油都是凝析油，成熟度很高，它们的甾烷和萜烷分布非常相似，应用生物化合物已很难判断它们在油源上的差别，但是在轻烃组成上差异十分明显。

从这些轻烃参数可以看出（表 5），中 81 井 T_2l 原油与中 47、中 54 的 T_3x 原油具有明显差距，中 47 井和中 54 井的这些参数都相近。这也进一步说明两个油气藏之间存在明显的分割，油气源也存在明显差异。其中表 5 中的参数从 1～6 项，既与油源有关，又与成熟度有关，明显看出两个气藏的不同。第 7 项参数是苯/nC_7，是芳烃与正构烷烃的比值，一般说来成熟度增加，正构烷烃相对于芳烃在增加，苯/nC_7 比值下降。因此，T_2l 原油的成熟度要比 T_3x 高。第 8～11 项参数也是主要指示成熟度，参数值越大，成熟度越高。这些数据也表明，中 81 井 T_2l 原油要比其余两个 T_3x 的成熟度要高。后者两原油的成熟度几乎相同。

表 5　中坝气田凝析油的轻烃地球化学参数

序号	轻烃地球化学参数	中 81	中 47	中 54
		T_2l^3	T_3x^2	T_3x^2
1	nC_6	0.621	0.320	0.307
2	nC_7	0.446	0.251	0.216
3	nC_8	0.265	0.095	0.086
4	环 C_6	0.050	0.180	0.186
5	环 C_7	0.514	1.874	2.303
6	环 C_8	0.688	4.452	5.394
7	苯/nC_7	0.045	0.185	0.247
8	异庚烷值	2.369	1.559	1.611
9	Mango 指数 MI	1.267	1.127	1.134
10	V-比值（∑正构/∑环烷）	0.6962	0.4471	0.5353
11	J-比值（∑异构/∑环烷）	2.1130	1.8371	1.8480

注：1. nC_6 为 nC_6 色谱峰面积/（2，2-二甲基丁烷至 nC_6 之间所有峰的面积之和）；
2. nC_7 为 nC_7 色谱峰面积/（2，2-二甲基戊烷至 nC_7 之间所有峰的面积之和）；
3. nC_8 为 nC_8 色谱峰面积/（甲基环己烷至 nC_8 之间所有峰的面积之和）；
4. 环 C_6 为环戊烷/nC_6；
5. 环 C_7 为（甲基环戊烷+环己烷+二甲基环戊烷）/nC_7；
6. 环 C_8 为（甲基环己烷+乙基环戊烷+1，顺-4 二甲基环己烷）/nC_8；
8. 异庚烷值为（2-甲基己烷+3-甲基庚烷）/（1，顺 3-，1，反 3-，1，反 2-，二甲基环戊烷之和）；
9. Mango 指数（Mango Indices）MI=（2-甲基己烷+2，3-二甲基戊烷）/（3-甲基己烷+2，4-二甲基戊烷）；
10. V-比值=（正构烷烃）/（环烷烃）；（取值范围：色谱保留时间在 nC_3—nC_8 之间）。
11. J-比值=（异构烷烃）/（环烷烃）；（取值范围：色谱保留时间在 nC_3—nC_8 之间）。

4.2　油气来源分析与讨论

1）须家河组烃原岩

该区主要发育有二叠系和上三叠统须家河组烃原岩，其中须家河组烃原岩是川西北重要的煤系烃原岩，也是须家河组储集层系重要的烃源（张子枢，1994）。川西北地区晚三叠世沉积了一套海陆交互的滨海三角洲相沉积。须一段从下而上为浅海—半封闭海湾—三角洲前缘斜坡亚相，沉积环境从还原环境变为弱还原的沉积环境；TOC 分布在 0.62%～6.78%，其中黑色页岩有机质丰度在 2%左右；干酪根主要为 II_2 和 III 型；厚度在 200m 左右。须家河组二段沉积时，海水完全退出该区，为三角洲平原亚相和泛滥平原相沉积，须二段上部发育厚约 250m 的砂岩体，构成了的良好储集层；须三段发育河流及沼泽间互沉积环境，沉积了厚 300m 的灰黑色泥页岩夹煤层、煤线，煤层很薄，可以充当次要的煤型气原岩。

须家河组原岩的镜质体反射率多数在 0.9%～1.1%，OEP 值在 1.0～1.1，反映了该区原岩是成熟的，并可能产生过大量的湿气，这与须二气藏天然气特征是一致的。另外，中坝气田须二气藏，产出的凝析油姥鲛烷与植烷比值高（4.15～6.17）、饱和烃的碳同位素 $\delta^{13}C$ 值高（-27.3‰～-27.7‰）、饱和烃与芳香烃的比值低（4.52～4.78），显示出煤成油的特征，是由煤系地层中的陆源有机质生成的煤成烃。通过原岩与凝析油的碳同位素对比进一步可知，须一原岩与须二凝析油之间具有良好的可对比性，同位素值均偏重，并遵循 $\delta^{13}C$ $_{干酪根}$ $>\delta^{13}C$ $_{沥青质}$ $>\delta^{13}C$ $_{芳香烃}$ $>\delta^{13}C$ $_{原油}$ $>\delta^{13}C$ $_{饱和烃}$ 这种特定关系（罗启后和王世谦，1996），并且原岩与原油的生物标志化合物之间有很好的可对比性，因此须二气藏气源为须一段烃原岩。

2）二叠系烃原岩

由于雷口坡组不具生烃能力，因此雷三气藏的气源是来自其他层。从碳同位素组成看，比须二气藏乙烷碳同位素偏轻，体现出油型气特征，可能来自下伏二叠系原岩。其中下二叠统茅口组（P_1m）以 I 型干酪根为主，有机碳平均值为 0.58%（75 个样）（蔡开平等，2003），是一套良好的烃源层；大隆组（P_2d）属盆地相沉积（海槽），有机碳分布在 0.26%～12.11%，平均 4.60%（5 个样），多数样品含量大于 0.5%，是一套优质的烃原岩；吴家坪组（P_2w）有机碳分布范围在 0.07%～1.34%，半数以上的样品有机碳大于 0.20%，平均值为 0.40%（41 个样），是一套较好的烃原岩。这三套二叠系烃原岩有机质属 I 型-II_1 型，以生油为主仅产少量伴生气。该区二叠系烃原岩 R_0 在 2.05%～2.70%左右（蔡开平等，2003），有机质演化已达干气阶段，形成的天然气应主要来自液态烃的高温裂解。如川西北河湾场构造二叠系自生自储气藏，其天然气组成中甲烷含量一般在 95%以上，平均为 97.10%，乙烷含量很低，平均为 0.49%，C_{2+} 平均值为 0.54%，干燥系数（C_1/C_{2+}）在 100 以上，平均197.75，甲烷和乙烷的碳同位素相近，都在-35.5‰～-36‰左右（图 5），应该是二叠系原岩高温裂解成气的代表。因此从干酪根类型与演化来看，二叠系天然气属高温裂解气，川西北河湾场二叠系气藏碳同位素的倒转特点也进一步证实了这一点（图 5）。

3）油气源对比

从对二叠系和上三叠统须家河组烃原岩的生烃演化分析及其所产天然气特征来看（图5），中坝雷三气藏既不与二叠系烃原岩产生的天然气干燥度及碳同位素相匹配，也不与须家河组煤成气相匹配，很可能来自二者的混合。

从气藏剖面图上（图 6），断层向下断入二叠系，沟通了下部气源，后期又捕获了低演化阶段的须家河组烃原岩生产成的气，从而导致天然气中重烃含量增高，碳同位素增重。从气藏形成过程来看，中坝背斜是继承性的古隆起，在雷口坡组至须家河组沉积过程中就不断地隆起，形成了中坝背斜。由于川西北地区古地温梯度低，须家河组烃原岩在 J_3—K_1 进入成熟期，K 为成熟高峰期，故当喜马拉雅期原岩成熟大量生气时（湿气产出的高峰期），这些气就被早期存在的背斜圈闭所捕集，由于断层的输导作用，圈闭在早期可能也捕获到二叠系的油型裂解气，因此中坝雷三气藏气源可能主要来自二叠系原岩和须一段烃原岩的混合。

另外，须二气藏与雷三气藏除了湿气组分含量高、异丁烷与正丁烷比值高（须二气藏为 1.02，雷三气藏为 0.65）、苯和甲苯含量较高、H_2S 含量差异外，天然气中富含汞蒸气，平均可达 7000ug/m^3（罗启后和王世谦，1996），雷三气藏含汞量仅 0.26mg/m（张子枢，1994）。汞是天然气中普遍存在的非烃类气态组分，其含量变化范围很大。通常认为天然气中的汞主要来自烃原岩，在气原岩的热演化成烃过程中，汞以挥发分的形式随天然气一起聚集在天然气藏中，陆源有机质中相对富含汞，由腐殖型有机质生成的天然气汞含量通常明显高于由混合型—腐泥型有机质生成的天然气（油型气），即煤成气富集汞，因此从组分组成看，中坝须二气藏为煤型气，气藏产出的凝析油也来自于煤系原岩，而雷三气藏可能也有煤成气贡献。

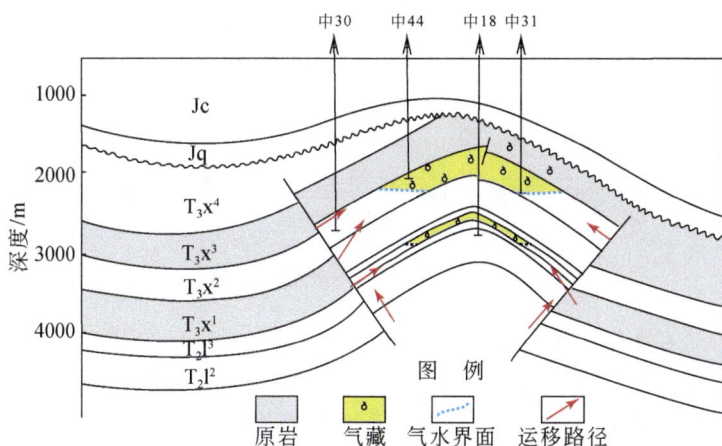

图 6　中坝气田雷口坡和须家河组气藏剖面图

4.3　硫化氢的成因及证据

中坝气田雷三气藏 H_2S 平均含量在 6.6%以上，属于高含 H_2S 气藏，H_2S 属于 TSR 成因的可能性极大。事实上，该区具备 TSR 的发生条件，并有 TSR 作用的地质证据。

1）TSR 发生条件

TSR 发生的三个基本条件——烃源、硫酸盐和高温，这些基本条件本区都具备。雷口坡组膏质岩类十分发育（图 2），特别是雷二段，厚约 40m 的膏盐和膏质岩，在雷三段储层中也夹杂有薄层膏质岩类，而且雷口坡组地层水中富含 SO_4^{2-}（表 2）；另外该区气源充沛，既有二叠系原岩提供的油型气，也有须家河组提供的煤成气。温度是 TSR 发生的必备条件，从埋藏史曲线看（图 7），雷三储层在中侏罗以后经历过一段较高的埋藏温度，储层温度在 120℃以上，最高温度大于 140℃（图 4）。因此晚侏罗世晚期和早白垩世是 TSR 发生的最佳时期。

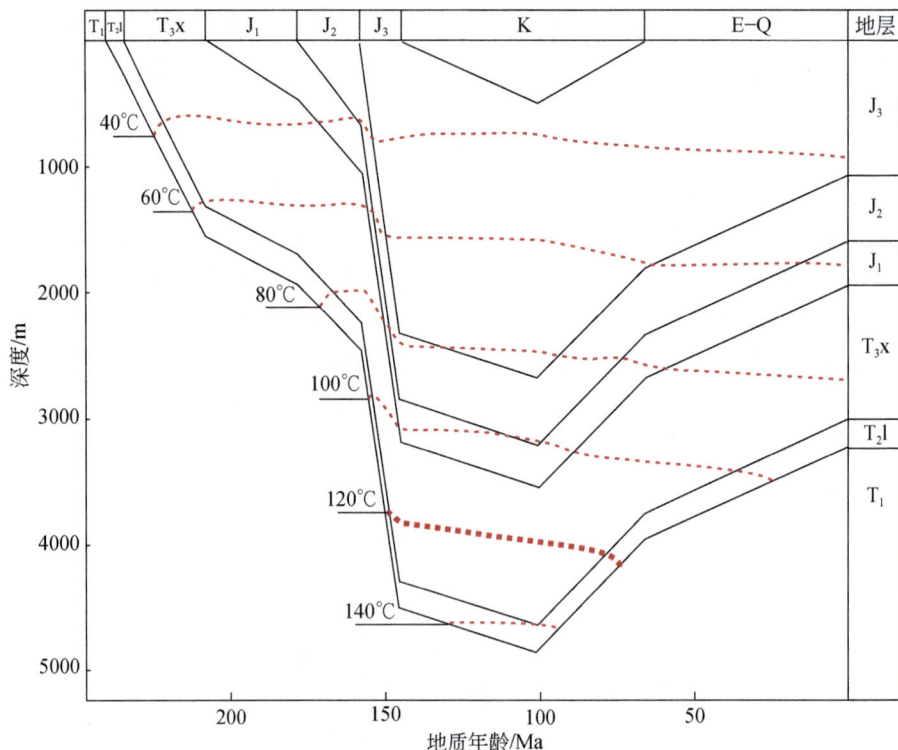

图 7　中坝气田中 18 井埋藏史曲线

须家河组烃源岩在中白垩世才进入成熟期，由此看来，与 TSR 作用的烃类可能主要是来自二叠系油气源。中坝雷三气藏目前埋深在 3250m，储层温度平均在 88.3℃（图 8），地温梯度约为 2.35℃/100m，已低于 TSR 发生的最低温度，H_2S 的生成过程可能已经停止。

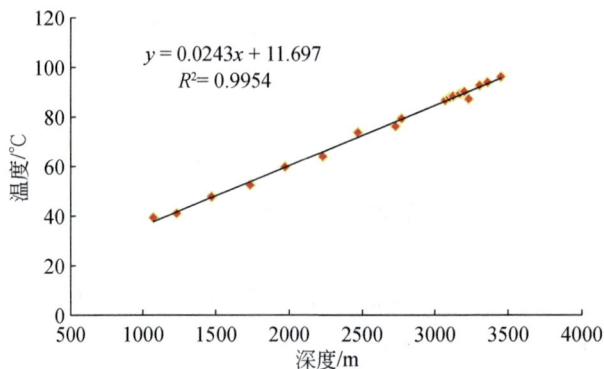

图 8　中坝气田井深–温度关系

另外，TSR 的发生，需要流体流动空间，即要求储层物性相对较好。中坝雷三含硫化氢气藏的储集层为雷三下亚段的细粉晶藻砂屑白云岩，有效储集岩厚度在 50m，储渗特性在横向上分布相对稳定，整个气藏在横向上互相连通，这也是各井产能相近和流体组成相似的主要原因。而雷一气层由于储层的孔渗性较差，虽然也像雷三段一样具备 TSR 发生的温度条件，但是没有形成硫化氢，从天然气组分组成可以明显看出（图4），不含硫化氢，二氧化碳含量很低，重烃类含量很高，雷一气藏没有发生TSR，其主要原因可能是因为雷一储层物性差，孔隙不发育，缺少有效的储集空间，多数井为干井，少数几口井产气，但产气量较低，没有开采价值，这些井也只发育了一些裂缝。由于在裂缝性储层中，烃类和硫酸盐没有充分的接触空间，难以形成高含硫化氢的天然气，中国目前发现的高含硫化氢天然气藏的储层主要都属于孔隙型储层，碳酸盐岩储层的物性相对都是最好的。本区雷三下亚段储层物性较好，主要属于孔隙型储层，具备TSR发生所需的流通空间和宽泛的油气水界面。这些条件是TSR发生的基础，雷三气藏都具备。

2）TSR证据

a. 天然气组成

从气体组分含量来看，雷三气藏硫化氢和二氧化碳含量都很高，而须二气藏不含硫化氢，二氧化碳含量也很少，高硫化氢和高二氧化碳含量构成了TSR最直接的证据。TSR优先消耗重烃类，从硫化氢含量与甲烷、乙烷等重烃类的关系中可以看出这种关系，并最终导致了干燥系数增大（图4）。从重烃类与深度的关系中可以看出，埋深不是天然气变干的主要因素，而硫化氢的含量则随深度增大而增大，高温有利于TSR发生，而TSR的选择性消耗，导致天然气干燥系数增大。另外雷三气藏地层水中富含硫化氢，而其他层系则不含硫化氢；甲烷碳同位素也明显偏重（二叠系和须家河组天然气甲烷碳同位素相近，乙烷相差较大且受到混源的影响，表现不明显），这些特征都反映了雷三储曾发生过TSR。

b. 硫同位素

硫同位素是研究硫化氢成因的有效手段（Claypool et al.，1980；Krouse et al.，1988；Machel，2001；朱光有等，2007）。虽然油气藏中硫化氢可以通过TSR、BSR或TDS形成，但是不论何种成因形成的硫化氢，其硫化氢中的硫均来自相关地层中的硫酸盐类或含硫化合物。在无机体系内，硫酸盐离子还原成硫化氢的过程中，同位素的分馏程度是由S—O键被打断的速率不同而造成的，由于^{32}S—O键比^{34}S—O键更容易被打断，因此形成的硫化氢比硫酸盐更富集^{32}S。四川盆地大量分析资料表明，TSR成因硫化氢的硫同位素一般比硫酸盐偏低5‰～15‰左右，绝大部分偏轻8‰～12‰。BSR成因硫化氢的硫同位素分馏值大，比硫酸盐硫同位素低20‰左右。

本次采样分析表明（表6），中坝气田雷口坡组硫酸盐的δ^{34}S分布在21.09‰～26.47‰之间，平均值为23.78‰。两口生产井硫化氢的硫同位素分别为9.24‰和14.71‰，平均值为11.98‰。储集层中硫黄的硫同位素分布十分稳定，δ^{34}S分布在14.11～15.04‰，平均值为14.59‰。另外，还采集了中坝气田天然气脱硫厂分离出来的硫黄晶体，δ^{34}S为11.89‰，与储层中硫黄的δ^{34}S较为接近。

表6　不同硫化物的硫同位素分析结果

编号	井号	层位	井深/m	样品特征	δ^{34}S/‰
Z-1	中6井	T_2l^2	3807.00	石膏	24.17
Z-3	中46井	T_2l^2	3175.00	石膏	23.23
Z-4	中46井	T_2l^2	3305.00	石膏	22.98
Z-5	中46井	T_2l^3	3157.00	石膏	21.61

续表

编号	井号	层位	井深/m	样品特征	$\delta^{34}S$/‰
Z-6	中 46 井	T_2l^2	3243.98	石膏	21.09
Q-1	青林 1 井	T_2l^3	3717.15	石膏	26.47
Q-3	青林 1 井	T_2l^3	3919.00	石膏	25.63
Q-5	青林 1 井	T_2l^2	3923.32	石膏	25.06
ZZ-1	中 81 井	T_2l^3	3289.00	H_2S	9.42
ZZ-2	中 21 井	T_2l^3	3319.50	H_2S	14.71
Q-2	青林 1 井	T_2l^3	3751.85	硫黄	15.04
Q-4	青林 1 井	T_2l^3	3731.52	硫黄	14.11
Q-7	青林 1 井	T_2l^3	3755.44	硫黄	14.62
Q-6	青林 1 井	T_2l^3	3751.81	硫黄	14.57
Zh	中坝脱硫厂硫黄			硫黄	11.89

对比来看，硫化氢和硫黄的硫同位素分别比储层中石膏的硫同位素偏轻 11.81‰和 9.20‰（图 9），处于 TSR 成因硫化氢的分馏范围之内，因此中坝气田雷三气藏的硫化氢属于 TSR 成因。

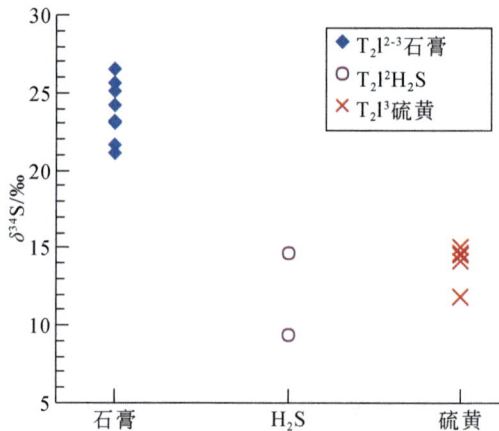

图 9　中坝气田石膏、硫化氢和硫黄的硫同位素组成

c. 轻烃

根据 Micheal 等（1995a）的研究，在西加拿大沉积盆地（Western Canada Sedimentary Basin，简称 WCSB）由泥盆系至白垩系油层中的 42 个原油样品，绝大多数的 Mango 指数 MI 值在 0.9 至 1.1 之间，其中 Brazaeu River PA 油样，是含 H_2S，被认为受过 TSR 作用的凝析油，其值分别为 2.92。Peters 和 Fowler（2002）认为，绝大多数中等成熟度 MI 比值＜1，且＞0.75；而受过 TSR 作用的、高成熟的 Brazaeu River 样品和 Winborne 样品 MI 值＞1，但未受到 TSR 作用的、高成熟的 Brazaeu River 样品 MI 比值＜1。这表明 MI 值在判断 TSR 作用上有一定的效果。

结合本文四川中坝油田的三个油样看，它们的 MI 值都＞1，够得上高成熟的标准，也够得上受 TSR 作用的 MI 值（表 5）。但只有 T_2l 样品中含 H_2S，因而可断其受过 TSR 的作用；其余两个样无 H_2S，难以判断受过 TSR 的作用。但依据三个油样的 MI 值，至少可判断 T_2l 油样受 TSR 作用的可能性最大。

d. 金刚烷

Dahl 等（1999）和 Wei 等（2007）的实验推算，原油中的烃类化合物在 150～175℃ 的地温下就会发生裂解，生成小分子的化合物。金刚烷分子由于笼状的桥环结构，具有抗裂解性，因此随着裂解程度的增加，金刚烷的含量也增加。

中 81、中 54、中 47 原油中金刚烷含量都丰富，2,3-二甲基金刚烷及 1-、3-、4-甲基二金刚烷都有。见表 7 和图 10。但中 81 井 T_2l 原油要比其余两个 T_3x 原油含量高得多，也说明它含有更高量的原油裂解物。

原油裂解和 TSR 往往会同时发生，Dahl 等在美国阿拉巴马州西南部经历 TSR 的原油中检测到高含量的金刚烷（Dahl et al.，1999），也检测出 2-硫代金刚烷（Hanin et al.，2002）。中 81 井 T_2l 原油也被检测出认为是 TSR 的标志物的 2-硫代金刚烷。

表 7   凝析油中金刚烷成分含量

油井	地层	2,3-二甲基金刚烷相对含量/（μg/g）	3，4-甲基二金刚烷相对含量之和/（μg/g）
中 54	T_3x	80	473
中 47	T_3x	81.9	435
中 81	T_2l	131	3755

表 7 采用相对含量方法评估金刚烷的含量：2,3-二甲基金刚烷相对含量=（m/z 149 质量色谱图的 2,3-二甲基金刚烷峰面积）/（全扫描 TIC 色谱峰面积之和）；3,4-甲基二金刚烷之和相对含量=（m/z 187 质量色谱图的 3-甲基二金刚烷峰面积+4-甲基二金刚烷峰面积）/（全扫描 TIC 色谱峰面积之和）。

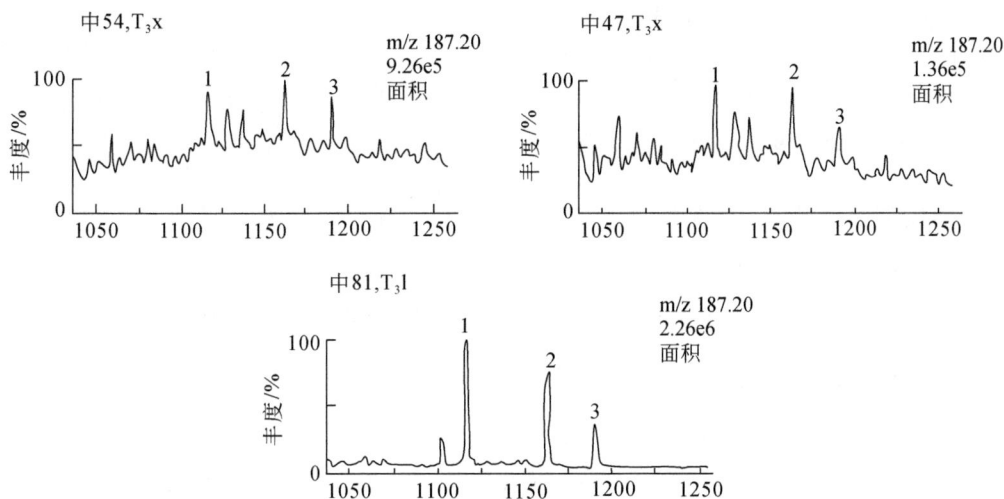

图 10　中 54、中 47、中 81 原油的 m/z 187 质量色谱图
1 峰：4-甲基二金刚烷；2 峰：1-甲基二金刚烷；3 峰：3-甲基二金刚烷

2-硫代金刚烷被认为是 TSR 的标志物（姜乃煌等，2007）。中 81 井 T_2l 原油已用 GCMS 的 m/z 154，168，182 和 196 质量色谱图检测出一系列的 2-硫代金刚烷。见图 11。但中 54、中 47 的 T_3x 原油没有检测到这类化合物。这是中 81 井 T_2l 原油经历 TSR 的重要证明。

另外，已有文章证明，经历 TSR 的原油烷基苯并噻吩、二苯并噻吩和烷基二苯并噻吩，苯并萘并噻吩的含量也很高（姜乃煌等，2007）。中坝气田凝析油分析表明，中 81 井 T_2l 原油的所有苯并噻吩类化合物都要比中 54、中 47 的 T_3x 原油高（表 8）。其中苯并噻吩、甲基二苯并噻吩、二甲基二苯并噻吩、和四氢二苯并噻吩更明显。这些数据有力地证明了中 81 井 T_2l 原油遭受过强烈的硫化作用。

表 8   中 54、中 47、中 81 原油的苯并噻吩类化合物含量（μg/g）

井号	BT 含量		DBTs	MDBTs	DMDBTs	TMDBTs	TetraMD BTs	四氢二苯并噻吩	苯并萘并噻吩
	TMBTs	Tetra MBTs							
中 54	0	0	1.181	12.460	31.538	22.136	7.104	0.000	0.000
中 47	0.1052	0.5146	59.732	168.921	208.309	114.925	41.560	0.926	1.903
中 81	1.849	7.1373	439.588	1121.769	1400.640	435.235	61.348	10.340	3.352

注：BT，TMBTs，TetraMBTs，DBTs，MDBTs，DMDBTs，TMDBTs，TetraMDBTs分别为苯并噻吩、三甲基苯并噻吩、四甲基苯并噻吩、二苯并噻吩、甲基二苯并噻吩、二甲基二苯并噻吩、三甲基二苯并噻吩、四甲基二苯并噻吩。

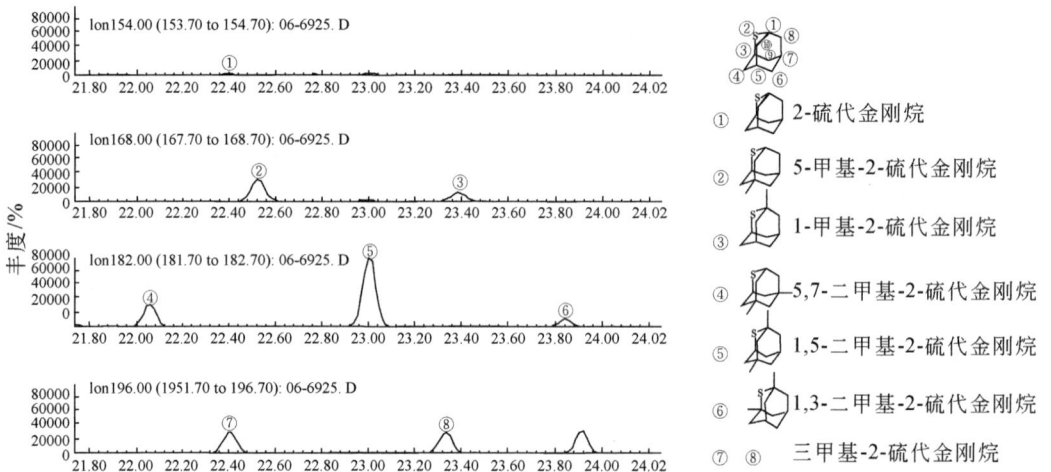

图 11   中 81 井 T_2l 原油中用 GCMS 的 m/z 154，168，182 和 196 质量色谱图检测出 2-硫代金刚烷，甲基 2-硫代金刚烷，二甲基 2-硫代金刚烷和三甲基 2-硫代金刚烷

4.4   硫化氢的形成时间

从对天然气组分、碳、硫同位素组成、原油的蚀变作用、硫代金刚烷的发现等方面，证实了雷三气藏的硫化氢属于 TSR 成因，硫化氢的主要形成时间应在晚侏罗世晚期和早白垩世。由于重烃类比甲烷更易参与 TSR，从而导致天然气干燥系数增大。该区雷三气藏高含硫化氢，但也高含重烃（重烃含量在 2.48%～5.85%）、低含凝析油，这与整个四川盆地高含硫化氢气藏都不相同，因为其他含硫化氢气藏都为干气，重烃一般小于 0.2%，如七里北构造和普光构造等，天然气中烃类气体几乎只剩下甲烷，推测甲烷可能难以发生 TSR。

中坝雷三气藏天然气中重烃含量很高，却未能形成更高含量的硫化氢或者在 TSR 中重烃被消耗尽。分析其原因，可能与 TSR 的反应程度或油气充注时间有关。从埋藏史来看，侏罗纪中后期储层已达到 TSR 作用的温度条件，而须二段烃原岩在中-晚白垩世才进入生烃高峰，而后盆地抬升剥蚀，储层温度逐渐降低，TSR 作用减弱并逐渐停止。因此 TSR 可能主要与二叠系来源的油气发生了 TSR，而后期须家河组烃原岩来源的天然气并未发生 TSR 作用或者反应较弱，未能形成更高浓度的 H_2S，也未来得及将重烃类消耗完。因此中坝雷三气藏富含重烃类可能与 TSR 停止后须家河组烃源继续充注有关。而须二气藏不含硫化氢，是由于储集层中不发育硫酸盐，须二气藏的地层水中也无 SO_4^{2-}（表 2），缺少硫源，不具备 TSR 发生的物质基础。同时也说明雷三气藏与须二气藏之间的隔层（雷三上部的致密白云岩和须一段的泥岩）封堵性能较好，致使这两个气藏相互不连通。中坝雷三气藏 TSR 消耗的烃类主要是早期充注的二叠系油气，硫化氢的主要形成时间是在晚侏罗世晚期和早白垩世期间。

5　结论

四川盆地中坝气田上三叠统须家河组须二气藏为煤成气，气源主要来自须一段烃原岩；雷口坡雷三气藏气源来自于二叠系油型气和须一段煤成气的混合气。

雷三气藏为高含硫化氢天然气，碳、硫同位素数据、凝析油中轻烃的组成特征、苯并噻吩类化合物的含量、硫代金刚烷的发现等多项地质证据，证实雷三气藏的硫化氢属于 TSR 成因，硫化氢的主要形成时间在晚侏罗世晚期和早白垩世。

由于须家河组烃原岩成熟期较晚，与 TSR 发生的最佳温度条件不匹配，因此中坝雷三气藏 TSR 消耗的烃类主要是早期充注的二叠系油气。在 TSR 停止后，须家河组烃原岩可能继续向雷三气藏供气，须家河组烃原岩生成的重烃未能参与 TSR，这就是为什么在高含硫化氢的雷三气藏中依然富含重烃类的重要原因。

致　谢：感谢中国石油西南油气田分公司王一刚、王兰生、张增容等教授，以及川西北气矿相关科研人员提供的帮助和支持。

参 考 文 献

安凤山，王信，叶军. 2003. 对中坝须二段气藏圈闭分析的思考. 天然气工业，23(4): 8-128.

蔡开平，王应蓉，杨跃明，等. 2003. 川西北广旺地区二、三叠系烃原岩评价及气源初探. 天然气工业，23(2): 10-14.

储雪蕾，赵瑞，臧文秀，等. 1993. 煤和沉积岩中各种形式硫的提取和同位素样品制备. 科学通报，20:1887-1890.

戴金星，胡见义，贾承造，等. 2004. 科学安全勘探开发高硫化氢天然气田的建议. 石油勘探与开发，2:1-4.

何鲤，廖光伦，戚斌，等. 2002. 中坝气田雷三气藏分析及有利相带预测. 天然气勘探与开发，12, 25(4): 19-26.

姜乃煌，朱光有，张水昌，等. 2007. 塔里木盆地塔中 83 井原油中检测出 2-硫代金刚烷及其地质意义. 科学通报，24:2871-2875.

姜乃煌，朱光有，张水昌，等. 2008. 原油似甲基二苯并噻吩含量与沉积环境及次生变化的关系. 地学前缘，15(2): 186-194.

罗启后, 王世谦. 1996. 四川盆地中西部三叠系重点含气层系天然气富集条件研究, 天然气工业, 16(增刊)40-54.

彭英, 弋戈. 2004. 中坝气田某气藏高效开发经验. 天然气勘探与开发, 27(4): 35-39.

秦胜飞, 陶士振, 涂涛, 等. 2007. 川西坳陷天然气地球化学及成藏特征.石油勘探与开发, 1:34-38.

屈德纯. 2004. 中坝气田雷三气藏开发跟踪分析研究. 天然气勘探与开发, 27(1): 30-32.

王兰生, 李宗银, 沈平, 等. 2004. 四川盆地东部大中型气藏成烃条件分析.天然气地球科学, 6:567-571.

翟光明. 1992. 中国石油地质(第十二卷). 北京:石油工业出版社.

张子枢. 1994. 中坝煤型气气藏的形成及特征研究. 天然气地球科学, 5(5): 32-36.

朱光有, 张水昌, 梁英波. 2007. 中国海相碳酸盐岩气藏硫化氢形成的控制因素和分布预测.科学通报, (S1):115-125.

Amrani A, Zhang T W, Ma Q S, et al. 2008. The role of labile sulfur compound in thermochemical sulfate reduction. Geochimica et Cosmochimica Acta, 72: 2960-2972.

Baric G, Mesic I, Jungwirth M. 1988. Petroleum geochemistry of the deep part of the Drava Depression, Croatia. Org Geochem, 29(1-3): 571-582.

Belenitskaya G A. 2000. Distribution pattern of hydrogen sulphide-bearing gas in the former Soviet Union. Petroleum Geoscience, 6: 175-187.

Cai C F, Worden R H, Bottrell S H, et al. 2003. Thermochemical sulphate reduction and the generation of hydrogen sulphide and thiols(mercaptans)in Triassic carbonate reservoirs from the Sichuan Basin, China. Chemical Geology, 202: 39-57.

Carrigan W J, Jones P J, Tober M H, et al. 1988. Geochemical variations among eastern Saudi Arabian Paleozoic condensates related to different source kitchen areas. Org Geochem, 29(1-3): 785-798.

Claypool G E, Holser W T, Kaplan I R, et al. 1980. The age curves of sulfur and oxygen isotopes in marine sulfate and their mutual interpretation. Chemical Geology 28: 199-260.

Cross M M, David A C M, Bottrell S H, et al. 2004. Thermochemical sulphate reduction(TSR): experimental determination of reaction kinetics and implications of the observed reaction rares for petroleum reservoirs. Organic Geochemical, 35: 393-403.

Dahl J E, Moldowan J M., Peters K E, et al. 1999. Diamondoid hydrocarbons as indicators of oil cracking. Nature, 399, 54-56.

Hanin S, Adam P, Kowalewski I, et al. 2002. Bridgehead alkylated 2-thiaadamantanes: novel markers for sulfurisation processes occurring under high thermal stress in deep petroleum reservoirs. Chem Commun, 1750-1751.

Heydari E. 1997. The role of burial diagenesis in hydrocarbon destruction and H_2S accumulation, upper Jurassic Smackover Formation, Black Creek Field, Mississippi. AAPG Bulletin, 81(1): 25-45.

Jafar A, Hossain R B, Mohammad R K. 2006. Geochemistry and origin of the world's largest gas field from Persian Gulf, Iran. Journal of Petroleum Science and Engineering, 50: 161-175.

Krouse H R, Viau C A, Eliuk L S. 1988. Chemical and isotopic evidence of thermochemical sulphate reduction by light hydrocarbon gases in deep carbonate reservoirs. Nature, 333(2): 415-419.

Ma Y S, Zhang S C, Guo T L, et al. 2008. Petroleum geology of the Puguang sour gas field in the Sichuan Basin, SW China. Marine And Petroleum Geology, 25(4-5): 357-370.

Machel H G. 2001. Bacterial and thermochemical sulfate reduction in diagenetic settings—old and new insights. Sedimentary Geology, 140: 143-175.

Machel H G, Krouse H R, Riciputi L R, et al. 1995a. Devonian Nisku sour gas play, Canada; a unique natural laboratory for study thermochemical sulfate reduction. In: Vairavamurthy M A, Schoonen M A A. Geochemical Trasformation of Sedimentary Sulfur. Washington DC: American Chemical Society, 439-454.

Machel H G, Krouse H R, Sassen R. 1995b. Products and distinguishing criteria of bacterial and thermochemical sulfate reduction. Applied geochemistry, 10(4): 373-389.

Mango F D. 1987. An invariance in the isoheptanes of petroleum. Science, 273, 514-517.

Manzano B K, Fowler M G, Machel H G. 1997. The influence of thermochemical sulphate reduction on hydrocarbon composition in Nisku reservoirs, Brazeau River area, Alberta, Canada. Organic Geochemistry, 27: 507-521.

Orr W L. 1974. Changes in sulfur content and isotopic ratios of sulfur during petroleum maturation—Study of the Big Horn Basin Paleozoic oils. AAPG Bull, 50: 2295-2318.

Peters K E, Fowler M G. 2002. Applications of petroleum to exploration and reservoir management. Organic Geochemistry, 33(1): 5-36.

Wei Z B, Moldowan J M, Zhang S C, et al. 2007. Diamondoid hydrocarbons as a molecular proxy for thermal maturity and oil cracking: Geochemical models from hydrous pyrolysis. Organic Geochemistry, 38: 227-249.

Worden R H, Smalley P C. 1996. H_2S-producing reactions in deep carbonate gas reservoirs: Khuff Formation, Abu Dhabi. Chemical Geology, 133: 157-171.

Worden R H, Smalley P C. 2001. H_2S in North Sea oil field: importance of thermochemical sulphate reduction in clastic reservoirs. Water-rock interaction, 1 and 2: 659-662.

Worden R H, Smalley P C, Oxtoby N H. 1996. The effects of thermochemical sulfate reduction upon formation water salinity and oxygen isotopes in carbonate reservoirs. Geochim Cosmochim Acta, 60: 3925-3931.

Zhang S C, Zhu G Y, Liang Y B, et al. 2005. Geochemical characteristics of the Zhaolanzhuang sour gas accumulation and thermochemical sulfate reduction in the Jixian Sag of Bohai Bay Basin. Organic Geochemistry, 36(12): 1717-1730.

Zhang S C, Shuai Y H, Zhu G Y. 2008. TSR promotes the formation of oil-cracking gases: Evidence from simulation experiments. Science in China(D), 51(3): 451-455.

Zhang T W, Amrani A, Ellis G S, et al. 2008. Experimental investigation on thermochemical sulfate reduction by H_2S initiation. Geochimica et Cosmochimica Acta, 72: 3518-3530.

Zhang T W, Ellis G S, Wang K S, et al. 2007. Effect of hydrocarbon type on thermochemical sulfate reduction. Organic Geochemistry, 38: 897-910.

Zhu G Y, Zhang S C, Liang Y B, et al. 2005a. Origins of the high-H2S-bearing natural gas in China. Acta Geologica Sinica, 79(5): 697-708.

Zhu G Y, Zhang S C, Liang Y B, et al. 2005b. Isotopic evidence of TSR origin for natural gas bearing high H_2S contents within the Feixianguan Formation of the Northeastern Sichuan Basin, southwestern China. Science in China, 48(11): 1037-1046.

Zhu G Y, Zhang S C, Liang Y B, et al. 2007. Origin mechanism and controlling factors of natural gas reservoir of Jialingjiang Formation in Eastern Sichuan Basin. Acta Geologica Sinica, 81(5): 805-817.

四川盆地震旦系大气田的形成、TSR、古油藏的裂解与聚集成藏[*]

朱光有，王铜山，谢增业，谢邦华，刘可禹

0 引言

寒武系底界是地质演化历史中重要的界线,其下前寒武系是地球科学研究的热点(Zhao and Guo, 2012; Zhao et al., 2012)。1950 年以前, 在全球范围内, 前寒武系尚未确认具有可靠的生物化石与储集层, 传统观点认为, 前寒武系不可能具备含有原生烃类的沉积 (Dickas, 1986a; Kontorovich et al., 2005; 王铁冠和韩克猷, 2011), 因此, 也就不存在形成原生油气藏的可能。此后, 数十年来的勘探实践与理论研究也已证实, 前寒武系(特别是中-新元古界)不仅存在多样化的生命形式, 而且发育极佳的烃原岩和储集层 (Murray et al., 1980; Klemme and Ulmishek, 1991; Bazhenova and Apefyev, 1996; Galushktn et al., 2004; Dutkiewicz et al., 2004; Kontorovich et al., 2005), 地层年代虽古老, 但其沉积有机质的成熟度, 却可跨越未成熟—过成熟等不同的热演化阶段 (Wang and Simoneit, 1995)。在前寒武系沉积岩系中寻找古老地层的原生油气藏, 不仅是扩大油气储量的勘探新领域之一, 而且具有重大地质科学意义。

前寒武系的沉积岩系虽然在世界上的许多古老地台(如东欧、西伯利亚、北美、非洲、澳大利亚、华北、华南、印度等地台)均有分布 (Dickas, 1986b), 但由于这些岩系大都呈裂谷式沉积, 地质构造复杂, 岩性变化大, 故勘探程度还比较低。关于古老地层油气藏的形成和保存问题在理论上研究也较薄弱 (Zhu et al., 2013a), 因而以往的油气勘探成果有限。虽然在前寒武系地层已发现了数十处原生油气藏或油气显示 (Parfenov et al., 1995; Kuznetsov, 1995, 1997; Migurskiy, 1997), 但有工业价值的原生油气藏并不多, 并主要分布在西伯利亚地台 (Meyerhoff, 1980; Fowler and Douglas, 1987), 在该地台上元古界的里菲系(地层绝对年龄在 16 亿～6.8 亿年)碳酸盐岩和文德系(地层绝对年龄在 6.8 亿～5.7 亿年, 相当于四川盆地震旦系)碎屑岩中发现了一些大型凝析气田和油田。另外, 在阿曼南部南安曼盐盆地 Haweel-Cluster 地区元古宇发现了碳酸盐岩油藏 (Terken and Frewin, 2000; Al-Riyami et al., 2005); 印度—巴基斯坦震旦系也发现了油藏, 但储量都不大。目前, 在全球元古界地层尚未发现大型原生天然气田。

在中国, 元古界沉积岩地层在华北、华南(四川盆地)和塔里木等地台十分发育(Zhou et al., 2006; Zhao et al., 2011; Zhao and Cawood, 2012; Wang et al., 2012, 2013; Xu et al.,

* 原载于 *Precambrian Research*, 2015 年, 第 262 卷, 45～66。

2013）。其中，中-新元古界的震旦系与南华系（距今 543～800Ma），主要分布于华南扬子克拉通；青白口系、蓟县系和长城系（距今 800～1800Ma）则仅见于华北克拉通。对于其中的油气勘探，目前已在华北地台中元古界发现了油藏，油源对比发现其油气来主要自于新生界沙河街组地层的烃源岩（Zhu et al.，2013a），属于新生古储，并没有原生工业油藏的发现，仅有一些可能的油气显示（王铁冠和韩克猷，2011）。在四川盆地上元古界震旦系灯影组白云岩发现了威远气田，天然气主要来自于古生界寒武系烃源岩（戴金星等，2003），也没有发现来自震旦系烃源岩的原生型油气藏。关于中国中-新元古界地层中原生油气藏的形成与勘探问题引起了广泛关注，都期望开辟一个油气勘探新领域，并为寒武系前后的地质演化研究提供基础科学信息。

最近，四川盆地的前寒武系油气勘探又取得重大突破，在盆地中部地区发现了近万亿立方米级的大气田，也是中国目前发现的储量规模最大的海相气田，这在全球前寒武系古老地层天然气勘探中尚属首次，对于开拓天然气勘探领域具有重大科学与实践意义。本文通过大量分析测试资料和综合地质研究，对该气田的形成条件、天然气来源与成因、硫化氢的成因机制、古油藏的裂解以及成藏演化过程展开讨论。

1 地质概况

四川盆地是中国构造最稳定的沉积盆地之一，是扬子地台西部一个呈北东向延展的菱形构造兼沉积型含油气盆地，盆地面积约 $18 \times 10^4 km^2$（翟光明，1992）（图 1）。四川盆地是在上扬子克拉通基础上发展起来的叠合盆地，经历了 3 期重要的盆地演化阶段，即新元古代南华纪的克拉通边缘裂陷及克拉通内裂陷阶段，震旦纪—中三叠世末期的克拉通坳陷阶段以及晚三叠世—白垩纪的前陆盆地演化阶段。与此对应，沉积了震旦纪至中三叠世的海相地层和晚三叠世至始新世的陆相碎屑岩沉积组合，沉积总厚度约 8000～12000m。

震旦系—中三叠统的海相层系以碳酸盐岩为主，地层累计厚度达 6000～7000m。这些海相地层历经多期构造运动演化，包括桐湾运动、加里东运动及印支运动，形成了多期古隆起及多个区域性不整合，对碳酸盐岩储集层形成及油气富集有重要影响。

在本文研究的川中地区，震旦系主要包括陡山沱组和灯影组（图 1），厚 300～1200m，其中灯影组以藻白云岩、晶粒白云岩为主，陡山沱组以砂泥岩为主。近期在川中磨溪（MX 字母打头的井）—高石梯（GS 字母打头的井）地区发现的震旦系大型气田（图 1），主力含气层系为震旦系灯影组灯四段、灯二段。同时还在寒武系龙王庙组颗粒滩相的白云岩中也发现了整装大气田。为了对比研究，文中也列举了一些寒武系的油气地质资料。

2011 年在四川盆地川中古隆起上钻探的 GS1 井，在震旦系灯影组 5130～5196m 井段测试获气 $138 \times 10^4 m^3/d$（杜金虎等，2014），发现了震旦系大型气田。2012 年钻探的 MX8 井，在震旦系上覆层系寒武系龙王庙组测试获气 $191 \times 10^4 m^3/d$，从而发现了寒武系龙王庙组大型气田。

其中，震旦系灯影组气藏主体埋深在 5000～5500m，储气层厚度 20～60m，储层为藻丘滩相的白云岩；储集空间主要为残余孔隙、孔洞和溶洞；平均孔隙度为 3%～4%，渗透率为 $1 \times 10^{-3} \sim 6 \times 10^{-3} \mu m^2$；储气层温度主要在 140～160℃，气藏压力系数在 1.01～1.15；气柱高度在 180～200m；单井平均产气为 $70 \times 10^4 m^3/d$；天然气为高成熟的干气，含 H_2S；气藏类型为构造岩性气藏。震旦系含气面积超过 7000km²，地质储量规模超过 $7000 \times 10^8 m^3$

（邹才能等，2014）。

寒武系龙王庙组现已探明天然气地质储量 $4403.8×10^8 m^3$，含气面积 $800 km^2$，预计天然气地质储量规模将超过 $6000×10^8 m^3$（杜金虎等，2014），储气层厚度 $12～65$ m，平均 40m。储集空间以粒间溶孔、晶间溶孔为主，孔隙度 $4\%～5\%$，渗透率 $1×10^{-3}～5×10^{-3}μm^2$；储气层温度主要在 $135～145℃$；气藏压力系数在 1.65；单井平均产气为 $110×10^4 m^3/d$；气藏类型为构造岩性气藏。

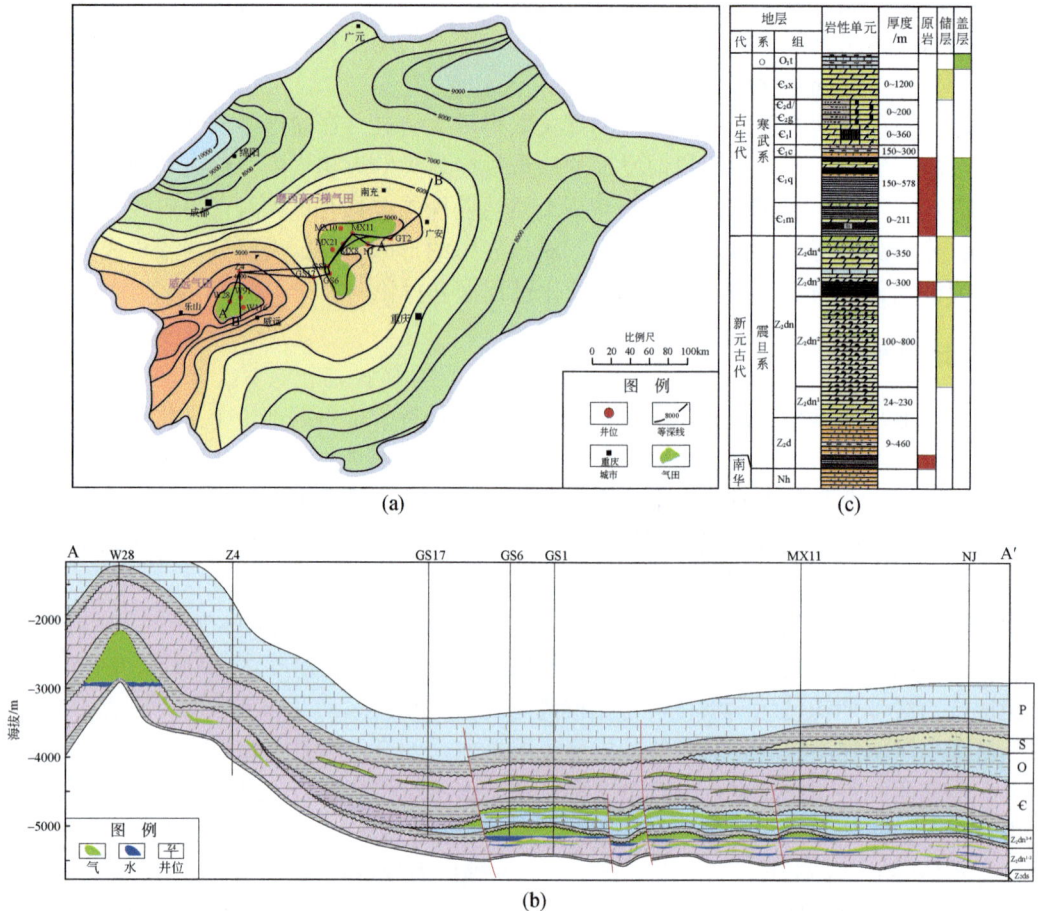

图1 四川盆地震旦系顶面构造图、气藏横剖面图及岩性综合柱状图

2 震旦系大气藏的地质特征

2.1 震旦纪古构造

川中古隆起（也称乐山-龙女寺古隆起）是一个继承性发育的大型古隆起。在晋宁期和澄江期的川中刚性隆起基底上发育而来，经历了桐湾运动期、兴凯运动期和加里东运动期的同沉积隆起和剥蚀隆起，最终定型于二叠纪之前。海西运动期—燕山运动早期，古隆起继承性演化并被不断深埋。燕山运动晚期—喜马拉雅运动期，由于威远构造快速隆升，古

隆起西段发生强烈构造变形，东段构造变形微弱。勘探实践证明，大型继承性古隆起控制了油气成藏，是油气勘探的有利领域（汪泽成等，2014）。乐山-龙女寺古隆起的发育，有利于震旦系大面积岩溶储集层的形成，为震旦系油气形成、聚集提供了条件。

2.2 沉积与地层

震旦系是南华纪裂谷盆地基础上发育的扬子克拉通第一套稳定沉积盖层，区域构造背景为拉张环境。震旦系沉积之前的澄江运动对震旦系沉积古地理环境有重要影响。澄江运动是一次典型的造陆运动，以陆壳抬升为主，形成了明显的侵蚀界面，代表上升的古陆初期被夷平和陆相冰水沉积的结束，此后古陆开始下沉沦为陆表海（汪泽成等，2014）。这种古地理背景形成了震旦系陡山沱组沉积期的陆棚-滨岸沉积体系和灯影组沉积期的缓坡-局限台地沉积体系（图2）。

陡山沱组沉积早期以陆棚沉积为主，主要沉积泥岩、泥质白云岩和砂质白云岩，部分地区出现海相砂岩。灯影组沉积期，以局限台地沉积为主，以白云岩为主，局部发育蒸发潟湖相沉积。灯影组在盆地内总体为碳酸盐岩台地沉积环境，发育台内滩、云坪、砂屑滩和膏坪等亚相。

陡山沱组、灯一段+灯二段和灯三段+灯四段构成了3个完整的海侵-海退旋回（邹才能等，2014），发育碎屑岩与碳酸盐岩两大沉积体系。其中，碎屑岩沉积体系主要发育在陡山沱组和灯三段，为烃源岩发育层位；碳酸盐岩沉积体系主要发育在灯一段、灯二段和灯四段，主要包括台地边缘相、台内丘滩相、丘滩间海相和蒸发台地相等，其中台内滩亚相和云坪亚相为有利储集相带（图2）。

2.3 储集层

震旦系有利储集相带为局限台地相的云坪亚相和台内滩亚相，主要位于灯影组灯二段和灯四段，储集层在全盆地大范围分布。该套白云岩为蒸发泵、渗透-回流、微生物及埋藏白云石化复合成因，同生-准同生期蒸发泵、渗透-回流作用是其最重要的形成机制（邹才能等，2014）。岩性主要为藻叠层云岩、藻纹层云岩、藻团粒云岩、细-中晶云岩和角砾云岩等（图3）。灯影组白云岩主要是准同生期形成的，沉积后经历了多期构造运动，形成古风化壳岩溶储集层，加上后期构造运动产生的裂缝，形成了裂缝-孔洞型、裂缝-孔隙型储集层。储集空间主要为残余孔隙、孔洞和溶洞、溶缝及构造裂缝（图3）。溶孔主要有粒间（或晶间）溶孔（图3）、粒内溶孔；溶洞主要有层间溶洞。灯影组岩溶储集层呈低孔低渗特征，非均质性强，储集层以裂缝-孔洞及溶洞型为主（图3）。平均孔隙度为 3%～4%，渗透率为 $1 \times 10^{-3} \sim 6 \times 10^{-3} \mu m^2$。

3 天然气地质地球化学与成因

3.1 天然气组分特征

高石梯（GS 字母打头的井）、磨溪（MX 字母打头的井）和威远（W 字母打头的井）震旦系灯影组气藏大量钻井获得的天然气组分分析表明（表1），天然气为干气，CH_4 含量主要分布在84%～96%［图4（a）］，C_2H_6 大多数小于 0.2%［图4（a）］，C_3H_8 及其以上的

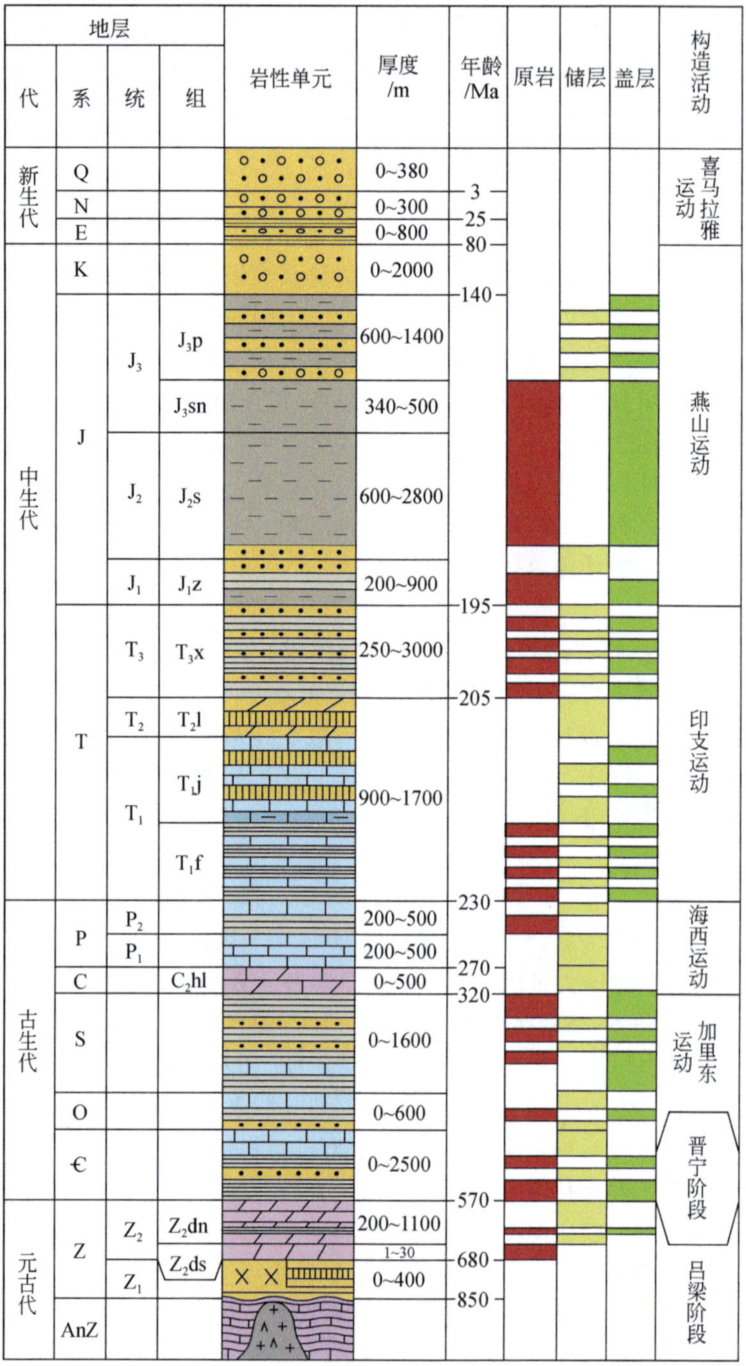

代	系	统	组	岩性单元	厚度/m	年龄/Ma	原岩	储层	盖层	构造活动
新生代	Q				0~380	3				喜马拉雅运动
	N				0~300	25				
	E				0~800	80				
中生代	K				0~2000	140				燕山运动
	J	J₃	J₃p		600~1400					
			J₃sn		340~500					
		J₂	J₂s		600~2800					
		J₁	J₁z		200~900	195				
	T	T₃	T₃x		250~3000					印支运动
		T₂	T₂l			205				
		T₁	T₁j		900~1700					
			T₁f			230				
古生代	P	P₂			200~500					海西运动
		P₁			200~500	270				
	C	C₂hl			0~500	320				加里东运动
	S				0~1600					
	O				0~600					晋宁阶段
	∈				0~2500	570				
元古代	Z	Z₂	Z₂dn		200~1100					
			Z₂ds		1~30	680				吕梁阶段
		Z₁			0~400	850				
	AnZ									

图 2　四川盆地震旦系—寒武系综合柱状图

重烃几乎检测不到（表 1）；天然气干燥系数（$C_1/\sum C_{1-4}$）主要在 0.997~0.9998 [图 4（b）]，属于世界上少见的干气。其中高石梯和磨溪震旦系天然气最干，威远次之。

非烃气中，H_2S、CO_2、N_2 含量较高，其中 H_2S 含量大多数在 0.5%~1.5% [图 4（c）]，最高含量为 2.75%。震旦系气藏 H_2S 含量比寒武系气藏稍高。CO_2 绝大多数含量在 3%~8%

［图 4（d）］。不同气藏 N_2 含量差异较大，威远震旦系气藏和寒武系气藏 N_2 含量较高，在 6%～10%。高石梯和磨溪的震旦系气藏和寒武系气藏 N_2 含量较低，大部分在 0.3%～3.5% ［图 4（e）］。在稀有气体中，He 含量较高，含量在 0.02～0.38，特别是威远气田，含量平均在 0.3%左右。

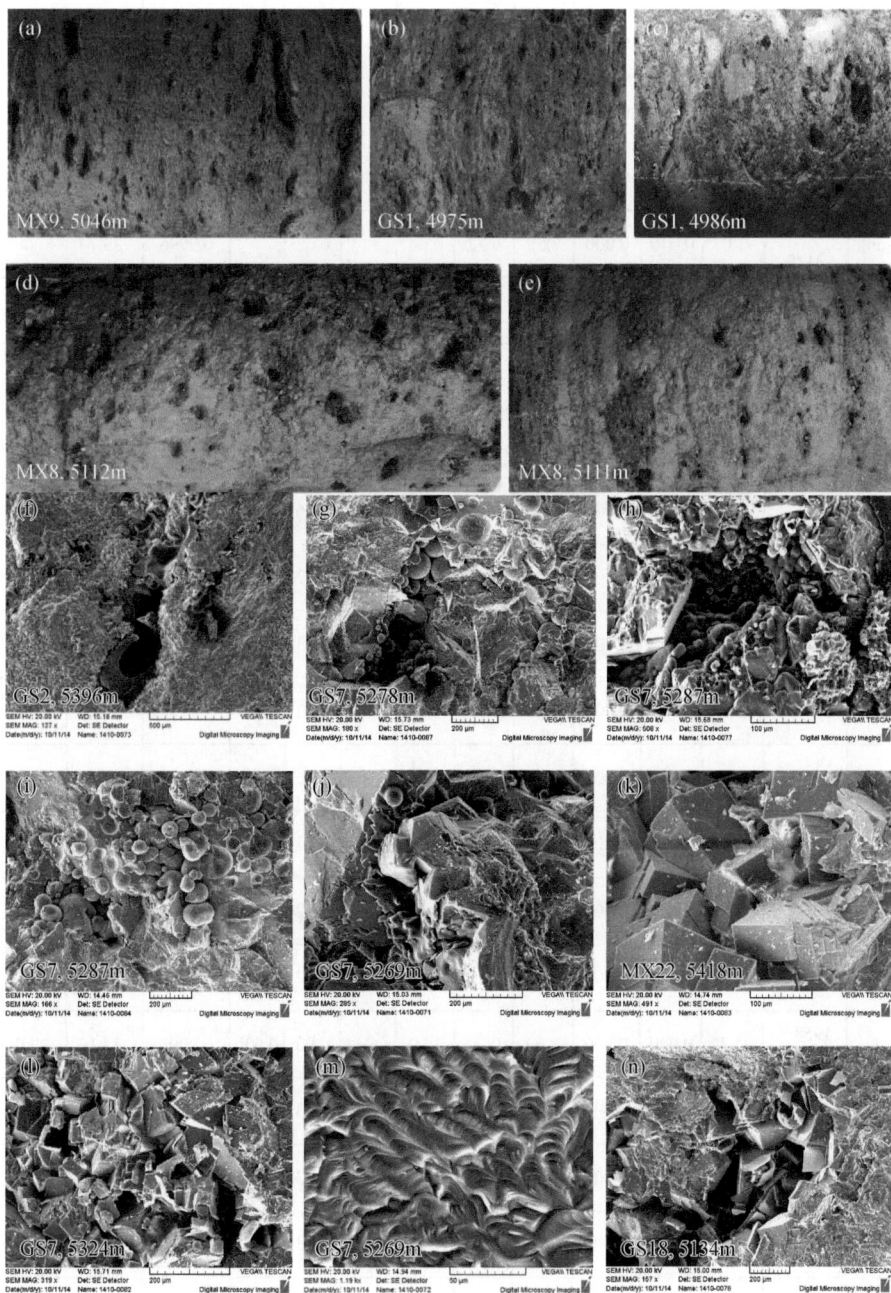

图3 震旦系储层岩心照片和扫描电镜特征

表 1 天然气组分与同位素

井号	地层	深度/m	天然气组分/%									干燥系数	$\delta^{13}C_{PDB}$/‰		
			CH_4	C_2H_6	C_3H_8	CO_2	H_2S	N_2	Ar	He	H_2		CH_4	C_2H_6	CO_2
GS1	Z_2dn_4	4956～5130	91.22	0.040	0.000	6.35	1.00	1.36		0.03		0.9996	−32.30	−28.10	
GS1	Z_2dn_4	4956～5130	90.11	0.040	0.000	8.36	0.97	0.44		0.02		0.9996	−32.70	−28.40	
GS1	Z_2dn_4	4956～5130	82.65	0.040	0.000	14.19	0.85	2.12		0.04		0.9995	−32.30[b]	−28.70[b]	
GS1	Z_2dn_3	5130～5196	91.01	0.040	0.000	7.52	0.77	0.64		0.02		0.9996	−34.46		0.36
GS1	Z_2dn_3	5130～5196	91.01	0.040	0.000	7.52	0.77	0.64		0.02		0.9996	−33.74		−0.13
GS1	Z_2dn_3	5130～5196	91.01	0.040	0.000	7.52	0.77	0.64		0.02		0.9996	−34.25		−0.17
GS1	Z_2dn_3	5130～5196	91.01	0.040	0.000	7.52	0.77	0.64		0.02		0.9996	−33.58		−1.92
GS10	Z_2dn_4	5047～5311	90.58	0.030	0.000	6.70	1.11	1.52	—	0.05	0.000	0.9997			
GS11	Z_2dn_2	5402～5467	91.21	0.030	0.000	4.90	0.76	3.02	—	0.06	0.010	0.9997			
GS2	Z_2dn_3	5082～5088	91.88	0.040	0.000	4.35	2.75	0.96		0.02		0.9996	−33.22	−25.51	
GS2	Z_2dn_4	5018～5020	92.61	0.040	0.000	6.41	0.83	0.03	—	0.03		0.9996	−33.74	−28.02	
GS2	Z_2dn_4	5018～5020	92.14	0.040	0.000	6.42	0.70	0.07	—	0.02		0.9996	−33.11	−27.60	
GS3	Z_2dn_4	5331～5345	90.19	0.040	0.000	8.30	1.59	0.72		0.06		0.9996	−33.10	−28.10	
GS3	Z_2dn_2	5799～5810	89.39	0.030	0.000	8.20	1.57	0.76		0.05		0.9997	−32.60	−28.00	
GS6	Z_2dn_4	4986～5001	89.99	0.040	0.000	8.32	0.13	1.49		0.02		0.9996	−32.90	−28.60	
GS6	Z_2dn_4	4958～5210	94.64	0.040	0.000	4.14	0.18	0.93		0.02		0.9996	−32.80	−29.10	
GS6	Z_2dn_4	4958～5210	94.72	0.040	0.000	3.99	0.20	1.02	—	0.03	0.000	0.9996	−33.16	−29.97	
GS6	Z_2dn_4	4958～5210	94.72	0.040	0.000	3.99	0.20	1.02	—	0.03	0.000	0.9996	−33.78	−28.06	
GS6	Z_2dn_4	4958～5210	94.72	0.040	0.000	3.99	0.20	1.02	—	0.03	0.000	0.9996	−33.77	−28.90	
GS6	Z_2dn_4	4958～5210	94.72	0.040	0.000	3.99	0.20	1.02	—	0.03	0.000	0.9996	−33.00	−27.80	
GS6	Z_2dn_{2-4}	4957～5455	94.72	0.040	0.000	3.99	0.20	1.02	—	0.03	0.000	0.9996	−33.09		−11.14
GS9	Z_2dn_2	5504～5871	91.40	0.040	0.000	5.65	0.85	2.00	—	0.05	0.010	0.9996			

续表

井号	地层	深度/m	天然气组分/%									干燥系数	$\delta^{13}C_{PDB}$/‰		
			CH$_4$	C$_2$H$_6$	C$_3$H$_8$	CO$_2$	H$_2$S	N$_2$	Ar	He	H$_2$		CH$_4$	C$_2$H$_6$	CO$_2$
GS9	Z$_2$dn$_4$	5238~5393	92.91	0.040	0.000	6.11	0.88	0.03	—	0.03	0.010	0.9996			
MX10	Z$_2$dn$_4$	5759~5165	92.03	0.050	0.000	4.64	2.40	0.86		0.02		0.9995	-33.90	-27.80	
MX11	Z$_2$dn$_2$	5445~5486	89.87	0.030	0.000	7.32		2.32		0.05		0.9997	-32.00^b	-26.80^b	
MX11	Z$_2$dn$_4$	5445~5486	90.49	0.030	0.010	7.05	0.91	1.45	—	0.05	0.000	0.9996	-32.50		0.54
MX11	Z$_2$dn$_4$	5445~5486	90.49	0.030	0.010	7.05	0.91	1.45	—	0.05	0.000	0.9996	-32.89		0.32
MX11	Z$_2$dn$_4$	5445~5486	90.49	0.030	0.010	7.05	0.91	1.45	—	0.05	0.000	0.9996	-33.90	-27.60	
MX12	Z$_2$dn$_4$	5116~5159	94.75	0.050	0.010	4.77	—	0.39		0.03	0.000	0.9994	-33.10	-29.30	
MX12	Z$_2$dn$_4$	5116~5159	90.34	0.050	0.000	7.12	1.66	0.81	—	0.02	0.000	0.9994			
MX12	Z$_2$dn$_4$	5116~5159	91.53	0.050	0.000	6.17	1.62	0.59	—	0.02	0.020	0.9995			
MX13	Z$_2$dn$_4$		90.47	0.040	0.000	7.52	1.00	0.88		0.03	0.020	0.9995	-32.90	-29.50	
MX19	Z$_2$dn$_2$	5425~5463	88.86	0.040	0.000	6.15	1.88	2.91	—	0.07	0.090	0.9996			
MX19	Z$_2$dn$_4$	5115~5192	92.11	0.040	0.000	5.05	1.38	1.37	—	0.04	0.010	0.9996			
MX22	Z$_2$dn$_4$	5407~5494	90.38	0.080	0.000	4.88	1.40	3.23	—	0.03	0.000	0.9991			
MX22	Z$_2$dn$_4$	5416~5441	95.16	0.080	0.000	1.87	0.10	2.76		0.03	0.000	0.9992			
MX22	Z$_2$dn$_4$	5416~5441	97.48	0.070	0.000	1.20	—	1.21		0.03	0.020	0.9993			
MX23	Z$_2$dn$_4$	5213~5271	90.00	0.040	0.000	1.88	0.44	7.44	—	0.16	0.030	0.9996			
MX8	Z$_2$dn$_2$	5422~5459	91.40	0.040	0.000	5.87	0.96	1.66		0.05		0.9996	-32.80	-28.30	
MX8	Z$_2$dn$_2$	5422~5459	91.40	0.040	0.000	5.87	0.96	1.66		0.05		0.9996	-33.51		0.60
MX8	Z$_2$dn$_2$	5422~5459	91.42	0.040	0.000	6.01		2.46				0.9996	-32.30	-27.50	
MX8	Z$_2$dn$_2$	5422~5459	90.88	0.040	0.000	6.23	1.03	1.76	—	0.06	0.010	0.9996	-34.28		0.05
MX8	Z$_2$dn$_2$	5422~5459	90.88	0.040	0.000	6.23	1.03	1.76	—	0.06	0.010	0.9996	-32.91		0.64
MX8	Z$_2$dn$_2$	5422~5459	90.88	0.040	0.000	6.23	1.03	1.76	—	0.06	0.010	0.9996	-34.60		-4.14

续表

井号	地层	深度/m	天然气组分/%									干燥系数	$\delta^{13}C_{PDB}$/‰		
			CH$_4$	C$_2$H$_6$	C$_3$H$_8$	CO$_2$	H$_2$S	N$_2$	Ar	He	H$_2$		CH$_4$	C$_2$H$_6$	CO$_2$
MX8	Z$_2$dn$_4$	5102~5172	91.12	0.040	0.000	6.07	0.96	1.72		0.05		0.9996	−34.36		−0.61
MX9	Z$_2$dn$_2$	5423~5459	91.82	0.050	0.000	4.24	2.75	0.96		0.02		0.9995	−33.50	−28.80	
MX9	Z$_2$dn$_2$	5423~5459	91.82	0.050	0.000	4.24	2.75	0.96		0.02		0.9995	−34.42		−2.04
MX9	Z$_2$dn$_2$	5423~5459	91.82	0.050	0.000	4.24	2.75	0.96		0.02		0.9995	−34.56		−1.64
MX9	Z$_2$dn$_2$	5423~5459	91.82	0.050	0.000	4.24	2.75	0.96		0.02		0.9995	−35.08		−1.38
W10	Z$_2$dn$_4$	2840~2979	85.90	0.200	0.000	4.98	1.09	7.43	0.038	0.37	0.000	0.9977			
W100	Z$_2$dn$_4$	2959~3041	86.80	0.130	0.000	5.07	1.18	6.47	0.046	0.30	0.011	0.9985	−32.52[a]	−31.71[a]	−11.56[a]
W100	Z$_2$dn$_4$	3041	86.80	0.130	0.000	5.07	1.18	6.47	0.046	0.30	0.011	0.9985			
W101	Z$_2$dn$_4$		87.45	0.090	0.000	5.02	1.01	6.18	0.043	0.21		0.9990			
W102	Z$_2$dn$_4$		85.79	0.090	0.000	5.47	1.33	7.05	0.043	0.22		0.9990			
W103	Z$_2$dn$_4$		85.78	0.090	0.000	4.78	1.05	7.99	0.052	0.23	0.015	0.9990			
W104	Z$_2$dn$_4$		85.92	0.060	0.000	4.76	1.00	7.97	0.061	0.22	0.000	0.9993			
W105	Z$_2$dn$_4$	3022~3063	87.21	0.100	0.000	4.74	1.06	6.49	0.051	0.35		0.9989			
W106	Z$_2$dn$_4$		86.54	0.070	0.000	4.82	1.32	6.26	0.043	0.32		0.9992	−32.54[a]	−31.40[a]	−12.45[a]
W106	Z$_2$dn$_4$		86.70	0.100	0.000	5.13	1.40	6.42	0.050	0.20	0.010	0.9988			
W107	Z$_2$dn$_4$		86.36	0.070	0.000	4.52	1.29	7.50	0.042	0.20		0.9992			
W108	Z$_2$dn$_4$		86.17	0.110	0.000	4.61	0.92	7.97	0.051	0.24	0.000	0.9987			
W109	Z$_2$dn$_4$		84.00	0.100	0.000	4.76	1.20	9.69	0.049	0.26	0.000	0.9988			
W110	Z$_2$dn$_4$		84.87	0.140	0.000	4.91	1.05	8.72	0.053	0.26		0.9984			
W115	Z$_2$dn$_4$		86.96	0.080	0.000	4.63	1.12	6.82	0.038	0.19	0.158	0.9991			
W118	Z$_2$dn$_4$		83.23	0.110	0.000	5.69	0.86	9.79	0.054	0.27		0.9987			
W12	Z$_2$dn$_4$	2797~2917	88.70	0.080	0.000	4.32	0.83	5.85	0.033	0.19		0.9991			
W12	Z$_2$dn$_3$	3005	85.07	0.110	0.000	4.66	1.31	8.33	0.053	0.25	0.023	0.9987	−32.54[a]	−30.95[a]	−11.16[a]
W2	Z$_2$dn$_4$	2836~2859	85.77	0.110	0.000	4.34	1.24	6.82			0.130	0.9987			
W2	Z$_2$dn$_4$	2836~3005	88.50	0.080	0.000	3.40	1.21	6.17			0.030	0.9991			
W2	Z$_2$dn$_{3-4}$	2836	85.07	0.110	0.000	4.86	1.31	8.33	0.053	0.25		0.9987	−32.38[a]	−31.34[a]	
W21	Z$_2$dn$_4$	2844~2855	89.82	0.100	0.000	5.07	0.40	4.27	0.028	0.30	0.008	0.9989			

续表

井号	地层	深度/m	天然气组分/%									干燥系数	$\delta^{13}C_{PDB}$/‰		
			CH$_4$	C$_2$H$_6$	C$_3$H$_8$	CO$_2$	H$_2$S	N$_2$	Ar	He	H$_2$		CH$_4$	C$_2$H$_6$	CO$_2$
W26	Z$_2$dn$_4$	2896~2975	87.49	0.110	0.000	4.66	1.13	6.28	0.043	0.29	0.000	0.9987			
W27	Z$_2$dn$_4$	2851~2995	86.23	0.120	0.000	4.94	1.30	7.12	0.044	0.23	0.013	0.9986	-31.96[a]	-31.19[a]	
W27	Z$_2$dn$_4$	3950	87.07	0.090	0.000	5.19	1.28	6.02	0.045	0.22		0.9990			
W28	Z$_2$dn$_4$	3626~3736	85.71	0.110	0.000	4.90	1.29	7.71	0.054	0.23	0.000	0.9987	-32.53[a]	-31.61[a]	-12.51
W28	Z$_2$dn$_4$	2905	88.30	0.080	0.000	3.30	0.90	7.12	0.027	0.27	0.000	0.9991			
W29	Z$_2$dn$_4$	2820~2950	85.46	0.190	0.000	4.22	0.90	8.89	0.027	0.30	0.000	0.9978			
W3	Z$_2$dn$_4$	2877~3096	86.33	0.110	0.000	4.17	1.00	7.50			0.750	0.9987			
W30	Z$_2$dn$_4$	2844~2950	86.16	0.260	0.000	4.13	0.91	8.15	0.093	0.30	0.000	0.9970	-32.73[a]	-32.00[a]	
W30	Z$_2$dn$_4$	2950	86.57	0.140	0.000	4.40	0.95	7.55	0.046	0.34	0.000	0.9984			
W31	Z$_2$dn$_4$	2995~3070	85.01	0.180	0.000	4.56	0.82	9.09	0.041	0.31	0.000	0.9979			
W32	Z$_2$dn$_4$		87.41	0.100	0.000	4.49	1.06	6.54	0.050	0.35		0.9989			
W34	Z$_2$dn$_4$	3058~3126	88.14	0.100	0.000	4.27	1.18	6.00	0.036	0.28	0.000	0.9989	-32.60		-2.10
W35	Z$_2$dn$_4$	2874~3010	84.50	0.090	0.000	4.78	1.25	9.05	0.064	0.27	0.000	0.9989			
W37	Z$_2$dn$_4$	2905~2960	86.77	0.080	0.000	5.16	1.10	6.47	0.050	0.33	0.039	0.9991			
W38	Z$_2$dn$_4$	3040~3077	88.75	0.080	0.000	4.33	1.20	5.35	0.044	0.25	0.000	0.9991			
W39	Z$_2$dn$_4$	2833~2986	84.94	0.110	0.000	4.73	1.04	8.86	0.053	0.27	0.000	0.9987	-32.60		-4.60
W39	Z$_2$dn$_4$	2833	84.91	0.100	0.000	4.73	1.03	8.86	0.053	0.27	0.000	0.9988	-32.42[a]	-33.91[a]	-14.60[a]
W39	Z$_2$dn$_3$	2986	86.74	0.120	0.000	4.53	1.22	7.08	0.071	0.27	0.000	0.9986	-32.90	-33.80	
W40	Z$_2$dn$_4$	2912~3050	87.17	0.170	0.000	4.97	1.34	6.04	0.039	0.26	0.011	0.9981			
W41	Z$_2$dn$_4$	3087~3139	86.46	0.160	0.000	4.55	0.82	7.57	0.056	0.38	0.004	0.9982			
W42	Z$_2$dn$_4$	3077~3095	86.86	0.100	0.000	4.24	1.25	7.30	0.036	0.24	0.000	0.9989			
W43	Z$_2$dn$_4$	3044~3170	86.34	0.130	0.000	4.48	1.35	7.38	0.033	0.24	0.052	0.9985			
W44	Z$_2$dn$_4$	3083~3145	87.34	0.020	0.000	4.63	1.12	6.37	0.045	0.33	0.000	0.9998			
W45	Z$_2$dn$_4$	3033~3130	85.44	0.130	0.000	4.19	1.48	8.46	0.044	0.25	0.000	0.9985			

续表

井号	地层	深度/m	天然气组分/%									干燥系数	$\delta^{13}C_{PDB}$/‰		
			CH$_4$	C$_2$H$_6$	C$_3$H$_8$	CO$_2$	H$_2$S	N$_2$	Ar	He	H$_2$		CH$_4$	C$_2$H$_6$	CO$_2$
W46	Z$_2$dn$_4$	2880～2963	86.26	0.140	0.000	4.55	1.30	7.44	0.049	0.27	0.000	0.9984	−32.80	−34.80	
W47	Z$_2$dn$_4$	3000～3160	85.65	0.090	0.000	4.53	1.08	8.35	0.050	0.25	0.004	0.9990			
W48	Z$_2$dn$_4$	2947～3090	87.27	0.130	0.000	4.51	1.02	6.67	0.053	0.35	0.000	0.9985			
W49	Z$_2$dn$_4$	2880～3000	85.00	0.140	0.000	4.58	1.04	9.10	0.057	0.27	0.000	0.9984			
W5	Z$_2$dn$_4$	2781～2848	85.95	0.160	0.000	4.51	0.90	8.05	0.061	0.37	0.000	0.9981			
W50	Z$_2$dn$_4$		85.64	0.080	0.000	4.96	1.10	7.93			0.013	0.9991			
W51	Z$_2$dn$_4$	2904～2960	86.83	0.190	0.000	4.41	0.91	7.30	0.038	0.32	0.000	0.9978			
W52	Z$_2$dn$_4$	2905～3015	88.18	0.130	0.000	4.49	1.11	5.80	0.040	0.26	0.000	0.9985			
W53	Z$_2$dn$_4$		84.58	0.230	0.000	4.98	1.20	8.67	0.050	0.32		0.9973			
W54	Z$_2$dn$_4$	3170	84.01	0.180	0.000	4.09	1.00	10.30	0.092	0.33	0.002	0.9979			
W56	Z$_2$dn$_4$	2880～2945	88.38	0.120	0.000	4.28	0.45	6.36	0.050	0.36	0.000	0.9986			
W57	Z$_2$dn$_4$		85.20	0.140	0.000	4.92	0.87	8.56	0.056	0.26		0.9984			
W61	Z$_2$dn$_4$	3150～3194	85.66	0.100	0.000	4.03	0.93	8.88	0.035	0.37	0.000	0.9988			
W63	Z$_2$dn$_4$	2797～2915	86.91	0.130	0.000	4.48	1.27	6.92	0.021	0.27	0.000	0.9985	−32.84[a]		
W63	Z$_2$dn$_3$		85.16	0.070	0.000	5.63	1.05	7.89	0.042	0.22	0.004	0.9992			
W66	Z$_2$dn$_4$	3037～3137	87.20	0.140	0.000	4.33	1.00	7.17	0.022	0.29	0.000	0.9984			
W68	Z$_2$dn$_4$	2894～2957	86.66	0.100	0.000	4.24	1.00	7.65	0.053	0.30	0.000	0.9988			
W70	Z$_2$dn$_4$	3064～3170	85.95	0.090	0.000	4.03	1.00	8.53	0.052	0.36	0.000	0.9990	−32.40		−2.50
W70	Z$_2$dn$_4$	3064	85.95	0.090	0.000	4.03	1.00	8.53	0.052	0.36	0.000	0.9990			
W72	Z$_2$dn$_4$	3041～3135	87.30	0.120	0.000	4.45	1.34	6.51	0.017	0.26	0.000	0.9986			
W76	Z$_2$dn$_4$		85.15	0.120	0.000	5.18	0.76	8.45	0.039	0.30	0.120	0.9986			
W77	Z$_2$dn$_4$		85.34	0.100	0.000	4.40	1.15	8.68	0.049	0.24	0.038	0.9988			
W79	Z$_2$dn$_4$		88.04	0.080	0.000	5.11	1.07	5.50	0.057	0.14	0.003	0.9991			
W80	Z$_2$dn$_4$		86.86	0.080	0.000	4.53	1.18	7.11	0.039	0.20	0.002	0.9991			
W81	Z$_2$dn$_4$		86.05	0.110	0.000	4.50	0.70	8.35	0.039	0.25	0.010	0.9987			
W86	Z$_2$dn$_4$		85.33	0.180	0.000	4.90	1.20	7.86	0.052	0.32	0.063	0.9979			
W88	Z$_2$dn$_4$		86.04	0.160	0.000	4.84	0.70	7.96	0.045	0.26		0.9981			

续表

井号	地层	深度/m	天然气组分/%									干燥系数	$\delta^{13}C_{PDB}$/‰		
			CH_4	C_2H_6	C_3H_8	CO_2	H_2S	N_2	Ar	He	H_2		CH_4	C_2H_6	CO_2
W89	Z_2dn_4	2928~2950	86.28	0.160	0.000	4.18	0.79	8.18	0.046	0.37	0.000	0.9981			
W9	Z_2dn_4	2847~2952	85.49	0.130	0.000	4.53	1.22	8.30	0.057	0.27	0.004	0.9985			
W90	Z_2dn_4	2868~2926	86.13	0.100	0.000	4.47	1.04	7.89	0.041	0.34	0.000	0.9988			
W91	Z_2dn_4		87.38	0.060	0.000	4.38	1.27	6.63	0.040	0.18	0.057	0.9993			
W93	Z_2dn_4		86.03	0.100	0.000	4.88	1.27	7.44	0.044	0.23	0.008	0.9988			
W94	Z_2dn_4		83.42	0.110	0.000	6.46	0.93	8.79	0.058	0.29	0.016	0.9987			
W95	Z_2dn_4		86.30	0.120	0.000	5.16	1.17	7.08	0.050	0.19	0.000	0.9986			
W96	Z_2dn_4		87.81	0.060	0.000	3.65	0.53	7.70	0.050	0.20	0.010	0.9993			
W99	Z_2dn_4		86.80	0.090	0.000	4.46	1.53	6.92	0.040	0.20		0.9990			
GS18	$\in_1l$	4708~4726	90.78	0.120	0.020	5.84	0.79	2.38	—	0.03	0.040	0.9985			
MX10	$\in_1l$	4646~4697	97.64	0.140	0.000	2.10	—	0.10		0.02	0.000	0.9986	-32.10	-33.60	
MX11	$\in_1l$	4674~4681	97.09	0.130	0.000	2.04		0.67		0.01		0.9987	-32.50	-32.40	
MX11	$\in_1l$	4681~4720	97.11	0.130	0.000	2.14		0.61		0.01		0.9987	-32.70	-31.80	
MX11	$\in_1l$	4723~4739	97.12	0.130	0.000	1.69		0.65		0.01		0.9987	-32.60	-32.50	
MX12	$\in_1l$	4603~4619	97.19	0.130	0.010	2.10	—	0.55	—	0.02	0.000	0.9986	-33.40	-33.40	
MX16	$\in_1l$		96.16	0.160	0.000	2.55	0.30	0.82	—	0.01	0.000	0.9983	-32.50	-32.70	
MX17	$\in_1l$	4743~4805	92.24	0.130	0.000	6.71	0.25	0.62	—	0.03	0.020	0.9986			
MX17	$\in_1l$	4609~4673	96.12	0.140	0.000	2.26	0.52	0.90		0.05	0.000	0.9985			
MX19	$\in_1l$	4640~4691	96.10	0.110	0.000	2.44	0.62	0.69		0.02	0.010	0.9989			
MX201	$\in_1l$		95.91	0.150	0.000	2.83	0.32	0.78		0.01		0.9984	-33.10	-33.00	
MX202	$\in_1l$	4634~4711	95.66	0.160	0.010	2.98	0.75	0.40	—	0.02	0.030	0.9982	-34.70	-35.30	
MX204	$\in_1l$	4683	97.85	0.150	0.000	1.08	0.00	0.91		0.02	0.000	0.9985	-32.60	-32.40	
MX205	$\in_1l$	4588~4654	95.10	0.210	0.010	3.15	0.77	0.71		0.05	0.000	0.9977	-33.20	-34.80	
MX205	$\in_1l$	4588~4654	95.63	0.200	0.030	3.17	0.52	0.44	—	0.01	0.000	0.9976	-33.20	-34.80	
MX21	$\in_1l$	4601~4655	95.45	0.290	0.030	3.48	0.17	0.56	—	0.02	0.000	0.9967	-33.50	-34.90	

续表

井号	地层	深度/m	天然气组分/%									干燥系数	$\delta^{13}C_{PDB}$/‰		
			CH$_4$	C$_2$H$_6$	C$_3$H$_8$	CO$_2$	H$_2$S	N$_2$	Ar	He	H$_2$		CH$_4$	C$_2$H$_6$	CO$_2$
MX21	$\in_1$l	4601~4655	95.59	0.290	0.020	3.46	—	0.63	—	0.02	0.000	0.9968			
MX21	$\in_1$l	4601~4655	89.19	0.240	0.030	9.40	0.19	0.88	—	0.06	0.000	0.9970			
MX8	$\in_1$l	4646~4696	96.80	0.140	0.000	2.26		0.60	—	0.01	0.010	0.9986	−32.40	−32.30	
MX8	$\in_1$l	4697~4713	96.85	0.140	0.000	1.78		0.60		0.01		0.9986	−33.10	−33.60	
MX9	$\in_1$l	4575~4607	95.16	0.130	0.000	2.35		2.35		0.01		0.9986	−32.80	−32.80	
W42	$\in_3$x	2178	87.62	0.050	0.000	4.95	1.15	6.25	0.068	0.19	0.010	0.9994	−32.60		−1.40
W42	$\in_3$x	2178	87.62	0.050	0.000	4.95	1.15	6.25	0.068	0.19	0.010	0.9994	−32.60	−33.50	
W42	$\in_3$x	2178	87.62	0.050	0.000	4.95	1.15	6.25	0.068	0.19	0.010	0.9994	−31.80	−32.70	
W5	$\in_3$x	2037	87.36	0.060	0.000	4.50	0.71	7.08	0.089	0.20	0.008	0.9993	−32.50		−3.10
W5	$\in_3$x	2037	87.36	0.060	0.000	4.50	0.71	7.08	0.089	0.20	0.008	0.9993	−33.10	−36.50	
W5	$\in_3$x	2037	87.36	0.060	0.000	4.50	0.71	7.08	0.089	0.20	0.008	0.9993	−32.00	−35.70	
W52	$\in_3$x	2468	86.79	0.070	0.002	6.07	0.41	6.41	0.066	0.18	0.006	0.9992			
W65	$\in_3$x	2206	86.49	0.050		5.81	1.07	6.34	0.080	0.17	0.009	0.9994	−32.40		−5.40
W65	$\in_3$x	2206	86.49	0.050		5.81	1.07	6.34	0.080	0.17	0.009	0.9994	−32.60	−33.40	
W72	$\in_3$lu		87.09	0.060	0.000	4.38	0.77	7.43	0.079	0.19	0.008	0.9993	−31.80	−34.40	
W72	$\in_3$lu		87.09	0.060	0.000	4.38	0.77	7.43	0.079	0.19	0.008	0.9993	−32.30	−35.40	
W78	$\in_3$x	2018	86.73	0.060		5.69	0.99	6.28	0.077	0.17	0.009	0.9993			
W79	$\in_3$x	2090	85.58	0.056		6.02	0.54	7.57	0.039	0.18	0.033	0.9993			
W93	$\in_3$x	2037	86.98	0.073		5.00	0.62	7.08	0.048	0.19	0.006	0.9992	−32.30	−36.20	
W112	$\in_3$x		87.03	0.060		5.49	0.69	6.22	0.079	0.17	0.009	0.9993	−33.10	−34.90	
WS2	$\in_3$x	2109	86.48	0.060		6.04	0.87	6.26	0.062	0.17	0.234	0.9993	−32.60	−34.00	
WS2	$\in_3$x	2109	86.48	0.060		6.04	0.87	6.26	0.062	0.17	0.234	0.9993	−32.30		−3.70

a 据戴金星等（2003）；b 据魏国齐等（2014）

3.2　天然气碳同位素组成特征

由于天然气较干，故只能测到甲烷和部分井乙烷的碳同位素值。测试结果发现，甲烷和乙烷的碳同位素比较接近，且分布相对集中，其中，$\delta^{13}C_1$ 主要分布在−33.5‰～−31.5‰，$\delta^{13}C_2$ 主要分布在−36.0‰～−27.0‰［图 4（f）］。具体到不同地区、不同层位，川中高石梯和磨溪地区震旦系气藏的甲烷和乙烷具有正碳同位素系列特征（$\delta^{13}C_1 < \delta^{13}C_2$）（魏国齐等，2014）。相比而言，威远震旦系气藏和磨溪寒武系气藏的甲烷和乙烷大部分具有正碳同位

素系列特征（$\delta^{13}C_1 < \delta^{13}C_2$），部分具有负碳同位素系列特征（$\delta^{13}C_1 > \delta^{13}C_2$）[图 4（g）]。而威远寒武系气田则全部表现为负碳同位素系列特征（$\delta^{13}C_1 > \delta^{13}C_2$）。这种天然气碳同位素组成的多样性，说明天然气来源和次生蚀变的复杂性。

　　天然气的 $\delta^{13}C_1$ 和 $\delta^{13}C_2$ 都与干燥系数（$C_1/\sum C_{1\text{-}4}$）具有微弱的正相关关系 [（图 4（h）；图 4（i）]，而与气藏的埋深关系不大 [图 4（j），图 4（k）]，反映天然气碳同位素不受现今埋深影响，可能主要与气源及其后期可能的蚀变关系较大，并且反映了成熟度对同位素分馏的影响。

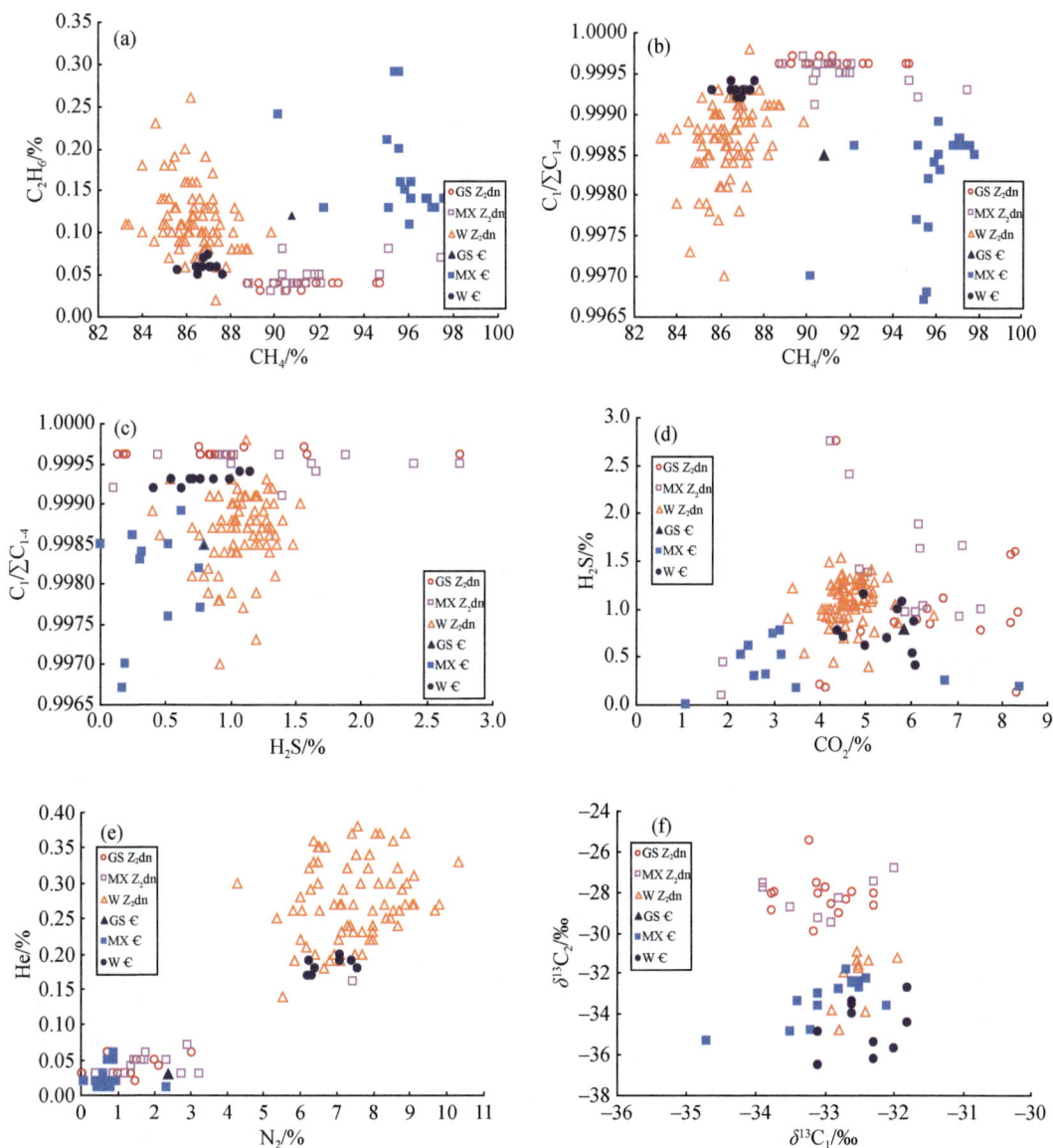

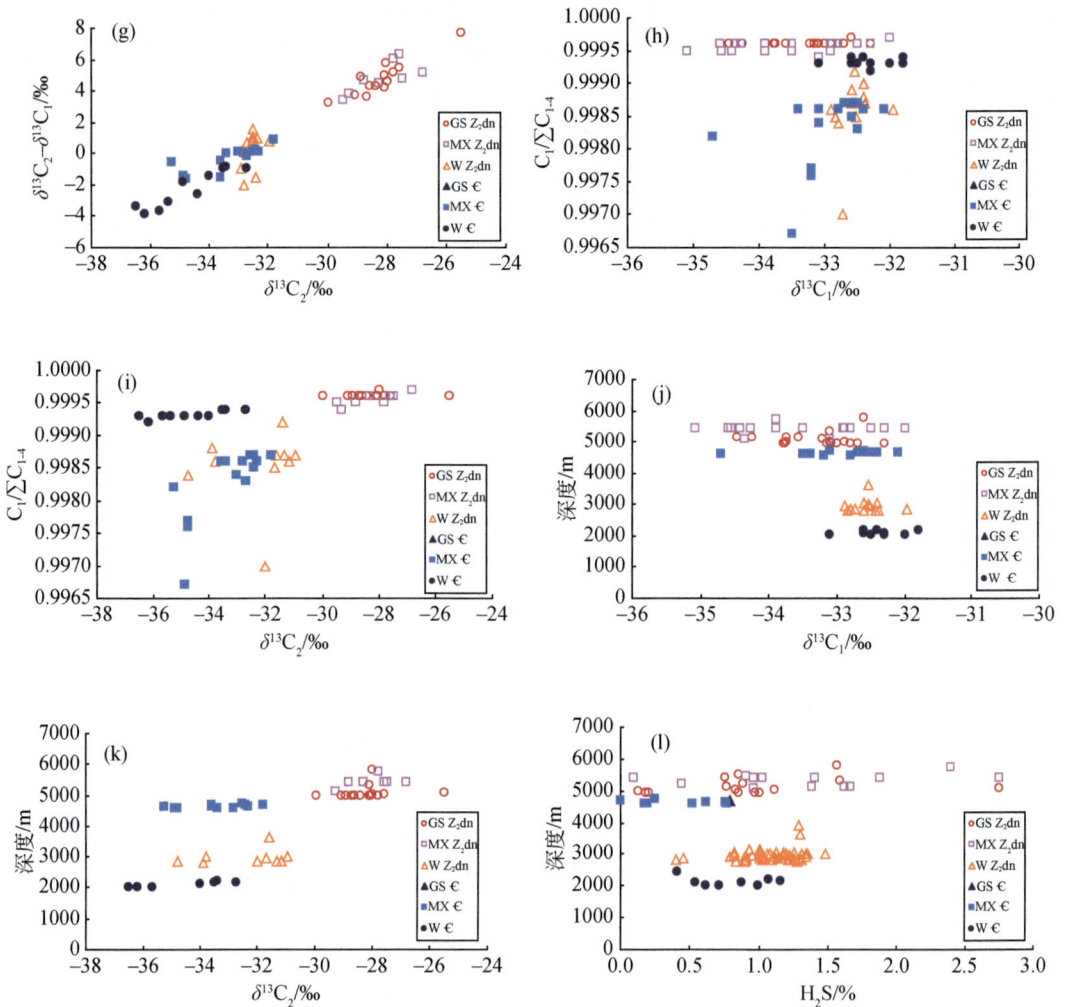

图 4   天然气组分、同位素以及埋深系列关系图

3.3   烃原岩

四川盆地震旦系主要发育两套烃原岩，灯影组灯三段和陡山沱组泥质烃原岩，腐泥型，以生油为主。其中，震旦系陡山沱组烃原岩以黑色页岩为主，富含藻类，以宏体藻类为主。宏体生物保存良好，特别是宏体藻类的丝状根被完整保存，表明它们是原地或近原地的埋藏，并指示其环境中的水动力条件较弱，为相对宁静的沉积环境，有利于有机质的保存和优质烃原岩的形成。TOC 值主要分布在 0.88%～5.26%，平均值为 1.22%。干酪根碳同位素组成为-32.4‰～-29.0‰，平均为-30.4‰；等效镜质体反射率 R_o 在 3.26%～3.54%。综合评价为优质烃原岩。由于澄江运动后川中基底隆起，陡山沱组泥岩发育的深水陆棚相主要分布在盆地边缘，所以陡山沱组泥岩的分布表现出盆地内厚度小，盆地边缘厚度较大的特点，主要分布在川西北、川东北、川东南，厚者可达 280m；而盆地内较薄，多数地区厚度仅 2～3m（魏国齐等，2013）。震旦系灯影组灯三段的泥岩在高石梯-磨溪地区分布稳定，主要

为黑色页岩，页岩中产出有丰富的宏体藻类，具有高丰度和较高分异度特征，以底栖生物占主要优势。烃原岩厚度在 30～40m；TOC 值为 0.66%～4.82%，平均值为 1.12%。泥岩干酪根显微组分以腐泥质为主，含少量镜质组和惰质组，干酪根碳同位素组成为-33.4‰～-28.5‰，平均为-31.0‰；等效镜质体反射率 R_0 值为 3.16%～3.21%（魏国齐等，2013），目前处于过成熟生气阶段。

另外，寒武系筇竹寺组泥岩是四川盆地，乃至中国南方最好的烃原岩之一。寒武系原岩的沉积环境为具有一定盐度的还原环境，生物主要来自于低等水生生物的菌藻类；同时普遍产有以底栖动物海绵类为主的刺胞动物、节肢动物、软体动物及宏体藻类等生物门类。其有机质丰度很高，TOC 最高可超过 6%，平均为 2.84%；厚度一般在 100～400m，分布面积广，与志留系泥岩相似，都是四川盆地页岩气潜在赋存的主要层段（Dai et al.，2014），烃原岩有机质类型为腐泥型。干酪根碳同位素组成分布在-32.9‰～-31.1‰，平均为-32.1‰。等效镜质体反射率 R_0 值为 2.40%～3.51%，目前处于过成熟生气阶段。

由此来看，目前发现的天然气可能主要与震旦系或寒武系筇竹寺组优质烃原岩有关。

3.4 天然气来源

天然气的碳同位素与其母原岩干酪根碳同位素具有一定继承关系，理论而言，烃原岩干酪根的碳同位素越重，其形成的天然气也越重，特别是乙烷受母质类型影响更为明显，这也是经常用乙烷碳同位素分布区间来划分天然气类型的原因（Dai，1992；Cao et al.，2012）。震旦系烃原岩干酪根的碳同位素比寒武系重，故震旦系烃原岩形成的天然气碳同位素就比寒武系烃原岩生成的天然气碳同位素重。

本文分析结果发现，高石梯和磨溪震旦系气藏天然气中的乙烷碳同位素较重，比寒武系气藏和威远震旦系气藏乙烷的碳同位素要重2‰以上 [（图4（f）]。而且，从甲烷和乙烷碳同位素差值来看，高石梯和磨溪震旦系气藏与其他气藏也不同，$\delta^{13}C_2 > \delta^{13}C_1$ 十分明显。据此判断，磨溪、高石梯震旦系气藏的天然气很可能主要来自于震旦系灯影组烃原岩；威远寒武系气藏的天然气主要来自于寒武系筇竹寺组烃原岩；威远震旦系气藏和磨溪寒武系气藏的天然气具有混源特征，并且寒武系烃原岩的贡献可能大于震旦系烃原岩。

进一步应用天然气氢同位素组成对天然气源进行了分析。氢同位素受原岩沉积环境的水介质盐度和成熟度等多种因素的制约，由于天然气均处于极高的成熟度，因此，氢同位素的差异可能意味着成烃母质类型的不同（魏国齐等，2014）。分析结果发现，磨溪、高石梯震旦系气藏的天然气氢同位素（δD_{CH_4}）较轻，$\delta D_{CH_4} < -135‰$，而磨溪寒武系气藏的氢同位素较重，$\delta D_{CH_4} > -134‰$（图5）。因此，利用碳、氢同位素关系图（图5），可以进一步佐证，高石梯和磨溪震旦系气藏的天然气来自于震旦系烃原岩，磨溪寒武系气藏的天然气来自于寒武系烃原岩。

4 H₂S 的成因及形成过程

4.1 H₂S 的成因

H₂S 是天然气中的有害成分，对油气的安全勘探与开采带来重要隐患，历来受到重视。在碳酸盐岩气藏中 H₂S 十分常见，全球目前已发现近百个高含 H₂S 的天然气田，部分气田

H_2S 含量高达 50%以上（Orr，1974；Krouse et al.，1988；Worden and Smalley，1996；Belenitskaya，2000）。

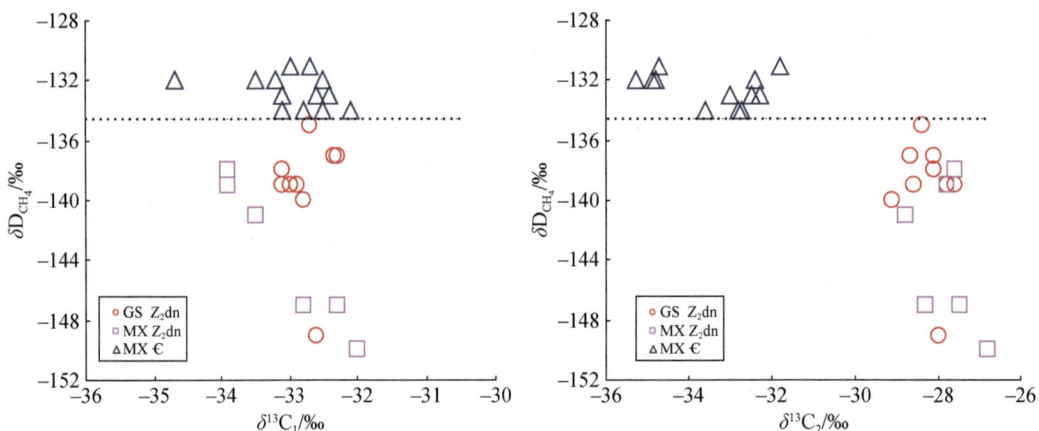

图 5　天然气中甲烷和乙烷的碳同位素（$\delta^{13}C$）与甲烷的氢同位素（δD_{CH_4}）关系图

H_2S 有多种形成途径，特别是 H_2S 含量小于 2%时，可以通过含硫化合物热裂解成因（TDS）、生物成因（bacterial sulfate reduction，BSR）或硫酸盐热化学还原（thermochemical sulfate reduction，TSR）生成等。BSR 往往在浅部位发生，介质条件也要适宜微生物的繁殖发育（Machel et al.，1995），而震旦系气田不具备 BSR 发生的条件。首先，储层温度明显高于微生物活动的上限温度（小于80℃），自成藏后储层一直处于较高的温度条件（大于100℃）；其次，地层水矿化度较高，绝大多数大于 70g/L，不利于微生物的繁殖和活动，而且水型为氯化钙型水，表明气藏封闭性较好，这也说明气藏未遭受微生物的侵蚀，因此基本可以排除生物成因的可能。

富硫干酪根在高温作用下，能够生成一定量的 H_2S，从理论计算得知，含硫化合物热裂解形成的 H_2S 浓度不会超过 3%（干酪根中含硫化合物的量决定的），而且目前国际上也没有发现含硫化合物热裂解途径形成 H_2S 大于 1%的气田（Zhu et al.，2011）。研究发现，与震旦系气田具有相同气源的川南地区二叠系气藏，基本不含 H_2S，说明震旦系气藏的 H_2S 不是来自含硫化合物热裂解成因（Zhu et al.，2007）。因此，TSR 成因可能性较大。目前多数学者认为深层油气藏中 H_2S 的形成往往与 TSR 有关（Worden et al.，1996；Heydari，1997；Machel，2001；Zhang and Zhu，2008；Zhang et al.，2008；Cai et al.，2009；Ellis et al.，2011；Wei et al.，2012；Amrani et al.，2012）。TSR 可以用如下方程表示（Orr，1974；Krouse，1988；Worden et al.，1996；Machel et al.，1995）：

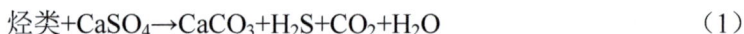

$$烃类+CaSO_4 \rightarrow CaCO_3+H_2S+CO_2+H_2O \tag{1}$$

硫酸盐（膏岩）、烃类和高温条件（120℃以上）是 TSR 发生的三个必要条件（Claypool and Mancini，1989；Rooney，1995；Worden et al.，1995；2000；Worden and Smalley，1996；Heydari，1997；Manzano et al.，1997；Baric et al.，1998；Machel，2001；Cai et al.，2003；Cross et al.，2004；Zhang et al.，2005；Li et al.，2005；Zhu et al.，2005；2011）。四川盆地近年来发现了多个高含 H_2S 的天然气田，如普光、罗家寨等，它们主要分布在四川盆地的东部（戴金星等，2004；Zhu et al.，2005；Ma et al.，2008）。大量研究结果表明，这些地

区具备 TSR 发生条件，而且同位素等地球化学工作证实，H_2S 属于 TSR 成因（Zhu et al., 2005；Hao et al., 2008；Ma et al., 2008；Tian et al., 2008；Liu et al., 2013）。

震旦系灯影组在潟湖或浅滩-潮坪等沉积环境下，发育了薄层膏质岩；同样寒武系洗象池组也发育有薄层膏盐（图 1）。膏岩是硫酸根（SO_4^{2-}）的重要来源，是 TSR 的必要反应物（Zhu et al., 2010）。另一个反应物就是烃类，对于震旦系和寒武系气藏来说，烃类也是具备的。震旦系和寒武系储层都经历过较高的埋藏温度。震旦系灯影组在三叠纪时期埋深达到 4500m，温度超过 140℃，因此是具备 TSR 发生的温度条件（Worden et al., 1995）。

4.2　TSR 成因的证据

1）硫同位素证据

虽然油气藏中 H_2S 可以通过 TSR、BSR 或 TDS 形成，但是不论何种成因形成的 H_2S，其硫均来自相关地层中的硫酸盐类或有机含硫化合物；由于它们是分别通过有机-无机相互作用、生物作用和热分解作用等不同方式完成硫循环，在动力学分馏的过程中最终完成硫同位素的分馏（Claypool et al., 1980；Krouse et al., 1988）。不同的分馏过程，H_2S 富集 ^{32}S 的程度有别。因此 H_2S 的硫同位素组成受硫源（相关地层的硫酸盐类）和动力学分馏类型（H_2S 的形成途径）的控制（Amrani et al., 2008；2012）。其中 BSR 成因 H_2S 的硫同位素分馏最大，比硫酸盐硫同位素可低达 20‰左右。含硫化合物热裂解成因的 H_2S，硫同位素分布范围较宽，比母源的硫同位素低 14‰~20‰。在无机体系内，硫酸盐还原成 H_2S 的过程中，同位素的分馏程度是由 S—O 键被打断的速率不同而造成的，由于 ^{32}S—O 键比 ^{34}S—O 键更容易被打断（郑永飞和陈江峰，2000），因此 TSR 成因的 H_2S 比硫酸盐更富集 ^{32}S，一般分馏值小于 12‰。因此，TSR 成因 H_2S 的硫同位素分馏值最小。

震旦系灯影组硫酸盐（石膏）的硫同位素分布较稳定，石膏的 $\delta^{34}S$ 值在+20.84‰~+22.53‰（CDT）之间（表 2），平均值为+21.78‰；寒武系洗象池组石膏的硫同位素较重，分布在+29‰左右。两套碳酸盐层系的硫酸盐硫同位素的差异，反映了二者形成环境介质条件的不同，特别是寒武系洗象池组可能形成于比灯影组更强的蒸发环境（Zhu et al., 2007）。

表 2　硫同位素分析数据

区块	井位	地层	深度/m	样品类型	$\delta^{34}S$/（‰，CDT）	H_2S/%
震旦系气藏	W117	Z_2dn_4	3378	石膏	20.84	
	W117	Z_2dn_4	3560	石膏	21.59	
	W117	Z_2dn_4	3613	石膏	22.15	
	W117	Z_2dn_4	3607	石膏	22.53	
	W23	Z_2dn_4	3100	H_2S	11.50 [d]	1.16
	W23	Z_2dn_4	3100	H_2S	12.60 [d]	1.16
	W2	Z_2dn_4	2837	H_2S	13.70 [d]	1.24
	W2	Z_2dn_4	3005	H_2S	14.40 [d]	1.31
	W34	Z_2dn_4	3126	H_2S	16.32	1.18
	W39	Z_2dn_4	2834	H_2S	16.89	1.04

续表

区块	井位	地层	深度/m	样品类型	$\delta^{34}S/$ (‰, CDT)	H$_2$S/%
震旦系气藏	W70	Z$_2$dn$_4$	3064	H$_2$S	14.85	1.00
	W117	Z$_2$dn$_4$	3010	黄铁矿	13.98	
	W117	Z$_2$dn$_4$	3136	黄铁矿	14.86	
	W117	Z$_2$dn$_4$	3286	黄铁矿	15.11	
	W117	Z$_2$dn$_4$	3472	黄铁矿	12.61	
	W117	Z$_2$dn$_4$	3478	黄铁矿	12.71	
	W117	Z$_2$dn$_4$	3625	黄铁矿	13.85	
寒武系气藏	WH104	€$_3$x	1938	石膏	28.89	
	W117	€$_3$x	3286	石膏	29.35	
	W42	€$_3$x	2178	H$_2$S	18.42	1.15
	W5	€$_3$x	2037	H$_2$S	15.66	0.71
	W65	€$_3$x	2206	H$_2$S	17.87	1.07
	W93	€$_3$x	2052	H$_2$S	16.04	0.62
	WS2	€$_3$x	2109	H$_2$S	17.2	0.87
川东北下三叠统飞仙关组气藏	D3	T$_1$f	4290	石膏	18.12	
	D5	T$_1$f	4740	石膏	24.34	
	D5	T$_1$f	4753	石膏	25.8	
	D5	T$_1$f	4766	石膏	22.83	
	JZ1	T$_1$f	2826	石膏	22.13	
	JZ1	T$_1$f	2877	石膏	19.35	
	JZ1	T$_1$f	2897	石膏	22.07	
	LJ2	T$_1$f	3303	石膏	22.59	
	P1	T$_1$f	3465	石膏	19.46	
	P3	T$_1$f	3536	石膏	18.92	
	QL52	T$_1$f	3490	石膏	24.64	
	QL52	T$_1$f	3942	石膏	23.57	
	ZJ1	T$_1$f	5649	石膏	23.74	
	Z1	T$_1$f	3417	石膏	25.4	
	Z2	T$_1$f	3350	石膏	19.71	
	Z1	T$_1$f	3482	石膏	18.09	
	PG2	T$_1$f	5027	H$_2$S	10.28	14.71
	PG2	T$_1$f	5200	H$_2$S	12.47	15.67
	D3	T$_1$f	4308	H$_2$S	13.70^c	17.06
	QB1	T$_1$f	5800	H$_2$S	13.53	16.25
	P1	T$_1$f	3430	H$_2$S	12.00^c	14.19
	LJ11	T$_1$f	3900	H$_2$S	13.08	9.12
	LJ11	T$_1$f	3900	H$_2$S	13.17	9.12

续表

区块	井位	地层	深度/m	样品类型	δ^{34}S/（‰，CDT）	H₂S/%
	LJ11	T₁f	3900	H₂S	12.65	9.12
	LJ11	T₁f	3900	H₂S	12.58	9.12
	D6	T₁f	4465	H₂S	11.52	16.20
川东北下三叠统飞仙关组气藏	LJ16	T₁f	3800	H₂S	13.71	9.32
	LJ16	T₁f	3800	H₂S	13.64	9.32
	QL52	T₁f	3795	黄铁矿	20.16	
	D4	T₁f		黄铁矿	20.10^c	
	P1	T₁f		黄铁矿	18.70^c	

c 据王一刚等（2002）；d 据徐玉成（1994）

　　震旦系灯影组气藏 H₂S 的 δ^{34}S 值分布在+11.5‰～+16.89‰，平均值为 14.32‰。灯影组 H₂S 的 δ^{34}S 比灯影组储层中硫酸盐的 δ^{34}S 偏轻 8‰左右。由于 H₂S 中的硫来自于相关储集层系中的硫酸盐类，H₂S 的 δ^{34}S 偏轻，显然与 TSR 过程中硫的分馏有关。

　　由于储集层中的黄铁矿，是 TSR 反应形成的 H₂S 与地层中的重金属铁离子快速结合而形成的，因此储层黄铁矿为次生成因，其硫来自于 TSR 反应形成的 H₂S。灯影组储集层中次生黄铁矿的 δ^{34}S 与 H₂S 的 δ^{34}S 有相似的分布规律（表2），震旦系 6 个黄铁矿样品的 δ^{34}S 值分布在+12.61‰～+15.11‰，平均值为 13.85‰，比灯影组储层中硫酸盐的 δ^{34}S 偏轻 8.5‰左右。灯影组黄铁矿与 H₂S 的硫同位素分馏的相似性，进一步证明了震旦系 H₂S 的 TSR 成因。

　　2）干气及碳同位素证据

　　TSR 是选择性消耗烃类的过程，由于乙烷以上重烃类的化学活性比甲烷强，丙烷又比乙烷强，因此重烃类优先参与 TSR，从而导致重烃含量降低，天然气干燥系数增大。震旦系和寒武系气藏的天然气是世界上最干的天然气之一，干燥系数在 0.999%［图 2（a）］。如此干的天然气，除了热成熟作用影响外，TSR 对重烃类的优先消耗可能也起到一定作用。

　　由于 TSR 是在高温驱动下的化学反应，因此伴随着烃类的氧化蚀变，烃类碳同位素则会发生相应的变化。由于 ^{12}C—^{12}C 键优先破裂，^{12}C 更多参与了 TSR 反应，而 ^{13}C 则更多保留在残留的烃类中，使反应后残留的烃类中相对富集 ^{13}C。因此 TSR 蚀变后的烃类碳同位素将会变重，而 CO₂ 的碳同位素将变轻（Zhu et al.，2005；2014）。震旦系气田甲烷的 δ^{13}C 主频在-35‰～-32‰，乙烷 δ^{13}C 在-34‰～-27‰（表 1），与其他不含 H₂S 的原油裂解气的碳同位素相比是明显偏重的，而且乙烷的碳同位素偏重幅度更大，部分乙烷碳同位素＜-28‰，具有煤成气的特点，说明 TSR 对碳同位素的蚀变作用在震旦系气田是存在的。

　　CO₂ 是震旦系天然气中除烷烃气和 N₂ 外的第三主要组分，含量在 4%～5%（表 1）。国内外对 $\delta^{13}C_{CO_2}$ 的研究认为，无机成因的 CO₂ 的 $\delta^{13}C_{CO_2}$＞-8‰，有机成因的 CO₂ 的 $\delta^{13}C_{CO_2}$＜-10‰（Dai et al.，1996）。从表 1 可见，部分井段 $\delta^{13}C_{CO_2}$ 为-11.16‰至-14.60‰，均小于-10‰，因此，这些 CO₂ 是有机成因的，烃类中的碳，在 TSR 有机-无机相互作用过程中，转移到 CO₂ 中，即

$$nCaSO_4 + {}^*C_nH_{2n+2} \rightarrow nCa^*CO_3 + H_2S + {}^*CO_2 + nH_2O \qquad （2）$$

由于海相碳酸盐岩在深埋情况下可能产生热分解形成 CO_2，这类 CO_2 的碳同位素很重，$\delta^{13}C_{CO_2}$ 在 0±3‰左右，这种成因的 CO_2 与 TSR 成因 CO_2 混合后碳同位素将出现较大浮动，这也是震旦系气田 CO_2 碳同位素分布较宽的原因。

4.3   TSR 反应程度

震旦系气田的形成，经历了古油藏的裂解和 TSR 作用，但是与其他裂解气藏相比，并未形成高含量的 H_2S。比如，四川盆地东部地区三叠系飞仙关组（T_1f）大气藏，H_2S 含量一般占天然气组分的 9%～17%，而震旦系气藏 H_2S 的含量一般在 1%左右，且分布比较均匀。震旦系气藏是否还存在尚未发现的高含 H_2S 天然气，还是就没有形成高浓度的 H_2S，这是目前勘探家们十分关注的问题。震旦系气田具备 TSR 的发生条件，并且已形成 TSR 成因的 H_2S，但是 H_2S 的低含量还是意味着 TSR 作用程度不高或者 H_2S 被吸收或散失的可能。

1）CO_2 含量

TSR 在生成 H_2S 的同时，也会生成一定量的 CO_2。由于介质环境的变化，部分 CO_2 会与 Ca^{2+} 离子结合发生沉淀，形成次生方解石（$CaCO_3$）[反应式（2）可以看出]，消耗一部分 CO_2。CO_2 还有一个重要来源就是碳酸盐岩高温热分解成因，虽然二者碳同位素差异较大，但是在深层高温流体作用下，碳同位素的分布范围同样很宽，较难定量评价。比如，同样在四川盆地川东北地区三叠系飞仙关组气藏，气源来自于古油藏的裂解气，发生过强烈的 TSR，储层岩心中可以看到十分发育的硫黄、次生方解石交代石膏等现象，这些都暗示此地遭受了 TSR（Zhu et al.，2005）。天然气组分中，CH_4 平均占 77%左右，乙烷的含量一般小于 0.03%，丙烷含量极微，H_2S 占 9%～17%，CO_2 含量在 6%～14%，但是，CO_2 的碳同位素分布也是很宽，$\delta^{13}C$ 在-23‰～+4‰。可以肯定，CO_2 主要来自于 TSR 成因，因为，四川盆地相同气源的天然气，没有遭受 TSR 蚀变，CO_2 的含量往往很低。从 H_2S 与 CO_2 含量的相关性图上（图6），可以明显看出，二者成因的关联性。因此，TSR 蚀变后的天然气，高含量的 CO_2 意味着曾经存在高含量的 H_2S。依据四川盆地海相天然气 CO_2 与 H_2S 的相关关系，推测震旦系气藏 H_2S 含量曾经在 5%～10%，属于中等强度的 TSR 作用。

2）地层水证据

由于 TSR 是由烃类与硫酸盐中的 SO_4^{2-} 发生反应，因此，地层水中 SO_4^{2-} 离子的含量对 TSR 反应程度具有控制作用。震旦系气藏的地层水水型为氯化钙型水，代表油气藏封闭性较好。地层水矿化度很高，绝大多数大于 70g/L（表3），分布也稳定，如此高的矿化度水，是不利于微生物的繁殖和活动，说明气藏未遭受微生物的侵蚀和后期地表水的影响。特别是地层水中氯粒子含量很高，Br 也较高，反映了高浓度卤水的特征，是比碳酸盐岩更高蒸发阶段的残余流体；碘化物的富集和溴化物一样显示海水浓缩，这些分析数据表明地层水的封闭性较好。对震旦系和寒武系出水井段地层水的检测发现，地层水中基本检测不到 SO_4^{2-}，这与地层中膏岩不很发育有关。同时，这一特点与四川盆地川东北三叠系高含 H_2S 气藏明显不同，川东北三叠系高含 H_2S 气藏 SO_4^{2-} 离子的含量一般在 5000～15000mg/L。震旦系气藏中 SO_4^{2-} 的耗尽可能是 TSR 中断的重要原因，从而未能生成大量 H_2S。寒武系气藏同样，基本也未检测到 SO_4^{2-}。TSR 的发生，与含 Mg^{2+} 离子的地层水关系密切（Zhang et al.，2008；2012），Mg^{2+} 离子在驱动 TSR 发生具有重要作用。震旦系气藏地层水中 Mg^{2+} 离子含量较高，利于 TSR 快速发生。因此，震旦系 TSR 反应程度受地层水中硫酸根离子含量的制约，SO_4^{2-} 耗尽，导致 TSR 反应中断，所以未能形成更高浓度的 H_2S。

表 3　地层水组成

井号	地层	深度/m	pH	组成/mg/L												盐度/(g/L)	水型
				K^++Na^+	Ca^{2+}	Mg^{2+}	Ba^{2+}	Sr^{2+}	Cl^-	SO_4^{2-}	HCO_3^-	CO_3^{2-}	I^-	Br^-	B		
GS1	Z_2dn_{2-4}	4956~5399	4.5	5949	11451	5301	1161	83.7	54680	0	0	0	—	94.6	—	88.97	$CaCl_2$
GS1	Z_2dn_{2-4}	4956~5399	4.4	7615	22542	10299	1932	264.5	74859	0	0	0	—	91.4	—	127.85	$CaCl_2$
GS6	Z_2dn_2	5334~5431	5.7	21354	7302	2552	399	279	49785	0	—	—	—	163	—	81.67	$CaCl_2$
GS6	Z_2dn_2	5334~5431	5.8	20457	3714	1358	477.5	257	39059	0	271	0	—	80.3	—	65.59	$CaCl_2$
GS6	Z_2dn_4	5334~5431	5.7	18809	20823	6381	224	256	82986	0	271	0	—	96	—	129.75	$CaCl_2$
GS11	Z_2dn_2	5402~5467	5.2	15451	10985	5763	192	61.8	42534	0	—	—	—	78.3	—	74.99	$CaCl_2$
GS18	Z_2dn_4	5117~5205	5.3	12523	9073	5394	237	65.67	62645	0	—	—	—		—	89.94	$CaCl_2$
MX6	Z_2dn_2	5422~5459	5.3	10652	7547	3449	842.7	64.3	36899	0	—	—	—	110	—	59.45	$CaCl_2$
MX8	Z_2dn_2	5422~5459	4.6	1204	3681	1742	0	208	49045	0	—	—	—	90.5	—	55.88	$CaCl_2$
MX8	Z_2dn_2	5422~5459	4.4	13447	14472	6923	0	320.8	78722	0	—	—	—	90.5	—	113.88	$CaCl_2$
MX8	Z_2dn_4	5102~5172	5.7	27205	16748	6229	496.5	102	73517	0	—	—	—	131	—	124.98	$CaCl_2$
MX17	Z_2dn_4	5062~5152	5.7	13707	19720	10597	688	0	73069	0	—	—	—	190	—	117.78	$CaCl_2$
MX17	Z_2dn_4	5062~5152	6.0	15216	18385	10085	712	0	57469	0	—	—	—	175	—	101.87	$CaCl_2$
MX17	Z_2dn_4	5062~5152	5.5	15635	21545	11502	892	0	91394	0	—	—	—	146	—	140.97	$CaCl_2$
MX17	Z_2dn_4	5062~5152	5.8	43191	10343	4564	1321	998	126806	0	—	—	—	400	—	187.23	$CaCl_2$
MX22	Z_2dn_4	5431~5750	7.0	26649	1363	78.98	1875	397	42082	0	—	—	—	323	—	72.44	$CaCl_2$
W28	Z_2dn_{3+4}	2988~3316	7.6	24101	1654	298	1052		40297	0	745					68.69	$CaCl_2$
W13	Z_2dn_{3+4}	2860~2981	7.6	26648	1833	327	1249		45627	0	524	0				76.21	$CaCl_2$
W32	Z_2dn_{3+4}	3055~3131	7.6	20950	1705	536	1047		37084	0	585					61.91	$CaCl_2$
W10	Z_2dn_{3+4}	2840~2948		23160	2756	757	2163		43535	0	618		3		95	72.99	$CaCl_2$

续表

井号	地层	深度/m	pH	组成/mg/L												盐度/(g/L)	水型
				K^++Na^+	Ca^{2+}	Mg^{2+}	Ba^{2+}	Sr^{2+}	Cl^-	SO_4^{2-}	HCO_3^-	CO_3^{2-}	I^-	Br^-	B		
W12	Z_2dn_{3+4}	2708~2917		21209	3607	1535	2197		44092	0	1011			205	298	73.65	$CaCl_2$
W12	Z_2dn_{3+4}	2708~2917		27282	1678	289	858		45830	0	815		9	233	428	76.75	$CaCl_2$
W21	Z_2dn_{3+4}	2844~3240		26220	1867	227	1731		44453	0	1407		10	217	395	75.91	$CaCl_2$
W3	Z_2dn_{3+4}	2877~3096		22699	3110	856	682		42824	0	882		5	218	337	71.05	$CaCl_2$
W39	Z_2dn_{3+4}	2834~2986	7.5	21347	1571	484	1027		37270	0	628		9	233	380	62.33	$CaCl_2$
W47	Z_2dn_{3+4}	3000~3160	7.6	25982	1744	474	1013		44586	0	800					74.6	$CaCl_2$
W48	Z_2dn_{3+4}	3000~3160	7.6	25433	1789	321	1082		43519	0	595					72.74	$CaCl_2$
W48	Z_2dn_{3+4}	3000~3160	7.4	27922	1911	264	1027		47274	0	769	0	7	247	446	79.17	$CaCl_2$
W52	Z_2dn_{3+4}	2906~3015	6.7	27511	1916	238	1130		46611	0	796	0	9	222	427	78.2	$CaCl_2$
W57	Z_2dn_{3+4}	3064~3210	7.0	26852	1802	333	985		45679	0	652	0	8	238	394	76.3	$CaCl_2$
W63	Z_2dn_{3+4}	2794~2915	7.4	21715	1696	264	1018		37430	0	583	0	6	220	405	62.71	$CaCl_2$
W70	Z_2dn_{3+4}	3064~3135	7.0	23806	2579	894	849		43994	0	533	0				72.66	$CaCl_2$
W100	Z_2dn_4	2959~3041	7.2	25343	1772	306	1027		43221	0	692	0	7	235	425	72.36	$CaCl_2$
W26	Z_2dn_4	2896~2975	7.7	26044	2051	694	898		45813	0	794					76.29	$CaCl_2$
W29	Z_2dn_4	2821~2905	4.4	8500	18410	10067	1071		77095	0	466					116.21	$CaCl_2$
W44	Z_2dn_4	3085~3145	6.7	26330	1776	490	986		45204	0	817	0				78.01	$CaCl_2$
W44	Z_2dn_4	3085~3145	7.2	27043	1775	465	1048		46328	0	676		7	257	471	77.34	$CaCl_2$
W46	Z_2dn_4	2880~2963	7.7	21761	1200	322	1010		36794	0	592	0				61.67	$CaCl_2$
W50	Z_2dn_4	2808~2900		23473	10750	5219	273		69113	0	2531					111.36	$CaCl_2$
W51	Z_2dn_4	2905~2960	7.2	25977	1739	434	1003		44473	0	738	0				74.36	$CaCl_2$
W51	Z_2dn_4	2905~2960	7.0	26815	1979	327	884		45834	0	708	0	6	251	419	76.55	$CaCl_2$
W53	Z_2dn_4	3025~3104	6.0	10539	16461	7543	1095		67563	0	676					103.88	$CaCl_2$

续表

井号	地层	深度/m	pH	组成/mg/L												盐度/(g/L)	水型
				K⁺+Na⁺	Ca²⁺	Mg²⁺	Ba²⁺	Sr²⁺	Cl⁻	SO₄²⁻	HCO₃⁻	CO₃²⁻	I⁻	Br⁻	B		
W54	Z_2dn_4	3089~3170	4.4	1212	25745	15008	834		108193	0	993	0				163.08	$CaCl_2$
W56	Z_2dn_4	2880~2958	5.6	23395	11017	3266	1549		65084	0	1373	0				105.68	$CaCl_2$
W61	Z_2dn_4	3150~3194	7.7	24303	2035	512	931		42656	0	655	0	8	222	433	71.09	$CaCl_2$
W72	Z_2dn_4	3041~3135	6.8	26485	1902	327	1209		45438	0	569	0	8	244	420	75.93	$CaCl_2$
W78	Z_2dn_4	3847~2886	6.8	19769	4217	1810	1176		43151	0	1150	0				71.27	$CaCl_2$
W83	Z_2dn_4	2824~2877	6.9	24607	1589	347	1140		41978	0	627	0				70.29	$CaCl_2$
W86	Z_2dn_4	3063~3122	4.8	13505	8778	4573	145		49370	0	675	0				77.05	$CaCl_2$
W89	Z_2dn_4	2928~2950	7.4	24946	1756	232	1137		42402	0	725	0	8	234	433	71.2	$CaCl_2$
W93	Z_2dn_4	2896~2905	7.6	24985	2410	686	690		44647	0	837	0	8	213	377	74.25	$CaCl_2$
W49	Z_2dn_4	2881~2890	7.2	26879	1773	338	1086		45679	0	749	0	8	255	448	75.52	$CaCl_2$
W58	Z_2dn_4	3146~3179	7.6	25690	1996	243	1015		44458	0	760	0				74.16	$CaCl_2$
W67	Z_2dn_4	2830~2840	6.2	25126	3566	1575	499		49598	0	503	0				80.87	$CaCl_2$
W90	Z_2dn_4	2868~2926	7.0	26083	1759	396	1192		44633	0	782	0	8	213	574	74.85	$CaCl_2$
W15	Z_2dn_3	3628~3877		25267	1894	243	1236		42799	0	1451	0	4	239	427	72.89	$CaCl_2$
W28	Z_2dn_3	3382~3513		27132	2282	626	1485		48034	0	715	0		243	395	80.27	$CaCl_2$
GS26	$\in_1 l$	4502~4524	6.0	53737	18178	5921	1427	2519	122462	0	457	0	—	940	—	204.70	$CaCl_2$
GS26	$\in_1 l$	4502~4524	5.4	50856	18662	5584	1561	1727	121124	0	556	0	—	604	—	200.07	$CaCl_2$
GS8	$\in_1 l$	4635~4671	5.6	48728	11293	4585	1041	889	103828	0	—	—	—	916	—	173.64	$CaCl_2$
GS8	$\in_1 l$	4635~4671	6.0	48117	9552	3284	1208	893	100266	0	—	—	—	70.8	—	163.32	$CaCl_2$
GS10	$\in_1 l$	4613~4640	7.1	48292	6811	1558	1621	2196	89070	0	457	0	—	663	—	150.00	$CaCl_2$
GS10	$\in_1 l$	4613~4640	6.8	42812	7110	1852	2683	2008	83863	0	457	0	—	637	—	140.79	$CaCl_2$
MX22	$\in_1 l$	4912~4960	6.3	51033	5648	2009	1231	1619	93154	0	—	—	—	136	—	154.69	$CaCl_2$

续表

井号	地层	深度/m	pH	组成/mg/L												盐度/(g/L)	水型
				K^++Na^+	Ca^{2+}	Mg^{2+}	Ba^{2+}	Sr^{2+}	Cl^-	SO_4^{2-}	HCO_3^-	CO_3^{2-}	I^-	Br^-	B		
MX22	$\in_1 l$	4912~4960	6.4	47972	5190	2139	1054	1309	92044	0	—	—	—	166	—	149.71	CaCl₂
MX26	$\in_1 l$	4935~4945	6.9	40921	2762	792	506	370	73673	0	—	—	—	623	—	119.02	CaCl₂
MX26	$\in_1 l$	4915~4925	6.3	38856	7337	2510	1936	1871	84261	0	—	—	—	727	—	136.77	CaCl₂
MX27	$\in_1 l$	4763~4777	6.5	33389	5497	2641	691	970.6	69147	0	—	—	—	665	—	112.34	CaCl₂
MX203	$\in_1 l$	4725~4742	6.7	44630	5345	1379	924.7	1250	83822	0	—	—	—	1180	—	137.35	CaCl₂
MX203	$\in_1 l$	4725~4742	6.7	52289	2219	390	649	1317	82463	0	—	—	—	1220	—	139.33	CaCl₂
MX203	$\in_1 l$	4725~4742	6.4	36118	8709	2598	600	877	78719	0	—	—	—	2760	—	127.62	CaCl₂
MX203	$\in_1 l$	4725~4742	4.8	28143	9930	2194	532.7	678	74962	0	—	—	—	5080	—	116.44	CaCl₂
W13	$\in_1$	2860~2981		23262	1811	312	2136		40871	0	342		7	216	320	68.73	CaCl₂
W22	$\in_1$	2982~3066		21633	6443	3368	1116		54867	0	463		13	195	313	87.89	CaCl₂
W15	$\in_1$	3197~3264		25589	1761	190	1648		43515	0	768		9	256	411	73.47	CaCl₂
W4	$\in_1$	2298~2360		53404	11105	1578	0		105930	535	400				305	172.95	CaCl₂
WJ	$\in_1$	2438~2859	7.6	28098	1506	433	1171		47564	0	383	0		11		79.16	CaCl₂

3）H_2S 的消耗与损失

推测震旦系气藏 H_2S 的含量曾经在 5%～10%，而目前 90% 以上井的 H_2S 含量在 0.5%～1.5%，平均含量在 1.09%；MX9 井 H_2S 含量最高，为 2.75%。这一含量是 H_2S 在经历过漫长的地质演化和各种损耗后残留（保留）下来。大量 H_2S 去哪里了？还是高含 H_2S 气藏尚未发现？

震旦系气藏是中国也是世界上发现的储层最老、气原岩最老的超大型气田。油气的演化和聚集成藏经历了一个相当长的地质历史阶段。这期间气体的散失是不可避免。虽然从大量的地层水分析资料来看，气藏封闭性较好。但是，由于 H_2S 极强的化学活性，易于同地层中 Fe、Cu、Ni、Co、Pb、Zn 等重金属离子结合，形成金属硫化物，从而消耗掉大量 H_2S。因此，H_2S 与地层中重金属之间的反应，可能是该区 H_2S 大量消耗的重要原因。证据为：四川盆地已发现的含 H_2S 大中型气田只有威远气藏的震旦系储层遭受过较长时期的风化剥蚀，其储层性质属于古岩溶型储层，与上覆层系属于不整合接触，因此其储集层中的重金属含量高于其他未遭受风化剥蚀的碳酸盐岩储层中的重金属含量。重金属特别是 Fe 等重金属离子是 H_2S 的"克星"，H_2S 极易被重金属离子氧化形成黄铁矿，也就是说，H_2S

只有把储层中的重金属消耗完了，才能保存下来（Zhu et al.，2007）。震旦系储层中广泛发育的次生黄铁矿颗粒，便是 H_2S 被消耗的证据，特别是黄铁矿的硫同位素证实了它的硫来自于 H_2S。H_2S 的 $\delta^{34}S$ 分布在+11.5‰～+16.89‰，平均值为 14.32‰。储集层中次生黄铁矿的 $\delta^{34}S$ 分布在+12.61‰～+15.11‰，平均值为 13.85‰，二者同位素十分接近。这些黄铁矿中的硫来自 H_2S，即 H_2S 与铁离子结合，形成黄铁矿，硫同位素分馏不明显。所以，震旦系气藏 H_2S 的低含量可能是 H_2S 被储层中重金属的大量消耗所致，震旦系气藏 TSR 的作用强度是中等，深层大范围分布 H_2S，其含量在 0.8%～10%左右。

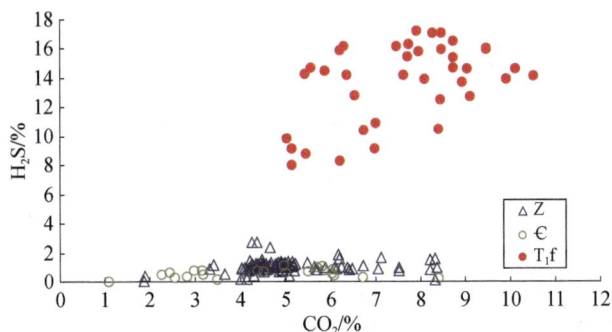

图 6　四川盆地震旦系、寒武系和三叠系气藏 H_2S 与 CO_2 含量关系图

4）其他层系硫化物硫同位素的对比

震旦系气藏之上分布有寒武系气藏，寒武系气藏 H_2S 含量比震旦系低，而且硫化物的硫同位素差异十分明显，而且分馏值还不同。寒武系洗象池组硫酸盐的硫同位素在+29‰左右，天然气中 H_2S 的硫同位素值分布比较集中，在+15.66‰～+18.42‰；平均值为+17.04‰，与灯影组 H_2S 和黄铁矿的硫同位素存在较明显差异，反映了硫源的不同，也就是说 TSR 主要发生在储集层中。寒武系气藏 H_2S 的硫同位素值比寒武系石膏的 $\delta^{34}S$ 偏轻 12‰左右，震旦系气藏偏轻 8‰，寒武系气藏比震旦系气藏硫同位素分馏值偏大 4‰左右（图 7），这可能与寒武系储集层经历过的最高温度没有震旦系储集层高有一定关系。各气藏 H_2S 和硫酸盐之间硫同位素分馏值的差异应归因于 TSR 的反应速率和反应程度。因为反应越快，分馏越小；反应程度越高，H_2S 的硫同位素与石膏的硫同位素越接近。温度对 TSR 反应速率起到重要的控制作用，它最终决定了 S—O 键断裂时的动力学同位素效应（Zhu et al.，2005）。通常情况下，如果 TSR 发生的温度越高，分馏值将越小，最终 H_2S 和石膏的硫同位素值趋于一致或接近；如果 TSR 发生的温度低，分馏值就偏大。从储层垂向间距来看，震旦系灯影组和寒武系洗象池组相距 1000 多米，按川南地温梯度 3.15℃/100m 计算，两储层之间温度差在 35～40℃左右；而且从 GS1 井埋藏史曲线上也可以看出二者目前储层温差也在 40℃左右。由此来推断：寒武系气藏 TSR 发生的温度比震旦系灯影组低，因此寒武系气藏 H_2S 的硫同位素比灯影组 H_2S 的硫同位素亏损大，主要是由温度差异造成的，温度在 TSR 过程中对硫同位素的分馏具有重要的控制作用。另外，寒武系气藏 H_2S 含量也比震旦系偏低（图 2），同样可能与温度有关。

四川盆地东北地区下三叠统飞仙关组气藏，是中国 H_2S 含量最高的气藏，硫同位素分析结果表明（表 3），下三叠统飞仙关组块状白色纯净硬石膏的硫同位素分布在 18.09‰～

25.80‰（CDT）（图 7），主峰值分布在 22‰～24‰，反映了三叠纪早期海水的硫同位素组成特征（Zhu et al., 2005）。H_2S 中的硫同位素值分布比较稳定，$\delta^{34}S$ 在 12.00‰～13.70‰之间，比石膏的硫同位素值低 8‰～10‰，反映 TSR 过程中硫在较高温度下的分馏特征。该气藏经历了 7000～8000m 以上的深埋过程，储集层中流体包裹体的均已温度高达 220℃以上，气藏经历了强烈的 TSR 蚀变，导致形成 H_2S 含量高达 16%以上。从硫同位素对比和其他综合分析看来，震旦系气藏 TSR 作用强度介于四川东北地区三叠统飞仙关组高含 H_2S 气藏和寒武系气藏之间，属于中等强度。

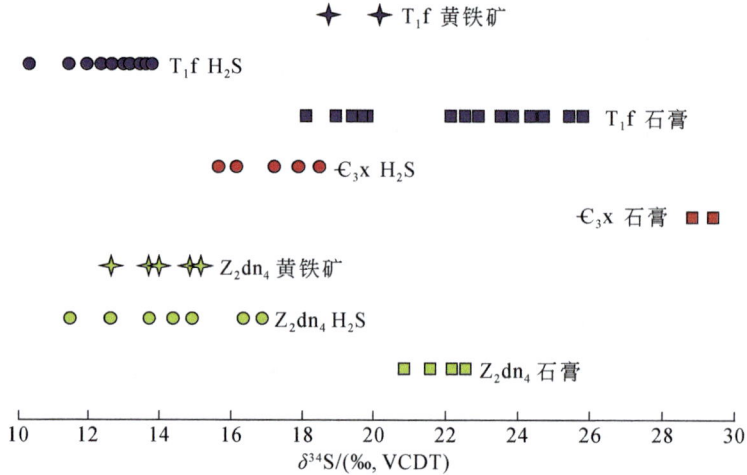

图 7　硫同位素组成与分布特征

5　原油裂解成气与气藏调整改造

5.1　古油藏的形成与裂解

从烃源岩的热演化来看，无论是震旦系灯影组烃源岩还是寒武系筇竹寺组烃源岩，在志留纪都已经达到生油高峰阶段，目前已处于过成熟阶段（魏国齐等，2014）。而储集层中广泛分布的干沥青也印证了古油藏的裂解。从钻井岩心、岩心薄片及电镜中，都可以观察到震旦系孔洞中充填大量原始液态烃类经高温裂解后残留的沥青（图 3）。震旦系储层沥青不仅分布广泛，而且厚度大，单井厚度超过 60m。沥青主要呈脉状、粒状及球状赋存在裂缝、溶孔和孔洞中，沥青的含量有自古隆起顶部向翼部明显降低的趋势。说明古隆起上发生过油气聚集，且古隆起顶部及上斜坡聚集程度要高于下斜坡与坳陷带（魏国齐等，2013）。储层沥青成熟度高，碳沥青反射率（R_b）在 3.0%以上，相当于镜质体反射率 R_o 为 2.4%以上。从沥青元素组成上来分析，沥青富碳、贫氢，大部分 H/C 原子比分布在 0.30～0.43，说明沥青是原油完全裂解后的产物。根据沥青分布，初步推测古油藏分布面积超过 4000km^2，古油藏资源规模大于 50 亿吨（邹才能等，2014）。

根据四川盆地沉积埋藏史和热史，运用盆地模拟软件 PetroMod，绘制出 GS1 井埋藏史曲线（图 8）。可以看出，灯影组在喜马拉雅运动前埋深达到 7500m，温度接近 230℃（图 8），远远超过原油保存的极限温度（Pan et al., 2010；Zhu et al., 2012），液态石油是不可能存在的。烃源岩的生烃演化史表明，主要成油期为志留纪—泥盆纪。而原油的裂解可能始于侏罗纪，白垩纪原油完全裂解。因此，较高的热史和曾经经过较大的埋深，以及 TSR 作用，是导致该地区原油裂解的主要原因。古油藏的裂解成为气藏的重要天然气来源，为烃源岩演化至枯竭之后提供了新的气源。四川盆地古老烃源岩的演化经历了从干酪根—油—气的过程，天然气的这种形成模式对中国古老克拉通盆地天然气勘探具有重要的借鉴意义，在稳定克拉通地区，深层只要存在大规模的古油藏，就有可能形成较大规模的古油藏裂解成因的大气藏。

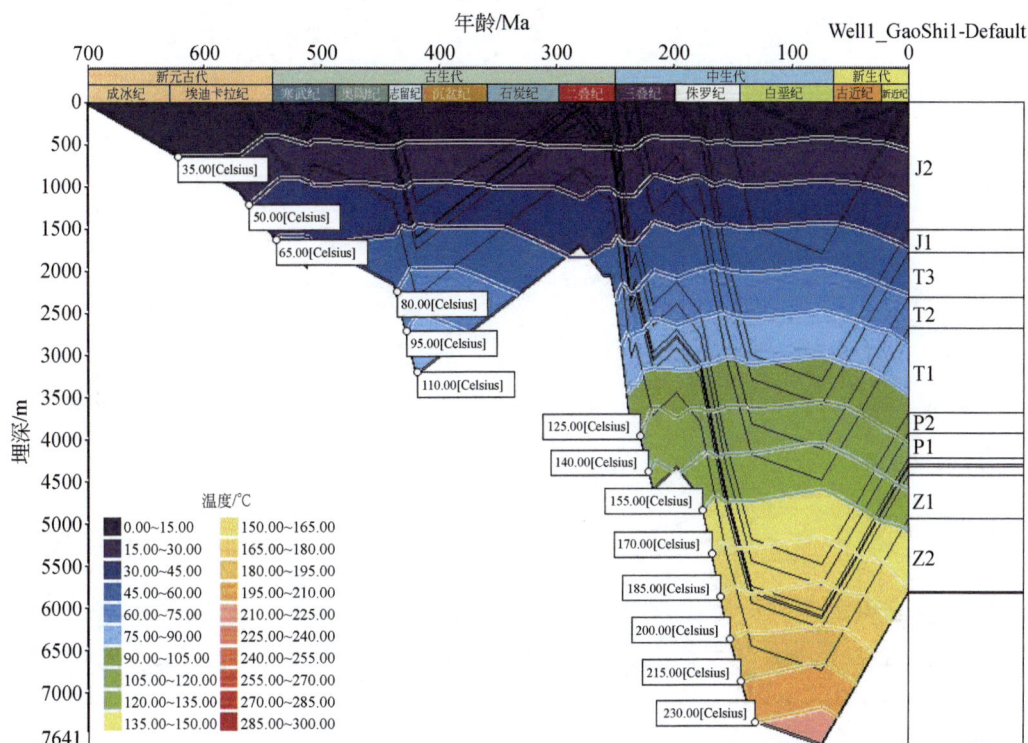

图 8　GS1 井埋藏史曲线图

从震旦系储集层流体包裹体分析数据可知，流体包裹体均一温度主要集中分布在两个温度区间，90～120℃和170～225℃，在埋藏史曲线图上，对应的地质时间分布是志留纪—泥盆纪、侏罗纪—白垩纪，这两期包裹体分别代表了油充注时和油裂解成气时捕获的液态和气态烃类包裹体，记录了古油藏的充注形成和古油藏高温裂解成气的地质过程。

5.2　成藏演化与调整过程

从区域构造演化看，磨溪—高石梯—威远地区在古隆起漫长构造演化过程中始终处于古隆起轴部，燕山运动晚期—喜马拉雅运动期，由于威远构造快速隆升（图9），古隆起西段发生强烈构造变形，东段构造变形微弱，也就说，受后期构造运动影响小，自成油期、原油裂解期至现今均处于相对稳定的构造高部位（邹才能等，2014）。由于圈闭规模大，一直是油气有利聚集区，经历了形成大型古油藏到裂解形成大型天然气藏的成藏过程。

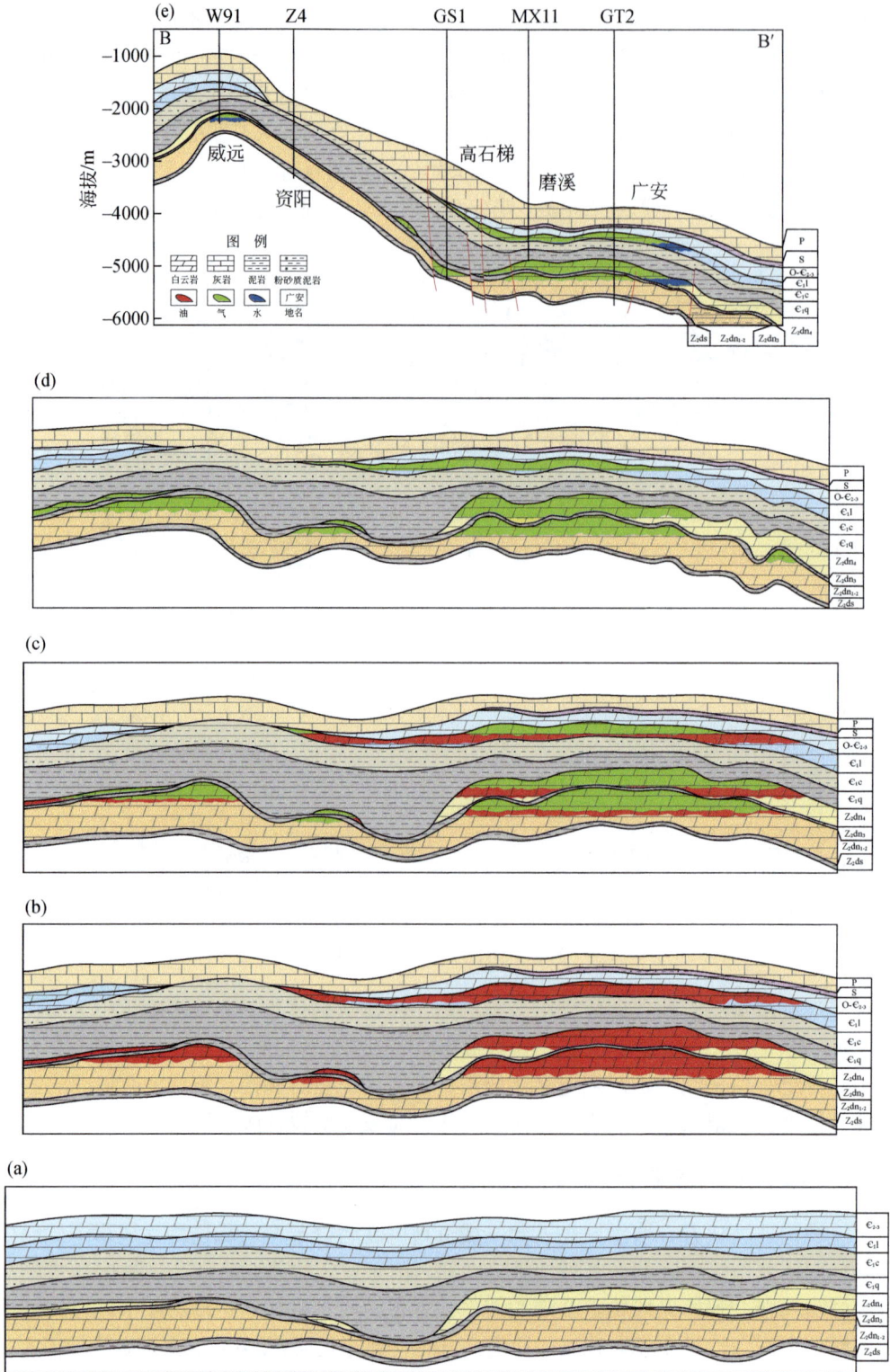

图9 震旦系大气田形成演化过程图

从成藏演化看（图9），灯影组沉积期—早寒武世，磨溪—高石梯地区为古地貌高部位，发育灯影组藻丘滩体，优质白云岩储集层围绕古裂陷槽两侧呈带状分布（汪泽成等，2014）。桐湾期构造升降运动形成灯四段和灯二段两套大面积分布的岩溶储集层［图9（a）］。

志留纪—泥盆纪，震旦系—下寒武统烃源岩达到生油高峰，油气向隆起带顶部及上斜坡运移，形成大型古油藏。

三叠纪至早白垩世以来，盆地快速沉降，沉积厚度达3500～5500m，侏罗纪时期，震旦系埋深达到7000～9000m，地层温度超过200℃，古油藏裂解成气，成为重要气源，形成古气藏。该时期也是H_2S大量生成时期。在侏罗纪—早白垩世期间，灯影组气藏埋深达到4500～7000m，储层温度超过140℃（图8），具备TSR发生的温度条件，烃类和SO_4^{2-}在高温作用发生有机-无机相互作用，驱动原油快速裂解成气，并形成大量H_2S。中-晚白垩世以来，盆地抬升剥蚀，储层温度逐渐降低，TSR作用减弱并逐渐停止，因此，H_2S的主要形成时间是在侏罗纪—早白垩世期间。

燕山晚期至喜马拉雅期，盆地抬升，上覆盖层虽然剥蚀厚度可达3000～4500m，但是由于整体盖层厚度大、直接盖层好，再加上古隆起的继承性发展，虽历经多期构造运动，但磨溪—高石梯—龙女寺一带构造变形较弱，古隆起形态较完整（汪泽成等，2014），利于原油裂解气的大规模聚集和保存。因此，震旦系大气田形成与分布主要受古隆起控制。

5.3　古气藏的保存

保存条件是天然气富集的关键，震旦系气藏具有较好的保存条件。区域性泥岩盖层厚度大，且断裂不发育。灯三段下部泥岩、寒武系筇竹寺组大套泥岩，特别是寒武系筇竹寺组泥页岩在区域上广泛分布，为优质盖层，使古老油气藏得以有效保存。另外，从构造演化看，磨溪—高石梯地区在古隆起漫长构造演化过程中始终处于古隆起轴部，构造变形较弱，断裂不发育，古油藏的原油裂解成气后，就近聚集，气藏充满度高，从而把古老气藏保存下来。

6　结论

2011年在四川盆地震旦系发现了世界上最古老的大型气田，依据各气田天然气碳、氢同位素以及烃源岩地球化学分析，提出：磨溪、高石梯震旦系气藏的天然气主要来自于震旦系烃源岩；威远寒武系气藏的天然气主要来自于寒武系烃源岩；威远震旦系气藏和磨溪寒武系气藏的天然气具有混源特征，寒武系烃源岩的贡献可能大于震旦系烃源岩。

震旦系灯影组H_2S含量大多数在0.5%～1.5%，H_2S的$\delta^{34}S$平均为14.32‰；灯影组储集层中次生黄铁矿的$\delta^{34}S$平均为13.85‰，分别比灯影组储层中硫酸盐的$\delta^{34}S$偏轻8.0‰和8.5‰。证明了震旦系H_2S为TSR成因，H_2S的主要形成时间是在侏罗纪—早白垩世期间。震旦系气藏H_2S含量低，主要受两个因素控制：地层水中SO_4^{2-}耗尽，终止的TSR反应；其次，反应生成的H_2S大部分被地层中重金属离子吸收，导致储集层中形成了大量次生黄铁矿。根据TSR对天然气碳同位素次生蚀变的强度和四川盆地H_2S与CO_2含量的关系等，震旦系储层发生了中等强度的TSR作用，H_2S含量曾经在5%～10%。因此，震旦系深层天然气勘探开发中要防范H_2S带来的安全隐患。

震旦系大气藏的形成经历了漫长了演化历程，在志留纪—泥盆纪时期，形成了大型油藏；侏罗纪至早白垩世以来，盆地快速沉降，地层温度升高，古油藏裂解成气，形成大型古气藏；同时，伴随着原油裂解和 TSR 作用，H_2S 大量生成。燕山晚期至喜马拉雅期，盆地抬升，古气藏调整改造，由于磨溪—高石梯—龙女寺一带构造变形较弱，古隆起形态较完整，区域性厚层泥岩盖层有效封堵，使古老油气藏得以有效保存。四川盆地古老烃源岩经历了从干酪根—油—气的过程，天然气的这种形成模式对全球古老克拉通盆地天然气的勘探具有重要的借鉴意义，在稳定克拉通地区，深层元古界含油气系统只要存在大规模的古油藏，就有可能形成较大规模的古油藏裂解成因的大气藏。

参 考 文 献

储雪蕾，赵瑞，臧文秀，等.1993.煤和沉积岩中各种形式硫的提取和同位素样品制备.科学通报，20: 1887-1890.

戴金星，陈践发，钟宁宁，等. 2003. 中国大气田及气源. 北京: 科学出版社.

戴金星，胡见义，贾承造，等.2004. 科学安全勘探开发高硫化氢天然气田的建议.石油勘探与开发, 2: 1-4.

杜金虎，邹才能，徐春春，等.2014. 川中古隆起龙王庙组特大型气田战略发现与理论技术创新.石油勘探与开发, 41(3): 268-277.

汪泽成，姜华，王铜山，等.2014.四川盆地桐湾期古地貌特征及成藏意义.石油勘探与开发, 41(3): 305-312.

王铁冠，韩克猷.2011.论中-新元古界的原生油气资源.石油学报, 32(1): 1-7.

王一刚，窦立荣，文应初，等.2002.四川盆地东北部三叠系飞仙关组高含硫气藏 H_2S 成因研究.地球化学, 6: 517-524.

魏国齐，沈平，杨威，等.2013.四川盆地震旦系大气田形成条件与勘探远景区.石油勘探与开发，40(2): 129-138.

魏国齐，谢增业，白贵林，等.2014. 四川盆地震旦系—下古生界天然气地球化学特征及成因判识.天然气工业, 34(03): 44-49.

徐玉成. 1994. 天然气地球化学研讨会. 兰州: 甘肃科学技术出版社，103-112.

翟光明. 1992. 中国石油地质志(第十卷). 北京: 石油工业出版社.

郑永飞，陈江峰. 2000. 稳定同位素地球化学. 北京: 科学出版社.

朱光有，张水昌，梁英波，等. 2006. 四川盆地威远气田硫化氢的成因及其证据.科学通报, 23: 2780-2788.

邹才能，杜金虎，徐春春，等. 2014. 四川盆地震旦系—寒武系特大型气田形成分布、资源潜力及勘探发现. 石油勘探与开发, 41(03): 278-293.

Al-Riyami Q M, Kelly S B, Al-Rawahi A, et al. 2005. Precambrian field Oman from Greenfield to EOR. SPE, 93364.

Amrani A, Deev A, Sessions A L, et al. 2012. The sulfur-isotopic compositions of benzothiophenes and dibenzothiophenes as a proxy for thermochemical sulfate reduction. Geochimica et Cosmochimica Acta, 84: 152-164.

Amrani A, Zhang T W, Ma Q S, et al. 2008. The role of labile sulfur compound in thermochemical sulfate reduction. Geochimica et Cosmochimica Acta, 72: 2960-2972.

Baric G, Mesic I, Jungwirth M. 1998. Petroleum geochemistry of the deep part of the Drava Depression, Croatia. Organic Geochemistry, 29(1-3): 571-582.

Bazhenova O K, Apefyev O A. 1996. Genetic features of upper Proterozoic oils. Transaction(Doklady)of the

Russian Academy of Science Sections, 339(9): 133-139.

Belenitskaya G A. 2000. Distribution pattern of hydrogen sulphide-bearing gas in the former Soviet Union. Petroleum Geoscience, 6: 175-187.

Cai C F, Worden R H, Bottrell S H, et al. 2003. Thermochemical sulphate reduction and the generation of hydrogen sulphide and thiols(mercaptans)in Triassic carbonate reservoirs from the Sichuan Basin, China. Chemical Geology, 202: 39-57.

Cai C F, Zhang C M, Cai L L, et al. 2009. Origins of Palaeozoic oils in the Tarim Basin: Evidence from sulfur isotopes and biomarkers. Chemical Geology, 268: 197-210.

Cao J, Wang X L, Sun P A, et al. 2012. Geochemistry and origins of natural gases in the central Junggar Basin, northwest China. Organic Geochemistry, 53: 166-176.

Claypool G E, Mancini E A. 1989. Geochemical relationships of petroleum in Mesozoic reservoirs to carbonate source rocks of Jurassic Smackover formation, southwestern Alabama. AAPG Bulletin, 73: 904-924.

Claypool G E, Holser W T, Kaplan I R, et al. 1980. The age curves of sulfur and oxygen isotopes in marine sulfate and their mutual interpretation. Chemical Geology, 28: 199-260.

Cross M M, Manning D A C, Bottrell S, et al. 2004. Thermochemical sulphate reduction(TSR): experimental determination of reaction kinetics and implications of the observed reaction rates for petroleum reservoirs. Organic Geochemistry, 35: 393-404.

Dai J, 1992. Identification and distinction of various alkane gases. Science in China(Series B), 35: 1246-1257.

Dai J, Song Y, Dai C, et al. 1996. Geochemistry and accumulation of carbon dioxide gases in China. AAPG Bulletin, 80: 1615-1626.

Dai J, Zou C, Liao S, et al. 2014. Geochemistry of the extremely high thermal maturity Longmaxi shale gas, southern Sichuan Basin. Organic Geochemistry, 74: 3-12.

Dickas A B. 1986a. Precambrian as a hydrocarbon exploration target. Geoscience Wisconsin, 11: 5-7.

Dickas A B. 1986b. Wordwide distribution of Precambrian hydrocarbon deposits. Geoscience Wisconsin, 11: 8-13.

Dutkiewicz A, Volk H, Ridley J, et al. 2004. Geochemistry of oil in fluid inclusions in a middle Proterozoic igneous intrusion: implications for the source of hydrocarbons in crystalline rocks. Organic Geochemistry, 35(8): 937-957.

Ellis G S, Zhang T, Ma Q, et al. 2011. Controls on the kinetics of thermochemical sulfate reduction. In 25th International Meeting on Organic Geochemistry. Eur Assoc Organic Geochemistry, Interlaken, Switzerland, 356.

Fowler M G, Douglas A G. 1987. Saturated hydrocarbon biomarkers in oils of Late Precambrian age from Eastern Siberia . Organic Geochemistry, 11(3) : 201-213.

Galushktn Y L, Yakovlev G E, Kuprin V F. 2004. Catagenesis of Riphean and Vendian deposits in western Bashkoetostan and realization of the hydrocarbon potential their organic matter: Numerical estimates. Geochemistry International, 42(1): 82-93.

Hao F, Guo T L, Zhu Y M, et al. 2008. Evidence for multiple stages of oil cracking and thermochemical sulfate reduction in Puguang gas field, Sichuan Basin, China. AAPG Bulletin, 92: 611-637.

Heydari E. 1997. The role of burial diagenesis in hydrocarbon destruction and H_2S accumulation, upper Jurassic

Smackover Formation, Black Creek Field, Mississippi. AAPG Bulletin, 81(1): 25-45.

Klemme H D, Ulmishek G F. 1991. Effectuve petroleum source rocks of the world: Stratigraphic distribution and controlling factors. AAPG Bulletin, 75(12) : 1809-1851.

Kontorovich A E, Kashirtsev V A, Melenevskii V H, et al. 2005. Composition of biomarker-hydrocarbons in genetic families of Precambrian and Cambrian oils of the Siberian platform. Doklady Earth Sciences, 403(5): 715-718.

Krouse H R, Viau C A, Eliuk L S, et al. 1988. Chemical and isotopic evidence of thermochemical sulphate reduction by light hydrocarbon gases in deep carbonate reservoirs. Nature, 333: 415-419.

Kuznetsov V G. 1995. Vendian to Cambrian carbonate reservoir types of the Siberian Platform. Petroleum Geoscience, 1(3) : 271-278.

Kuznetsov V G. 1997. Riphean hydrocarbon reservoirs of the Yurubchen-Tokhom Zone, Lena-Tunguska Province, NE Russia. Journal of Petroleum Geology, 20(4): 459-474.

Li J, Xie Z Y, Dai J X, et al. 2005. Geochemistry and origin of sour gas accumulations in the northeastern Sichuan basin, SW China. Organic Geochemistry, 36: 1703-1716.

Liu Q Y, Worden R H, Jin Z J, et al. 2013. TSR versus non-TSR processes and their impact on gas geochemistry and carbon stable isotopes in Carboniferous, Permian and Lower Triassic marine carbonate gas reservoirs in the Eastern Sichuan Basin, China. Geochimica et Cosmochimica Acta, 100: 96-115.

Ma Y S, Zhang S C, Guo T L, et al. 2008. Petroleum geology of the Puguang sour gas field in the Sichuan Basin, SW China. Marine and Petroleum Geology, 25(4-5): 357-370.

Machel H G. 2001. Bacterial and thermochemical sulfate reduction in diagenetic settings-old and new insights. Sedimentary Geology, 140: 143-175.

Machel H G, Krouse H R, Sassen R. 1995. Products and distinguishing criteria of bacterial and thermochemical sulfate reduction. Applied Geochemistry, 10(4) : 373-389.

Manzano B K, Fowler M G, Machel H G. 1997. The influence of thermochemical sulphate reduction on hydrocarbon composition in Nisku reservoirs, Brazeau River area, Alberta, Canada. Organic Geochemistry, 27: 507-521.

Meyerhoff A A. 1980. Geology and petroleum fields in Proterozoic and Lower Cambrian strata, Lena-Tunguska petroleum province, Eastern Siberia, USSR. In: Halbouty, M. T., ed., Giant oil and gas fields of the decade 1968-1978: AAPG Memoir, 30: 225-252.

Migurskiy A V. 1997. Oil-gas prospects of overthrust belts in the zone of junction of the Siberian Craton and the Baykal-Patom highlands. Petroleum Geology, 31(2) : 146-148.

Murray G E, Kaczor M J, McArthur R E. 1980. Indigenous Precambrian petroleum revisited. AAPG Bulletin, 64(10) : 1681-1700.

Orr W L. 1974. Changes in sulfur content and isotopic ratios of sulfur during petroleum maturation—Study of the Big Horn Basin Paleozoic oils. AAPG Bulletin, 50: 2295-2318.

Pan C C, Jiang L L, Liu J Z, et al. 2010. The effects of calcite and montmorillonite on oil cracking in confined pyrolysis experiments. Organic Geochemistry, 41(7) : 611-626.

Parfenov L M, Bulgatov A N, Gordienko I V. 1995. Terranes and accretionary history of the Transbaikal orogenic belts. International Geology Review, 37: 736-751.

Rooney M A. 1995. Carbon isotope ratios of light hydrocarbons as indicators of thermochemical sulfate reduction. In 17th International Meeting on Organic Geochemistry. Eur Assoc Organic Geochemistry, Donostia-San Sebestia'n, Spain, 523-525.

Terken J M J, Frewin N L. 2000. Dhahaban petroleum system of Oman. AAPG Bulletin, 84(4): 523-544.

Tian H, Xiao X M, Wilkins R W T, et al. 2008. New insight into the volume and pressure changes during the thermal cracking of oil to gas in reservoirs: implications for the in-situ accumulation of gas cracked from oils. AAPG Bulletin, 92: 181-200.

Wang T G, Simoneit B R T. 1995. Tricyclic terpanes in Precambrian bituminous sandstone from the eastern Yanshan region, North China. Chemical Geology, 120: 155-170.

Wang W, Zhou M F, Yan D P, et al. 2012. Depositional age, provenance, andtectonic setting of the Neoproterozoic Sibao Group, southeastern Yangtze Block, South China. Precambrian Research, 192-195.

Wang W, Zhou M F, Yan D P, et al. 2013. Detrital zircon record of Neoproterozoic active-margin sedimentationin the eastern Jiangnan Orogen, South China. Precambrian Research, 107-124.

Wei Z B, Walters C C, Moldowan J M, et al. 2012. Thiadiamondoids as proxies for the extent of thermochemical sulfate reduction. Organic Geochemistry, 44: 53-70.

Worden R H, Smalley P C. 1996. H_2S-producing reactions in deep carbonate gas reservoirs: Khuff Formation, Abu Dhabi. Chemical Geology, 133: 157-171.

Worden R H, Smalley P C, Oxtoby N H. 1995. Gas Souring by ThermoChemical Sulfate Reduction at 140 deg C. AAPG Bulletin, 79: 854-863.

Worden R H, Smalley P C, Oxtoby N H. 1996. The effects of thermochemical sulfate reduction upon formation water salinity and oxygen isotopes in carbonate reservoirs. Geochimica et Cosmochimica Acta, 60: 3925-3931.

Worden R H, Smalley P C, Cross M M. 2000. The influences of rock fabric and mineralogy upon thermochemical sulfate reduction: Khuff Formation, Abu Dhabi. Journal of Sedimentary Research, 70: 1218-1229.

Xu Z Q, He B Z, Zhang C L, et al. 2013. Tectonic framework and crustal evolution of the Precambrian basement of the Tarim Block in NW China: New geochronological evidence from deep drilling samples. Precambrian Research, 235: 150-162.

Zhang S C, Zhu G Y. 2008. Natural gas origins of large and medium-scale gas fields in China sedimentary basins. Science in China(D), 51: 1-13.

Zhang S C, Zhu G Y, Liang Y B, et al. 2005. Geochemical characteristics of the Zhaolanzhuang sour gas accumulation and thermochemical sulfate reduction in the Jixian Sag of Bohai Bay Basin. Organic Geochemistry, 36(12): 1717-1730.

Zhang T W, Amrani A, Ellis G S, et al. 2008. Experimental investigation on thermochemical sulfate reduction by H_2S initiation. Geochimica et Cosmochimica Acta, 72: 3518-3530.

Zhang T W, Ellis G S, Ma Q S, et al. 2012. Kinetics of uncatalyzed thermochemical sulfate reduction by sulfur-free paraffin. Geochimica et Cosmochimica Acta, 96: 1-17.

Zhao G C, Cawood P A. 2012. Precambrian geology of the North China, South Chinaand Tarim cratons. Precambrian Research, 222-223: 13-54.

Zhao G C, Cawood P A, Wilde S A, et al. 2012. Amal-gamation of the North China Craton: key issues and discussion. Precambrian Research, 222-223: 55-76.

Zhao G C, Guo J H. 2012. Precambrian geology of China: preface. Precambrian Research，222-223: 1-12.

Zhao G C, Li S Z, Sun M，et al. 2011. Assembly, accretion, and break-up of thePalaeo-Mesoproterozoic Columbia supercontinent: records in the North ChinaCraton revisited. International Geology Review, 53: 1331-1356.

Zhou M F, Ma Y X, Yan D P, et al. 2006. The YanbianTerrane(Southern Sichuan Province, SW China): a Neoproterozoic arc assem-blage in the western margin of the Yangtze Block. Precambrian Research, 144: 19-38.

Zhu G Y, Wang H T, Weng N, et al. 2013a. Use of comprehensive two-dimensional gas chromatography for the characterization of ultra-deep condensate from the Bohai Bay Basin, China. Organic Geochemistry, 63: 8-17.

Zhu G Y, Zhang B T, Yang H J, et al. 2014. Origin of deep strata gas of Tazhong in Tarim Basin, China. Organic Geochemistry, 74: 85-97.

Zhu G Y, Zhang S C, Liang Y B, et al. 2005. Isotopic evidence of TSR origin for natural gas bearing high H_2S contents within the Feixianguan Formation of the Northeastern Sichuan Basin, southwestern China. Science in China, 48(11) : 1037-1046.

Zhu G Y, Zhang S C, Liang Y B, et al. 2007. Origin mechanism and controlling factors of natural gas reservoir of Jialingjiang Formation in Eastern Sichuan Basin. Acta Geologica Sinica, 81(5): 805-817.

Zhu G Y, Zhang S C, Huang H P, et al. 2010. Induced H_2S formation during steam injection recovery process of heavy oil from the Liaohe Basin, NE China. Journal of Petroleum Science and Engineering, 71: 30-36.

Zhu G Y, Zhang S C, Huang H P, et al. 2011. Gas genetic type and origin of hydrogen sulfide in the Zhongba gas field of the western Sichuan Basin, China. Applied Geochemistry, 26: 1261-1273.

Zhu G Y, Zhang S C, Su J, et al. 2012. The occurrence of ultra-deep heavy oils in the Tabei Uplift of the Tarim Basin, NW China. Organic Geochemistry, 52: 88-102.

Zhu G Y, Zhang S C, Liu K Y, et al. 2013b. A well-preserved 250 million-year-old oil accumulation in the Tarim Basin, western China: Implications for hydrocarbon exploration in old and deep basins. Marine and Petroleum Geology, 43: 478-488.

中国辽河油田稠油注蒸汽驱开发过程中 H_2S 的形成机制[*]

朱光有，张水昌，黄海平，刘其成，杨俊印，张静岩，吴　拓，黄　毅

0　引言

随着人们对石油资源需求的增长和常规石油资源的减少，稠油越来越受到的重视（Larter et al.，2003；Wilhelms et al.，2001；Röling et al.，2003）。稠油的开采工艺很多，其中蒸汽吞吐和注蒸汽驱是比较有效的热开采方式（Farouq and Meldau，1979）。当高温蒸汽注入地层后一方面加热原油，降低了原油的黏度，提高了采收率，但另一方面在高温条件下，原油-地层水-岩石等产生复杂的化学反应和流体-岩石相互作用，从而导致 H_2S 等有害气体的生成（Aplin and Coleman，1995）。稠油在热采过程中形成硫化氢是一种比较常见的现象，例如加拿大的 Cool Lake 油田、委内瑞拉的 TiaJuana 油田、荷兰的 Schoonebeek 油田、刚果的 Emeraude 油田以及德国的 Georgsdorf 油田（Wilhelm，1981）等在进行稠油热开采过程中，都产生了 H_2S 气体，有些油田 H_2S 的浓度还很高，接近 1%，不过这些油田原油的硫含量普遍较高，大部分都在 1%～5% 范围内，并且 H_2S 的浓度往往随着原油中硫含量的升高而增高。而在中国东部稠油蒸汽驱试验区内出现了高含 H_2S（H_2S 大于 3%），该区块在热采前不含 H_2S，原油的含硫量小于 0.3%，因此其 H_2S 的成因与热采过程有十分密切的关系。

1　辽河油田稠油蒸汽驱开发区块的地质特点

辽河油田是中国第三大油田，也是中国最大的稠油、超稠油生产基地。辽河断陷位于渤海湾裂谷盆地的东北隅，由三个正向构造单元（东、西、中央凸起）和四个负向构造单元（东、西、大民屯和沈北凹陷）组成（图1），勘探面积 $12400km^2$。主力含油气层系是下第三系（图 1 右），储层类型以砂岩为主；与渤海湾盆地其他油田一样，油气主要来自于下第三系沙河街组烃原岩（Li et al.，2003；Pang et al.，2003；Zhu et al.，2004；Shi et al.，2005）。多年勘探实践证明，辽河断陷盆地西部凹陷具有丰富的稠油资源，目前共有 10 套含油层系，13 个油田发现了稠油，探明石油地质储量超过 $10 \times 10^8 t$。辽河稠油区平面上集中分布在辽河断陷西部凹陷西斜坡、东部陡坡带和中央隆起南部倾没带。目前已对齐 40 稠油区采用了蒸汽驱开采方式。

* 原载于 *Journal of Petroleum Science and Engineering*，2010 年，第 71 卷，30～36。

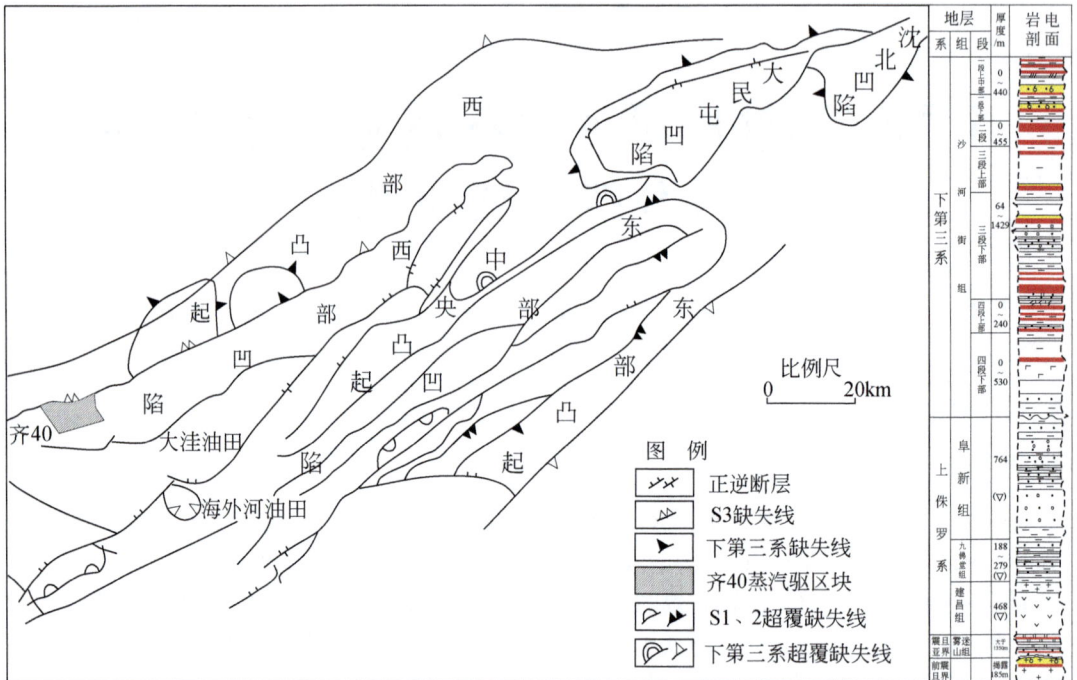

图 1　渤海湾盆地辽河坳陷构造单元与岩性柱状图

齐 40 区块位于辽河西部凹陷西斜坡南部（图 1），圈闭类型为单斜，构造岩性油藏。岩性为中-细砾岩、不等粒砂岩、细砂岩，属于扇三角洲前缘相沉积，油层埋深 650～1050m，平均埋深 924m，含油井段长 70～150m，油水界面位于 1035～1050m。油层平均有效厚度为 36.53m，50℃地面脱气原油黏度为 2639mPa·s。

齐 40 区块注蒸汽驱开采层位为下第三系沙河街组沙三下莲花油层莲 II 油层组。莲花油层孔隙度平均为 31.5%，渗透率平均为 2.062μm^2，属于高孔、高渗储层；单井有效厚度最大达 92.4m，平均为 37.7m，单层有效厚度最大达 32.3m，为中-厚互层状油藏。原始地层压力为 8～11MPa，油层温度为 36～43.6℃。原油属高密度、高黏度、低凝固点稠油，原油密度为 0.9686g/cm^3（20℃），50℃地面脱气原油黏度为 2639.0mPa·s，凝固点为 2.2℃，含蜡量为 5.8%，胶质+沥青质含量为 32.7%。研究认为，该区绝大部分稠油经历了不同程度的生物降解（Huang et al.，2004），低矿化度的地层水及浅层油藏内微生物的降解作用等促使原油稠化。齐 40 块莲花油层于 1987 年开始进行蒸汽吞吐试采，没有发现硫化氢；2003 年后开展了大范围的蒸汽驱试验，目前该区块稠油开采效果较好。

2　稠油蒸汽驱区块 H$_2$S 的分布特征

辽河油区 H$_2$S 主要产生在稠油区块，稀油（正常原油）区块几乎不含 H$_2$S。而稠油区块 H$_2$S 的出现也是近几年来发生的。主要是随着热采强度的加大，相继出现微含、低含、含和高含 H$_2$S 的天然气。

在稠油区块中，H$_2$S 含量较高的井均分布在蒸汽驱范围内，在蒸汽吞吐井中 H$_2$S 含量较低。根据油田研究院对 H$_2$S 长期分析测试资料，辽河稠油区蒸汽吞吐井中 H$_2$S 的含量一

般在 $1000mg/m^3$ 以下，而蒸汽驱范围内 H_2S 的含量往往较高，一般分布在 $500\sim45000mg/m^3$，平均在 $8000mg/m^3$ 左右（图2），而且目前 H_2S 含量还在增高。蒸汽驱区块内 H_2S 的平均含量是蒸汽吞吐区的 27.7 倍，因此热采方式对 H_2S 的影响较大。

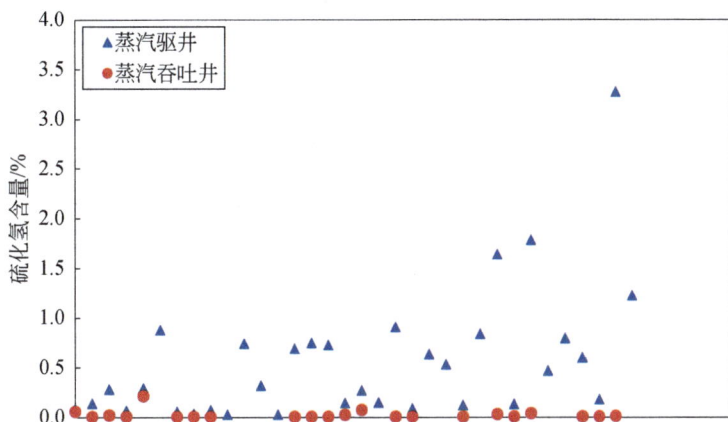

图2　齐40区块蒸汽驱地区与蒸汽吞吐区 H_2S 含量对比图

X 轴为气样井的序号，Y 轴为天然气中硫化氢的体积百分含量

蒸汽吞吐（steam soak）又名蒸汽浸泡，是在同一口井中进行，即先向油层注入一定量的高温蒸汽，关井一段时间，待蒸汽的热能向油层扩散后，再开井投产的一种开采稠油的方法。蒸汽吞吐作业的过程可分为 3 个阶段（Farouq and Meldau，1979），即注汽、焖井及回采。注入预定的蒸汽量后焖井，一般焖井时间为 $2\sim7$ 天，目的是使注入近井地带油层的蒸汽与原油充分热交换并尽可能向远处扩展。随着注入蒸汽量的增加，加热范围逐渐提高扩展，一般来说井底的温度范围可保持在 $250\sim350℃$。

注蒸汽开采的后期往往进行汽驱（steam flood）。蒸汽驱是按一定的注采井网，从注汽井注入蒸汽将原油驱替到生产井的热力采油方法。与蒸汽吞吐相比，蒸汽驱的运作周期较长，对地层持续加热的时间也更长。整个过程从注汽初始开始，一般半年见效，四年蒸汽突破，井底温度一般为 $220℃$，压力达 $9\sim10MPa$。

这两种热采方式都是通过蒸汽对油层加热，从而降低原油的黏度，实现提高采收率。在辽河稠油区，大部分井是在通过蒸汽吞吐的方式开采，这些井 H_2S 含量都很低。而在蒸汽驱区块中 H_2S 含量普遍较高，尤其以齐 40 蒸汽驱区块最为严重，部分井 H_2S 含量高达 2% 以上（表1）。从平面分布来看（图3），齐 40 区块 H_2S 含量最高值在蒸汽驱区块内，而其外围 H_2S 含量较低，说明蒸汽驱过程对 H_2S 的大量形成具有重要影响。

表1　齐40块蒸汽驱区块 H_2S 含量

井号	油层深度/m	H_2S 体积百分比浓度/%	H_2S 质量浓度/（mg/m^3）	现场温度/℃	分析日期
齐 40-9-29	$956.4\sim1026.1$	0.0834	1196	15	2005-11-5
齐 40-7-030		0.1359	1949	15	2005-11-5
齐 40-9-028		0.2779	3986	15	2005-11-5
齐 40-6-11		0.0628	901	15	2005-11-5

续表

井号	油层深度/m	H₂S 体积百分比浓度/%	H₂S 质量浓度/（mg/m³）	现场温度/℃	分析日期
齐 40-10-029		0.2887	4142	18.5	2006-3-20
齐 40-9-028		0.8748	12548	19.4	2006-3-22
齐 40-9-17	851.3～871.6	0.0537	770	19.4	2006-3-22
齐 40-5-251	1037.8～1055.3	0.0338	484	19.4	2006-3-22
齐 40-4-9		0.0705	1011	19.4	2006-3-22
齐 40-4-7		0.0260	372	19.4	2006-3-22
齐 40-9-028		0.7389	10599	15	2006-3-23
齐 40-10-029		0.3168	4544	15	2006-3-23
齐 40-9-31		0.0248	356	15	2006-3-23
齐 40-7-29		0.6877	9863	15	2006-3-23
齐 40-9-028		0.7448	10683	11	2006-3-24
齐 40-10-029		0.7230	10370	22	2006-6-1
齐 40-9-更 27		0.1416	2030	22	2006-6-1
齐 40-10-29	936.5～979.8	0.2675	3836	22	2006-6-1
齐 40-7-030		0.1449	2078	22	2006-6-1
齐 40-8-031		0.9021	12939	22	2006-6-1
齐 40-8-026	958.1～1000.1	0.0841	1207	22	2006-6-1
齐 40-9-028		0.6306	9045	23	2006-6-6
齐 40-9-026		0.5295	7595	23	2006-6-14
齐 40-8-026	958.1～1000.1	0.1187	1703	23	2006-6-14
齐 40-8-024	979.0～1035.7	0.8344	11968	23	2006-6-14
齐 40-9-25	951.0～1029.4	1.6367	23477	23	2006-6-14
齐 40-7-25		0.1295	1858	23	2006-6-14
齐 40-9-025	963.0～1005.9	1.7812	25548	23	2006-6-14
齐 40-10-29	936.5～979.8	0.4658	6682	24	2006-8-21
齐 40-9-028		0.7893	11321	24	2006-8-21
齐 40-7-29		0.5955	8542	24	2006-8-21
齐 40-9-29	956.4～1026.1	0.1763	2528	24	2006-8-21
齐 40-9-025	963.0～1005.9	3.2715	46925	24	2006-8-26
齐 40-8-024	979.0～1035.7	1.2216	17522	24	2006-8-27
齐 40-9-028		1.2162	17445	12	2006-12-05

　　根据现场对单井 H₂S 的检测情况来看，H₂S 的含量一般存在一定的变化，这种变化往往与某些作业过程有关，但是整体来看随着热采时间的增长，H₂S 含量是逐渐升高的。如齐 40-9-028 井，先后跟踪监测了 5 次，H₂S 含量均在发生变化（表 1）。大量监测数据表明，

各井 H_2S 含量的变化规律是随着蒸汽驱开发时间的延续，H_2S 的浓度总体上呈上升趋势。说明蒸汽驱时间的长短对 H_2S 生成量有一定的控制作用。

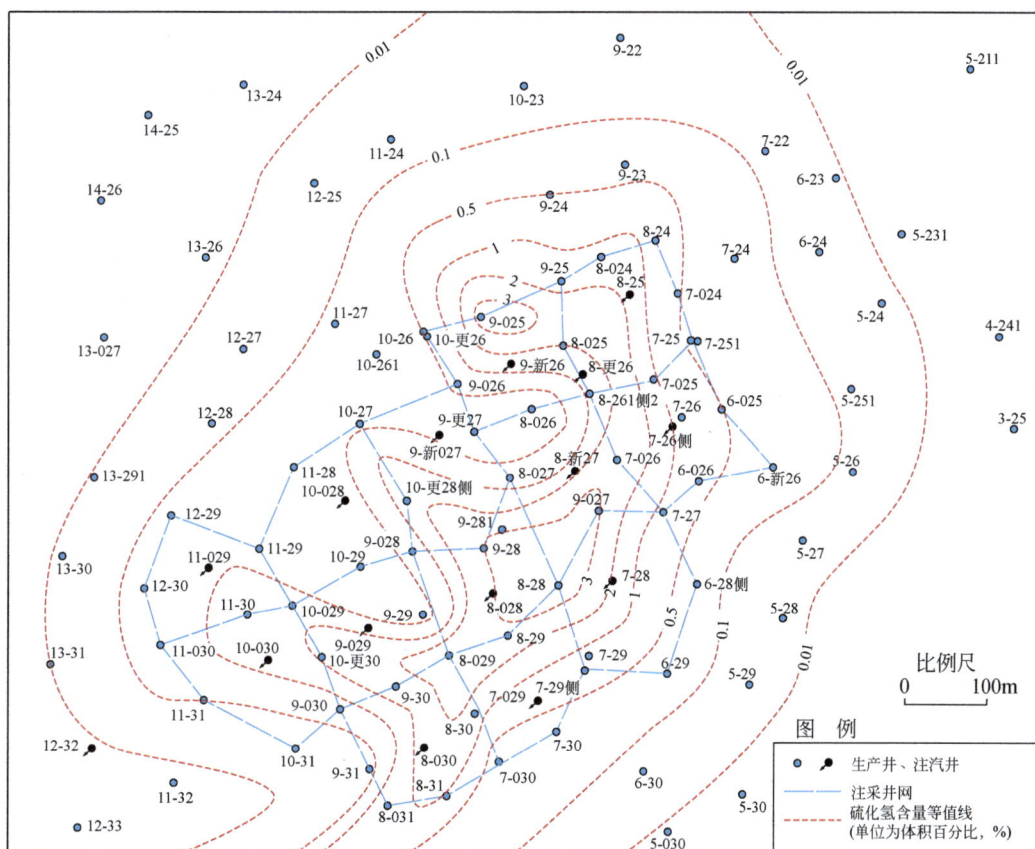

图 3　齐 40 蒸汽驱区块 H_2S 含量分布图

在注采井网中，也就是蒸汽驱区块内，H_2S 含量较高，大部分井 H_2S 含量在 0.5% 以上；而注采井网外围是蒸汽吞吐区，H_2S 含量小于 0.1%。图中井号前都省去了"齐 40-"

3　样品采集与处理

为了治理稠油热采过程中产生的 H_2S，首先要查明这类硫化氢的形成机制。为此，对稠油区的油、气、水样品进行了采集和分析。分析了原油中的硫含量；稠油热采过程中各井伴生天然气的组分和碳同位素；地层水成分和注入锅炉水的成分组成；原油和伴生气中硫化氢的硫同位素分析等；并对稠油进行了加热实验，观测其含硫化合物的热分解情况。

4　稠油蒸汽驱区块 H_2S 的形成条件与成因

从辽河稠油区 H_2S 的出现与分布变化来看，几乎都是伴随着油藏的热采过程而形成的，属于次生成因。因此从成因类型上看，可以初步排除生物成因 H_2S。因为，热采区块油层的温度一般都在 200℃ 以上，油藏不具备微生物生存的条件。另外，该区也不具备深部来源 H_2S 的可能。与热过程有关的 H_2S 的成因主要包括含硫有机质热裂解成因（TDS）和硫酸盐热化学成因（TSR）。

4.1　含硫有机质热裂解成因

辽河油田原油中硫含量较低，无论是热采前分析值，还是现今对原油的含硫量分析（表2），辽河油田原油的含硫量多数在0.1%～0.4%之间，属于低含硫原油。这些含硫化合物在受热情况下，含硫杂环断裂形成 H_2S，即有机质热裂解成因型 H_2S。虽然蒸汽吞吐和蒸汽驱过程中稠油油层的温度都高于 200℃，具备含硫热分解所需的温度条件，但是这种方式不可能形成高含 H_2S 的天然气，因为该区原油的含硫量很低。

表2　辽河油田原油的硫含量分析值

油样	原油硫含量/%	取样日期
齐 40-9-281	0.14	2006-11-15
齐 40-11-31	0.16	2006-11-15
齐 40-8-28	0.19	2006-11-15
齐 40-4-241	0.25	2007-4-27
齐 40-7-26	0.27	2006-11-15
齐 40-9-33	0.28	2006-11-15
齐 40-8-K26	0.29	2006-11-15
齐 40	0.30	2006-11-15
齐 40-18-25	0.31	2007-4-27
齐 40-9-025	0.32	2007-4-27
洼 38-沙 H2	0.33	2007-4-26
锦 45-20-162	0.30	2007-4-27
冷 43-92-558	0.30	2007-4-27
洼 60-H102	0.35	2007-4-27

为了验证辽河稠油在热分解过程中产生的 H_2S 量，开展了原油、原油+地层水的高温高压模拟实验。样品采用齐 40 区块的齐 40-18-25 井稠油，该井没有进行过蒸汽驱处理，原油的硫含量为0.31%，地层水与原油取自同一口井，其成分见下表（表3）。

表3　模拟试验用的地层水成分

阳离子/（mg/L）				阴离子/（mg/L）					矿化度/（mg/L）
K^+	Na^+	Ca^{2+}	Mg^{2+}	Cl^-	HCO_3^-	CO_3^{2-}	OH^-	SO_4^{2-}	
12.9	1020.0	3.4	2.9	340.3	1303.8	435.1	0.0	6.6	3125.0

把上述样品盛入小烧杯后放入高温高压反应釜中进行加热，反应时间均为25小时，温度恒定在 300℃，反应完成后用气袋收集气体。气体检测是通过天然气的组成分析气相色谱法，在温度为25℃、湿度为40%条件下进行，所用检测仪器为6890plus四阀五柱型。模拟试验结果显示，稠油在无水条件下没有发生裂解，而原油+地层水的模拟有 H_2S 的生成，

以及二氧化碳、氢气和烃类气体，说明原油发生了热裂解反应，但是 H_2S 的生成量十分微小，几乎难以检测出来。

根据 Lamoureux 和 Lorant（2005）对含硫原油的热模拟试验，含硫原油只有在很高温度时（320℃），才能分解出来数量有限的 H_2S，原油中大约有 10%的硫能够转移到 H_2S 中，其他的硫转移到芳香族化合物或残留在不溶组分中。依此来计算，含硫量为 0.3%的原油，如果含硫化合物全部裂解成气，按照 10%的硫转移到形成的 H_2S 中来，最多在裂解的天然气中 H_2S 占有量不可能超过 0.3%，何况稠油热采区原油的裂解程度很低，重烃含量高，碳同位素值较轻（表 4）等指标也证实这一点，因此要形成目前含量如此之高的 H_2S 不可能仅仅来自含硫原油的热分解。

表4　齐40 蒸汽驱区块原油伴生气气体组分与碳同位素数据表

井号	碳同位素值 $\delta^{13}C$/‰						气体中各组分的含量/%									
	C_1	C_2	C_3	iC_4	nC_4	CO_2	C_1	C_2	C_3	iC_4	nC_4	iC_5	nC_5	C_{6+}	N_2	CO_2
齐40-7-26	-54.3	-40.5	-34.2	-32.3	-32.0	4.4	22.70	0.38	0.10	0.03	0.04	0.01	0.01	0.01	0.20	76.51
齐40-8-28	-53.2	-36.9	-27.2	-28.3	-25.6	4.5	48.60	0.42	0.73	0.44	1.11	0.59	0.62	1.39	0.83	45.28
齐40-9-33	-55.3	-42.0	-37.2	-30.9	-33.2	5.4	58.99	0.37	0.04	0.04	0.08	0.14	0.23	0.79	0.68	38.65
齐40-8-24	-55.3	-34.8	-33.7	-33.5	-31.7	1.7	13.67	0.39	0.04	0.04	0.09	0.03	0.03	0.06	0.18	85.28
齐40-9-25	-54.6	-36.9	-34.8	-33.5	-32.7	4.5	15.74	0.35	0.17	0.03	0.06	0.02	0.02	0.04	0.25	83.32
齐40-11-31	-54.5	-34.5	-28.7		-26.2	4.9	5.40	0.31	0.40	0.19	0.45	0.24	0.27	0.81	0.13	91.81
齐40-9-281	-54.5	-36.4	-27.9	-28.4	-25.3	3.3	36.08	0.39	0.63	0.35	0.88	0.48	0.53	1.26	0.54	58.86
齐40-9-028	-54.5	-36.5	-34.0	-33.3	-32.0	4.1	0.42	0.01		0.02	0.02				0.15	99.23
齐40-18-25	-53.9	-44.6	-37.5	-31.4	-34.2	6.6	13.16		0.68	0.19	0.48	0.22	0.12		27.33	57.81
齐40-2-23	-52.7	-42.8	-37.0	-31.7	-32.8	8.3	48.31				0.05				2.30	49.34
齐40-4-241	-53.0	-42.8	-35.2			5.5	83.88				0.01				0.98	15.14
齐40-5-251	-53.1	-42.7	-36.2	-31.3	-33.7	7.6	43.36				0.29				1.38	54.97
齐40-9-28							11.80	0.29	0.24	0.09	0.24	0.14	0.17	0.33	5.86	80.83

从对齐 40 区块采集的气体组分分析结果来看，除了产生 H_2S 外，还有大量二氧化碳生成，以及甲烷、乙烷、丙烷等烃类气体（表 4）。天然气中虽然湿气含量较高，但是与渤海湾盆地正常原油伴生气相比，还是明显偏干（Zhu et al.，2005a）。齐 40 区块天然气中二氧化碳含量较高，大部分井二氧化碳的含量都在 80%以上（表 4），二氧化碳的碳同位素大于 0‰，从同位素和含量构成来看，明显表现出无机成因二氧化碳的特征（Dai et al.，2004，2005）。这些二氧化碳大部分是来自砂岩储层中的碳酸盐岩胶结物受热分解或来自地层水中的碳酸根离子等。

齐 40 区块的天然气类似于原油刚开始发生裂解时的碳同位素组成特征，因为原油在裂解初期，C^{12}—C^{13} 键比 C^{13}—C^{13} 键容易断裂，C^{12} 键更多结合到新形成的甲烷中去，此时形成的甲烷碳同位素就比较轻（Tang et al.，2000）；而随着裂解程度的增高，可断的 C^{12}—C^{13} 键已断完毕，剩余的都是 C^{13}—C^{13} 键，那么这个时期形成的甲烷的碳同位素就会明显偏重。因此齐 40 区块的原油裂解程度可能较低，体现出原油裂解早期阶段形成天然气的特征。这也进一步说明该区稠油在热采过程靠含硫化合物热分解产生的 H_2S 的量是很低的。

4.2　硫酸盐热化学成因（TSR）

高含 H_2S 天然气属于 TSR 成因（thermochemical sulfate reduction，TSR）（Orr，1974；Krouse et al.，1988）。TSR 实质上是一种在热动力条件（120℃以上的高温条件）驱动下烃类和硫酸盐之间的化学反应，它通过对有机烃类的蚀变和改造，形成非烃类酸性气体（Orr 1977；Machel et al.，1995；Machel，2001；Worden et al.，1995；Worden and Smalley，1996；Worden et al.，2000；Cross et al.，2004；Manzano et al.，1997；Cai et al.，2005；Zhu et al.，2005b）。反应物和温度是 TSR 发生的基本条件。烃类和硫酸盐类是反应物，因此硫酸盐（膏岩）、烃类和高温条件是 TSR 发生的三个必要条件（Zhu et al.，2005c）。虽然辽河稠油热采区大多油藏的温度都大于 120℃，部分井区油层温度高达 200℃以上，具备 TSR 发生的热动力条件；而辽河稠油区下第三系沙河街组沙三段则不发育膏盐，因此一些学者对该区 TSR 成因提出质疑。膏盐的存在是 TSR 成因 H_2S 形成的必要条件。全球已发现的高含 H_2S 天然气藏，其储层中一般都发育有一定厚度的硫酸盐岩（石膏），它是 H_2S 形成的重要硫源。根据渤海湾盆地的实际钻探情况，辽河盆地东部凹陷、西部凹陷、大民屯凹陷及滩海地区深、浅层岩石的矿物成分表明，辽河盆地内各区块岩石中都不含膏盐层，那么 TSR 如何能够发生？

事实上，TSR 发生，不是原油与石膏反应，而是原油与 SO_4^{2-} 发生热化学反应，也就是说地层水中有一定浓度的硫酸根离子即可。本次分析发现，该区地层水中硫酸根离子含量较高，具备 TSR 发生的硫源基础。

采集的齐 40 区块地层水分析表明，均富含 SO_4^{2-}（表5）。而特别有意思的是，蒸汽驱前后地层水中 SO_4^{2-} 含量明显发生了变化，热采前地层水中 SO_4^{2-} 浓度平均为 152.6mg/L，目前地层水中 SO_4^{2-} 含量很低，平均值为 41.8mg/L，减少的这部分很可能就是被 TSR 消耗所致。

表5　齐 40 区块热采前后及锅炉水成分组成特征

类型	井号	阴离子/（mg/L）				阳离子/（mg/L）			矿化度/（mg/L）	取样日期
		SO_4^{2-}	Cl^-	HCO_3^-	CO_3^{2-}	K^++Na^+	Mg^{2+}	Ca^{2+}		
热采前	齐 52	48	177	976	0	492	5	4	1703	1985.3
	齐 49	86	142	763	0	384	15	8	1398	1982.11
	齐 50	86	160	1007	60	529	12	16	1870	1982.12
	齐 50	115	106	458	60	269	17	36	1062	1982.12
	齐 49	125	337	1892	120	1037	17	12	3540	1986.11
	齐 45	135	337	132	90	568	24	12	1898	1982.9
	齐 45	183	142	702	0	361	20	40	1447	1982.1
	齐 40	259	1241	793	0	1141	32	24	3490	1982.9
	齐 45	336	1649	732	30	1336	39	104	4227	1982.1
热采后	齐 40-13-291	0	453	4	10	496	275	60	1298	2003.6
	齐 40-4-031	0	504	1	20	283	915	0	1724	2005.1
	齐 40-8-029	0	152	1914	122	880	3	24	3095	2006.1

续表

类型	井号	阴离子/（mg/L）				阳离子/（mg/L）			矿化度/（mg/L）	取样日期
		SO_4^{2-}	Cl^-	HCO_3^-	CO_3^{2-}	K^++Na^+	Mg^{2+}	Ca^{2+}		
热采后	40-20-030	5	361	7	56	177	854	0	1461	2003.4
	齐 40-4-241	7	340	1304	435	1033	3	3	1039	2007.5
	齐 40-10-29	9	72	429	131	302	1	8	952	2006.1
	齐 40-11-29	10	816	5	26	87	2105	0	3051	2004.3
	齐 40-4-031	10	517	2	20	284	946	0	1779	2005.1
	齐 40-9-更 27	11	322	1235	30	666	9	19	1626	2006.1
	齐 40-9-29	14	215	1110	131	658	1	4	2132	2006.1
	齐 40-10-029	19	409	4	16	71	1007	0	1526	2004.3
	齐 40-12-32	51	107	1235	0	540	4	10	1948	2006.1
	齐 40-7-29	55	304	474	0	392	1	8	1234	2006.1
	齐 40-9-030	57	233	1436	91	735	14	24	2589	2006.1
	齐 40-9-028	102	152	895	30	481	9	0	1679	2006.1
	齐 40-13-31	125	466	834	0	654	0	19	2097	2006.1
	齐 40-7-026	153	122	433	459	486	0	4	1657	2006.1

　　根据 Tang 等（2000）的最新研究，Mg^{2+} 在促进 TSR 发生过程中扮演重要角色。该区储层岩石的无机元素分析表明，普遍含有 Mg^{2+}，而且地层水分析数据显示 Mg^{2+} 的含量也较高，因此辽河稠油区沙三段砂岩储层具备 TSR 发生的物质基础和热驱动条件。

4.3　硫同位素证据

　　对于 H_2S 气体而言，硫同位素是研究其成因的最有效手段。作者在齐 40 蒸汽驱区块多口含 H_2S 气井的生产现场，将含 H_2S 天然气通过导管输入饱和的乙酸锌 [$Zn（CH_3COO）_2 \cdot 2H_2O$] 溶液中，将其转化为较为稳定且易保存的固体 Zn_2S。在实验室中通过硫同位素分析质谱仪的分析，最后获取了这批样品的硫同位素数据（表 6）。同时还分析了该区原油的硫同位素。

表 6　含硫化合物的硫同位素分析值（$\delta^{34}S$,‰,CDT）

井号	H_2S	井号	原油	井号	石膏
齐 40-11-31	3.10	齐 40-油 87-37	12.49	赵芯 1	34.64
齐 40-9-33	4.73	齐 40-8-28	12.64	赵芯 1	28.33
齐 40-9-281	5.68	高 3-3-082	12.65	赵芯 1	32.88
齐 40-9-25	7.58	齐 40-4-241	12.79	赵芯 1	31.09
齐 40-9-29	10.55	注 60-H102	13.06	赵芯 1	30.96
齐 40-8-K26	11.07	冷 43-92-558	13.68	赵芯 1	28.22
齐 40-9-28	14.09	齐 40-9-33	13.82	赵芯 2	34.94
齐 40-7-26	17.71	齐 40-18-25	14.98	赵芯 2	32.14

续表

井号	H₂S	井号	原油	井号	石膏
齐 40-8-28	18.43	曙 1-104-205	15.19	赵芯 2	30.27
齐 40-2-23	19.14	齐 40-9-025	17.75	赵芯 2	32.78
齐 40-18-25	20.25	齐 40-8-K26	18.76	赵芯 2	34.86
齐 40-5-251	20.66	齐 40-7-26	20.25	赵芯 2	33.27
齐 40-8-25	21.08	齐 40-11-31	20.34	新濮 1-122	28.11
齐 40-10-29	22.01	齐 40-9-281	20.88	濮 1	31.43
齐 40-8-24	22.30			卫 42	31.33
齐 40-9-028	22.68			文 248	31.29
				文 204	32.43

齐 40 区块 H₂S 的硫同位素分布比较宽，$\delta^{34}S$ 在 3.10‰～22.68‰（CDT），高低之差近 20‰，硫同位素分布之宽是少见的，也从一个侧面说明了该区 H₂S 成因的复杂性。该区原油的硫同位素分布区域也较宽，$\delta^{34}S$ 在 12.5‰～20.88‰（CDT），平均值在 15.7‰。

辽河地区下第三系不发育石膏，只能依据邻近地区同一时代地层来做对比。这当然也是有依据的，因为石膏的硫同位素分布具有较强的规律性，地史时期不同地质时代的硫酸盐的 $\delta^{34}S$ 差异明显，同一地质时代海相石膏的 $\delta^{34}S$ 相近（Claypool et al.，1980）。因此参照渤海湾盆地辽河油区临近的下第三系孔店组和沙河街组的硫酸盐的硫同位素。这两个凹陷（渤海湾盆地冀中凹陷和东濮凹陷）硫同位素分布十分稳定，$\delta^{34}S$ 分别分布在 28.22‰～34.94‰（赵芯 1 和赵芯 2 井）（Zhang et al.，2005）和 28.11‰～33.01‰（新濮 1-122、濮 1、卫 42、文 248、文 204）（Shi et al.，2005），平均值为 31.8‰。

根据硫同位素的动力学分馏机制（Krouse，1977），在无机体系内，硫酸盐离子还原成 H₂S 的过程中，同位素的分馏程度是由 S—O 键被打断的速率不同而造成的，由于 ^{32}S—O 键比 ^{34}S—O 键更容易被打断，因此形成的 H₂S 比硫酸盐更富集 ^{32}S，但不同的分馏过程，H₂S 富集 ^{32}S 的程度有别。因此 H₂S 的硫同位素组成受硫源（相关地层的硫酸盐类）和动力学分馏类型（H₂S 的形成途径）的控制。

由于 TSR 和 TDS（含硫有机质热分解）形成 H₂S 的机理和反应过程不同，H₂S 的硫同位素组成上差异明显。TDS 相对 TSR 成因 H₂S 而言，前者形成过程相对较慢，由于 ^{32}S 键比 ^{34}S 键易破裂，因此选择 ^{32}S 的机会更多，分馏明显，所以 H₂S 与相应来源的硫化物的硫同位素差值较大。作者根据在四川盆地 H₂S 研究的成果，TSR 过程中硫同位素的分馏值 +8‰～+12‰左右，大多数在 10‰左右（Zhu et al.，2007；朱光有等，2006）；而含硫有机质热分解形成的 H₂S，其硫同位素要比原油的硫同位素低 12‰～15‰左右。当然在 TSR 反应程度较高阶段形成的硫化氢，其硫同位素与硫酸盐的硫同位素值接近。

按照不同成因硫同位素的分馏规律，再依据辽河稠油区原油的硫同位素（硫同位素平均值为 15.7‰）和硫酸盐的硫同位素（硫同位素平均值为 31.8‰）（图 4），辽河稠油区 TSR 成因 H₂S 的硫同位素组成应该在 16‰～24‰，主峰在 22‰左右；含硫有机质热分解（TDS）成因的 H₂S 的硫同位素组成应该在 1‰～4‰。而实际上，这些地区 H₂S 的硫同位素明显偏重，很可能属于混合成因，主要混入 TSR 产生的 H₂S。

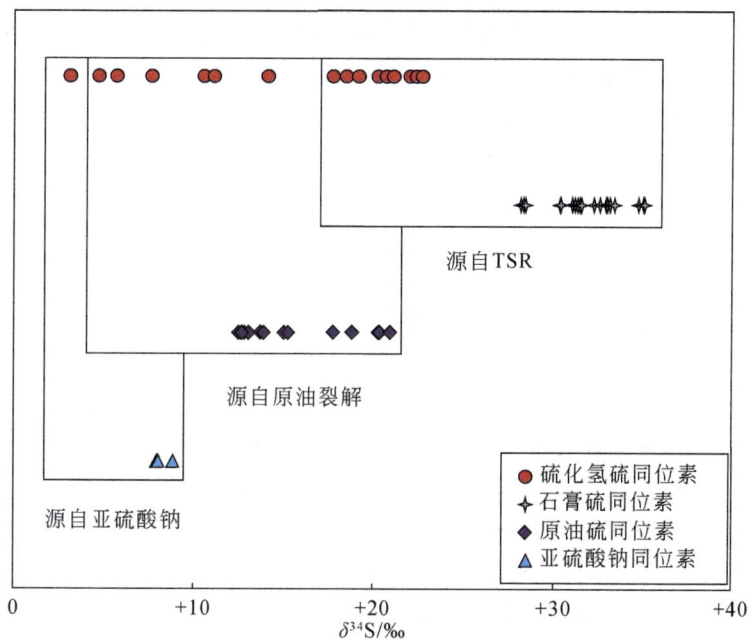

图 4　辽河油田 H_2S 成因类型划分图

依此来看，齐 40-9-028（H_2S 的硫同位素为 22.68‰）、齐 40-8-24（22.3‰）、齐 40-10-29（22.01‰）、齐 40-8-25（21.08‰）、齐 40-5-251（20.66‰）、齐 40-18-25（20.25‰）、齐 40-2-23（19.14‰）、齐 40-8-28（18.43‰）、齐 40-7-26（17.71‰）等井的 H_2S 主要属于 TSR 成因（图 4）；其余的井（齐 40-9-33（4.73‰）、齐 40-9-281（5.68‰）、齐 40-9-25（7.58‰）、齐 40-9-29（10.55‰）、齐 40-8-K26（11.07‰）、齐 40-9-28（14.09‰））可能主要属于含硫有机质热分解形成的，混有 TSR 成因的 H_2S，自齐 40-9-33 至齐 40-9-28 井，TSR 成因的 H_2S 混入比例是逐渐增大的。而对于齐 40-11-31（3.1‰）井来说，H_2S 的硫同位素明显偏轻，这很可能主要来自于含硫有机质热分解形成的。

5　结论

稠油在热采过程中产生的 H_2S 含量一般较低，属于后期次生成因，主要由原油中含硫化合物热分解而成。而中国辽河稠油蒸汽驱区块 H_2S 含量较高，则主要是由 TSR（烃类与地层水中的硫酸根离子发生化学反应）作用产生；其次是由原油中含硫有机质水热裂解的方式形成的。

辽河稠油含硫量很低，虽然在蒸汽驱过程中靠稠油水热裂解可以形成分布较广的 H_2S，但是产生的 H_2S 浓度很低；由于渤海湾盆地下第三系沙河街组地层水中富含 TSR 反应所需矿物，热采温度>200℃，TSR 在油层中发生了作用，硫同位素的分布特征支持这一观点，这也是目前蒸汽驱区块内 H_2S 含量较高的重要原因。

辽河稠油蒸汽驱区块 H_2S 的形成和分布受热开采时间、开采方式等因素的控制。高温水蒸汽驱对 H_2S 的产生有促进作用的，蒸汽驱时间的长短对 H_2S 生成量有一定的控制作用。

辽河稠油区 H_2S 是后期开采过程中形成的，TSR 发生也是在短短的 5 年之内，并且形

成了 H_2S 含量较高的天然气，尽管天然气的组分与碳同位素组成表明，辽河稠油热采区原油的裂解程度较低，但是 H_2S 含量是在快速的升高，这无疑为在实验室内开展 TSR 研究提供了很好的参考素材。

参 考 文 献

朱光有, 张水昌, 梁英波, 等. 2006. 四川盆地威远气田硫化氢的成因及其证据. 科学通报, 23: 2780-2788.

Aplin A C, Coleman M L. 1995. Sour gas and water chemistry of the Birdport Sands reservoir, Wytch Farm, UK. In: England W A (ed), The Geochemistry of Reservoirs. London: Geological Society of London Special Publication.

Cai C F, Worden R H, Wolff G A, et al. 2005. Origin of sulfur rich oils and H_2S in Tertiary lacustrine sections of the Jinxian Sag, Bohai Bay Basin, China. Applied Geochemistry, 20: 1427-1444.

Claypool G E, Holser W T, Kaplan I R, et al. 1980. The age curves of sulfur and oxygen isotopes in marine sulfate and their mutual interpretation. Chemical Geology, 28: 199-260.

Cross M M, Manning D A C, Bottrell S, et al. 2004. Thermochemical sulphate reduction(TSR): experimental determination of reaction kinetics and implications of the observed reaction rates for petroleum reservoirs. Organic Geochemistry, 35: 393-404.

Dai J X, Yang S F, Chen H L, et al. 2005 Geochemistry and occurrence of abiogenic gas accumulations in the Chinese sedimentary basins. Organic Geochemistry, 36: 1664-1688.

Dai J, Xia X, Qin S, et al. 2004. Origins of partially reversed alkane $\delta^{13}C$ values for biogenic gases in China. Organic Geochemistry 35(3): 405-411.

Farouq A S M, Meldau R F. 1979. Current Steamflood Technology. Pet Tech, 1332-1342.

Huang H P, Larter S R, Bernard F J, et al. 2004. A dynamic biodegradation model suggested by petroleum compositional gradients within reservoir columns from the Liaohe basin, NE China. Organic Geochemistry, 5: 299-316.

Krouse H R. 1977. Sulfur isotope studies and their role in petroleum exploration. Journal of Geochemical Exploration, 189-211.

Krouse H R, Viau C A, Eliuk L S, et al. 1988. Chemical and isotopic evidence of thermochemical sulphate reduction by light hydrocarbon gases in deep carbonate reservoirs. Nature, 333(2): 415-419.

Lamoureux V V, Lorant F. 2005. H_2S artificial formation as a result of steam injection for EOR: a compositional kinetic approach. SPE, 375: 1-4.

Larter S, Wilhelms A, Head I, et al. 2003. The controls on the composition of biodegraded oils in the deep subsurface—Part 1: biodegradation rates in petroleum reservoirs. Organic Geochemistry, 34: 601-613.

Li S, Li M, Pang X, et al. 2003. Petroleum systems in the Bohai Bay Basin: part1. Distribution and organic geochemistry of petroleum source rocks in the Niuzhuang Source Slope. Organic Geochemistry, 34: 389-412.

Machel H G, 2001. Bacterial and thermochemical sulfate reduction in diagenetic settings-old and new insights. Sedimentary Geology, 140: 143-175.

Machel H G, Krouse H R, Sassen R. 1995. Products and distinguishing criteria of bacterial and thermochemical sulfate reduction. Applied Geochemistry, 10(4): 373-389.

Manzano B K, Fowler M G, Machel H G. 1997. The influence of thermochemical sulphate reduction on hydrocarbon composition in Nisku reservoirs, Brazeau River area, Alberta, Canada. Organic Geochemistry, 27: 507-521.

Orr W L, 1974. Changes in sulfur content and isotopic ratios of sulfur during petroleum maturation—Study of the Big Horn Basin Paleozoic oils. AAPG Bulletin, 50: 2295-2318.

Orr W L, 1977. Geologic and geochemical controls on the distribution of hydrogen sulfide in natural gas. In: Campos R, Goni J (eds), Advances in Organic Geochemistry 1975, Madrid: Empressa Nacional Adaro de Investigaciones Mineras, 571-597.

Pang X Q, Li M, Li S M, et al. 2003. Geochemistry of petroleum systems in the Niuzhuang South Slope of Bohai Bay Basin. Part II: evidence for significant contribution of mature source rocks to "immature oils" in the Bamianhe field. Organic Geochemistry, 34: 931-950.

Röling W F M, Head I M, Larter S R. 2003. The microbiology of hydrocarbon degradation in subsurface petroleum reservoirs: perspectives and prospects. Res Microbiol, 154: 321-328.

Shi D S, Li M, Pang X Q, et al. 2005. Fault-fracture mesh petroleum plays in the Zhanhua Depression, Bohai Bay Basin: Part 2. Oil-source correlation and migration mechanisms. Organic Geochemistry, 36: 203-223.

Tang Y, Perry J K, Jenden P D, et al. 2000. Mathematical modeling of stable isotope ratios in natural gases. Geochimica et Cosmochimica Acta, 64: 2673-2687.

Wilhelms A, Larter S R, Head I, et al. 2001. Biodegradation of oil in uplifted basins prevented by deep burial sterilisation. Nature, 411: 1034-1037.

Wilhelm H E L. 1981. Status of the Steam Drive Pilot in the GeorgsdorfField, Federal Republic of Germany. SPE8385: 173-180.

Worden R H, Smalley P C. 1996. H_2S-producing reactions in deep carbonate gas reservoirs, Khuff Formation, Abu Dhabi. Chemical Geology, 33: 157-171.

Worden R H, Smalley P C, Oxtoby N H. 1995. Gas Souring by ThermoChemical Sulfate Reduction at 140 deg C. Bulletin of American Association of Petroleum Geologists, 79: 854-863.

Worden R H, Smalley P C, Cross M M. 2000. The influences of rock fabric and mineralogy upon thermochemical sulfate reduction: Khuff Formation, Abu Dhabi. Journal of Sedimentary Research, 70: 1218-1229.

Yuang Q Q, 2004. Heavy oil development technology of Liaohe oilfield. Special On and Gas Reservoir, 11(1): 31-46.

Zhang S C, Zhu G Y, Liang Y B, et al. 2005. Geochemical characteristics of the Zhaolanzhuang sour gas accumulation and thermochemical sulfate reduction in the Jixian Sag of Bohai Bay Basin. Organic Geochemistry, 36: 1717-1729.

Zhu G Y, Jin Q, Zhang S C, et al. 2004. Distribution characteristics of effective source rocks and their controls on hydrocarbon accumulation: a case study from the Dongying sag, eastern China. Acta Geologica Sinica，78(6): 1275-1288.

Zhu G Y, Jin Q, Zhang S C, et al. 2005a. Character and genetic types of shallow gas pools in Jiyang depression. Organic Geochemistry, 35: 1650-1663.

Zhu G Y, Zhang S C, Liang Y B, et al. 2005b. Discussion on origins of the high-H_2S-bearing natural gas in China. Acta Geologica Sinica, 79(5): 697-708.

Zhu G Y, Zhang S C, Liang Y B. 2005c. Isotopic evidence of TSR origin for natural gas bearing high H$_2$S contents within the Feixianguan Formation of the northeastern Sichuan Basin, southwestern China. Science in China, 48(11): 1960-1971.

Zhu G Y, Zhang S C, Liang Y B, et al. 2007. Formation mechanism and controlling factors of natural gas reservoir of Jialingjiang Formation in Eastern Sichuan Basin. Acta Geologica Sinica, 81(5): 805-816.

塔里木盆地塔中凝析气藏中金刚烷及含硫化合物的发现与成因[*]

朱光有，翁　娜，王汇彤，杨海军，张水昌，苏　劲，廖凤蓉，
张　斌，吉云刚

0　引言

金刚烷为具有类似金刚石结构的一类刚性聚合环状烃类化合物，是生物标志物等多环烃类在热力作用下经强路易斯酸催化剂聚合反应的产物，在高成熟度原油和凝析油中含量往往较高。由于原油在高温阶段可能发生裂解，而原油在裂解过程中，金刚烷类化合物可能会不断生成并富集（Dahl et al.，1999；Wei et al.，2006），因此，金刚烷被用来衡量原油的裂解程度（Wei et al.，2007；Zhang et al.，2011a）。而原油的稳定性和裂解温度是目前国际上研究的一个热点，大多数学者研究认为，原油在温度大于 160℃时或埋深超过 6000m 时开始裂解成气，随后液相石油逐渐消失（Bjorøy et al.，1988；Ungerer et al.，1988；Behar et al.，2008；Horsfield et al.，1992；Schenk and Horsfield，1997；Tsuzuki et al.，1999；Hill et al.，2003；Tian et al.，2006）。而随着向深层油气勘探的进展，一些油藏在远大于此温度或此深度条件下依然以油相大量存在，原油的稳定性可能比预期的要高很多（Pan et al.，2010）。

中国渤海湾盆地冀中坳陷 ND1 井在埋深 5641～6027m、储层温度 190～201℃的潜山储集层中获得了高产油气流，主要以凝析油为主，并在原油中发现了保存较为完整的长链化合物和金刚烷系列化合物（Zhu et al.，2013a）。而在地温梯度较低、埋深在 5500m 左右（储层温度约 140℃）的塔里木盆地奥陶系储集层中，发现了大量的原油裂解气和凝析气藏，特别是在凝析油中发现了十分丰富的单金刚烷系列化合物，并检测到双金刚烷类化合物，以及一系列含硫化合物。这种复杂的油气地球化学现象，很可能与多种成因油气的充注和混合、或过高的热成熟作用或次生蚀变，如 TSR 作用等，引起油气藏内流体组分变化有关（Wilhelms et al.，1990；Tang et al.，2000；Larter et al.，2003；Dai et al.，2008；Krouse et al.，1988；Worden et al.，1996；Zhu et al；2005；Zhang et al.，2008）。油气成因成为制约该区油气成藏认识和勘探方向评价的重要难题。本文通过运用全二维气相色谱/飞行时间质谱（GC×GC-TOFMS）对 TZ83 井凝析油化合物进行分析鉴定，用全二维气相色谱-氢火焰离子化检测器（GC×GC-FID）进行原油族组分定量，并综合运用多种分析试验手段，开展油气来源与成因研究，试图对认识流体成因与相态提供依据，并为深层油气勘探提供参考。

---

* 原载于 *Marine and Petroleum Geology*，2015 年，第 62 卷，14～27。

1 地质背景与样品特征

1.1 地质背景

TZ83 井区位于塔里木盆地塔中 I 号坡折带中东部（图 1）。北为满加尔凹陷，西南为塔中低凸起塔中 10 号构造带及中央断垒带。塔中低凸起位于塔里木盆地中央隆起中部，西与巴楚凸起相接，东邻塔东低凸起，南为塘古孜巴斯凹陷，北接满加尔凹陷，是一个长期发育的继承性古隆起，自北向南划分为塔中北斜坡带、中央断垒带、塔中南斜坡带三个二级构造单元。塔中 I 号坡折带位于塔中低凸起北缘，紧邻满加尔凹陷，为北西－南东走向，展布长度约 260km。

在对 TZ83 井下奥陶统鹰山组 5666.1～5684.7m 井段测试时，获日产油 10.6m³，气 639177m³，从而发现了该气藏。随后又部署了四口评价井（TZ722、TZ723、TZ724 和 TZ726 井），均获得工业油气流 [图 1 (c)]。测试结果 TZ83、TZ721、TZ726 和 TZ83-1 井控制井区为凝析气区，生产气油比 18698～21213m³/m³ 左右，表现出气藏特征；TZ722 井控制区域为油区，生产气油比 180 m³/m³ 左右，表现出油藏特征。该气凝析气藏含气面积 211km²，为一个大型气田。

试采结果证明了碳酸盐岩储层及油气分布的不均质性。通过深入的碳酸盐岩油气藏描述和缝洞雕刻认识到，碳酸盐岩储层和油气整体上连片分布，但整体连片的油气储集体由相对独立的缝洞单元组成，各缝洞单元内"通道"较好，流体易于流动，对于不同的缝洞单元，缝洞单元之间的"通道"相对较差，连通不畅。

TZ83 井区流体分布复杂，在平面上气区和油区同时存在，且不受构造高低控制，与储层的连续分布和油气的充注条件密切相关。该气藏的主要储集层为奥陶系鹰山组和良里塔格组下部粒屑灰岩，盖层为上覆上奥陶统桑塔木组泥岩及良里塔格组内部致密灰岩，井区内稳定分布，储盖组合良好（图 1）

TZ83 井区奥陶系良四、良五段及鹰山组储层的储集空间类型主要有孔、洞、缝三大类，取心样品的物性资料分析发现，最大孔隙度为 3.81%，最小孔隙度为 0.05%，集中分布在 0.6%～1.8%，平均为 0.88%；渗透率最大值为 12.7×10⁻³μm²，最小值为 0.0127×10⁻³μm²，集中分布在 0.01～3×10⁻³μm²，平均为 0.144×10⁻³μm²，样品中大于孔隙度下限 1.8% 的只占 9.48%，渗透率 0.01～3×10⁻³μm² 占 99.14%，大于 3×10⁻³μm² 的只占 0.86%，因此属特低孔、特低渗储层。鹰山组储层横向上分布特征与岩溶带空间展布关系密切，表现出横向上连片分布，纵向上受岩溶控制的特点。鹰山组储层沿平行 I 号带方向，纵向上分布于风化壳之下 115～200m，大致厚度 160m，储集层段沿鹰山组风化壳附近呈准层状延伸。

储层和油藏研究结果表明，TZ83 井区在 TZ726 井与 TZ722 井之间存在油气分界，界线西边为气区，东边为油区。在各自的区域内，奥陶系目的层储层裂缝、岩溶系统发育，储层连通性好、流体性质相似、流体来源相同、压力相关性好，因此 TZ83、TZ721 和 TZ726 井控制区块为凝析气藏区，TZ722 井控制区块为油藏区。

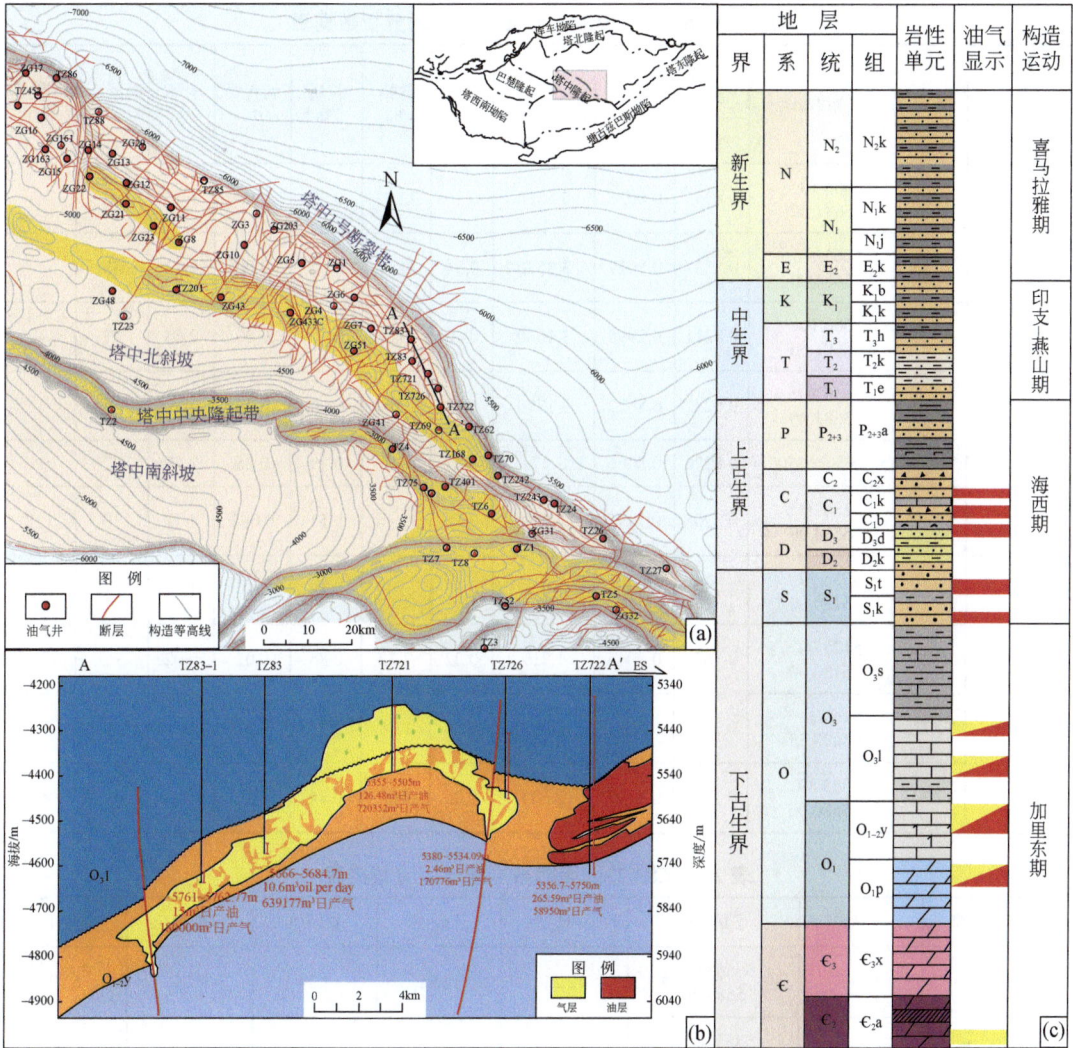

图1　塔里木盆地 TZ83 井凝析气藏地质综合图

（a）塔中奥陶系顶面构造图；（b）过 TZ83 凝析气田南北向构造剖面图；（c）塔中地区岩性综合柱状图

1.2　样品特征

1）凝析油性质

TZ83 井区凝析气藏中地面凝析油密度为 0.8208～0.8276g/cm³（20℃），原油黏度 3.168～5.585mPa·s（50℃）；含硫量为 0.18%～0.4%；含蜡量为 10.14%～24.95%，大部分含量大于 20%；胶质和沥青质含量低；属于"低密度、低硫、高蜡"的凝析油（表1）。与其相邻近的油藏相比，原油物性差异明显，原油的密度比凝析油小，含蜡量也低。凝析气藏的原油族组分与油藏中原油族组分差异不大（表2）。

表1 TZ83 井区奥陶系原油物理性质分析数据表

油气藏类型	井号	深度/m	密度/（g/cm³）		黏度/（mPa·s）	含硫/%	含蜡/%	胶质/%	沥青质/%	含水/%	凝固点/℃	初馏点/℃
			20℃	50℃	50℃							
凝析气藏	TZ83	5666.10～5681.00	0.8245	0.8035	5.5850	0.36	22.75	0.00	0.00	1.25	42	—
	TZ83	5666.10～5681.00	0.8237	0.8027	3.8570	0.34	24.95	0.00	0.00	1.72	38	—
	TZ83	5666.10～5681.00	0.8211	0.7998	3.1680	0.40	23.56	0.00	0.00	2.65	42	—
	TZ83	5666.10～5681.00	0.8232	0.8022	3.1790	0.38	22.49	0.00	0.00	16.65	44	—
	TZ721	5355.50～5505.0	0.8276	0.8066	3.474	0.27	20.18	0.19	0.25	2.79	32	95
	TZ726	5386.00～5534.09	0.8208	0.7995	2.849	0.18	10.14	0.51	0.092	4.77	10	118
油藏	TZ722	5356.70～5750.00	0.7849	0.8065	1.906	0.08	13.12	1.15	0.30	1.94	2.0	—
	TZ72	5125.00～5130.00	0.7826	0.8045	1.719	0.22	7.72	0.86	0.02	0.02	-2	85
	TZ723	5469.34～5495.55	0.7875	0.8091	1.792	0.56	12.6	2.79	0.21	60.04	-30	—
	TZ724	5523.89～5580.00	0.7932	0.8197	2.625	0.05	7.06	0.74	0.69	10.06	0.0	—

表2 TZ83 井区奥陶系原油族组分数据表

油气藏类型	井号	深度/m	饱和烃/%	芳烃/%	非烃/%	沥青质/%	饱芳比
凝析气藏	TZ83	5666.00～5684.70	72.21	11.91	4.34	9.75	6.07
	TZ721	5355.00～5505.00	77.57	6.46	4.19	9.13	12.01
	TZ726	5386.00～5534.09	83.80	5.59	2.23	5.87	14.99
油藏	TZ722	5356.70～5750.00	57.80	22.81	4.95	12.17	2.53
	TZ72	5125.00～5130.00	70.03	12.12	6.06	10.77	5.78
	TZ724	5529.00～5550.00	68.94	5.68	9.47	13.26	10.14
	TZ724	5523.89～5580.00	58.53	22.3	5.69	10.71	2.62

2）天然气性质

TZ83 井区凝析气藏的天然气为干气，非烃类含量较高（表 3）。与其相邻近的油藏伴生气相比，存在明显差异，主要在乙烷及其以上重烃含量上。

表3 TZ83井区奥陶系天然气组分及碳同位素组成表

油气藏类型	井号	深度/m	C_1/C_{1+}	天然气组分/%								$\delta^{13}C/$（‰，PDB）					
				CH_4	C_2H_6	C_3H_8	iC_4H_{10}	nC_4H_{10}	N_2	CO_2	H_2S /ppm	CH_4	C_2H_6	C_3H_8	nC_4H_{10}	iC_4H_{10}	CO_2
凝析气藏	TZ83	5666.10～5681.00	0.9895	93.1	0.64	0.10	0.06	0.04	0.97	4.91	32700	-38.9	-32.2	-28.0	-26.7	-26.2	-2.5
	TZ83	5666.10～5684.70	0.9862	91.7	0.68	0.12	0.09	0.05	0.82	6.16	30400						
	TZ83	5666.10～5684.70	0.9892	89.9	0.62	0.11	0.06	0.04	3.69	5.39	32300						
	TZ83	5666.10～5684.70	0.9898	92.2	0.62	0.10	0.05	0.04	0.89	5.99	34300						
	TZ83-1	5274.00～5298.00	0.9694	89.6	1.28	0.41	0.26	0.12	4.20	3.31	32200						
	TZ83-1	5550.00～5762.77	0.9663	89.4	1.74	0.64	0.27	0.19	6.69	0.15	9400						
	TZ721	5355.50～5505.00	0.9902	94.1	0.63	0.13	0.06	0.03	1.50	3.42		-38.8	-36.5	-30.8	-29.1	—	-10.0
	TZ721	5355.50～5505.00	0.9900	94.9	0.64	0.13	0.06	0.03	1.14	2.99		-37.8	-35.5	-31.8	-30.0	-30.1	-12.0
	TZ721	5355.50～5505.00	0.9895	94.7	0.65	0.14	0.07	0.03	0.97	3.31	9.9						
	TZ721	5355.50～5505.00	0.9885	93.6	0.61	0.18	0.09	0.05	0.86	4.44	95						
	TZ721	5355.50～5505.00	0.9894	93.7	0.61	0.15	0.08	0.04	0.83	4.48	100						
	TZ721	5355.50～5505.00	0.9931	95.0	0.62	0.02	0.01	0.00	1.11	3.28							
	TZ721	5355.50～5505.00	0.9881	93.2	0.63	0.16	0.10	0.05	0.80	4.88	32						
	TZ721	5355.50～5505.00	0.9927	94.5	0.61	0.03	0.02	0.01	0.84	3.93	26						
	TZ721	5355.50～5505.00	0.9932	94.8	0.61	0.02	0.01	0.00	1.40	3.19							
	TZ721	5355.50～5505.00	0.9897	93.9	0.61	0.13	0.06	0.04	0.74	4.42	8.9						
	TZ726	5355.50～5505.00	0.9762	92.3	1.76	0.22	0.07	0.08	0.90	4.56							

续表

| 油气藏类型 | 井号 | 深度/m | C_1/C_{1+} | 天然气组分/% | | | | | | | | $\delta^{13}C/$（‰，PDB） | | | | | |
				CH_4	C_2H_6	C_3H_8	iC_4H_{10}	nC_4H_{10}	N_2	CO_2	H_2S/ppm	CH_4	C_2H_6	C_3H_8	nC_4H_{10}	iC_4H_{10}	CO_2
油藏	TZ722	5356.70～5750.00	0.9279	88.1	3.50	1.28	0.73	0.42	2.45	2.58	4100						
	TZ722	5356.70～5750.00	0.8707	80.9	4.03	1.83	1.71	0.83	2.33	4.78							
	TZ722	5356.70～5750.00	0.9124	81.4	3.18	1.58	1.06	0.58	2.50	8.24	2900						
	TZ72	5125.00～5130.00	0.9278	88.2	3.16	1.23	0.71	0.39	1.30	3.68							
	TZ72	5125.00～5130.00	0.9389	90.0	3.18	1.04	0.54	0.30	0.93	3.26	750						

3）地层流体 PVT 分析

TZ83 井区内有 2 口井取得合格的 PVT 样品，分析结果表明均具有凝析气藏的特征（表4）。TZ83 井样品在地层条件下呈气液双相（微量液烃）。井流物的分类组成，C_1+N_2 为 90.88%，$C_{2-6}+CO_2$ 为 8.61%，C_{7+} 为 0.51%，置于三角相图上，属凝析气藏的范围（图2）。从相图上看，地层温度处于临界温度右侧。凝析油含量为 40.57g/m^3，最大反凝析液量为 0.88%。地露压差为 0，该储层流体为微含凝析油的凝析气藏。TZ721 井样品在地层条件下呈单一气相。井流物的分类组成，C_1+N_2 为 94.74%，$C_{2-6}+CO_2$ 为 4.75%，C_{7+} 为 0.51%，置于三角相图上，属凝析气藏的范围。从相图上看，地层温度处于临界温度右侧。凝析油含量 46.2g/m^3，最大反凝析液量为 12.51%。地露压差为 9.30，该储层流体为微含凝析油的凝析气藏（图 3）。研究认为，TZ83 井区的西北方向的两组走滑断裂是本井区后期气侵的主要气源断裂，因而 TZ83 井相比于 TZ721 井具有更高的气油比和较低的凝析油含量，两口井的高压物性分析结果与此相符，两口井很好地代表了 TZ83 井区凝析气藏的特征。

表 4　TZ83 井区 PVT 参数

井号	TZ83	TZ721
井段/m	5666.10～5684.70	5355.50～5505.00
日产油/m^3	14.20	12.96
日产气/m^3	308713	254152
气油比/（m^3/m^3）	21740	19610
地层压力/Mpa	61.67	64.46
露点压力/Mpa	61.67	56.16
地露压差/Mpa	0	9.30
临界凝析压力/Mpa	63.44	59.55
露点体积系数/[$10^{-3}m^3$/（标）m^3]	3.0521	3.2115
露点压力偏差系数	1.302	1.253

续表

井号	TZ83	TZ721
地层温度/°C	145.1	143.3
临界压力/Mpa	29.65	39.36
临界温度/°C	-122.1	-56.4
临界凝析温度/°C	387.3	341.3
凝析油含量/（g/m^3）	40.57	46.2
油罐油密度（20°C）/（g/cm^3）	0.8124	0.8216
结论	微含凝析油的凝析气藏	微含凝析油的凝析气藏

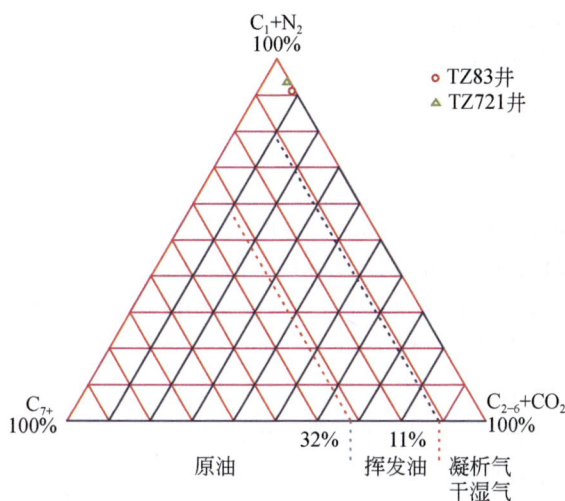

图 2 TZ83 区块下奥陶油气藏流体类型三角图

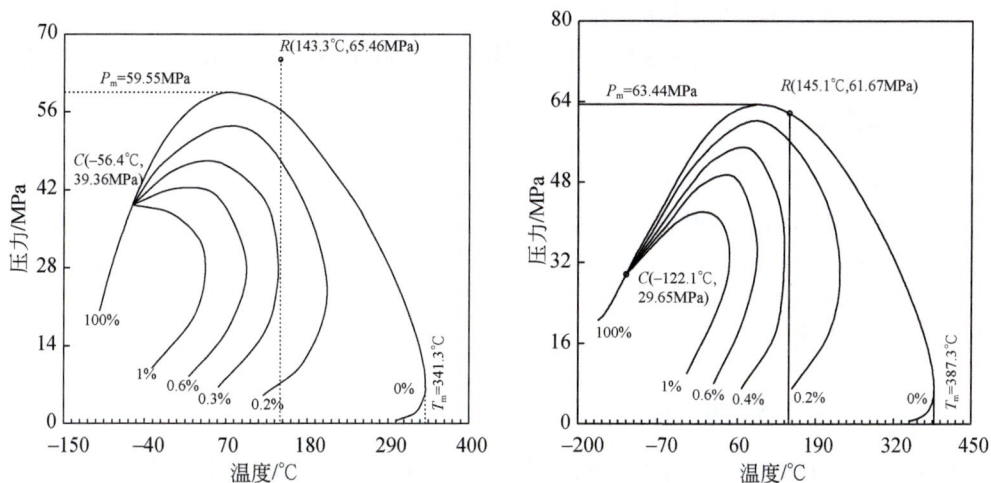

图 3 TZ83 井（左）和 721 井（右）奥陶系油气藏流体相态图

2 实验条件与方法

2.1 仪器

全二维气相色谱-飞行时间质谱仪（GC×GC-TOFMS），美国 Leco 公司产品（Li et al., 2008）。GC×GC 系统由配有氢火焰离子化检测器（FID）的 Agilent 7890A 气相色谱仪和双喷口冷热调制器组成；飞行时间质谱仪是美国 Leco 公司生产的 Pegasus 4D；工作站为 Chroma TOF 软件。

2.2 样品前处理

由于 TZ83 井样品是凝析油，为防止轻组分的挥发，本实验不采用任何前处理方法，直接对原油进行分析。取约 30μL 的凝析油，加入配制好的 $C_{24}D_{50}$ 标准溶液（溶剂为 CH_2Cl_2），待分析。

2.3 GC×GC-TOFMS 分析方法

一维色谱柱是 Petro 的 50m×0.2mm×0.5μm，升温程序为 35℃保持 0.2min，以 1.5℃/min 的速率升到 210℃保持 0.2min，再以 2℃/min 的速率升到 300℃保持 20min。二维色谱柱是 DB-17HT 的 3m×0.1mm×0.1μm，采用与一维色谱相同的升温速率，温度比一维色谱高 5℃。调制器温度比一维色谱高 45℃。进样口温度为 300℃，分流进样模式，分流比 700∶1，进样量 0.5μL。以氢气为其载气，流速设定为 1.5mL/min。调制周期 10s，其中 2.5s 热吹时间。质谱方面，传输线和离子源温度分别为 300℃和 240℃，检测器电压为 1600V，质量扫描范围 40～520amu，采集速率为 100 谱图/s，溶剂延迟时间为 9min。

2.4 GC×GC-FID 分析方法

采用与 GC×GC-TOFMS 相同的色谱实验条件。载气、氢气、空气的流速分别为 50、40、450mL/min。检测器温度为 320℃，采集频率为 200 谱图/s，溶剂延迟时间为 9min。

2.5 定量方法

用 GC×GC-FID 直接分析凝析油，其化合物的族组成采用峰面积归一化法进行定量。在凝析油样品中加入 D_{16}-金刚烷（溶剂为 CH_2Cl_2），用内标法得到凝析油中常规金刚烷类化合物的定量结果。

3 结果与讨论

3.1 原油的化合物族组成信息

用 GC×GC-TOFMS 分析 TZ83 井凝析油样品，在信噪比 100 以上共检测到 4778 个化合物。根据 TOFMS 提供的质谱信息和全二维谱图特征，用 ChromaTOF 软件将这些化合物分成十大类。采用相同的升温程序用 GC×GC-FID 再次分析该油样（谱图如图 4 所示），依靠 GC×GC-TOFMS 的分类结果在 GC×GC-FID 的谱图上进行族组分划分（Wang et al.,

2012），采用峰面积归一化法得到 TZ83 井凝析油样品的族组分定量结果（见图 4）。TZ83 井凝析油样品的饱和烃、芳烃、非烃含量分别为 92.69%、7.18%和 0.12%。其中烷烃（包括正构烷烃和异构烷烃）含量高，占原油总质量的 72.79%，检测范围 $nC_6 \sim nC_{33}$，主峰碳是 nC_{11}。环烷烃（包括单环烷烃和多环烷烃）含量次之，占总质量的 19.91%。单环烷烃中存在长链烷基取代的环己烷和环戊烷系列化合物，且相对含量较高，分别占总质量的 1.5% 和 1.2%。多环烷烃中存在含量较高的单金刚烷系列化合物，其质量占总质量的 0.2%，在 FID 谱图上清晰可见 [图 4（a）中所示]。芳烃中单环芳烃含量最高，占总质量的 5.26%。单环芳烃中含量最高的是苯、甲苯、二甲基苯系列、三甲基苯系列化合物，分别占总质量的 0.10%、0.45%、0.98%、1.00%。TZ83 井样品中存在一系列长侧链取代的化合物 [图 4（d）中所示]，包括长侧链取代的环己烷、环戊烷、甲基环己烷、苯、甲苯和二甲苯，其能检测到的化合物碳数分别为 C_{33}、C_{33}、C_{26}、C_{24}、C_{18}，与渤海湾盆地 ND1 井样品相比（Zhu et al.，2013a），TZ83 井中长侧链取代化合物的碳数少，且未检测到长侧链取代的十氢化萘

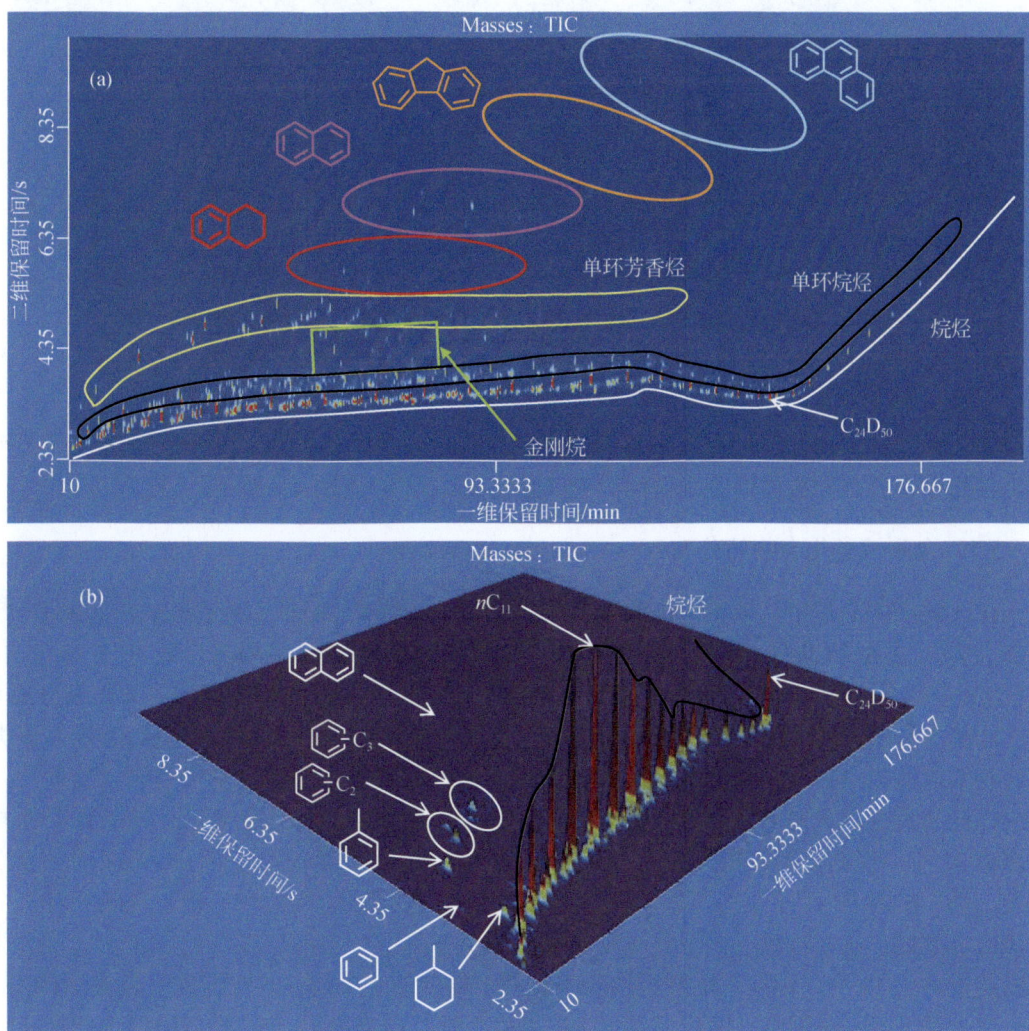

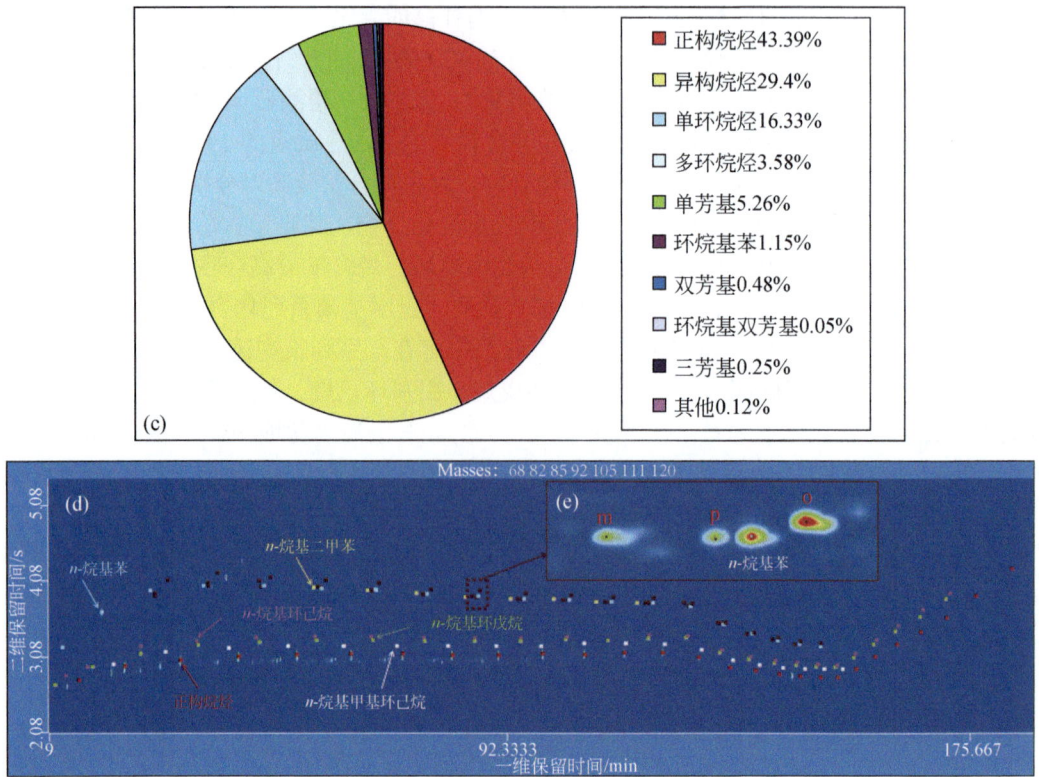

图 4　TZ83 井凝析油样在 GC×GC-FID 下的 TIC 谱图与化合物族组分信息

(a) 为全二维点阵图；(b) 为基于全二维气相色谱的三维立体图；(c) 为族组分定量结果；(d) 为长侧链取代化合物的全二维
点阵图，图中不同种类的长侧链取代化合物用不同颜色的点表示；(e) 为图 d 中的局部放大图

系列化合物（m/z 137），但存在丰富的长侧链取代单环芳烃化合物，其中长侧链取代的甲苯化合物存在三个异构体，分别是间、对、邻（m、p、o）[图 4（f）所示]。

3.2　金刚烷类化合物的分布

在已发表的文献中，被鉴定出的单金刚烷系列化合物是 23 个（Wei et al., 2006），但是在 TZ83 井凝析油样品中，发现存在更为丰富的单金刚烷系列化合物（图 5），在 GC×GC-TOFMS 的选择离子谱图上，将单金刚烷系列化合物按照特征离子的不同划分成 6 类（如图 5 所示）：①特征离子是 m/z 135 的化合物为第一类，在图中以黄色点表示。该类化合物共检测出 12 个，根据谱图解析推断为有一个取代的金刚烷，取代基包含的碳数为 $C_1 \sim C_5$；②特征离子是 m/z 149 的化合物为第二类，在图中以棕色点表示。该类化合物共检测出 32 个，根据谱图解析推断为有两个取代的金刚烷；③特征离子是 m/z 163 的化合物为第三类，在图中以蓝色点表示。该类化合物共检测出 44 个，根据谱图解析推断为有三个取代的金刚烷；④特征离子是 m/z 177 的化合物为第四类，在图中以红色点表示。该类化合物共检测出 51 个，根据谱图解析推断为有四个取代的金刚烷；⑤特征离子是 m/z 191 的化合物为第五类，在图中以橘色点表示。该类化合物共检测出 18 个，根据谱图解析推断为有 5 个取代的金刚烷；⑥最后一类是特征离子 m/z 136 的金刚烷，在图中以紫色点表示。

图 6 清晰地列出了不同取代基的金刚烷系列化合物在各自特征离子下的分布情况，其中标记出序号的化合物是在已发表的资料中被鉴定出来的，用 GC×GC-FID 分析，D_{16}-金刚烷为内标化合物，得到它们的定量结果（列于表 5）。

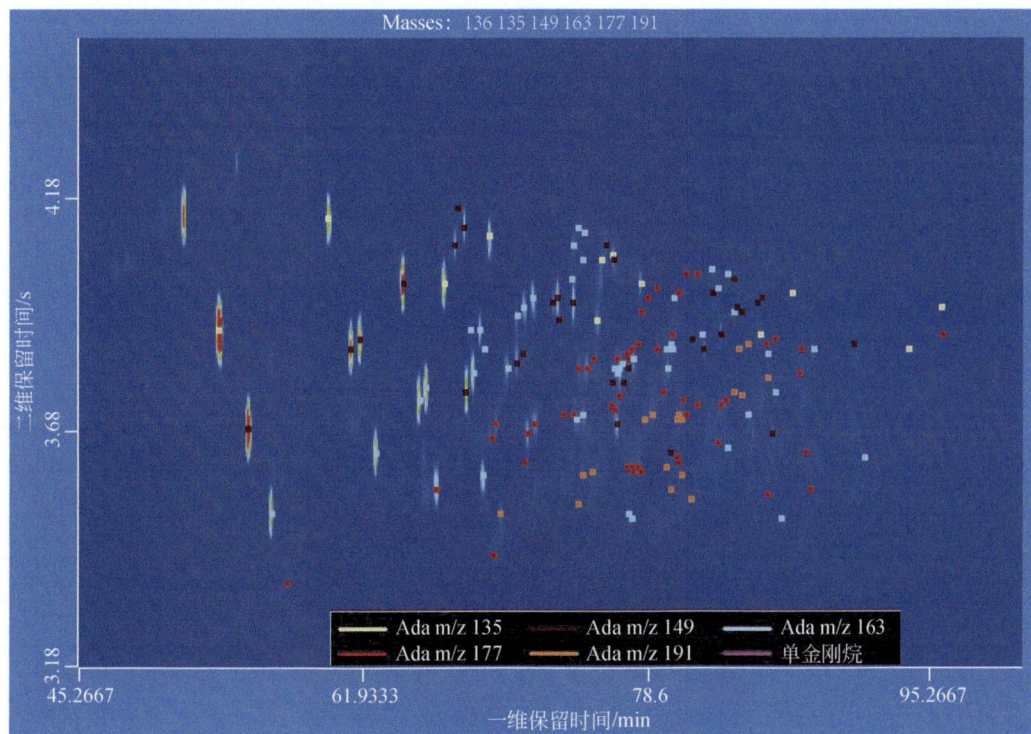

图 5　TZ83 井凝析油样品在选择离子 m/z 136、135、149、163、177、191 下的全二维点阵图

图中标记了单金刚烷系列化合物的分布情况

表 5　TZ83 井凝析油样品金刚烷类化合物定量结果

样品	化合物	浓度/（mg/kg）
1	金刚烷	553.2
2	1-甲基金刚烷	1456
3	1，3-二甲基金刚烷	1149.9
4	1，3，5-三甲基金刚烷	612.9
5	1，3，5，7-四甲基金刚烷	1901.2
6	2-甲基金刚烷	395.4
7	1，4-二甲基金刚烷（cis）	620.4
8	1，4-二甲基金刚烷（trans）	458.7
9	1，3，6-三甲基金刚烷	383.1
10	1，2-二甲基金刚烷	706.2
11	1，3，4-三甲基金刚烷（cis）	491.2

续表

样品	化合物	浓度/（mg/kg）
12	1，3，4-三甲基金刚烷（trans）	539.6
13	1，2，5，7-四甲基金刚烷	483.8
14	1-乙基金刚烷	179.8
15	1-乙基-3-甲基金刚烷	278.7
16	1-乙基-3，5-二甲基金刚烷	214.1
17	2-乙基金刚烷	91.5
18	1，2，3，5，7-五甲基金刚烷	6.4
19	双金刚烷	126.5
20	4-甲基双金刚烷	101.3
21	4，9-二甲基双金刚烷	23.4
22	1-甲基双金刚烷	67.6
23	1，4-+2，4-二甲基双金刚烷	31.9
24	4，8-二甲基双金刚烷	42.4
25	1，4，9-三甲基双金刚烷	43.7
26	3-甲基双金刚烷	55.2
27	3，4-二甲基双金刚烷	47.6

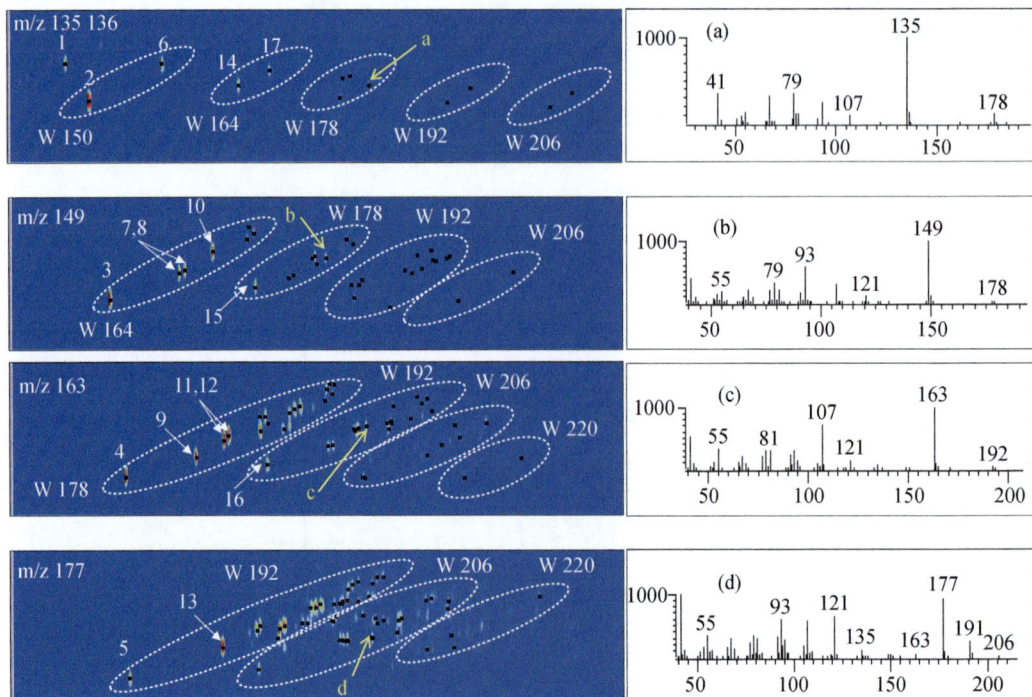

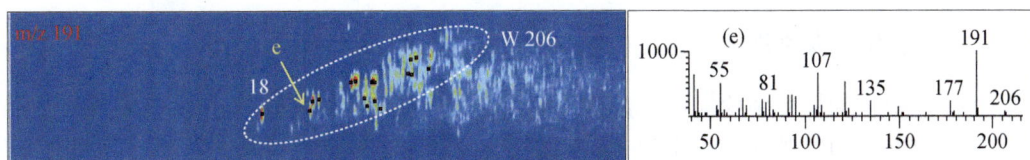

图 6　TZ83 井凝析油样品在选择离子 m/z 136、135、149、163、177、191 下的全二维点阵图

图中标记了不同取代基的单金刚烷系列化合物的分布情况 W 表示化合物的分子质量，相同特征质量数的同系列化合物，以相邻分子量差一个 CH_2 的规律排列图中标记的化合物 a-e，其质谱图列于右侧

此外，该样品中能检测到双金刚烷类化合物，图 7 展示了双金刚烷化合物的分布情况。图中标记出序号的化合物有 9 个，是在已发表资料中被鉴定出来的，用 GC×GC-FID 分析得到的定量结果列于表 4。除此之外还新发现有 5 个化合物，它们的质谱图与双金刚烷系列化合物相似。将其中两个化合物的质谱图列于图 7（b）、7（c）。从图 7（b）上可看出，该化合物的特征离子是 m/z 201，主要碎片离子为 m/z 55、79、105、131、159，这些都与二甲基取代的双金刚烷一致。此外该化合物在全二维谱图上的二维保留时间也与已知的二甲基取代的双金刚烷相近，说明它们的极性相近。因此推断图 7（a）中用粉圈标记的三个化合物为二甲基取代的双金刚烷，但取代基位置不知。同理推断图 7（a）中用黄圈标记的两个化合物为三甲基取代的双金刚烷，取代基位置不知。

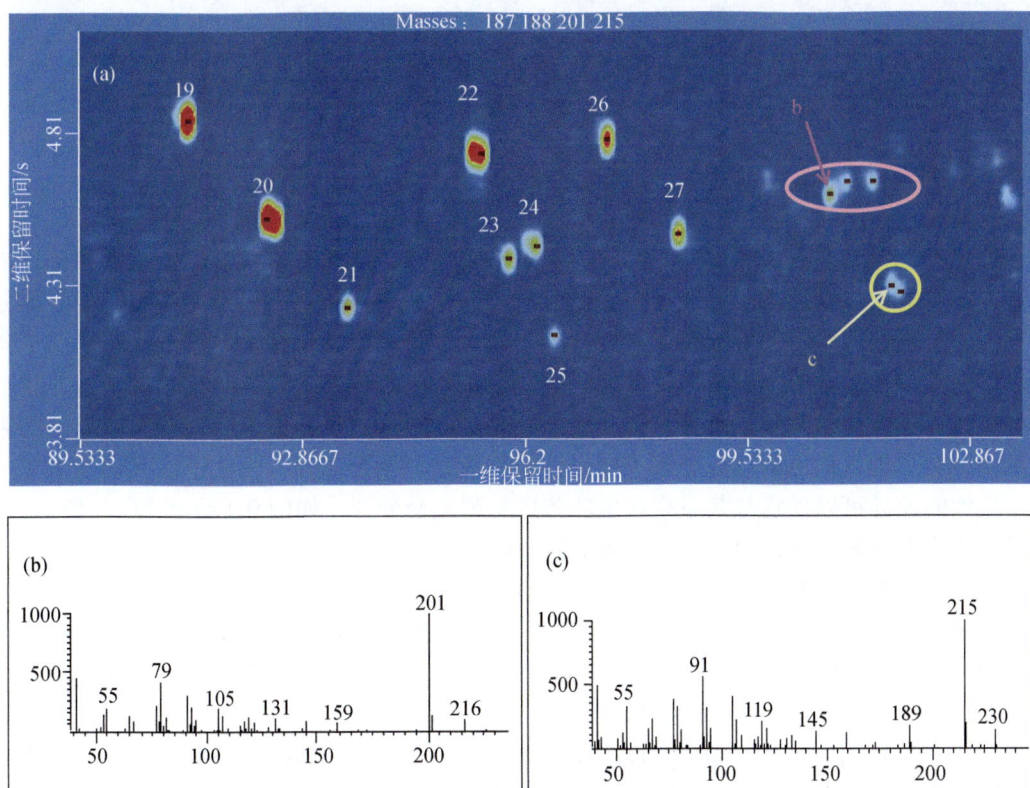

图 7　（a）TZ83 井凝析油样品在选择离子 m/z 187、188、201、215 下的全二维点阵图

图中标记了不同取代基的双金刚烷系列化合物的分布情况（a）中标记出 b、c 两个化合物，其质谱图列于（b）（c）

3.3　含硫化合物的分布

TZ83 井凝析油样品中检测出一系列含硫化合物（图 8），包括烷基苯并噻吩系列（m/z 147、161、175）和二苯并噻吩系列（m/z 184、198、212）。其中烷基苯并噻吩系列共检测到 $C_1 \sim C_3$ 取代的化合物，二苯并噻吩系列共检测到 C_2 取代的化合物。

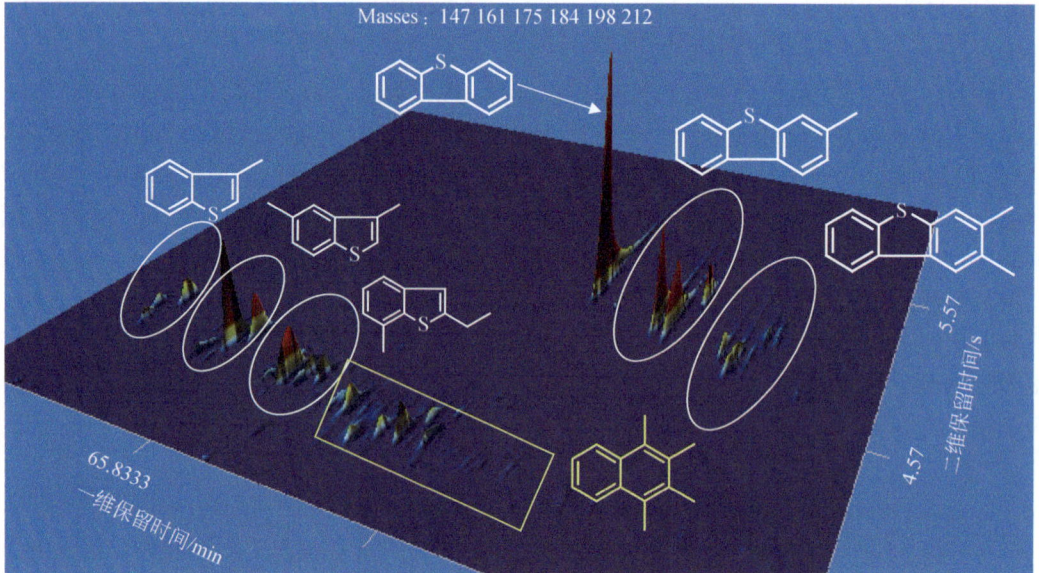

图 8　TZ83 井凝析油样品在选择离子 m/z 147、161、175、184、198、212 下的全二维点阵图
图中标记了不同结构硫系列化合物的分布情况

如图 9 所示，烷基苯并噻吩系列化合物的沸点与苯、环烷基取代苯以及萘系列化合物相近，在常规的一维色谱图上经常重叠在一起，即使在质谱条件下也不能将它们很好地分开。因为烷基苯并噻吩的特征离子和碎片离子与一些单环芳烃化合物一样，在选择离子条件下，易受单环芳烃的影响形成共馏峰。因此在常规一维色谱上，低含量的烷基苯并噻吩系列化合物不能被检测到，高含量的即使被检测到，得到的也是共馏峰，峰面积积分结果不准确。全二维气相色谱可以分离不同极性的化合物。用全二维气相色谱检测烷基苯并噻吩，极性的差异可以使它与萘系列和单环芳烃系列完全分开［如图 9（a）～（c）所示］，不受这些化合物的干扰，得到更加准确的定量结果。

同理，二苯并噻吩类化合物在常规一维色谱下也易受共馏峰的干扰，用全二维气相色谱检测效果更好（图 10）。图 9（d）～（f）是图 9（a）～（c）中标记的 a、b、c 化合物的质谱图。图 9（d）中的两张质谱图，上面的是 TOFMS 采集到的化合物 a 的质谱图，下面是 NIST 谱库中标准物质的质谱图，上面谱图与下面谱图的相似程度为 892‰。分别比较图 9（d）～（f）中上下两张质谱图发现，采集到的化合物质谱图与 NIST 谱库中标准物质的谱图在离子碎片上完全一致，说明他们是结构相似的化合物，且相似度达到近 900‰，说明化合物 a、b、c 就是一甲基、二甲基和三甲基取代的烷基苯并噻吩，只是取代基位置不能确定。

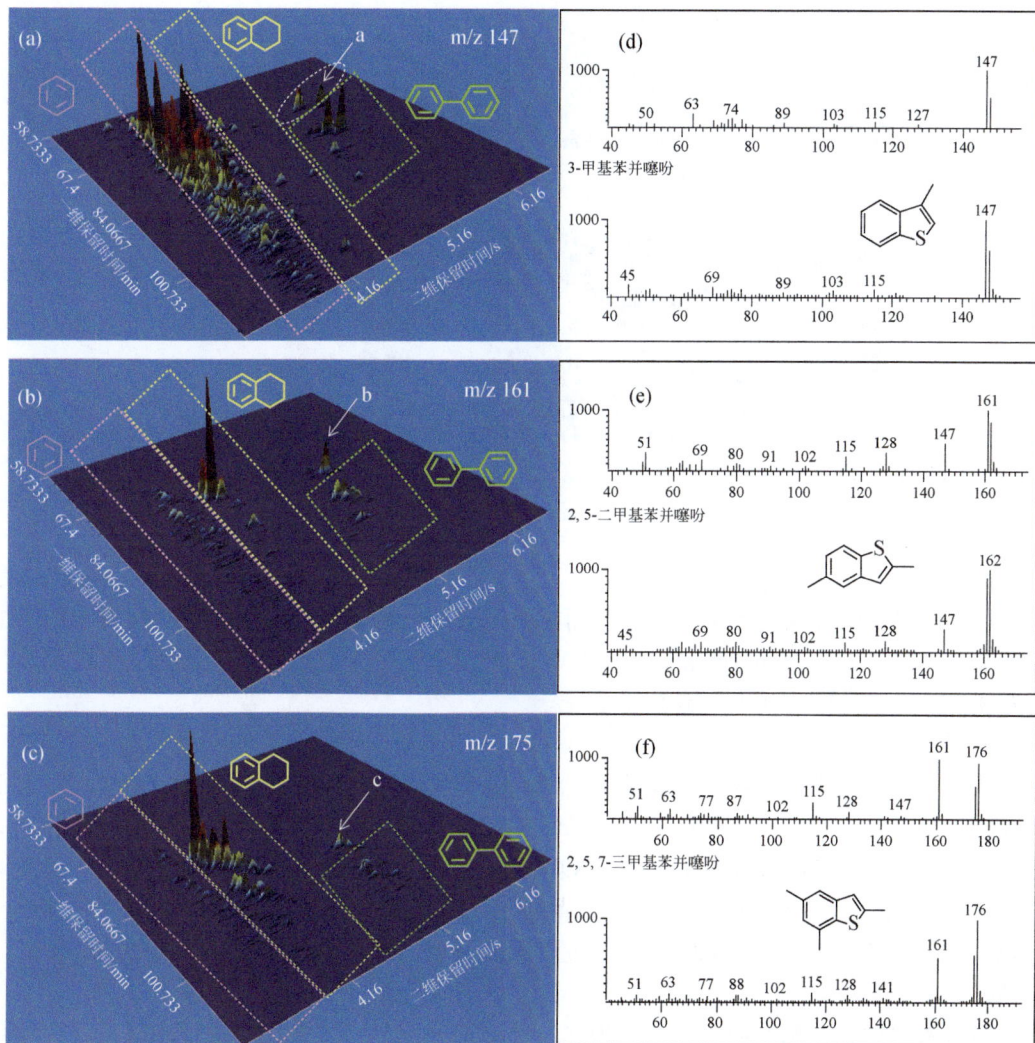

图 9   TZ83 井凝析油样品在选择离子 m/z 147、161、175 下的全二维气相色谱的三维立体图

（a）在选择离子 m/z 147 下的全二维气相色谱的三维立体图；（b）在选择离子 m/z 61 下的全二维气相色谱的三维立体图；（c）在选择离子 m/z 175 下的全二维气相色谱的三维立体图。图中粉色区域标记出苯系列化合物的出峰位置，黄色区域标记出环烷烃取代苯系列化合物的出峰位置，绿色区域标记出双环芳烃（如联苯）系列化合物的出峰位置。图中标记出的 a、b、c 化合物，其质谱图列于右侧的图（d）（e）（f）中

3.4 TZ83 井凝析油的成因

1）原油

TZ83 井区流体性质复杂，存在凝析气藏和油藏。从图 1 可以看出，TZ83、TZ83-1、TZ721、TZ726 等井，分布在凝析气藏区域，而 TZ722 等井，处于油藏分布区。因此，从原油物性和天然气组成上看，凝析气藏和油藏性质差异十分明显（表 1、表 2）。已有研究表明，塔中地区油气成藏过程复杂，存在多期油气充注与成藏（Zhu et al.，2011；Zhang et al.，2011a；Zhou，2013；Wang et al.，2013）。从原油组成来看，凝析油的密度明显比正常油重，这是很不正常的一种现象，导致密度变重的主要原因是凝析油中蜡含量很高，含

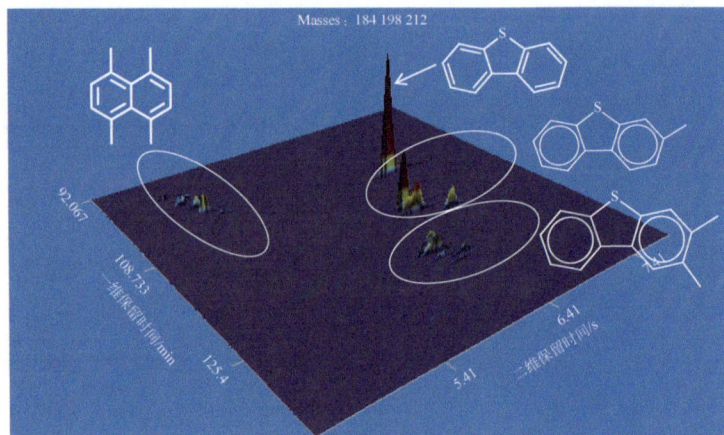

图 10　TZ83 井凝析油样品在选择离子 m/z 184、198、212 下的全二维气相色谱的三维立体图

图中标记了二苯并噻吩系列化合物的分布情况

蜡量占 20%以上,海相高蜡原油主要是由于天然气充注油藏,发生气侵分馏,天然气携带着原油中的轻质组分向更浅部位运移,而重质组分则残留下来,从而导致凝析油中蜡质组分含量高、密度大(Zhang et al.,2011b),这一现象从一个方面说明了该区发生过天然气的充注,对油藏进行过次生改造。

2)天然气

从天然气组分来看,凝析气藏中天然气以干气为主,天然气干燥系数(C_1/C_{1+})大于0.96(表 3);而 TZ722 等油藏中,天然气属于湿气,干燥系数小于 0.94,乙烷含量大于 3%。凝析气藏单井产气量高,气油比可达 44897m³/m³ 左右;而油藏区单井产气量较低,气油比小于 200m³/m³。从碳同位素组成来看,凝析气田中,天然气中甲烷的 $\delta^{13}C_1$ 值在-38‰～-39‰,$\delta^{13}C_2$ 值在-32‰～-36‰,碳同位素明显偏重,属于高成熟的裂解气(Zhu et al.,2013b)。

塔里木盆地是在第四纪到达最大埋深,地温梯度也是自二叠纪以来逐渐降低,也就是说目前油藏深度是历史上最大埋深(图 11),温度也是最高时期。TZ83 井实测储层温度为139.5℃(深度 5500m),井区温度梯度为 2.02℃/100m,奥陶系油藏远没到达大规模裂解条件。也就是说,现今油气藏中的裂解气肯定不是原地油藏裂解而成的,而是来自于更深的古油藏裂解成气,而后运移至上部奥陶系储集层中。

3)凝析气藏的形成过程

气侵分馏作用对流体组分和性质的强烈影响已经在多个盆地得到证实(Leythaeuser et al.,2007;Losh and Cathles,2010;Sharaf and Nady,2006;Volk et al.,2002;Matyasik et al.,2000),而且实验室也得到印证(Hammami and Ratulowski,2007)。因此,该区之所以同时出现两种类型的油气藏,说到底是由于接受晚期天然气充注(气侵)的差异所引起的。晚期天然气强烈充注,对早期古油藏进行改造,形成凝析气藏;由于输导条件或储集条件等因素影响,晚期没有接受天然气充注,或者充注强度很低,对早期油藏改造十分微弱,原油性质受其影响很小,仍然保持着油藏的状态。

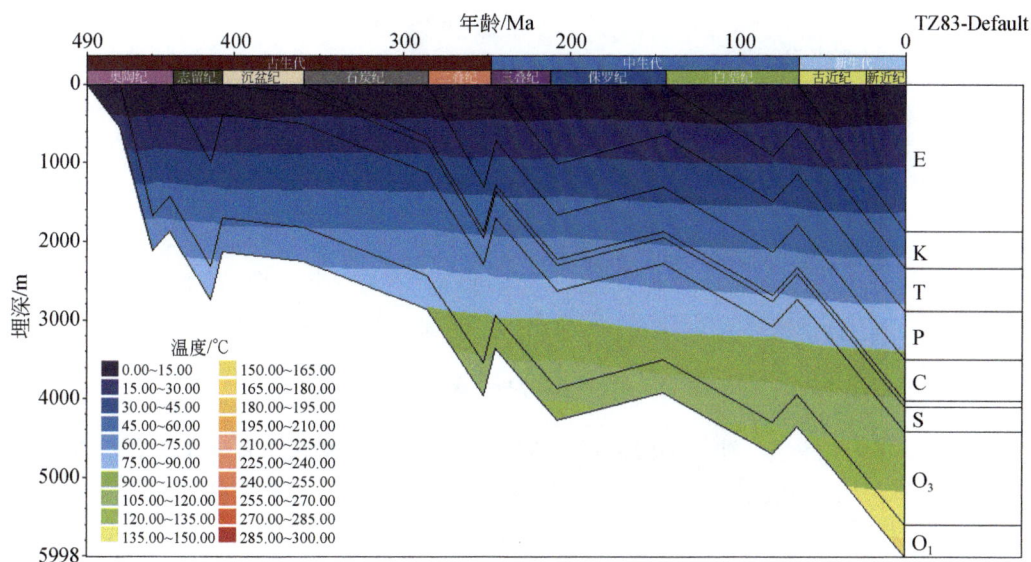

图 11　TZ83 井埋藏史曲线图

这两种类型油气藏的形成明显受控于晚期气侵强度的差异，而晚期天然气充注强度则取决于多种因素。其中，断裂输导系统是关键因素。塔中地区晚喜马拉雅期天然气来自于深部古油藏的裂解，走滑断裂作为天然气晚期气侵的运移输导通道，对凝析气藏的形成起主要控制因素（图 12）。这些断裂附近的储集体和圈闭，易于接受晚期天然气充注，早期油藏被改造较强，以形成凝析气藏为主。远离走滑断裂的油藏，由于处于气源充注的末端，能量下降，受气侵作用的影响弱，毅然保持油藏状态。

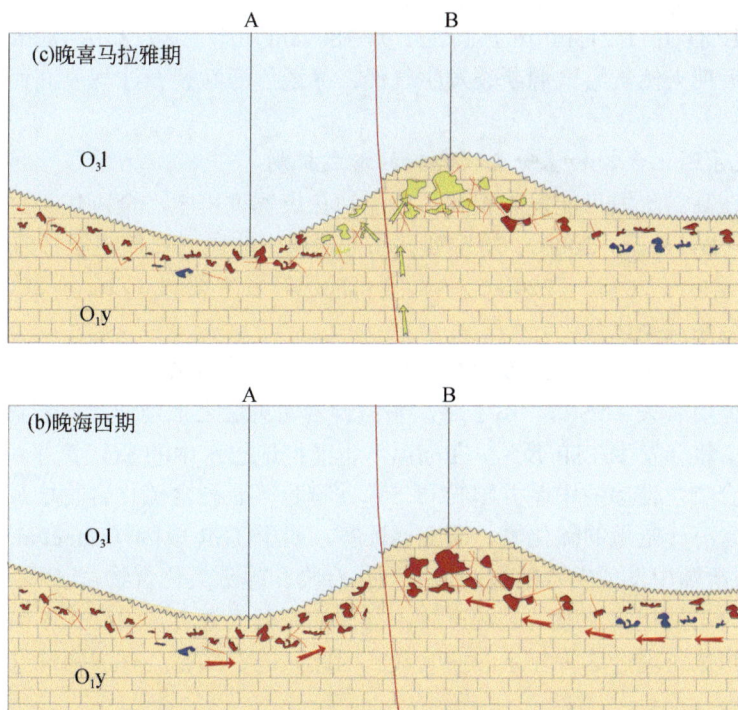

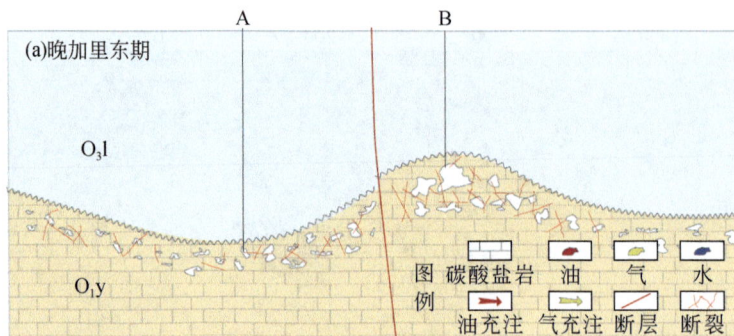

图12   塔中地区凝析气藏的形成过程

TZ83 井区下奥陶统产油气层段海拔从 5240m 至 5650m 左右均有分布，高差达 410m；从构造位置看，局部构造高点、低部位都发现了工业油气流，且井区外围高部位有水井存在；油气纵向分布大于井区局部构造的闭合幅度，表明 TZ83 井区油气分布不受局部构造控制。断裂造成塔中下奥陶统鹰山组流体相态复杂。塔中下奥陶统油气藏油气主要来自于寒武系烃原岩。寒武系烃源层处在沉积层序的最下部位，只有靠由烃源层切达储层的断裂才能实现油气的垂向运聚，才能实现油气在储层内的运聚成藏，距离断裂较远部位油气充注较弱，储层流体以水为主。

在 TZ83 井区北西方向，发育两条北东走向的二级断裂，这两条断裂是该区重要的气源断裂。喜马拉雅期，天然气经此两条气源断裂到达下奥陶岩溶储层后，自北西向南东方向气侵。由于碳酸盐岩的非均质性，在 TZ726 和 722 井之间有连通性相对较差储层存在，受其影响，TZ726 井以东气侵程度变小（图1）。这也造成了 TZ83—TZ721 井区为气区，而 TZ722 井区为油区。气区地层压力系数（1.16）比油区（1.12）高，从北西向南东气油比依次降低（TZ83 井 21213m³/m³，TZ721 井 18698m³/m³，TZ722 井 180m³/m³）。这些现象，也证明了后期天然气沿气源断裂发生气侵，靠近气源断裂充注程度高而远离气源断裂充注程度低。

4）金刚烷系列化合物和噻吩类化合物的形成机制

由于原油在高温阶段可能发生裂解，而原油在裂解过程中，金刚烷类化合物可能会不断生成并富集（Wei et al.，2006）。塔中寒武系盐岩层下的白云岩储集层目前埋深在 8500～11000m，储层温度在约 180～220℃，古油藏可能已经发生裂解（Zhu et al.，2012），从而形成了丰富的金刚烷类化合物。

含硫化合物，包括烷基苯并噻吩系列和二苯并噻吩系列化合物的形成，很可能与硫酸盐热化学还原作用有关（TSR）。由于寒武系白云岩储集层之上是一套膏岩盖层，地层水中富含 SO_4^{2-} 离子，将会发生 TSR 反应，在高温下也能把地层水中的 SO_4^{2-} 离子中的硫变成 H_2S 和有机含硫化合物，使原油中苯并噻吩和二苯并噻吩等系列含硫化合物增加。塔中地区凝析气藏中普遍含有一定量的硫化氢，研究已证实，属于 TSR 成因（Cai et al.，2009）。

TZ83 井凝析油中发现丰富的金刚烷系列化合物和噻吩类化合物，与深层天然气的充注有关，很可能来自深层古油藏的裂解产物，与原油裂解气混合，沿深大断裂向浅层运移聚集，在奥陶系形成了现今这种复杂的油气藏。因此，塔中深层具有油裂解气的勘探潜力。

4　结论

运用全二维气相色谱-飞行时间质谱仪（GC×GC-TOFMS）等方法，在塔里木盆地奥陶系海相凝析油中发现了丰富的单金刚烷系列化合物，并检测到双金刚烷类化合物，以及一系列含硫化合物，包括烷基苯并噻吩系列和二苯并噻吩系列。

由于该油气藏储层温度达不到原油裂解温度条件，而该凝析油的密度明显比正常油重，含蜡量高；凝析气藏中天然气以干气为主，碳同位素明显偏重，属于高成熟的裂解气，因此，现今油气藏中的裂解气来自于更深的油藏裂解成气，海相高蜡原油主要是由于天然气充注油藏，发生气侵分馏，从而导致凝析油中蜡质组分含量高、密度大。

塔中寒武系白云岩储集层埋深在 8500～11000m，储层温度在约 180～220℃，古油藏可能发生裂解，从而形成了丰富的金刚烷类化合物。含硫化合物的形成，可能与硫酸盐热化学还原作用有关（TSR），在高温下也能把地层水中的 SO_4^{2-} 离子中的硫变成 H_2S 和有机含硫化合物，使原油中苯并噻吩和二苯并噻吩等系列含硫化合物增加。而这些丰富的金刚烷系列化合物和噻吩类化合物，与深层天然气的充注有关，可能来自深层古油藏的裂解产物，与原油裂解气混合，沿深大断裂向浅层运移聚集，在奥陶系形成了现今这种复杂的油气藏。因此，塔中深层具有油裂解气的勘探潜力。

参 考 文 献

Behar F, Lorant F, Mazeas L. 2008. Elaboration of a new compositional kinetic schema for oil cracking. Organic Geochemistry, 39: 764-782.

Bernard B, Brooks J, Sackett W. 1978. Light hydrocarbons in recent Texas continental shelf and slope sediments. Journal of Geophysical Research, 83: 4053-4061.

Bjorøy M, Williams J A, Dolcater D L, et al. 1988. Variation in hydrocarbon distribution in artificially matured oils. Organic Geochemistry, 13: 901-913.

Cai C F, Zhang C M, Cai L L, et al. 2009. Origins of Palaeozoic oils in the Tarim Basin: evidence from sulfur iso-topes and biomarkers. Chemical Geology, 268: 197-210.

Cao J, Wang X L, Sun P A, et al. 2012. Geochemistry and origins of natural gases in the central Junggar Basin, northwest China. Organic Geochemistry, 53: 166-176.

Dahl J E, Moldowan J M, Peters K E, et al. 1999. Diamondoid hydrocarbons as indicators of natural oil cracking. Nature, 399: 54-57.

Dai J X, Zou C N, Qin S F, et al. 2008. Geology of giant gas fields in China. Marine and Petroleum Geology, 25: 320-334.

Hammami A, Ratulowski J. 2007. Precipitation and deposition of asphaltenes in production systems: a flow overview. In: Mullins O C, Sheu E Y, Hammami A(eds). Asphaltenes, Heavy Oils and Petroleomics. New York City: Springer.

Hanin S, Adam P, Kowalewski I, et al. 2002. Bridgehead alkylated 2-thiaadamantanes: novel markers for sulfurization occurring under high thermal stress in deep petroleum reservoirs. Journal of the Chemical Society, Chemical Communications, 1750-1751.

Hao F, Guo T L, Zhu Y M, et al. 2008. Evidence for multiple stages of oil cracking and thermochemical sulfate reduction in Puguang gas field, Sichuan Basin, China. AAPG Bulletin, 92: 611-637.

Hill R J, Tang Y, Kaplan I R. 2003. Insight into oil cracking based on laboratory experiments. Organic Geochemistry, 34: 1651-1672.

Horsfield B, Schenk H J, Mills N, et al. 1992. Closed-system programmed-temperature pyrolysis for simulating the conversion of oil to gas in a deep petroleum reservoir. Organic Geochemistry, 19: 191-204.

Jin Q, Zhao X Z, Jin F M, et al. 2014. Generation and accumulation of hydrocarbons in a "buried hill" structure in the Baxian depression, Bohai bay basin, eastern China. Journal of Petroleum Geology, 37 (4) : 391-404.

Krouse H R, Viau C A, Eliuk L S, et al. 1988. Chemical and isotopic evidence of thermochemical sulphate reduction by light hydrocarbon gases in deep carbonate reservoirs. Nature, 333: 415-419.

Larter S, Wilhelms A, Head I, et al. 2003. The controls on the composition of biodegraded oils in the deep subsurface-part1: biodegradation rates in petroleum reservoirs. Organic Geochemistry, 34: 601-613.

Leythaeuser D, Keuser C, Schwark L. 2007. Molecular memory effects recording the accumulation history of petroleum reservoirs: a case study of the Heidrun Field, offshore Norway. Marine and Petroleum Geology, 24: 199-220.

Li M, Zhang S, Jiang C, et al. 2008. Two-dimensional gas chromatograms as fingerprints of sour gas-associated oils. Organic Geochemistry, 39: 1144-1149.

Li S F, Cao J, Hu S Z, et al. 2014. Analysis of terpanes in biodegraded oils from China using comprehensive two-dimensional gas chromatography with time-of-flight mass spectrometry. Fuel, 133: 153-162.

Li S F, Hu S Z, Cao J, et al. 2012. Diamondoid characterization in condensate by comprehensive two-dimensional gas chromatography with time-of-flight mass spectrometry: the Junggar Basin of northwest China. International Journal of Molecular Sciences, 13: 11399-11410.

Losh S, Cathles L. 2010. Phase fractionation and oil-condensate mass balance in the South Marsh Island Block 208-239 area, offshore Louisiana. Marine and Petroleum Geology, 27: 469-475.

Losh S, Cathles L, Meulbroek P. 2002. Gas-washing of oil along a regional transect, offshore Louisiana. Organic Geochemistry, 33: 655-664.

Matyasik I, Steczko A, Philp R P. 2000. Biodegradation and migrational fractionation of oil from the Eastern Carpathians, Poland. Organic Geochemistry, 31: 1509-1523.

Pan C C, Jiang L L, Liu J Z, et al. 2010. The effects of calcite and montmorillonite on oil cracking in confined pyrolysis experiments. Organic Geochemistry, 41 (7) : 611-626.

Schenk H J, Di P R, Horsfield B. 1997. The conversion of oil into gas in petroleum reservoirs. Part1: comparative kinetic investigation of gas generation from crude oils of lacustrine, marine and fluviodeltaic origin by programmed temperature closed-system pyrolysis. Organic Geochemistry, 26: 467-481.

Schoell M. 1983. Modeling thermogenic gas generation using carbon isotope ratios of natural gas hydrocarbons. AAPG Bulletin, 67: 2225-2238.

Sharaf L, Nady M. 2006. Application of light hydrocarbon (C_{7+}) and biomarker analyses in characterizing oil from wells in the north and north central Sinai, Egypt. Petroleum Science and Technology, 24: 607-627.

Tang Y, Perry J K, Jenden P D, et al. 2000. Mathematical modeling of stable isotope ratio in natural gases. Geochimica et Cosmochimica Acta, 64: 2673-2687.

Thompson K F M. 1987. Fractionated aromatic petroleums and the generation of gas-condensates. Organic

Geochemistry, 11: 573-590.

Thompson K F M. 1988. Gas-condensate migration and oil fractionation in deltaic systems. Marine and Petroleum Geology, 5: 237-246.

Tian H, Wang Z M, Xiao Z Y, et al. 2006. Oil cracking to gases: kinetic modeling and geological significance. Chinese Science Bulletin, 51: 2763-2770.

Tian H, Xiao X M, Wilkins R W T, et al. 2008. New insight into the volume and pressure changes during the thermal cracking of oil to gas in reservoirs: implications for the in-situ accumulation of gas cracked from oils. AAPG Bulletin, 92: 181-200.

Tian H, Xiao X M, Wilkins R W T, et al. 2010. Genetic origins of marine gases in the Tazhong area of the Tarim basin, NW China: implications from the pyrolysis of marine kerogens and crude oil. International Journal of Coal Geology, 80: 17-26.

Tsuzuki N, Takeda N, Suzuki M, et al. 1999. The kinetic modeling of oil cracking by hydrothermal pyrolysis experiments. International Journal of Coal Geology, 39: 227-250.

Ungerer P, Behar F, Villalba M, et al. 1988. Kinetic modelling of oil cracking. Organic Geochemistry, 13: 857-868.

Volk H, Horsfield B, Mann U, et al. 2002. Variability of petroleum inclusions in vein, fossil and vug cements-a geochemical study in the Barrandian Basin (Lower Paleozoic, Czech Republic). Organic Geochemistry, 33: 1319-1341.

Wang H T, Zhang S C, Weng N, et al. 2012. Analysis of condensate oil by comprehensive two-dimensional gas chromatography. Petroleum Exploration and Development, 39: 132-138.

Wang Z M, Su J, Zhu G Y, et al. 2013. Characteristics and accumulation mechanism of quasi-layered Ordovician carbonate reservoirs in the Tazhong area, Tarim Basin. Energy Exploration & Exploitation, 31 (4): 545-567.

Wei Z B, Moldowan J, Michael P A. 2006. Diamondoids and molecular biomarkers generated from modern sediments in the absence and presence of minerals during hydrous pyrolysis. Organic Geochemistry, 37: 891-911.

Wei Z B, Moldowan J, Zhang S C, et al. 2007. Diamondoid hydrocarbons as a molecular proxy for thermalmaturity and oil cracking: geochemical models from hydrous pyrolysis. Organic Geochemistry, 38: 227-249.

Whiticar M. 1999. Carbon and hydrogen isotope systematics of bacterial formation and oxidation of methane. Chemical Geology, 161: 291-314.

Wilhelms A, Larter S R, Leythaeuser D, et al. 1990. Recognition and quantitation of the effects of primary migration in a Jurassic clastic source-rock from the Norwegian continental shelf. Organic Geochemistry, 16: 103-113.

Worden R H, Smalley P C, Oxtoby N H. 1996. The effects of thermochemical sulfate reduction upon formation water salinity and oxygen isotopes in carbonate reservoirs. Geochimica et Cosmochimica Acta, 60: 3925-3931.

Xia X, Tang Y. 2012. Isotope fractionation of methane during natural gas flow with coupled diffusion and adsorption/desorption. Geochimica et Cosmochimica Acta, 77: 489-503.

Zhang S C, Su J, Wang X W, et al. 2011b. Geochemistry of Palaeozoic marine petroleum from the Tarim Basin, NW China: part3. Thermal cracking of liquid hydrocarbons and gas washing as the major mechanisms for deep gas condensate accumulations. Organic Geochemistry, 42: 1394-1410.

Zhang S C, Zhang B, Zhu G Y, et al. 2011a. Geochemical evidence for coal-derived hydrocarbons and their charge history in the Dabei Gas Field, Kuqa Thrust Belt, Tarim Basin, NW China. Marine and Petroleum Geology, 28: 1364-1375.

Zhang T W, Amrani A, Ellis G S, et al. 2008. Experimental investigation on thermochemical sulfate reduction by H_2S initiation. Geochimica et Cosmochimica Acta, 72: 3518-3530.

Zhao W Z, Zhu G Y, Zhang S C, et al. 2009. Relationship between the later strong gas-charging and the improvement of the reservoir capacity in deep Ordovician carbonate. Chinese Science Bulletin, 54 (17): 3076-3089.

Zhou X Y. 2013. Accumulation mechanism of complicated deep carbonate reservoir in the Tazhong area, Tarim Basin. Energy Exploration & Exploitation, 31 (3): 429-458.

Zhu G Y, Jiang N H, Su J, et al. 2011. The formation mechanism of high dibenzothiophene series concentration in Paleozoic crude oils from Tazhong area, Tarim Basin, China. Energy Exploration & Exploitation, 29: 617-632.

Zhu G Y, Su J, Yang H J, et al. 2013c. Formation mechanisms of secondary hydrocarbon Pools in the Triassic reservoirs in the Northern Tarim Basin. Marine and Petroleum Geology, 46: 51-66.

Zhu G Y, Wang H T, Weng N, et al. 2013a. Use of comprehensive two-dimensional gas chromatography for the characterization of ultra-deep condensate from the Bohai Bay Basin, China. Organic Geochemistry, 63: 8-17.

Zhu G Y, Zhang B T, Yang H J, et al. 2014a. Secondary alteration to ancient oil reservoirs by late gas filling in the Tazhong area, Tarim Basin. J. Pet. Sci. Eng, 122: 240-256.

Zhu G Y, Zhang B T, Yang H J, et al. 2014b. Origin of deep strata gas of Tazhong in Tarim Basin, China. Organic Geochemistry, 74: 85-97.

Zhu G Y, Zhang S C, Liang Y B, et al. 2005. Isotopic evidence of TSR origin for natural gas bearing high H_2S contents within the Feixianguan Formation of the northeastern Sichuan Basin, southwestern China. Sci. China, 48: 1960-1971.

Zhu G Y, Zhang S C, Su J, et al. 2012. The occurrence of ultra-deep heavy oils in the Tabei Uplift of the Tarim Basin, NW China. Organic Geochemistry, 52: 88-102.

Zhu G Y, Zhang S C, Su J, et al. 2013b. Alteration and multi-stage accumulation of oil and gas in the Ordovician of the Tabei uplift, Tarim Basin, NW China: implications for genetic origin of the diverse hydrocarbons. Marine and Petroleum Geology, 46: 234-250.

Zhu G Y, Zhang S C, Liu K Y, et al. 2013d. A well-preserved 250 million-year-old oil accumulation in the Tarim Basin, western China: implications for hydrocarbon exploration in old and deep basins. Marine and Petroleum Geology, 43: 478-488.

塔里木盆地寒武系 ZS1C 井深层油气藏高丰度硫代金刚烷的发现*

朱光有，王汇彤，翁　娜

0　引言

金刚烷为具有类似金刚石结构的一类刚性聚合环状烃类化合物，在高成熟度原油和凝析油中含量往往较高（Dahl et al.，1999）。由于原油在高温阶段会发生裂解，而原油在裂解过程中，金刚烷类化合物可能会不断生成并富集（Wei et al.，2007），因此，金刚烷被用来衡量原油的裂解程度（Dahl et al.，2003；Wei et al.，2007；Zhang et al.，2011）。而硫代金刚烷是金刚烷分子中的碳位被硫原子取代的化合物，目前已在多个地方发现（Hanin et al.，2002；Wei and Mankiewicz，2011）。深层原油中检测到这种化合物。认为硫代金刚烷化合物的形成，是深层高温条件下，烃类与硫酸盐发生热化学硫酸盐还原作用（thermochemical sulfate reduction，TSR）的标志性产物，是诊断深层发生 TSR 的重要标志（Wei et al.，2012）。

TSR 是 H_2S 形成的重要渠道（Orr，1974；Krouse，1988；Worden et al.，1995；Machel et al.，1995；Wei et al.，2007；Zhang et al.，2008a），并且在全球发现很多 TSR 成因的含硫化氢气田（Claypool and Mancini，1989；Heydari and Moore，1989；Rooney，1995；Worden and Smalley，1996；Carrigan et al.，1998；Machel，1998；Machel and Lonnee 2002；Worden et al.，2000；Cai et al.，2003，2004；Li et al.，2005；Zhu et al.，2011；Hao et al.，2008）。目前普遍认为油气藏中高含硫化氢的成因是 TSR（Machel，2001；Zhu et al.，2010）。硫化氢的形成是在热动力驱动下烃类和硫酸盐之间的反应，根据前人大量的出色工作，TSR 的启动机制、反应条件、动力机制已经清晰（Zhang et al.，2007，2008b，2012；Ellis et al.，2011；Ma et al.，2008；Amrani et al.，2012）。TSR 中间涉及各种烃类参与反应，不同地区或不同油气藏具有不同的地质条件，而且也可能是不同的烃类参与反应，反应中间产物的数量和种类也难以估计（Cai et al.，2005；Zhang et al.，2005；Worden and Cai，2006；Zhang et al.，2006；Zhu et al.，2005）。同时，TSR 作用可引起油气藏内流体组分的复杂变化，并产生一些新的含硫化合物（Cai et al.，2003；姜乃煌等，2007；Tian et al.，2008；Wei et al.，2012；Amrani et al.，2008，2012）。因此在 TSR 的最低反应温度、反应体系方程、反应产物及其识别等方面，还存在一些分歧。TSR 蚀变后油藏呈现出复杂的油气地球化学现象，给勘探带来诸多难题。由于近年来全二维气相色谱/飞行时间质谱（GC×GC-TOFMS）的发展，为快速准确识别新化合物提供了检测手段。运用这些分析手段，可以识别深层油气藏是否发生了 TSR 以及蚀变强度，并进一步预测硫化氢的分布。

---

* 原载于 *Marine and Petroleum Geology*，2016年，第 69 卷，1～12。

1　地质概况

　　塔里木盆地是中国最大的含油气盆地，面积约 $56 \times 10^4 \, km^2$，是一个典型的叠合盆地，下古生界碳酸盐岩蕴藏了丰富的油气资源。由于埋藏深，时代老，并遭受了多旋回叠合与改造，油气分布十分复杂（赵文智等，2009；Wang et al.，2013；Zhou，2013；Zhang et al.，2014；Zhu et al.，2012）。最近，在塔里木盆地中央隆起中段（简称塔中地区）部署钻探的探井 ZS1C 井，在膏岩层下部的下寒武统 6861~6944m 获日产气 158545m³，是塔里木盆地盐下白云岩层首次获得工业油气流，它的发现，将开辟深层一个新的勘探层系，引领塔里木盆地向深层寒武系开展大规模的油气勘探工作，油气勘探深度也将向下延伸至 7000~10000m。本文通过运用全二维气相色谱/飞行时间质谱（GC×GC-TOFMS）和全二维气相色谱-氢火焰离子化检测器（GC×GC-FID）等分析手段，在凝析油中检测到十分丰富的金刚烷类化合物、硫代单金刚烷和硫代双金刚烷类化合物，以及大量的含硫化合物；并开展了硫同位素、碳同位素等测试，证实该区发生过强烈的 TSR 作用，凝析油可能是深层油藏发生 TSR 作用后的残余物。

2　结果与讨论

2.1　寒武系凝析油的物理性质特征

　　ZS1C 井在下寒武统 6861~6944m 井段的测试中获得了少量凝析油样品。地面凝析油密度在 0.79g/cm³（20℃）左右（表1），原油黏度 1.2~1.4mPa·s（50℃）；含硫量小于 0.2%；含蜡量为 4.5%~6.4%；胶质和沥青质含量低，属于低含硫、低含蜡的凝析油。

表1　ZS1C 井寒武系原油物理性质分析数据表

深度/m	密度/（g/cm³）		黏度/（mPa·s）		含蜡/%	含硫/%	胶质/%	沥青质/%	凝固点/℃
	20℃	50℃	20℃	50℃					
6861~6944	0.789	0.7606	1.615	1.238	6.4	0.162	0.39	0.60	-18
	0.796	0.7731	1.804	1.395	5.3		1.24	0.42	-18
	0.787	0.7644	1.587	1.213	4.5		1.04	0.49	-28

2.2　原油的化合物族组成信息

　　用 GC×GC-TOFMS 分析凝析油样品，得到它们在 GC×GC 下的全二维谱图（图1）。从全二维气相色谱的三维立体图中可以看出（图2）：该原油中烃类分布从 C_5 开始，正构烃主峰碳为 C_{11}，到 C_{30} 后基本完全消失。

　　该原油中芳烃含量相对较高，二甲基苯、甲基萘、二苯并噻吩等化合物的含量甚至高于某些正构烃的量。利用 GC×GC-FID 分析油样（Wang et al.，2012），并对族组分进行定量分析，该原油饱和烃、芳烃以及胶质的含量分别是：42.2%、54.9% 和 2.9%，这种现象在正常的凝析油中很少见（Zhu et al.，2013a）。

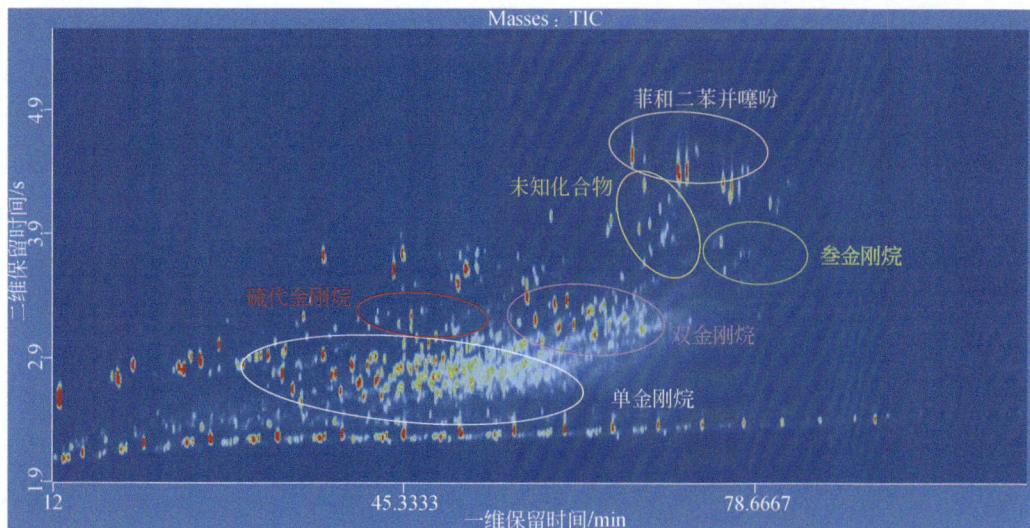

图 1　ZS1C 井凝析油在 GC×GC-FID 的全二维点阵图

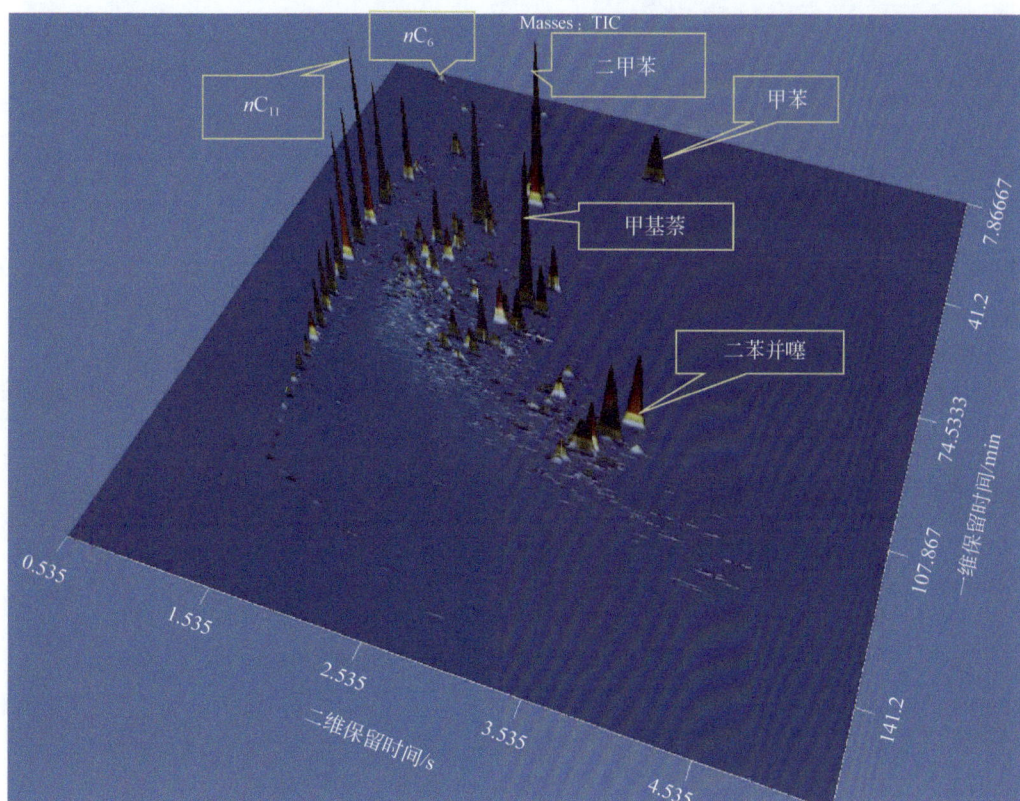

图 2　ZS1C 井凝析油全二维气相色谱的三维立体图

2.3　金刚烷类化合物的分布

原油中金刚烷类化合物十分丰富，单金刚烷、双金刚烷、三金刚烷都可检出。图 3 是原油的 GC×GC-TOFMS 分析后的金刚烷类化合物的全二维点阵谱图，其中单金刚烷类化合物众多，信噪比在 100 以上的不同构型的化合物达 55 个；双金刚烷信噪比在 100 以上的不同构型的化合物有 22 个；三金刚烷不同取代基的化合物相对含量较低，信噪比在 100 以上的化合物有 9 个。

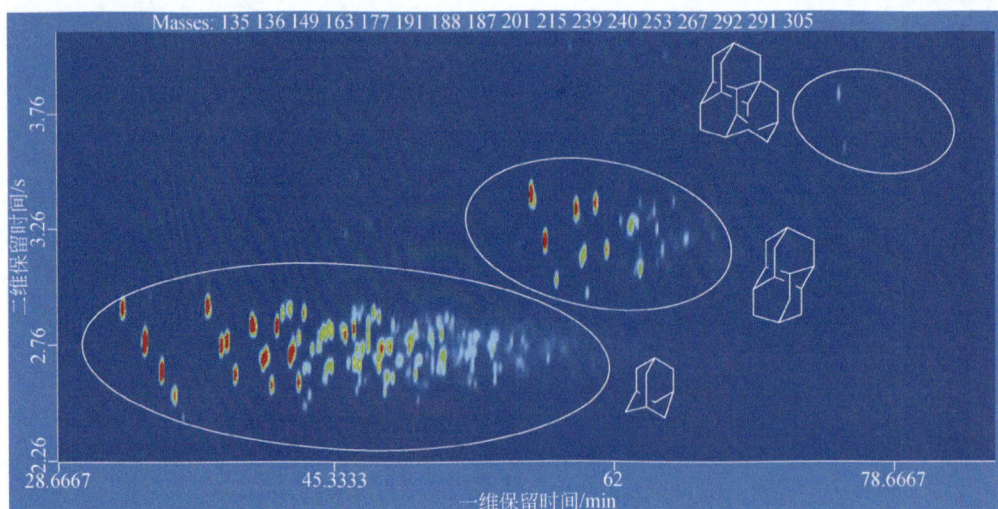

图 3　ZS1C 井凝析油中金刚烷类化合物的全二维点阵谱图

2.4　含硫化合物的分布

该原油与其他凝析油的最大不同是其含有丰富的含硫化合物。无论是飞行时间质谱的全离子流图还是氢火焰离子化检测器得到的色谱图，都可清晰看到高含硫化合物的存在。图 3 是原油中所有硫化合物的分布情况，从图 4 可以看出原油中的含硫化合物分别有：特征离子 m/z=101 的四氢噻吩类化合物系列（其中 a 化合物质谱图谱见图 5）、分子离子峰

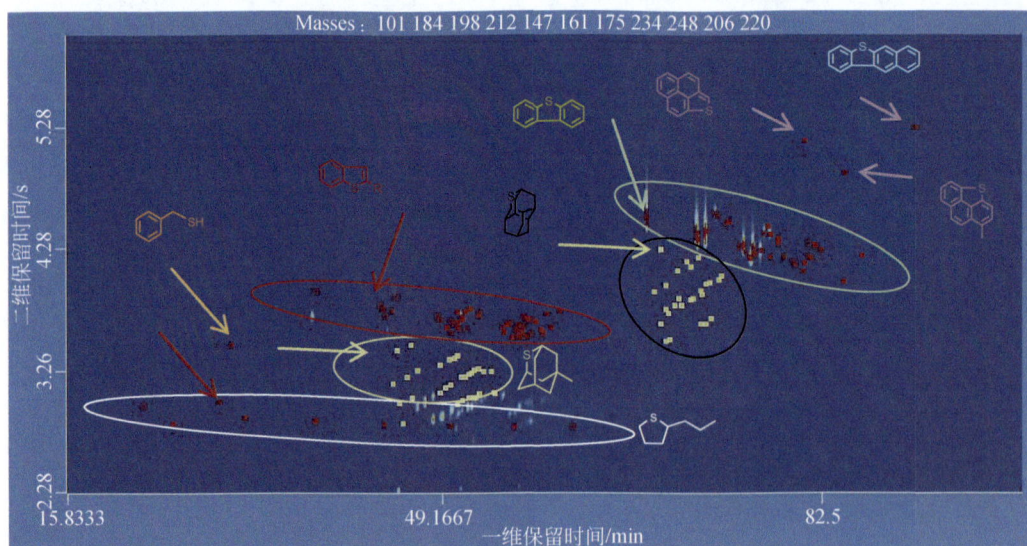

图 4　ZS1C 井凝析油中含硫化合物分布的全二维点阵谱图

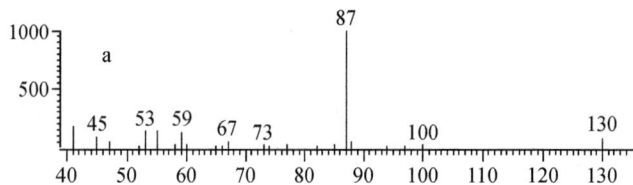

图 5 四氢噻吩类化合物的质谱图

m/z=124 的甲苯硫醇（其中 b 化合物质谱图谱见图 6）、特征离子 m/z=147、161、175 的烷基苯并噻吩类化合物（其中 c 化合物质谱图谱见图 7）、特征离子 m/z=168、182、192 的硫代甲基金刚烷类化合物（其中 d 化合物质谱图谱见图 8）、特征离子 m/z=206、220 硫代双金刚烷类化合物（其中 d'化合物质谱图谱见图 9）、特征离子 m/z=184、198、212 的二

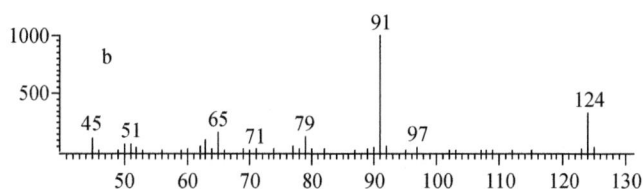

图 6 甲苯硫醇的质谱图

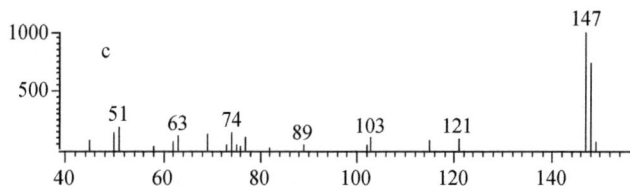

图 7 烷基苯并噻吩类化合物的质谱图

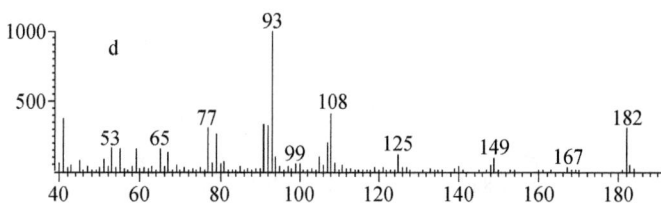

图 8 硫代甲基金刚烷的质谱图

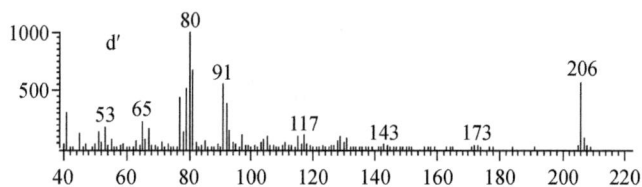

图 9 硫代双金刚烷的质谱图

苯并噻吩类化合物（其中 e 化合物质谱图谱见图 10）、特征离子 m/z=208、222 的菲并噻吩类化合物（其中 f、g 质谱图谱见图 11 图 12），及其特征离子 m/z=234 的苯并萘并噻吩（其中 h 化合物质谱图谱见图 13）。需要说明的是，硫代双金刚烷类化合物的确定是根据其化合物在全二维谱图的位置和质谱图谱推断的，并没有对应的参考文献和标样验证。

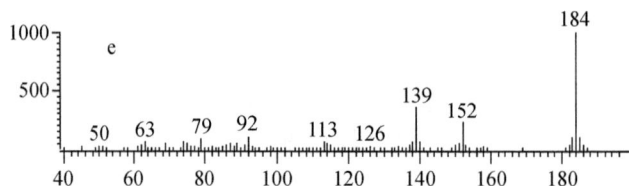

图 10　二苯并噻吩的质谱图

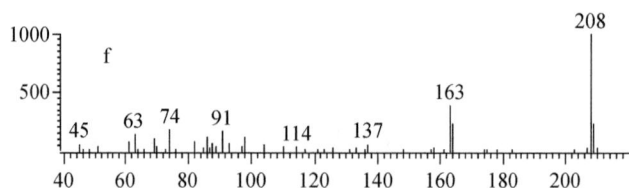

图 11　菲并噻吩质谱图一

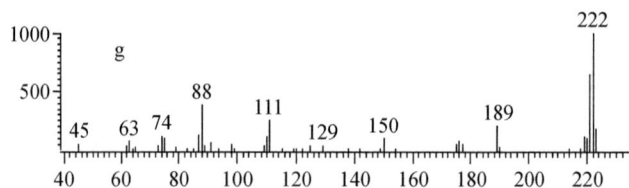

图 12　菲并噻吩质谱图二

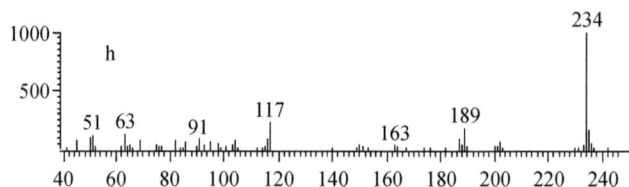

图 13　苯并萘并噻吩的质谱图

2.5　硫代金刚烷系列化合物的识别和鉴定

该凝析油中发现了丰富的硫代金刚烷系列化合物（图 14），包括 31 个硫代单金刚烷（图 14~图 17 上的序号）和 20 个硫代双金刚烷（图 4）。其中未检测到硫代单金刚烷，仅检测到 C_1~C_4 取代的硫代单金刚烷（图 15~图 17）。其中，C_1 取代的硫代单金刚烷有两个（图 14 上标号为 2 和 3），分别是 5-甲基-2-硫代金刚烷和 1-甲基-2-硫代金刚烷，与文献图谱一致（姜乃煌等，2007）。

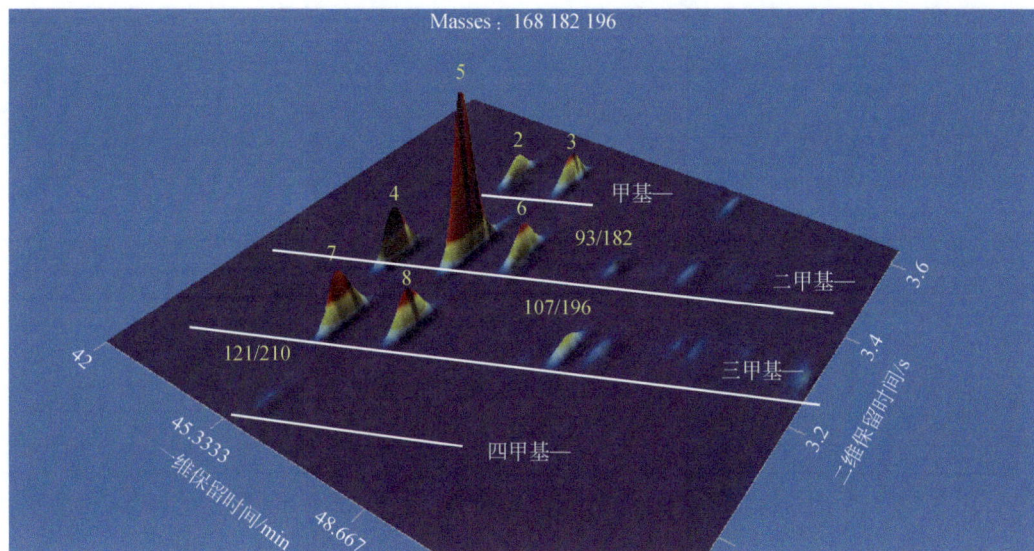

图 14　ZS1C 井凝析油硫代单金刚烷在全二维气相色谱的三维立体图上的分布

图中标记 93/182 表示该化合物的特征离子是 m/z 93，分子离子是 m/z 182，其他类似

C_2 取代的硫代单金刚烷有 7 个（图 15），除标号为 4、5、6 号峰有文献质谱图外（姜乃煌等，2007），其余标号 9～12 为新发现的 C_2 取代的硫代单金刚烷，其质谱图列于图 15。从图上可见，该 4 个化合物的碎片离子主要是 m/z 93、107、125，其分子离子均为 m/z 182，这一特征与 4～6 号峰化合物一致，说明它们的质谱碎裂方式相似，且该四个化合物在二维保留时间上与 4～6 号峰化合物也一致，依据全二维谱图的特点可以得出 9～12 号化合物是

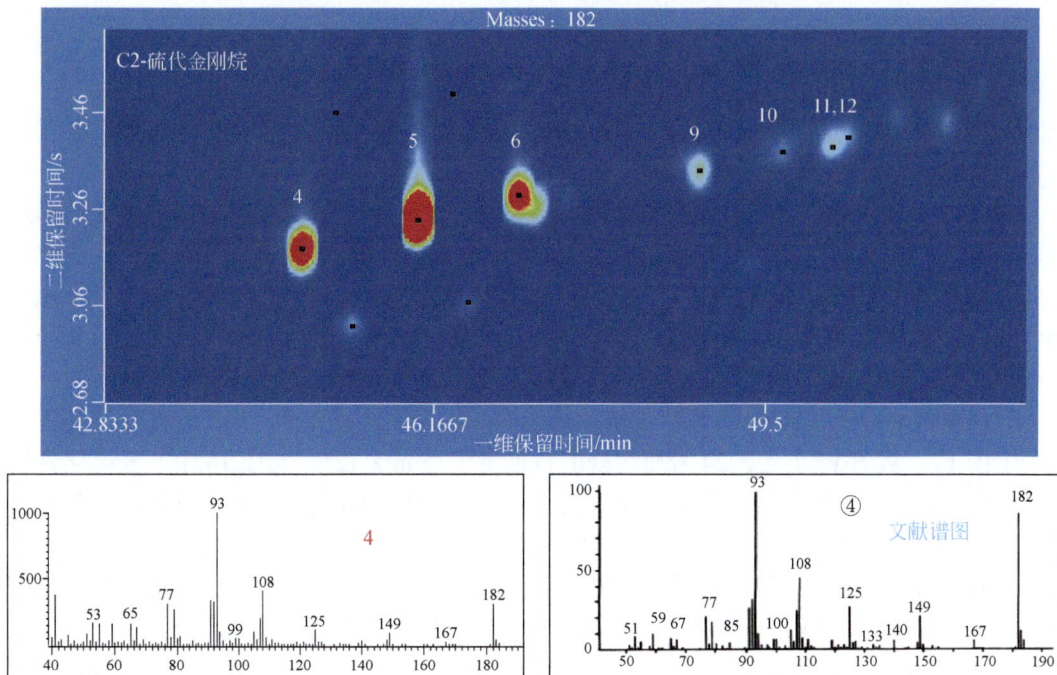

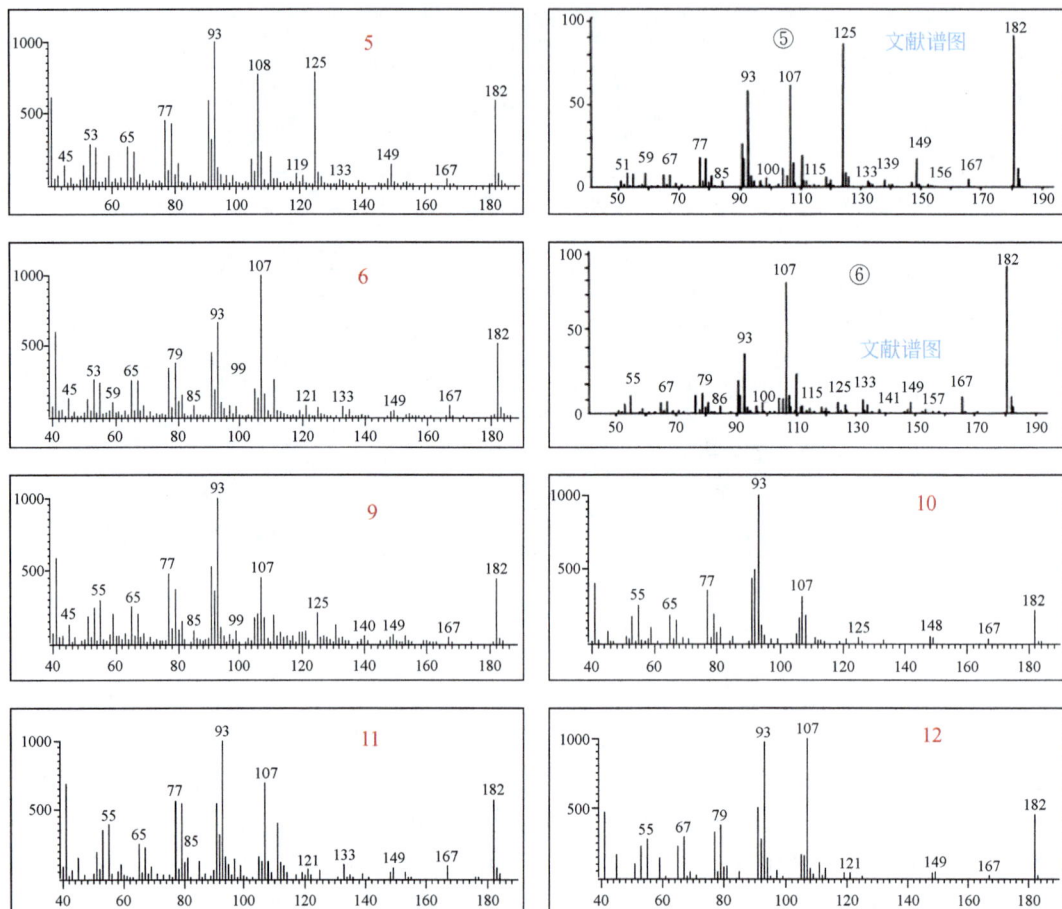

图 15　ZS1C 井凝析油 C_2-硫代单金刚烷在全二维点阵图上的分布及其质谱图

与 4～6 号峰化合物的化学结构相似，因此推测它们也是 C_2 取代的硫代单金刚烷，取代基位置不能确定。

同理，C_3 取代的硫代单金刚烷有 13 个（图 16），除 8 号峰有文献质谱图外（姜乃煌等，2007），其余均为新发现的 C_3 取代的硫代单金刚烷，其质谱图列于图 16。这些化合物的碎片离子主要是 m/z 93、107、125，其分子离子均为 m/z 196，这一特征与 8 号峰化合物一致，且这些化合物在二维保留时间上与 8 号峰化合物也一致，因此，说明是与 8 号峰化合物的化学结构相似，推测它们也是 C_3 取代的硫代单金刚烷，取代基位置不能确定。

在该凝析油中还检测到 C_4 取代的硫代单金刚烷的存在，有 9 个，其部分化合物的谱图列于图 17。从图 17 上看，24 号质谱峰的特征离子是 m/z 121，与图 16 中 8 号峰化合物的特征离子 m/z 107 相差 14，其主要碎片离子有 m/z 139、168 与 8 号化合物相同，分子离子峰 m/z 210 与 8 号峰化合物的 m/z 196 也相差 14，这表明 24 号峰化合物的质谱碎裂方式与 8 号峰化合物一致，在特征离子峰和分子离子峰上均与 8 号峰相差一个 "-CH_2"，说明 24 号峰化合物比 8 号峰化合物多一个甲基结构，且该甲基的取代位置是在金刚烷环上，因此推测 24 号化合物是四甲基-2-硫代金刚烷。同理推测 25～32 号化合物也是 C_4-2-硫代金刚烷，取代基位置目前无法确定。

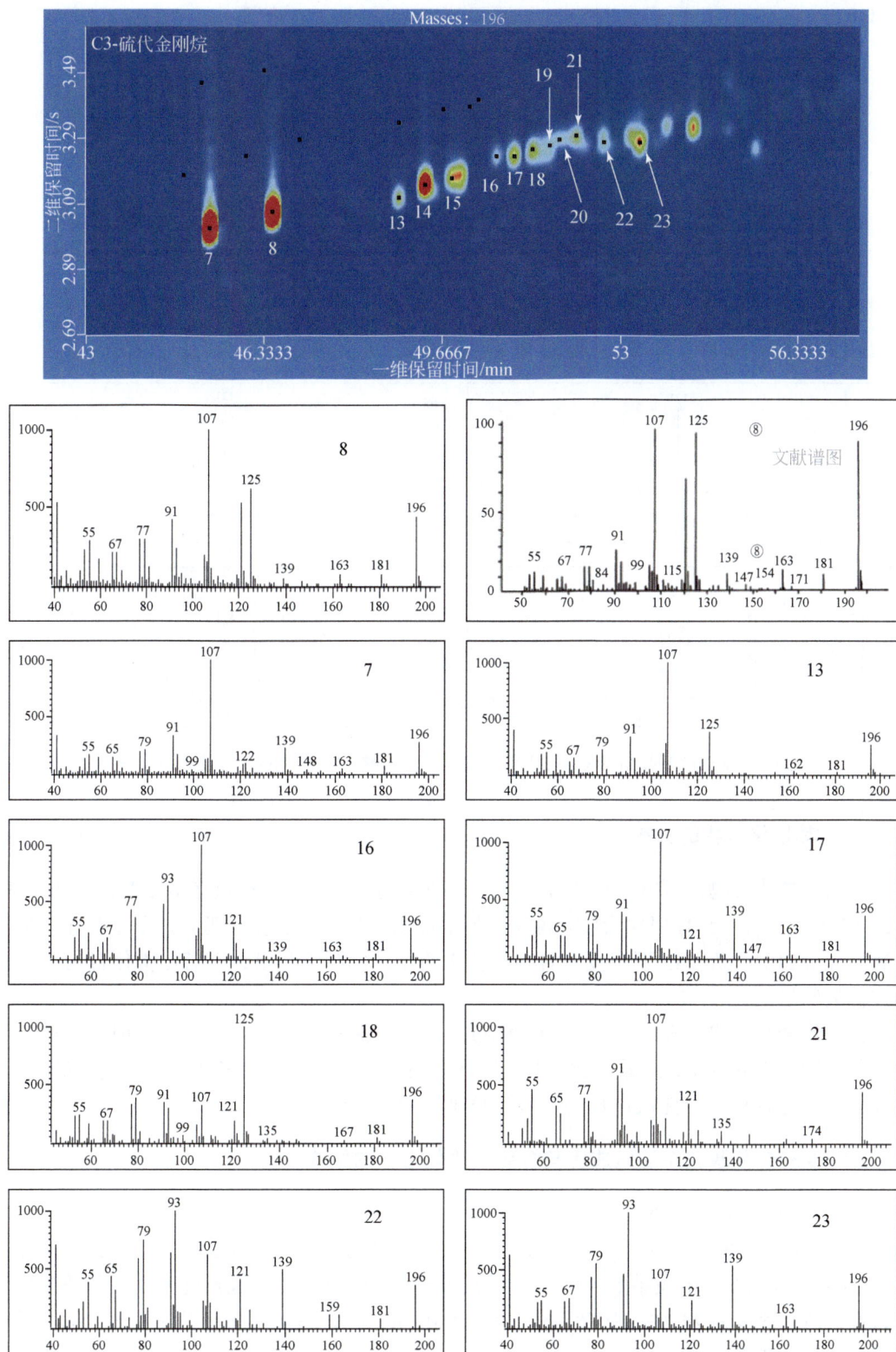

图 16　ZS1C 井凝析油 C_3-硫代单金刚烷在全二维点阵图上的分布及其质谱图

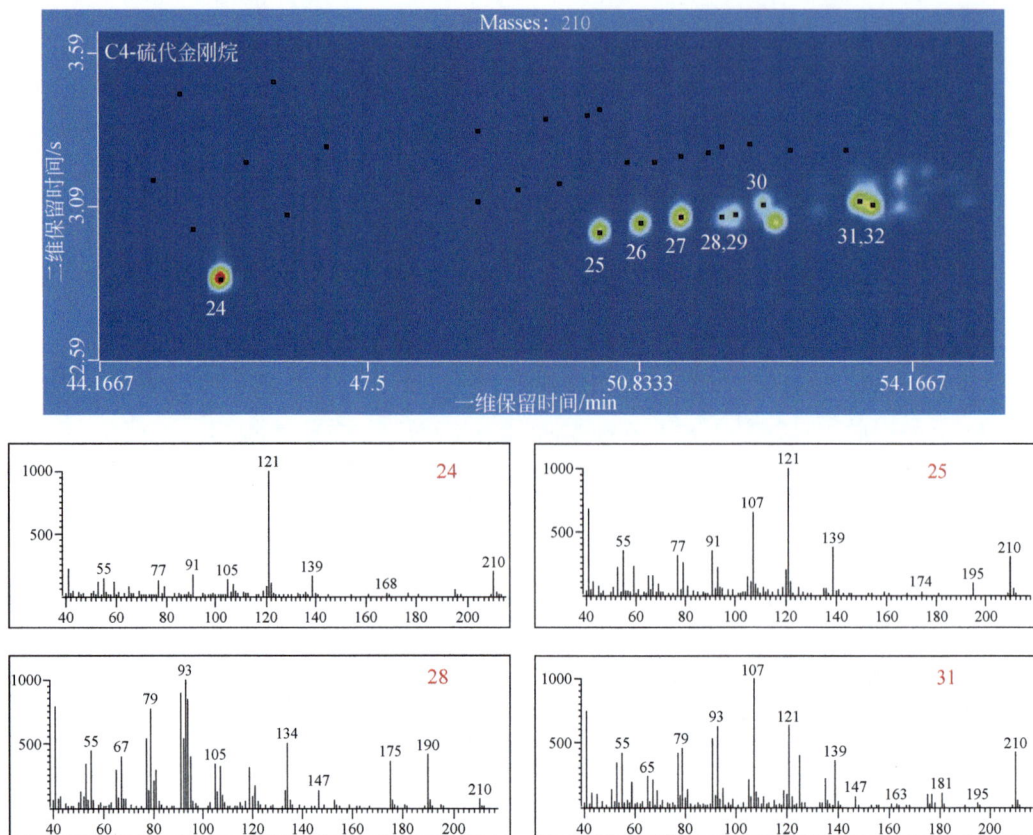

图 17　ZS1C 井凝析油 C_4-硫代单金刚烷在全二维点阵图上的分布及其质谱图

2.6　其他化合物的分布

甾萜烷类化合物：可能是由于原油成熟度较高的原因，在特征离子 m/z 123，m/z 191，m/z 217 下几乎看不到任何化合物，说明该原油的甾萜化合物含量极低，几乎不存在。在特征离子 m/z 213、m/z 245 下也没有看到化合物的峰，说明单芳甾、三芳甾类化合物在该原油中消失殆尽。

芳香烃类化合物：在总离子流图下就可看出该原油的芳香烃含量较高，但主要是苯的多取代系列、萘系列及其菲系列化合物，烷基苯系列和三环以上的多环芳烃系列含量极低。

其他杂原子化合物：中性氮化合物及氧芴类化合物未检出。

2.7　ZS1C 井寒武系油气成因与含硫有机化合物的生成

1）天然气组成及成因

ZS1C 下寒武统天然气则以干气为主，甲烷含量为 62.7%，乙烷含量小于 0.5%（表 2），重烃（C_{2+}）含量低，干燥系数（C_1/C_{1+}）为 0.987，反映出天然气成熟度很高。非烃气体含量较高，CO_2 含量为 24.2%；硫化氢含量为 118000mg/m³，在天然气组分中占 8.27%，属于高含硫化氢天然气。

天然气碳同位素较重，$\delta^{13}C_1$ 为 -42‰，$\delta^{13}C_{2-1}$ 值小于 10‰，反映天然气成熟度较高。

与一般的油型气相比,该天然气碳同位素明显偏重。根据(Dai et al.,2008)建立的海相天然气甲烷碳同位素与相应烃原岩成熟度 R_o 之间的经验公式:$\delta^{13}C_1=15.80\lg R_o$-42.21 可以得出,塔中凝析气藏天然气形成时对应烃原岩 R_o 达到 2.5%以上,说明天然气属于高温裂解气(赵文智等,2009;Cao et al.,2012;Zhu et al.,2013b)。根据塔中奥陶系天然气的研究(Zhu et al.,2014),认为该天然气来源于寒武系的油裂解气。

表 2　ZS1C 井寒武系天然气组分及碳同位素组成表

天然气组分/%										$\delta^{13}C/$(‰,PDB)					
CH_4	C_2H_6	C_3H_8	iC_4H_{10}	nC_4H_{10}	C_5H_{12}	C_{5+}	N_2	CO_2	$H_2S/$ (mg/m^3)	CH_4	C_2H_6	C_3H_8	nC_4H_{10}	iC_4H_{10}	CO_2
62.70	0.469	0.157	0.054	0.079	0.047	0.025	4.00	24.2	118000	-42.24	-34.71	-31.77	-30.02	-31.36	-30.18

2)TSR 作用及含硫化合物的生成

深层油气藏中高浓度硫化氢的形成往往与硫酸盐热化学还原反应有关(Worden et al.,2000;Machel,2001;Cai et al.,2004;Zhang et al.,2007;2008b;Hao et al.,2008;Ma et al.,2008;Ellis et al.,2011;Amrani et al.,2012)。根据寒武系油藏特征,储集层是一套物性相对较好的白云岩、含泥云岩、泥质云岩和含膏白云岩储层;盖层是一套区域上广泛分布的膏岩、云质膏岩等蒸发盐类,为 TSR 发生提供了物质基础。对 ZS1C 寒武系地层水检测,地层水中 SO_4^{2-}、Ca^{2+}、Mg^{2+}离子的含量分别为 1970、5300、4880mg/L,进一步说明存在 TSR 发生的条件。储层实测温度为 169.0℃,符合塔里木盆地低地温梯度的特点(地温梯度约为 2.0~2.2℃/100m)(Zhu et al.,2012;2013c)。因此,烃类和硫酸盐在高温下可能发生 TSR 反应,导致硫化氢、二氧化碳等非烃类气体生成。

硫代金刚烷被称为 TSR 的标志物或 TSR 的分子指纹(Hanin et al.,2002;Galimberti et al.,2005;Wei and Mankiewicz,2011;Zhu et al.,2011),硫代金刚烷是金刚烷分子中 C-2 碳位被硫原子取代的化合物。同样,ZS1C 凝析油中大量硫代金刚烷类化合物和其他四氢噻吩、苄硫醇、长链烷基苯并噻吩、二苯并噻吩、苯并萘并噻吩、菲并噻吩类化合物等有机含硫化合物的生成,很可能都与 TSR 强烈作用有关。在高温和 TSR 强烈作用下,导致原油发生裂解,长链烃类断裂生成甲烷(Zhu et al.,2013a);烃类和硫酸盐反应,生成大量硫化氢和二氧化碳;地层中的硫键合到有机物中,形成含硫有机化合物。因此,ZS1C 井凝析油中大量含硫化合物的发现,与烃类和硫酸盐在高温下发生 TSR 反应有关,在生成硫化氢、二氧化碳的同时,有机含硫化合物、硫代金刚烷等大量生产并混入油中。

3)TSR 作用程度

从硫化物的硫同位素测试结果来看:寒武系石膏的 $\delta^{34}S$ 分布在 32‰~35‰,ZS1C 天然气中硫化氢的 $\delta^{34}S$ 为 33.5‰,原油的 $\delta^{34}S$ 为 33‰。硫化氢和原油的硫同位素都与地层硫酸盐的硫同位素十分接近,指示了二者的来源都与地层硫酸盐有关,也说明硫化氢是 TSR 成因(Cai et al.,2009)。在硫同位素在分馏的过程中,^{32}S 先逸出,而且逸出越早,其形成硫化物的 $\delta^{34}S$ 越轻。从 TSR 反应来看,硫化氢中的硫是来自于地层硫酸盐。由于反应程度的差异,导致硫同位素存在分馏,反应程度越高,硫化氢的硫同位素也接近硫酸盐的硫同位素。ZS1C 井硫化氢的硫同位素与硫酸盐的硫同位素值非常接近,分馏值很小,体现出 TSR 作用程度很高的特点。

从二氧化碳含量和碳同位素组成来看，都体现出 TSR 强烈蚀变的特征。在天然气组分中 CO_2 含量占 24.2%；$\delta^{13}C_{CO_2}$ 为-30.18‰。是深层油藏 TSR 强烈作用下的产物特征，导致生成了大量的酸性气体（CO_2 和 H_2S）；二氧化碳的碳同位素异常轻，几乎全部来自于有机质中的碳。这也是目前中国天然气中 CO_2 碳同位素最轻的天然气，指示了最强的 TSR 蚀变作用，意味着深层大范围分布硫化氢。

硫代金刚烷和硫代双金刚烷、含硫化合物、原油的硫同位素、天然气碳同位素等，证实了该区强烈的 TSR 作用，在中国目前是最强烈的 TSR 蚀变区。该井是塔里木盆地第一口钻穿寒武系膏岩层，并在盐下层下寒武统白云岩获得的工业油气流的井，是塔里木盆地近 20 年来寒武系勘探的一个重大突破，开辟了一个新的勘探层系，并将塔里木盆地油气勘探深度向下延伸至 7000~10000m。该研究发现，深层油藏遭受了强烈的 TSR 蚀变作用，深层油气主要以天然气为主，且高含硫化氢，在钻探中要高度防范因硫化氢而导致的各种安全生产事故。

3　结论

在塔里木盆地 ZS1C 井凝析油中发现了十分丰富的金刚烷类化合物，以及硫代单金刚烷、硫代双金刚烷、丰富的含硫化合物。该凝析油可能是深层油藏发生 TSR 作用后的残余物，硫同位素证实硫化氢和凝析油中的硫来自于寒武系地层中的石膏类化合物。新发现的含硫有机化合物，如四氢噻吩类化合物、苄硫醇、烷基苯并噻吩类化合物、二苯并噻吩类化合物、菲并噻吩、苯并萘并噻吩等系列化合物，与 TSR 对烃类的强烈蚀变有关，地层中的硫键合到有机化合物中，从而形成常规凝析油中少见的含硫有机化合物。

硫代金刚烷和硫代双金刚烷、含硫化合物等系列新型含硫化合物，原油、硫化氢的硫同位素与地层硫酸盐的硫同位素一致，二氧化碳的碳同位素异常轻等现象，证实了强烈尺度的 TSR 作用，这也是目前在油藏中发现 TSR 作用最强的案例。因此，可以运用这些指标评价 TSR 作用强度，预测深层流体性质和相态。

ZS1C 井是塔里木盆地第一口钻穿寒武系膏岩层，并在盐下层下寒武统白云岩获得的工业油气流的井，是中国石油勘探史的一个重大突破，它的发现，将开辟了一个新的勘探层系，引领塔里木盆地向深层开拓油气勘探。本文研究发现，寒武系深层油藏遭受了强烈的 TSR 蚀变作用，深层油气主要以天然气为主，且高含硫化氢和二氧化碳，在钻探中要高度防范因硫化氢而导致的各种安全生产事故。

参 考 文 献

姜乃煌, 朱光有, 张水昌, 等. 2007. 塔里木盆地塔中 83 井原油中检测出 2-硫代金刚烷及其地质意义. 科学通报, 24: 2871-2875.

赵文智, 朱光有, 张水昌, 等. 2009. 天然气晚期强充注与塔中奥陶系深部碳酸盐岩储集性能改善关系研究. 科学通报, 54(20): 3218-3230.

Amrani A, Deev A, Sessions A L, et al. 2012. The sulfur-isotopic compositions of benzothiophenes and dibenzothiophenes as a proxy for thermochemical sulfate reduction. Geochim Cosmochim Acta, 84: 152-164.

Amrani A, Zhang T, Ma Q, et al. 2008. The role of labile sulfur compounds in thermal sulfate reduction. Geochim Cosmochim Acta, 72: 2960-2972.

Cai C F, Worden R H, Bottrell S H, et al. 2003. Thermochemical sulphate reduction and the generation of hydrogen sulphide and thiols(mercaptans)in Triassic carbonate reservoirs from the Sichuan Basin, China. Chem Geol, 202: 39-57.

Cai C F, Worden R H, Hu S H, et al. 2004. Methane-dominated thermochemical sulphate reduction in the Triassic Feixianguan Formation Eastern Sichuan basin, China. Mar Petrol Geol, 21: 1265-1279.

Cai C F, Worden R H, Wolff G A, et al. 2005. Origin of sulfur rich oils and H_2S in Tertiary lacustrine sections of the Jinxian Sag, Bohai Bay Basin, China. Appl Geochem, 20: 1427-1444.

Cai C F, Zhang C M, Cai L L, et al. 2009. Origins of Palaeozoic oils in the Tarim Basin: evidence from sulfur isotopes and biomarkers. Chem Geol, 268: 197-210.

Cao J, Wang X L, Sun P A, et al. 2012. Geochemistry and origins of natural gases in the central Junggar Basin, northwest China. Org Geochem, 53: 166-176.

Carrigan W J, Jones P J, Tobey M H, et al. 1998. Geochemical variations among eastern Saudi Arabian Paleozoic condensates related to different source kitchen areas. Org Geochem, 29: 785-798.

Claypool G E, Mancini E A. 1989. Geochemical relationships of petroleum in Mesozoic reservoirs to carbonate source rocks of Jurassic Smackover formation, southwestern Alabama. Am Assoc Petrol Geol Bull, 73: 904-924.

Dahl J E P, Liu S G, Carlson R M K. 2003. Isolation and structure of higher diamondoids, nanometer-sized diamond molecules. Science, 299: 96-99.

Dahl J E P, Moldowan J M, Peters K, et al. 1999. Diamondoid hydrocarbons as indicators of oil cracking. Nature, 399: 54-56.

Dai J X, Zou C N, Zhang S C, et al. 2008. The identification of alkane gas of inorganic and organic. Science of China(D), 38(11): 1329-1341.

Ellis G S, Zhang T, Ma Q, et al. 2011. Controls on the kinetics of thermochemical sulfate reduction. 25th International Meeting on Organic Geochemistry. Eur Assoc Organic Geochemistry, Interlaken, Switzerland, 356.

Galimberti R, Zecchinello F, Nali M, et al. 2005. A fast method for the detection of thiadiamondoids as molecular markers of thermochemical sulfate reduction. The 22nd International Meeting of Organic Geochemists (IMOG) Seville, Spain, Abstracts Book Part, 1: 229-230.

Hanin S, Adam P, Kowalewski I, et al. 2002. Bridgehead alkylated 2-thiaadamantanes: novel markers for sulfurisation occurring under high thermal stress in deep petroleum reservoirs. Journal of Chemical Society, Chemical Communications: 1750-1751.

Hao F, Guo T L, Zhu Y M, et al. 2008. Evidence for multiple stages of oil cracking and thermochemical sulfate reduction in Puguang gas field, Sichuan Basin, China. Am Assoc Petrol Geol Bull, 92: 611-637.

Heydari E, Moore C H. 1989. Burial diagenesis and thermochemical sulfate reduction, Smackover Formation, southeastern Mississippi Salt Basin. Geology, 17: 1080-1084.

Krouse H R, Viau C A, Eliuk L S, et al. 1988. Chemical and isotopic evidence of thermochemical sulphate reduction by light hydrocarbon gases in deep carbonate reservoirs. Nature, 333: 415-419.

Li J, Xie Z Y, Dai J X, et al. 2005. Geochemistry and origin of sour gas accumulations in the northeastern Sichuan basin, SW China. Org Geochem, 36: 1703-1716.

Li M, Zhang S, Jiang C, et al. 2008. Two-dimensional gas chromatograms as fingerprints of sour gas-associated oils. Org Geochem, 39(8): 1144-1149.

Ma Q, Ellis G S, Amrani A, et al. 2008. Theoretical study on the reactivity of sulfate species with hydrocarbons. Geochim Cosmochim Acta, 72: 4565-4576.

Machel H G. 1998. Gas souring by thermochemical sulfate reduction at 140℃: discussion. Am Assoc Petrol Geol Bull, 82: 1870-1873.

Machel H G. 2001. Bacterial and thermochemical sulfate reduction in diagenetic settings - Old and new insights. Sediment Geol 140: 143-175.

Machel H G, Lonnee J. 2002. Hydrothermal dolomite-A product of poor definition and imagination. Sediment Geol 152: 163-171.

Machel H G, Krouse H R, Sassen R. 1995. Products and distinguishing criteria of bacterial and thermochemical sulfate reduction. Appl Geochem, 10: 373-389.

Orr W L. 1974. Changes in sulfur content and isotopic-ratios of sulfur during petroleum maturation-Study of Big Horn basin Paleozoic oils. Bull Am Assoc Petrol Geol, 58: 2295-2318.

Rooney M A. 1995. Carbon isotope ratios of light hydrocarbons as indicators of thermochemical sulfate reduction. 17th International Meeting on Organic Geochemistry. Eur Assoc Organic Geochemistry, Donostia-San Sebestia'n, Spain: 523-525.

Tian H, Xiao X M, Wilkins R W T, et al. 2008. New insight into the volume and pressure changes during the thermal cracking of oil to gas in reservoirs: implications for the in-situ accumulation of gas cracked from oils. Bull Am Assoc Petrol Geol, 92: 181-200.

Wang H T, Zhang S C, Weng N, et al. 2012. Analysis of condensate oil by comprehensive two-dimensional gas chromatography. Petroleum Exploration and Development, 39(1): 132-138.

Wang Z M, Su J, Zhu G Y, et al. 2013. Characteristics and accumulation mechanism of quasi-layered Ordovician carbonate reservoirs in the Tazhong area, Tarim Basin. Energy Exploration & Exploitation, 31: 545-567.

Wei Z, Mankiewicz P J. 2011. Natural occurrence of higher thiadiamondoids and diamondoidthiols in a deep petroleum reservoir in the Mobile Bay gas field. Org Geochem, 42: 121-133.

Wei Z, Moldowan J M, Fago F, et al. 2007. Origins of thiadiamondoids and diamondoidthiols in petroleum. Energy & Fuels, 21: 3431-3436.

Wei Z, Walters C C, Moldowan J M, et al. 2012. Thiadiamondoids as proxies for the extent of thermochemical sulfate reduction. Org Geochem, 44: 53-70.

Worden R H, Cai C F. 2006. Geochemical characteristics of the Zhaolanzhuang sour gas accumulation and thermochemical sulfate reduction in the Jinxian Sag of Bohai Bay Basin by Zhang et al. Org Geochem, 36: 1717-1730.

Worden R H, Smalley P C. 1996. H_2S-producing reactions in deep carbonate gas reservoirs: Khuff formation, Abu Dhabi. Chem Geol, 133: 157-171.

Worden R H, Smalley P C, Oxtoby N H. 1995. Gas souring by thermochemical sulfate reduction at 140℃. Am Assoc Petrol Geol Bull, 79: 854-863.

Worden R H, Smalley P C, Cross M M. 2000. The influence of rock fabric and mineralogy on thermochemical sulfate reduction: Khuff formation, Abu Dhabi. J Sed Res, 70: 1210-1221.

Zhang S C, Zhu G Y, Dai J X, et al. 2006. Reply to Comments by Worden and Cai(2006)on Zhang et al. (2005). Org Geochem, 36(4): 515-518.

Zhang S C, Zhu G Y, Liang Y B, et al. 2005. Geochemical characteristics of the Zhaolanzhuang sour gas accumulation and thermochemical sulfate reduction in the Jixian Sag of Bohai Bay basin. Org Geochem, 36: 1717-1730.

Zhang T, Ellis G S, Wang K S, et al. 2007. Effect of hydrocarbon type on thermochemical sulfate reduction. Org Geochem, 38: 897-910.

Zhang T, Ellis G S, Walters C C, et al. 2008a. Experimental diagnostic geochemical signatures of the extent of thermochemical sulfate reduction. Org Geochem, 39: 308-328.

Zhang T, Amrani A, Ellis G S, et al. 2008b. Experimental investigation on thermochemical sulfate reduction by H_2S initiation. Geochim Cosmochim Acta, 72: 3518-3530.

Zhang T, Ellis G S, Ma Q, et al. 2012. Kinetics of uncatalyzed thermochemical sulfate reduction by sulfur-free paraffin. Geochim Cosmochim Acta, 96: 1-17.

Zhang, S C, Huang H P, Su J, et al. 2014. Geochemistry of Paleozoic marine oils from the Tarim Basin, NW China. Part 4: Paleobiodegradation and oil charge mixing. Org Geochem, 67: 41-57.

Zhang S C, Su J, Wang X W, et al. 2011. Geochemistry of Palaeozoic marine petroleum from the Tarim Basin, NW China: Part 3. Thermal cracking of liquid hydrocarbons and gas washing as the major mechanisms for deep gas condensate accumulations. Org Geochem, 42: 1394-1410.

Zhou X. Y. 2013. Accumulation mechanism of complicated deep carbonate reservoir in the Tazhong area, Tarim Basin. Energy Exploration & Exploitation, 31: 429-458.

Zhu G Y, Zhang S C, Liang Y B, et al. 2005. Isotopic evidence of TSR origin for natural gas bearing high H_2S contents within the Feixianguan Formation of the Northeastern Sichuan Basin, southwestern China. Sci China, 48: 1037-1046.

Zhu G Y, Zhang S C, Huang H P, et al. 2010. Induced H_2S formation during steam injection recovery process of heavy oil from the Liaohe Basin, NE China. J Petrol Sci Eng, 71: 30-36.

Zhu G Y, Zhang S C, Huang H P, et al. 2011. Gas genetic type and origin of hydrogen sulfide in the Zhongba gas field of the western Sichuan Basin, China. Appl Geochem, 26: 1261-1273.

Zhu G Y, Zhang S C, Su J, et al. 2012. The occurrence of ultra-deep heavy oils in the Tabei Uplift of the Tarim Basin, NW China. Org Geochem, 52: 88-102.

Zhu G Y, Wang H T, Weng N, et al. 2013a. Use of comprehensive two-dimensional gas chromatography for the characterization of ultra-deep condensate from the Bohai Bay Basin, China. Org Geochem, 63: 8-17.

Zhu G Y, Zhang S C, Su J, et al. 2013b. Alteration and multi-stage accumulation of oil and gas in the Ordovician of the Tabei uplift, Tarim Basin, NW China: implications for genetic origin of the diverse hydrocarbons. Mar Petrol Geol. 46: 234-250.

Zhu G Y, Zhang S C, Liu K Y, et al. 2013c. A wellpreserved 250 million-year-old oil accumulation in the Tarim Basin, western China: implications for hydrocarbon exploration in old and deep basins. Mar Petrol Geol, 43: 478-488.

Zhu G Y, Zhang B T, Yang H J, et al. 2014. Origin of deep strata gas of Tazhong in Tarim Basin, China. Org Geochem, 74: 85-97.

塔里木盆地罗斯 2 井凝析油中高丰度金刚烷和硫代金刚烷的发现与超深层油气勘探潜力[*]

朱光有，张　颖，张志遥

0　引言

近年来，金刚烷被作为识别高成熟油裂解产物的新指标，得到学术界的认可。金刚烷是具有类似金刚石结构的一类刚性聚合环状烃类化合物，通常在高成熟度原油和凝析油中含量较高（Dahl et al.，1999）；在正常油藏埋藏深度段内，其含量很低，化合物种类也很少。由于原油在深层高温阶段会发生裂解，而原油在裂解过程中，金刚烷类化合物可能会不断生成并富集（Wei et al.，2007），因此，金刚烷被用来衡量深层原油的裂解程度（Dahl et al.，2003；Zhang et al.，2011；Zhu et al.，2013a）。而硫代金刚烷是指金刚烷分子中的碳位被硫原子所取代的一类化合物，通常认为是在深层高温条件下，烃类与硫酸盐发生热化学硫酸盐还原作用（thermochemical sulfate reduction，TSR）的标志性产物，是诊断油气藏中发生过 TSR 的重要标志（Wei et al.，2012）。目前已在多个盆地的原油中检出（Hanin et al.，2002；Jiang et al.，2008；Wei and Mankiewicz，2011；Zhu et al.，2011，2016a；Cai et al.，2016a）。这些油气藏埋藏深度大，储层经历过较高温度，可能发生了热化学反应。

塔里木盆地是中国最大的含油气盆地，面积约 $56 \times 10^4 km^2$，是一个典型的叠合盆地（Jia and Wei，2005；Wang et al.，2013），其下古生界碳酸盐岩蕴藏了丰富的油气资源。由于埋藏深，时代老，并遭受了多旋回叠合与改造，油气分布十分复杂（Zhang et al.，2014；Zhu et al.，2013b）。2016 年在塔里木盆地巴楚隆起钻探的罗斯 2 井，在埋深 5741～5830m 井段（下奥陶—上寒武统）白云岩储集层中获得高产工业油气流（图 1），日产气 214476m^3，日产油 3.02m^3，实现了白云岩潜山勘探的新发现，揭示了寒武系—奥陶系白云岩潜山勘探新领域。由于在该凝析油中检出了丰富的金刚烷、硫代金刚烷类化合物等，说明深层经历了复杂的地质与地球化学作用过程。

1　凝析油的物理性质

罗斯 2 气藏位于新疆塔里木盆地西南坳陷麦盖提斜坡罗南构造带罗斯 2 号构造。2016年 5 月 10 日完钻，完钻井深 6080m，井底层位为奥陶系蓬莱坝组。对蓬莱坝组 5741～5830m

---

* 原载于 *Energy & Fuels*，2018 年，第 32 卷，4996～5000。

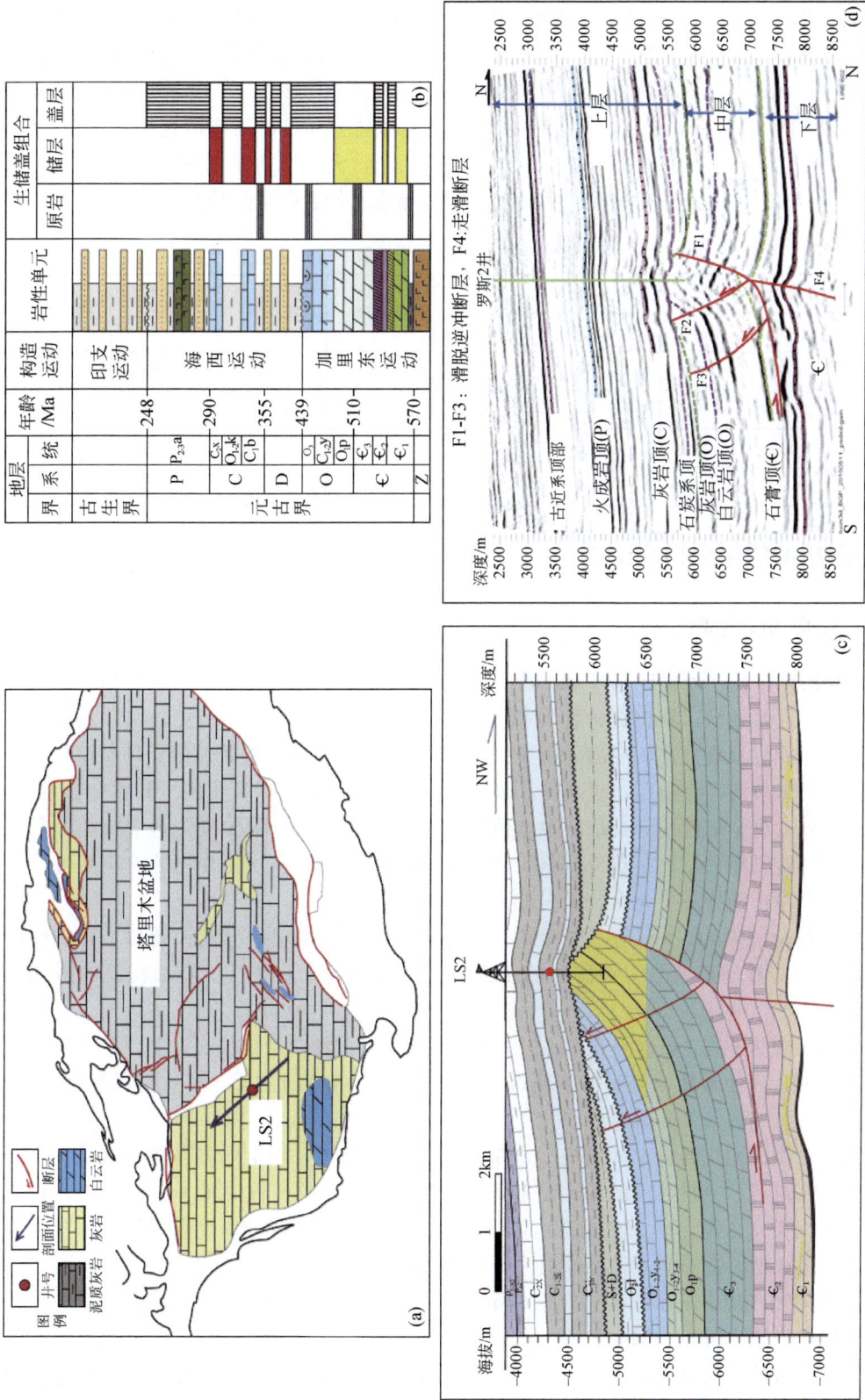

图 1　塔里木盆地巴楚隆起罗斯 2 气藏综合地质图
(a) 塔里木盆地巴楚隆起罗斯 2 气藏位置；(b) 巴楚隆起麦盖提斜坡寒武系地层柱状简图；(c) 罗斯 2 气藏地质剖面图；
(d) 罗斯 2 号构造地震剖面图及构造模式图

井段进行测试，6mm 工作制度测试定产，油压 39.364MPa，获日产气 214476m^3，日产油 3.02m^3。在 5741～5830m 层段共取 4 次原油（凝析油）样品，分别进行了原油物性分析，原油性质稳定（表 1）。地面原油密度在 0.8238～0.8278g/cm^3（20℃），平均为 0.8257g/cm^3。原油黏度 0.8685～0.9116 mPa·s，平均为 0.8913mPa·s；凝固点<-30℃；含硫量 1.2%～1.41%，平均为 1.31%；含蜡量 2.1%～3.2%，平均为 2.5%；胶质+沥青质含量 0.38%～1.63%，平均为 0.83%。罗斯 2 井原油属低密度、低黏度、低含蜡量、低含硫量轻质原油。

表 1   罗斯 2 井原油物性表

深度/m	密度/（g/cm^3）		黏度/（mPa·s）	含蜡/%	含硫/%	胶质/%	沥青质/%	凝固点/℃
	20℃	50℃	50℃					
5741～5830	0.8238	0.802	1.084	1.26	2.40	0.16	0.230	-30
	0.8239	0.802	1.096	1.20	2.10	0.68	0.240	<-30
	0.8276	0.806	1.131	1.41	3.20	0.13	0.250	<-30
	0.8278	0.806	1.125	1.39	2.50	0.84	0.790	<-30

2   凝析油的化合物族组成

2.1   化合物族组成信息

该井凝析油样品，信噪比 S/N 100 以上共检测到 5390 个化合物。全二维气相色谱具有族分离特性和瓦片效应。根据这种性质和 TOFMS 提供的化合物质谱信息，可以对样品中的化合物进行族组分划分。从样品分析结果可识别出 12 类组分：链状烷烃、环状烷烃、苯系列、萘和联苯系列、芴系列、菲系列，苯并噻吩系列、二苯并噻吩系列、菲并噻吩系列、单金刚烷系列、双金刚烷系列及硫代单金刚烷系列 [图 2（a）]。图 2（b）是罗斯 2 井凝析油样品的全二维气相色谱的三维立体图，图中立体峰高度代表各个化合物的响应强度，由该图清晰可见凝析油样品中化合物的分布和含量高低情况。

正构烷烃范围为 nC_3～nC_{26}，主峰碳为 nC_{14}。高碳数正构烷烃已消失殆尽。异构烷烃含量较高，一些异构烷烃与相近碳数的正构烷烃峰高相近。反映了该原油样品的成熟度较高。

与一般凝析油不同，该样品在 C_8 之后的环烷烃类化合物含量也很高，主要分布范围在 C_6 到 C_{20} 之间，其中单环萜烷和倍半萜烷含量相对较高（m/z 123）。可以定性识别出含量很高的环庚烷及二环倍半萜烷。

常见的生物标记化合物，如甾烷、藿烷和三环萜烷等 C_{27} 以上的多环烃类未检出。金刚烷类化合物较多，分析可能的原因是多环烃类在原油成熟的过程中 C—C 键断裂，环化形成了金刚烷类化合物。单金刚烷系列化合物含量相对较多，双金刚烷系列化合物较少，三金刚烷含量很低，在总离子流图中几乎不可识别。

芳香烃类化合物中，苯系列化合物含量最高，萘系列化合物含量次之，菲系列含量最低。芴系列化合物也可见到明显的峰。相对分子质量数高的四环、五环芳烃未检出。

该样品的含硫化合物非常丰富，四氢噻吩、烷基噻吩系列化合物与环状烃类在总离子流图上位置相似，较难分辨。苯并噻吩系列及二苯并噻吩系列化合物的含量都非常高，菲并噻吩几乎不可识别。硫代金刚烷系列化合物在总离子流图中也可见到，但亮度较低。

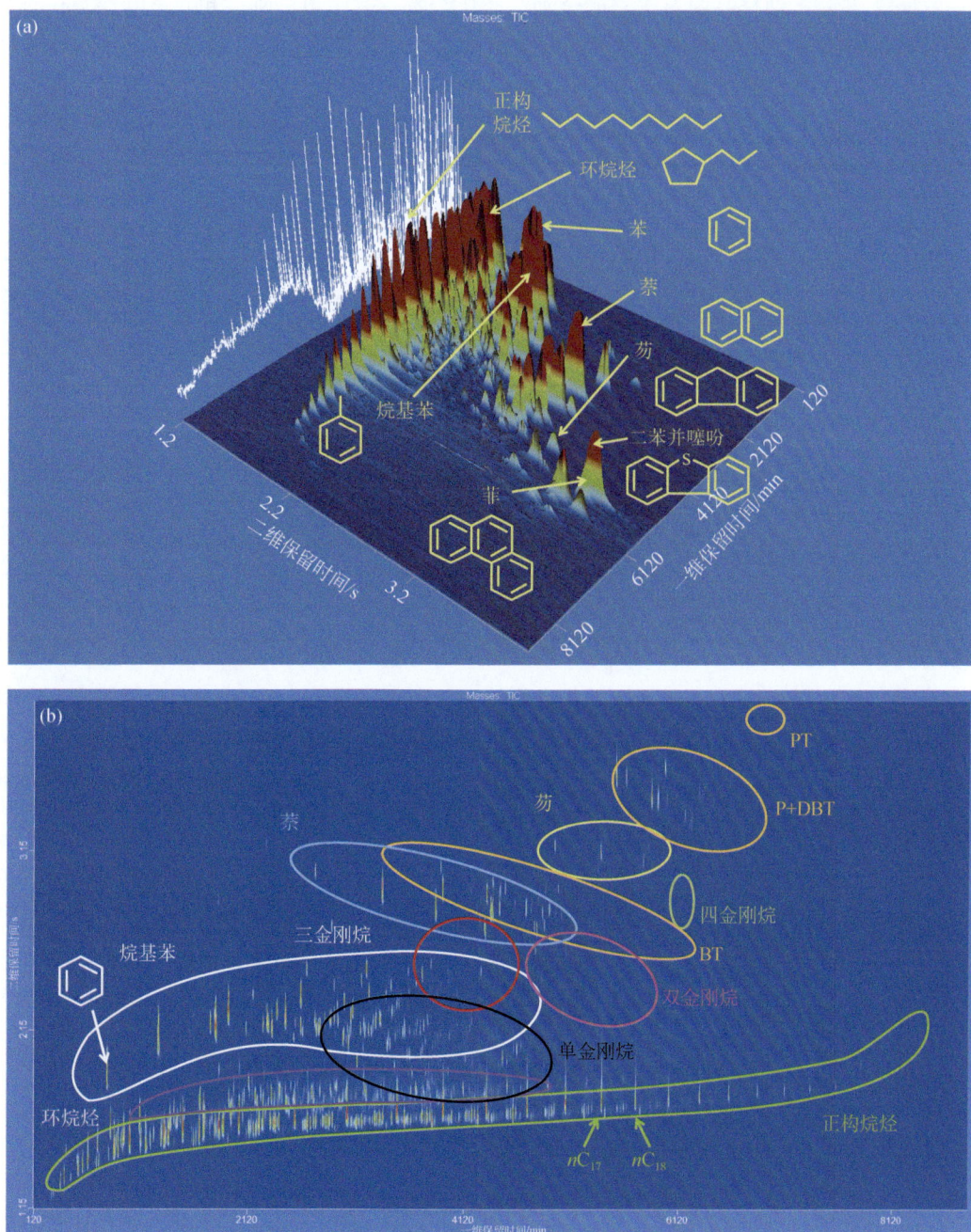

图 2　罗斯 2 井凝析油在 GC×GC-TOFMS 下的全二维谱图

（a）全二维点阵图；（b）3D 立体图

2.2　金刚烷类化合物的分布

罗斯 2 井凝析油样品中有丰富的金刚烷类化合物，其中单金刚烷和双金刚烷类化合物含量较高，种类多。三金刚烷类化合物仅检测到两个，且含量很低（表2）。金刚烷化合物的鉴定主要参考前人的研究成果（Wei et al.，2006）。

表 2　罗斯 2 井金刚烷类化合物相对含量

化合物名称	相对含量/（mg/kg）
金刚烷	0.921
1-甲基金刚烷	2.526
2-甲基金刚烷	0.183
C2-单金刚烷	43.279
C3-单金刚烷	17.830
C4-单金刚烷	28.054
C5-单金刚烷	11.353
双金刚烷	2.801
C1-双金刚烷	3.946
C2-双金刚烷	11.064
C3-双金刚烷	4.917
C4-双金刚烷	2.802
三金刚烷	1.418
C1-三金刚烷	0.602

在全二维色谱谱图中，金刚烷类化合物得到了很好的分离，在其 2D 轮廓图上，相同碳数的金刚烷同分异构体的峰呈直线状分布，不同碳数之间的金刚烷系列呈现出瓦片效应（Adachour et al.，2006）。根据这种特征，选择离子扫描，结合化合物的质谱图就可以对其进行定性（图3、图4）。

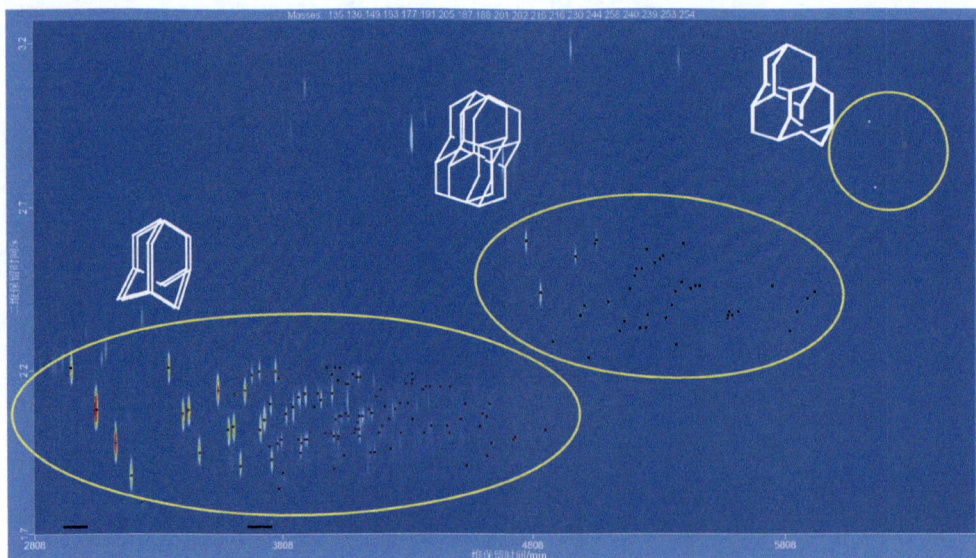

图 3　罗斯 2 井凝析油中金刚烷类化合物的全二维点阵谱图

　　如图 4 所示，样品中共检测到单金刚烷类化合物 112 个，通过不同颜色的点标记出不同取代基的金刚烷类化合物分布情况。单金刚烷类化合物具有特征离子 m/z=79，93，107，分别用 m/z 136 和 135、149、163、177、191 和 205 检测，可以对其进行识别（图 4）。由质谱图中的分子离子峰可以确定化合物的取代基个数，但是无法确定其取代基位置。

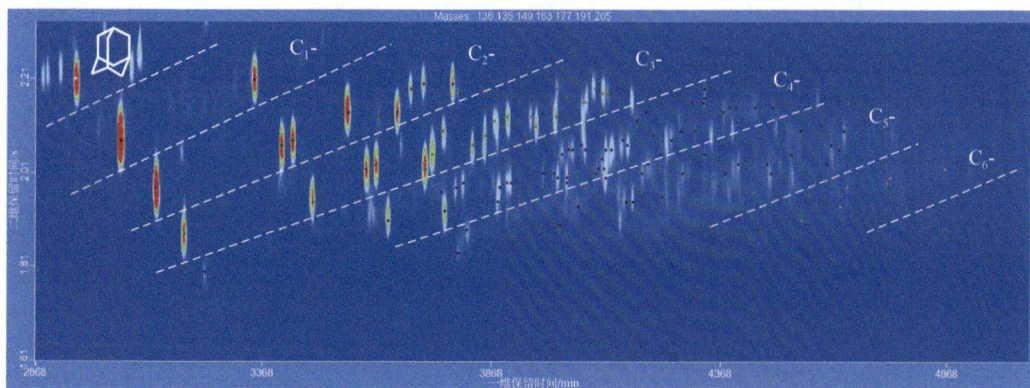

图 4　罗斯 2 井单金刚烷类化合物全二维点阵谱图

　　已知鉴定的单金刚烷类化合物共有 23 种，罗斯 2 井中检测出其中 20 种（表 3），除此之外还检测出 92 个化合物，无法确定其确切名称。其中检测到一个取代基的单金刚烷类化合物 2 个；两个取代基的单金刚烷类化合物 10 个；三个取代基的单金刚烷类化合物 26 个；四个取代基的单金刚烷类化合物 46 个；五个取代基的单金刚烷类化合物 21 个；其中检测到六个取代基的单金刚烷类化合物 6 个（图 5、图 6）。

表 3　罗斯 2 井已知单金刚烷类化合物鉴定结果

色谱峰编号	分子式	结构式	基峰（m/z）	M+（m/z）
1	$C_{10}H_{16}$	金刚烷	136	136
2	$C_{11}H_{18}$	1-甲基金刚烷	135	150
3	$C_{11}H_{18}$	2-甲基金刚烷	135	150
4	$C_{12}H_{20}$	1,3-二甲基金刚烷	149	164
5	$C_{12}H_{20}$	1,4-二甲基金刚烷（cis）	149	164
6	$C_{12}H_{20}$	1,4-二甲基金刚烷（trans）	149	164
7	$C_{12}H_{20}$	1,2-二甲基金刚烷	149	164
9	$C_{12}H_{20}$	1-乙基金刚烷	135	164
12	$C_{12}H_{20}$	2-Ethyladamantane	135	164
14	$C_{13}H_{22}$	1,3,5-三甲基金刚烷	163	178
15	$C_{13}H_{22}$	1,3,6-三甲基金刚烷	163	178
16	$C_{13}H_{22}$	1,3,4-三甲基金刚烷（cis）	163	178
17	$C_{13}H_{22}$	1,3,4-三甲基金刚烷（trans）	163	178
18	$C_{13}H_{22}$	1-乙基-3-甲基金刚烷	149	178

续表

色谱峰编号	分子式	结构式	基峰（m/z）	M+（m/z）
19	$C_{13}H_{22}$	1,2,3-三甲基金刚烷	163	178
40	$C_{14}H_{24}$	1,3,5,7-四甲基金刚烷	177	192
41	$C_{14}H_{24}$	1,2,5,7-四甲基金刚烷	177	192
43	$C_{14}H_{24}$	1-乙基-3,5-二甲基金刚烷	163	192
86	$C_{15}H_{26}$	1-乙基-3,5,7-三甲基金刚烷	177	206
88	$C_{15}H_{26}$	1,2,3,5,7-五甲基金刚烷	191	206

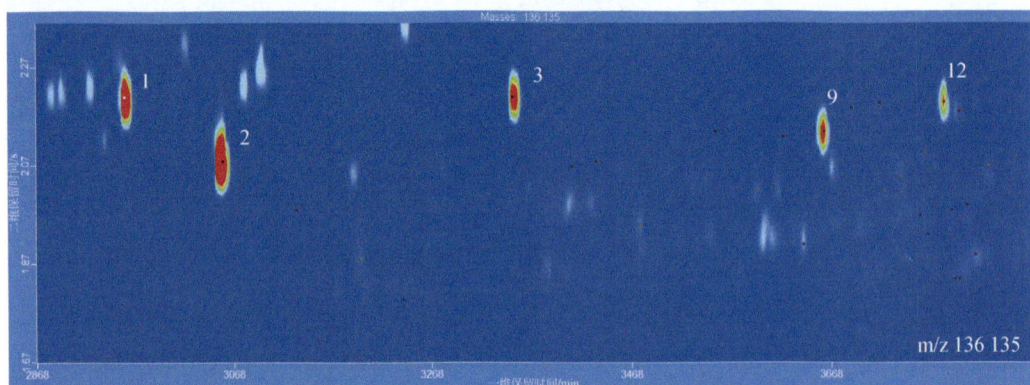

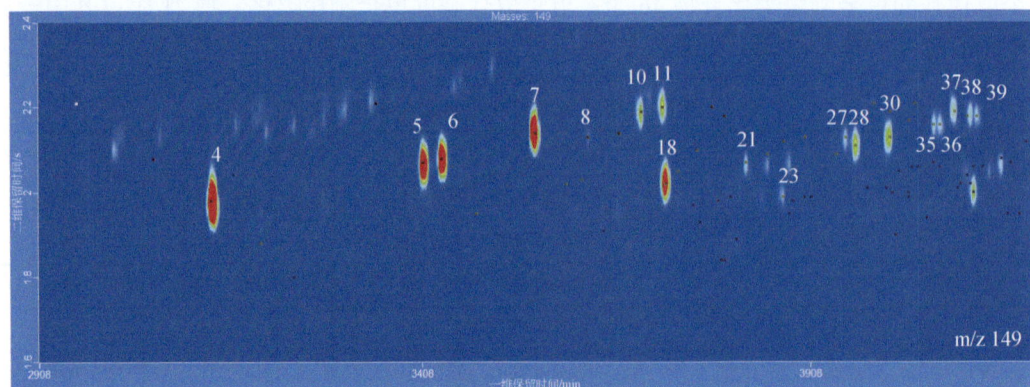

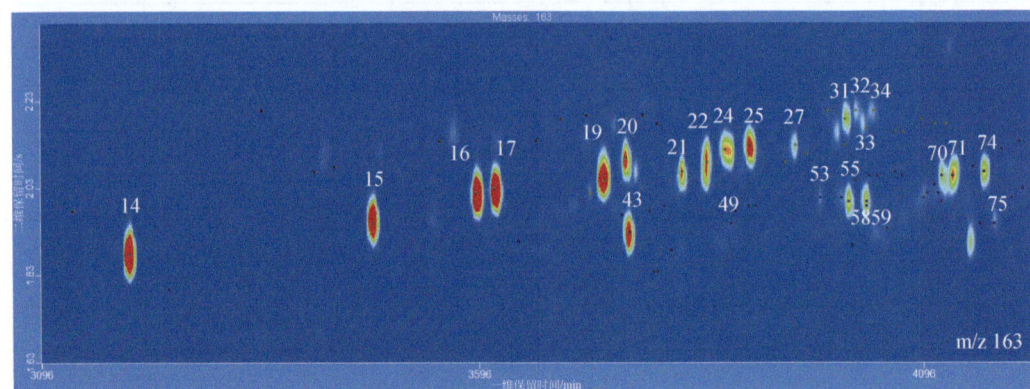

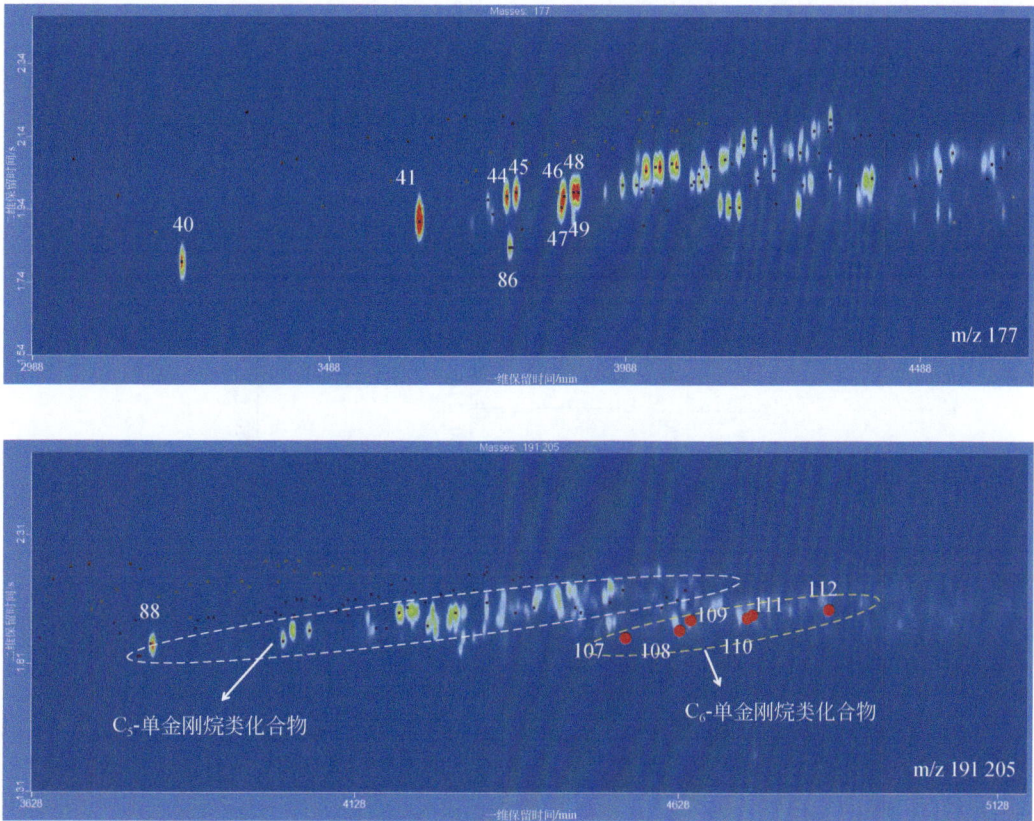

图 5　罗斯 2 井凝析油样品在选择离子 m/z 136、135、149、163、177、191、205 下的全二维点阵图

图中标记了不同取代基的单金刚烷系列化合物的分布情况

　　按照取代基的个数不同，化合物亮点呈瓦片状排列分布，五个取代基的单金刚烷类化合物曾有报道（Zhu et al. 2016a），但罗斯 2 井中可识别的 C_5-单金刚烷化合物个数相对更多。六个取代基的单金刚烷类化合物未曾见到报道，图 7 为识别出的 C_6-单金刚烷质谱图。对于含量较低的金刚烷样品进行分析时，根据出峰位置确定的金刚烷化合物的质谱图与其标准化合物的质谱图可能存在一定差别。

　　双金刚烷类具有特征离子 m/z=79，91，105，用 m/z 188、187、201、215、229、243、257 检测，可以对其进行识别。不同取代基的双金刚烷在二维点阵图中的排列方式与单金刚烷类化合物类似，可以确定其取代基个数，但是无法确定其取代基位置。如图 8 所示，样品中共检测到双金刚烷类化合物 42 个，图中标记了不同取代基的双金刚烷系列化合物的分布情况。已知鉴定的双金刚烷类化合物共有 12 种，罗斯 2 井中检测出其中 7 种，除此之外检测出 35 个化合物，无法确定其确切名称。其中检测到一个取代基的双金刚烷类化合物 4 个；两个取代基的双金刚烷类化合物 13 个；三个取代基的双金刚烷类化合物 12 个；四个取代基的双金刚烷类化合物 6 个；五个取代基的双金刚烷类化合物 4 个。图 9 展示了典型的双金刚烷类化合物质谱图。

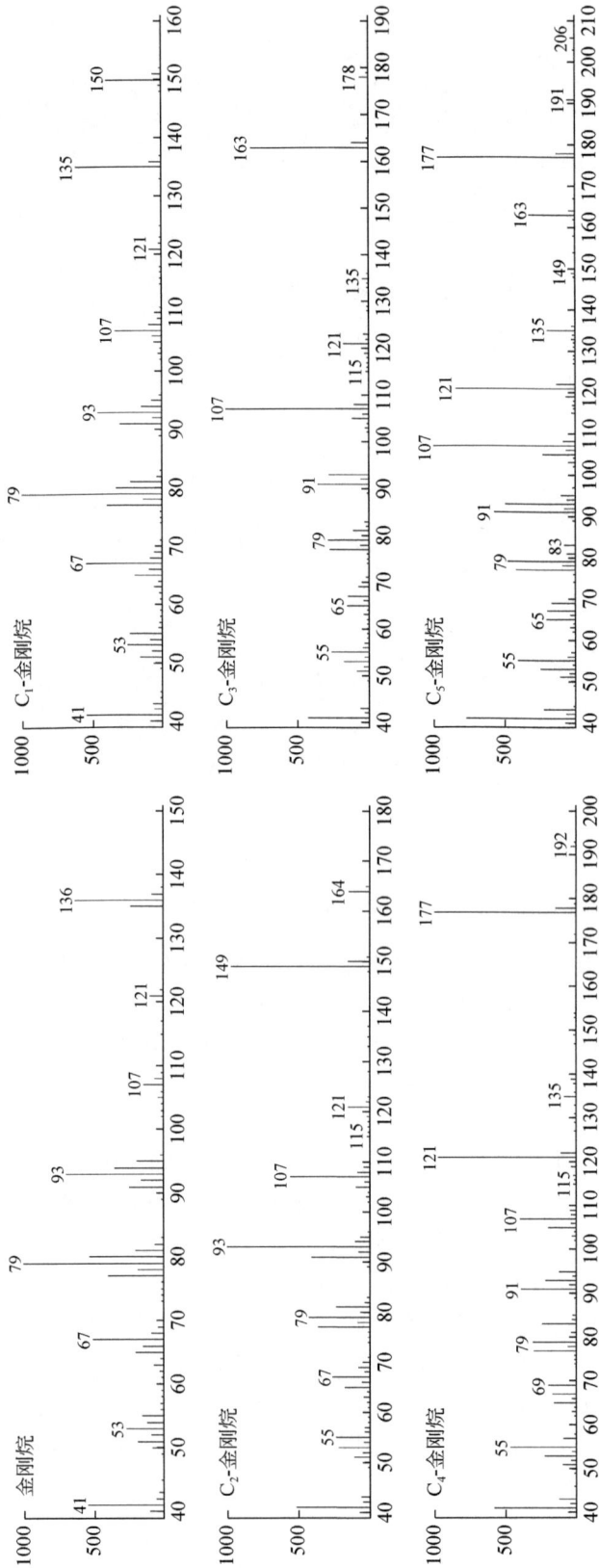

图 6 罗斯2井中单金刚烷类化合物典型质谱图

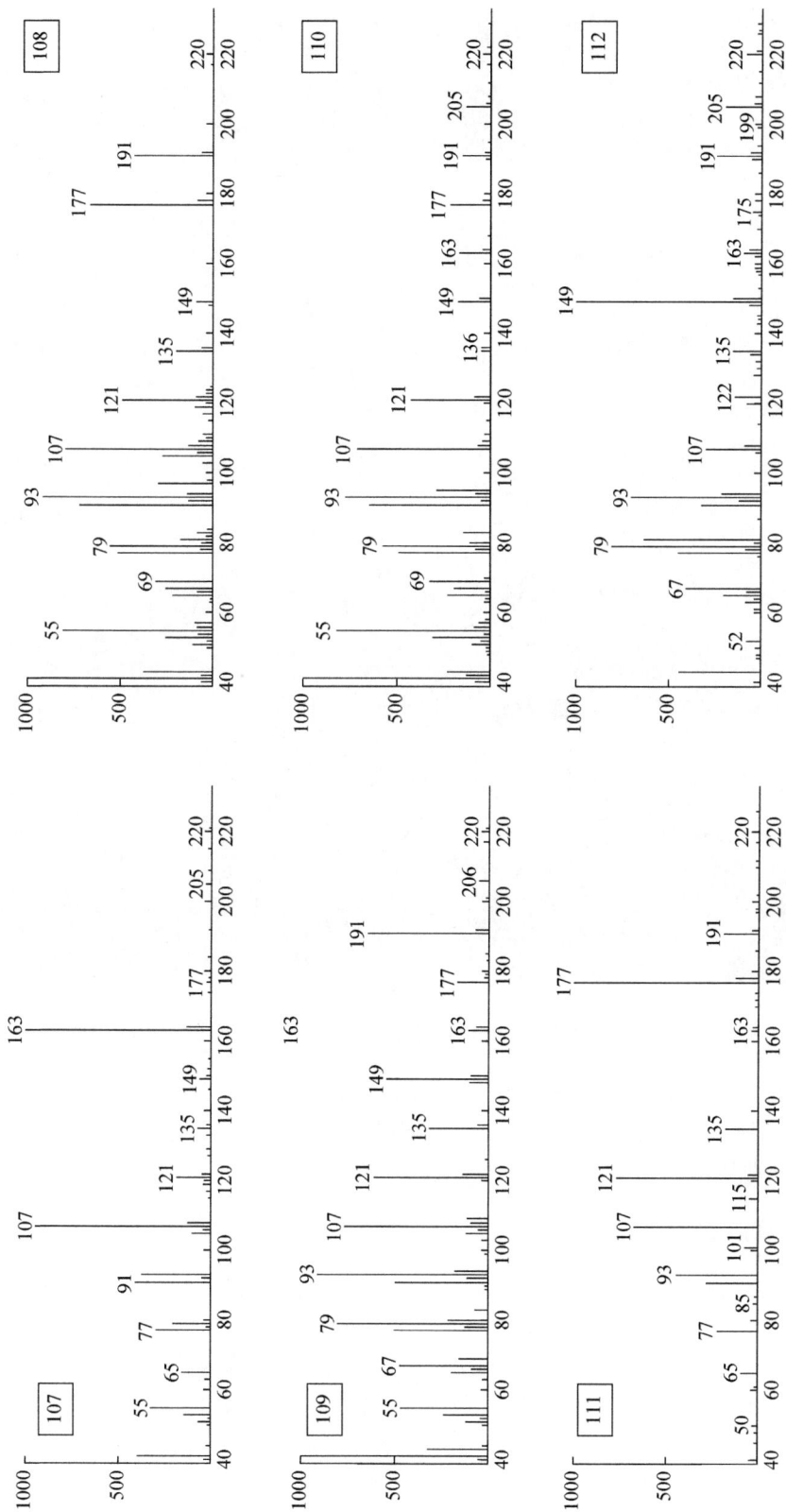

图 7　罗斯 2 井中 C6-单金刚烷类化合物质谱图

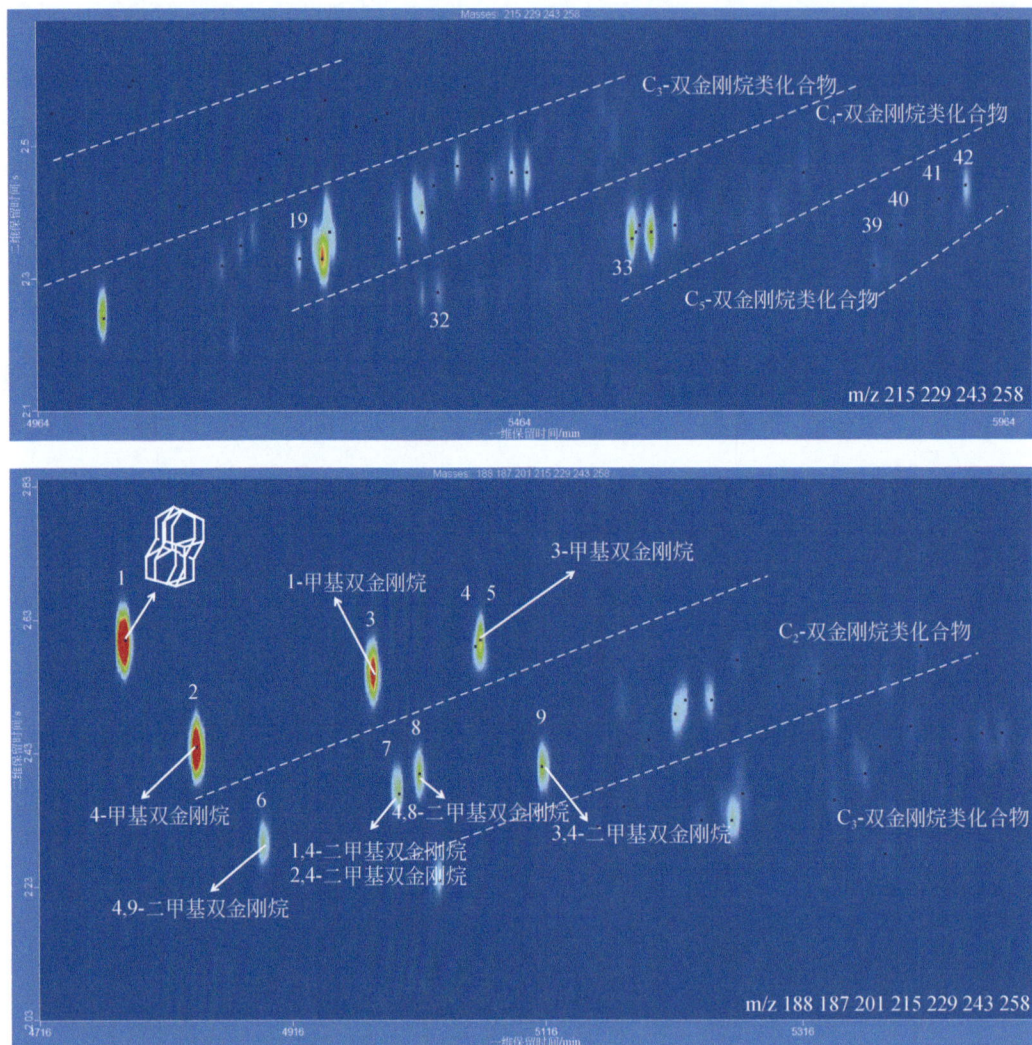

图 8　罗斯 2 井凝析油样品在选择离子 m/z 188、187、201、215、229、243、258 下的全二维点阵图

三金刚烷类具有特征离子 m/z=79，91，105，用 m/z 239、240、244、253 进行检测。样品中共检测到三金刚烷类化合物 2 个。根据已知鉴定的三金刚烷类化合物种类，认为这 2 个化合物分别是三金刚烷和 9-甲基三金刚烷（图 10）。

2.3　含硫化合物

罗斯 2 井凝析油样品中能检测出大量含硫系列化合物，含量高（表 4）。如图 11 所示，可以看出原油中的含硫化合物包括四氢噻吩系列化合物（m/z 101），烷基噻吩系列化合物（m/z=97、111、125），苯硫酚系列化合物（m/z=95、109、123），硫代单金刚烷系列化合物（m/z=153、177、191），烷基苯并噻吩系列化合物（m/z=147、161、175），二苯并噻吩系列化合物（m/z=184、198、212）和菲并噻吩系列化合物（m/z=222、236）。图 12 展示了典型含硫化合物的质谱图。该样品在推测的全二维图谱位置没有检测到硫代双金刚烷系列化合物。

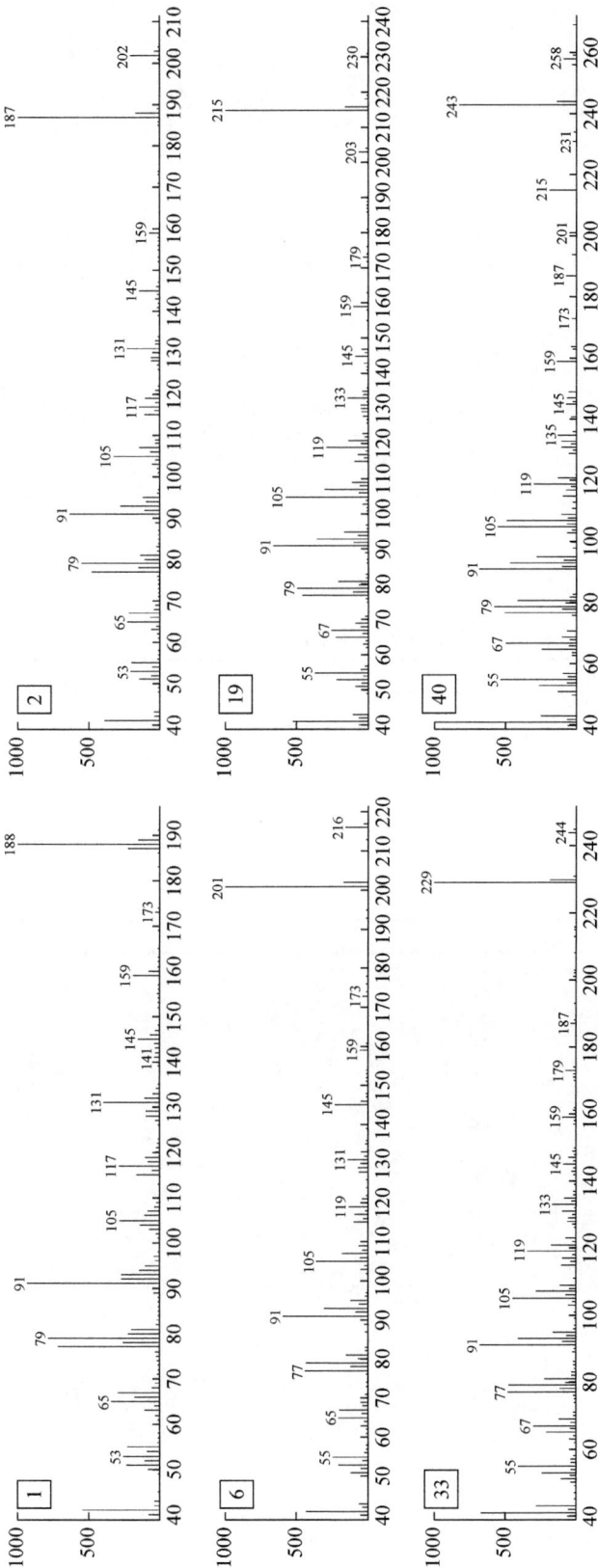

图 9　罗斯 2 井中双金刚烷类化合物典型质谱图

1.双金刚烷；2.4-甲基-双金刚烷；6.4, 9-二甲基-双金刚烷；19.C_3-双金刚烷；33.C_4-双金刚烷；40.C_5-双金刚烷(数字均为图 8 中的序号)

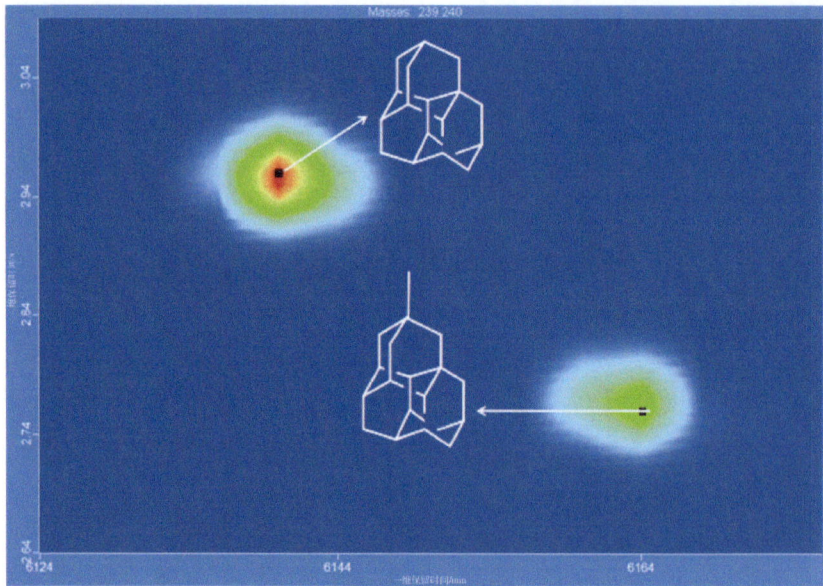

图 10 罗斯 2 井凝析油样品在选择离子 m/z 239、240 下的全二维点阵图

表 4 罗斯 2 井凝析油中含硫化合物含量表

系列名称	相对含量/（mg/kg）
四氢噻吩系列化合物	7.718
烷基噻吩系列化合物	218.577
苯硫酚系列化合物	3.298
硫代单金刚烷系列化合物	7.293
烷基苯并噻吩系列化合物	121.013
二苯并噻吩系列化合物	237.298
菲并噻吩系列化合物	2.401
其他含硫化合物	50.618

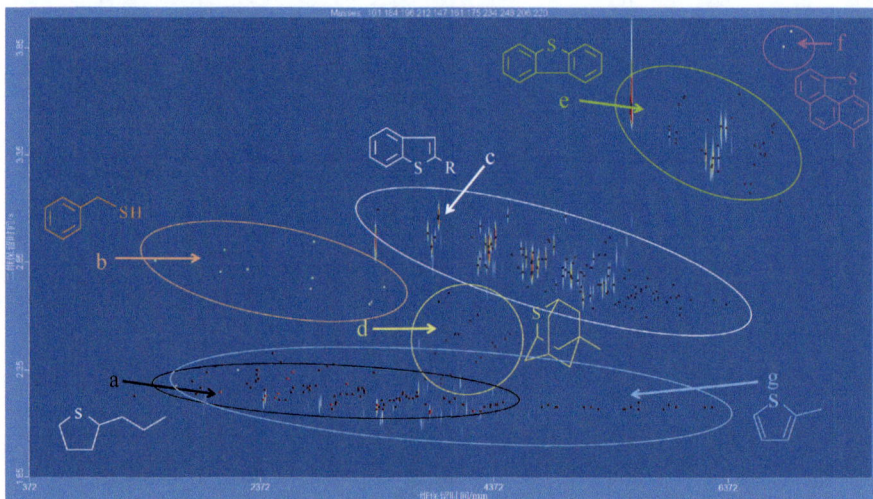

图 11 罗斯 2 井凝析油中含硫化合物分布的全二维点阵谱图

a. 四氢噻吩系列化合物；b. 烷基苯硫酚系列化合物；c. 烷基苯并噻吩系列化合物；d. 硫代单金刚烷系列化合物；e. 二苯并噻吩系列化合物；f. 菲并噻吩系列化合物；g. 烷基噻吩系列化合物

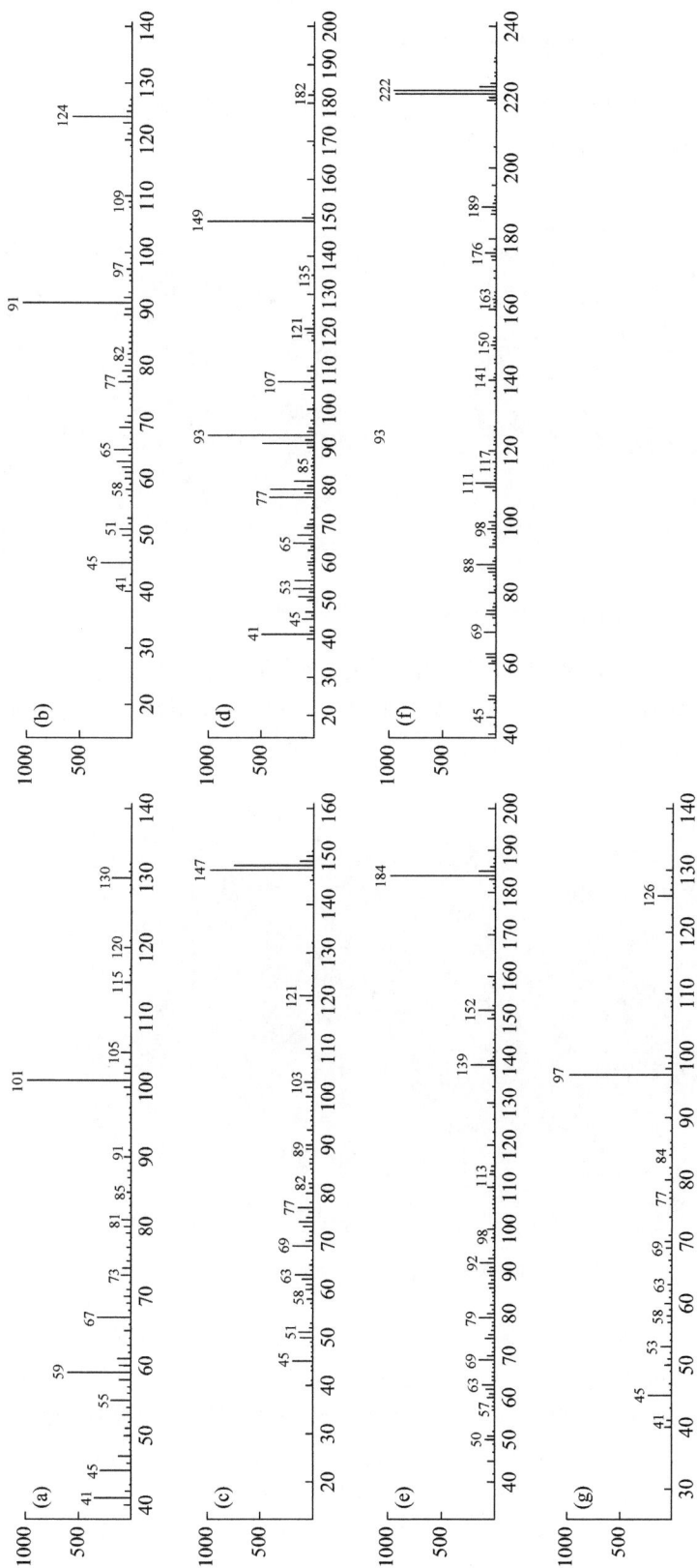

图 12 典型含硫化合物质谱图

(a)四氢噻吩;(b)苯硫酚;(c)烷基苯并噻吩;(d)硫代甲基单金刚烷;(e)二苯并噻吩;(f)菲并噻吩;(g)烷基萘并噻吩

2.4 硫代金刚烷系列化合物的识别和鉴定

该凝析油中发现了硫代单金刚烷系列化合物，未检测到硫代双金刚烷类化合物（图13），包括 17 个硫代单金刚烷化合物（图 13 上的序号）。

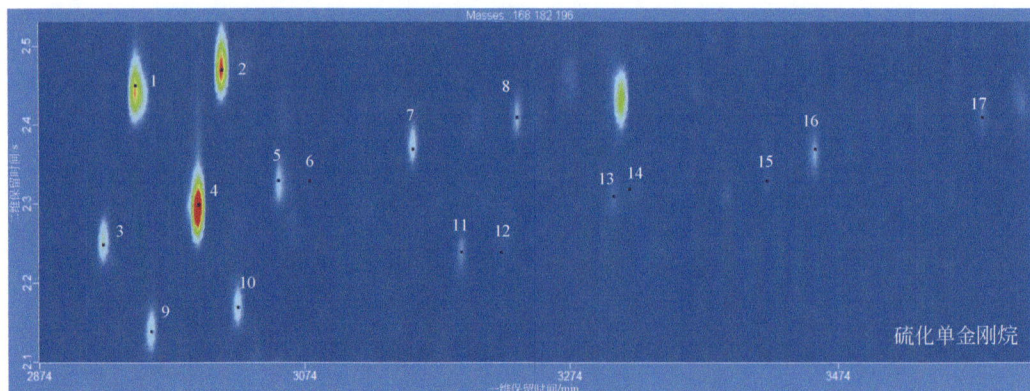

图 13 硫代金刚烷在全二维点阵图上的分布

样品中未检测到 2-硫代金刚烷，仅检测到 $C_1 \sim C_3$ 取代的硫代单金刚烷。其中，C_1 取代的硫代单金刚烷有两个（图 14 上标号为 1 和 2），分别是 5-甲基-2-硫代金刚烷和 1-甲基-2-硫代金刚烷，与文献图谱一致（图 15）。

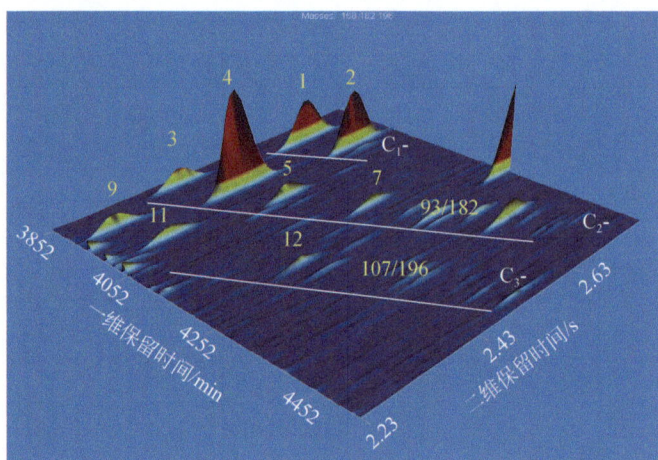

图 14 硫代金刚烷在全二维气相色谱的三维立体图上的分布

C_2 取代的硫代单金刚烷有 6 个（图 16），标号为 3、4、5 号峰在文献中曾见到（Jiang et al.，2008）。3 号峰为 5,7-二甲基-2-硫代金刚烷，4 号峰为 1,5-二甲基-2-硫代金刚烷，5 号峰为 1,3-二甲基-2-硫代金刚烷。从图 17 可见，6～8 号峰的 3 个化合物的碎片离子主要是 m/z=93、107、125，其分子离子均为 m/z 182，这一特征与 3～5 号峰化合物一致，说明它们的质谱碎裂方式相似，且该四个化合物在二维保留时间上与 3～5 号峰化合物也一致，依据全二维谱图的特点可以得出 6～8 号化合物与 3～5 号峰化合物的化学结构相似，因此

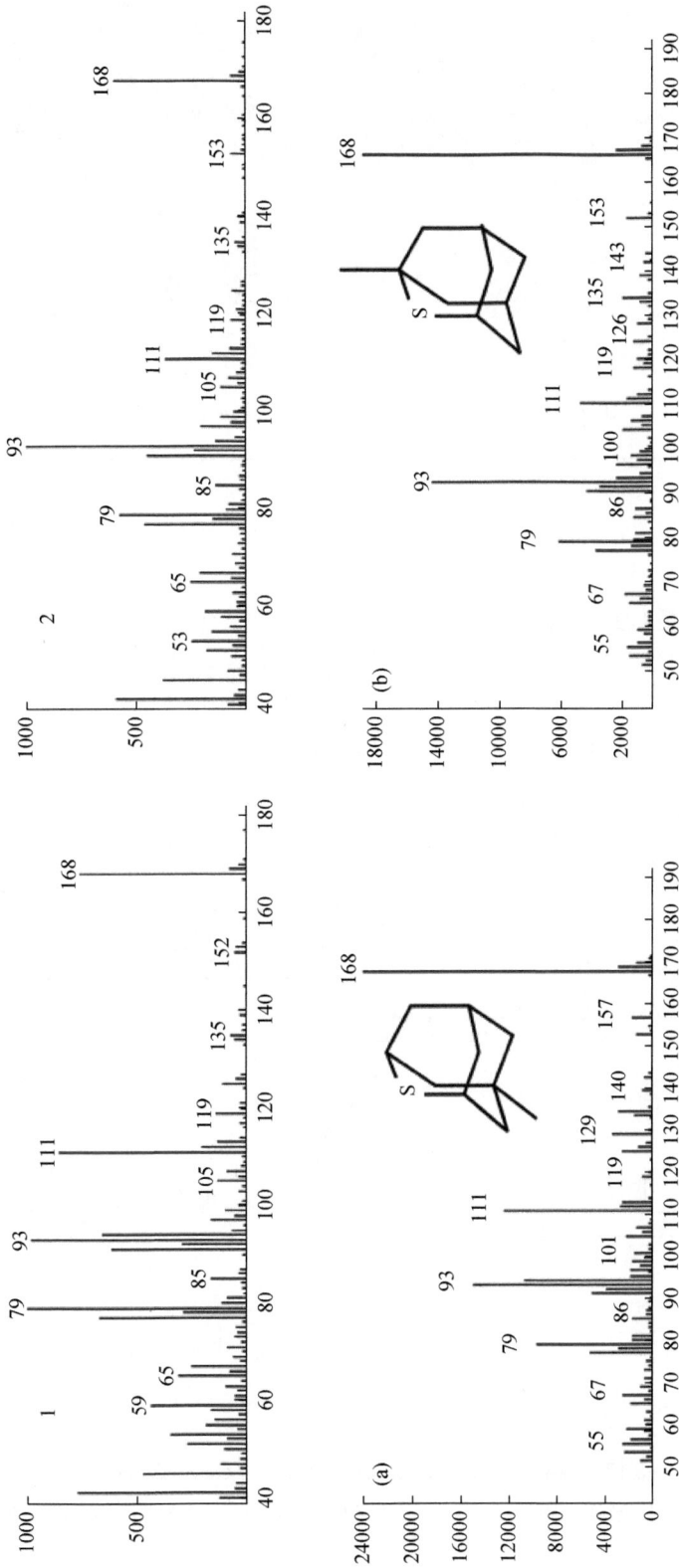

图 15　C₁-硫代金刚烷质谱图(据 Jiang et al., 2008)
(a)5-甲基-2-硫代金刚烷；(b)1-甲基-2-硫代金刚烷

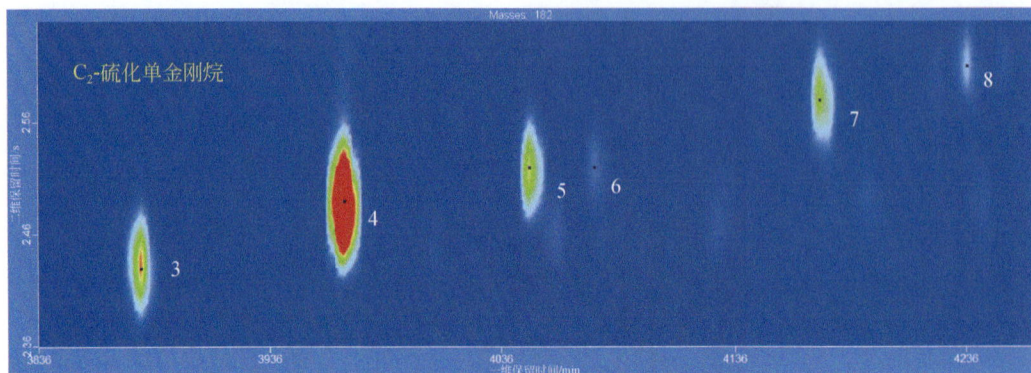

图 16 C₂-硫代单金刚烷在全二维点阵图上的分布

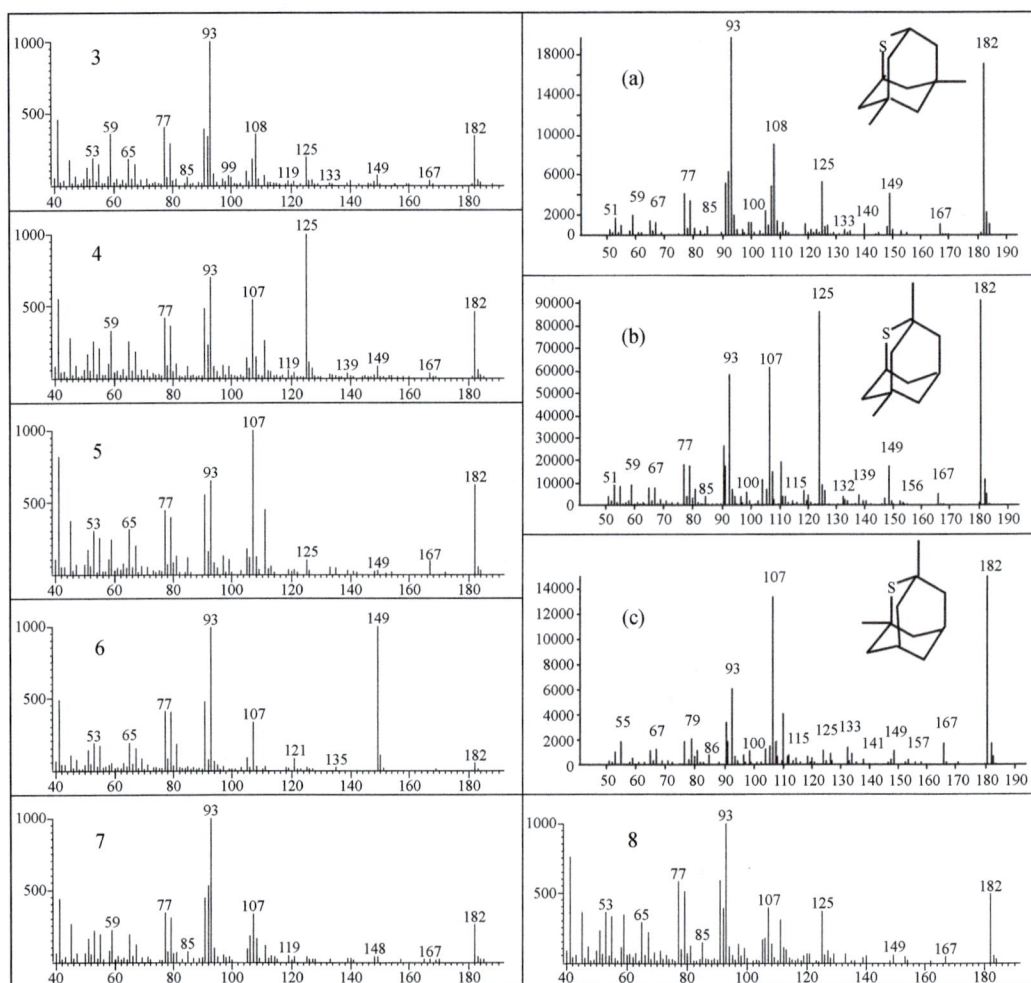

图 17 C₂-硫代单金刚烷质谱图（据 Jiang et al.，2008）

（a）5,7-二甲基-2-硫代金刚烷；（b）1,5-二甲基-2-硫代金刚烷；（c）1,3-二甲基-2-硫代金刚烷

推测它们也是 C_2 取代的硫代单金刚烷，取代基位置不能确定。标号为 7、8 号峰在（Zhu et al.，2016a）的报道中曾识别出质谱图相似的硫代单金刚烷，但同样未对其取代基位置进行确定。标号为 6 号峰未曾见到报道，为本文首次识别。

同理，C_3 取代的硫代单金刚烷有 9 个（图 18），11、12 号峰曾见于（Wei et al.，2012），其质谱图列于图 18。这些化合物的碎片离子主要是 $m/z=93$、107、125，其分子离子均为 m/z 196，这一特征与 11、12 号峰化合物一致，且这些化合物在二维保留时间上与 12 号峰化合物也一致，依据全二维谱图的特点可以得出它们与 11、12 号峰化合物的化学结构相似，因此推测它们也是 C_3 取代的硫代单金刚烷，取代基位置不能确定。10、13、14 号峰曾在（Zhu et al.，2016b）的报道中识别出质谱图相似的 C_3-硫代单金刚烷，但同样未对其取代基位置进行确定。其余均为新发现的 C_3 取代的硫代单金刚烷，为本文首次识别（图 19）。

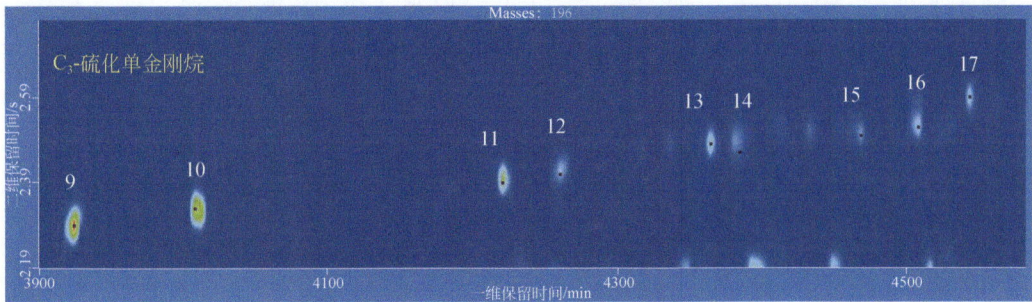

图 18　C_3-硫代单金刚烷在全二维点阵图上的分布

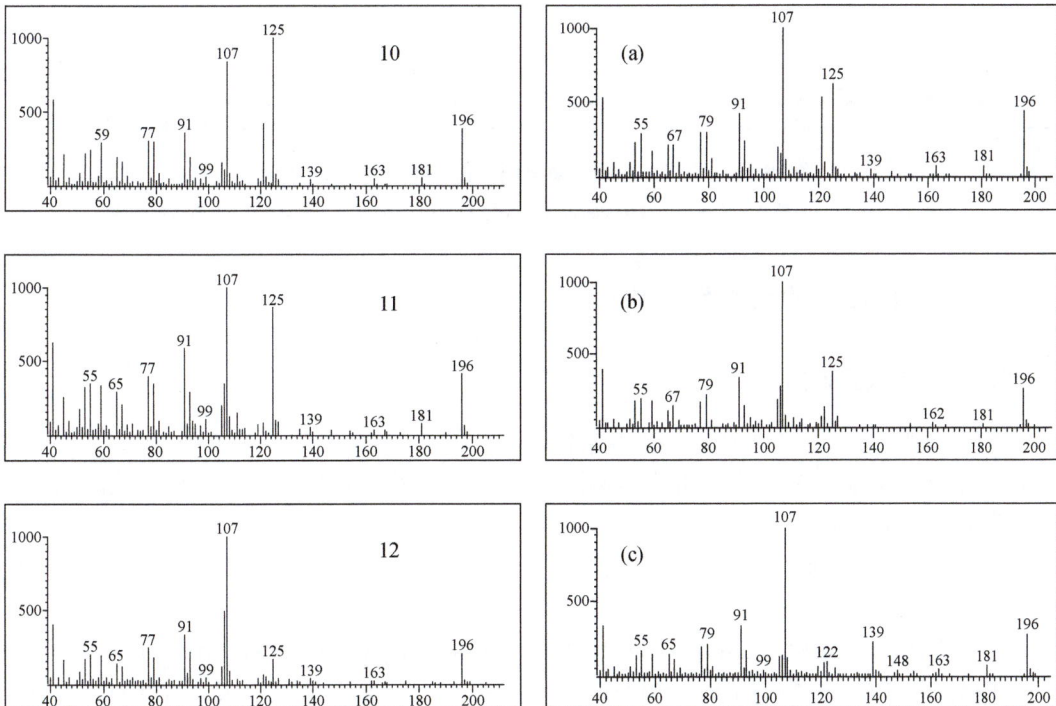

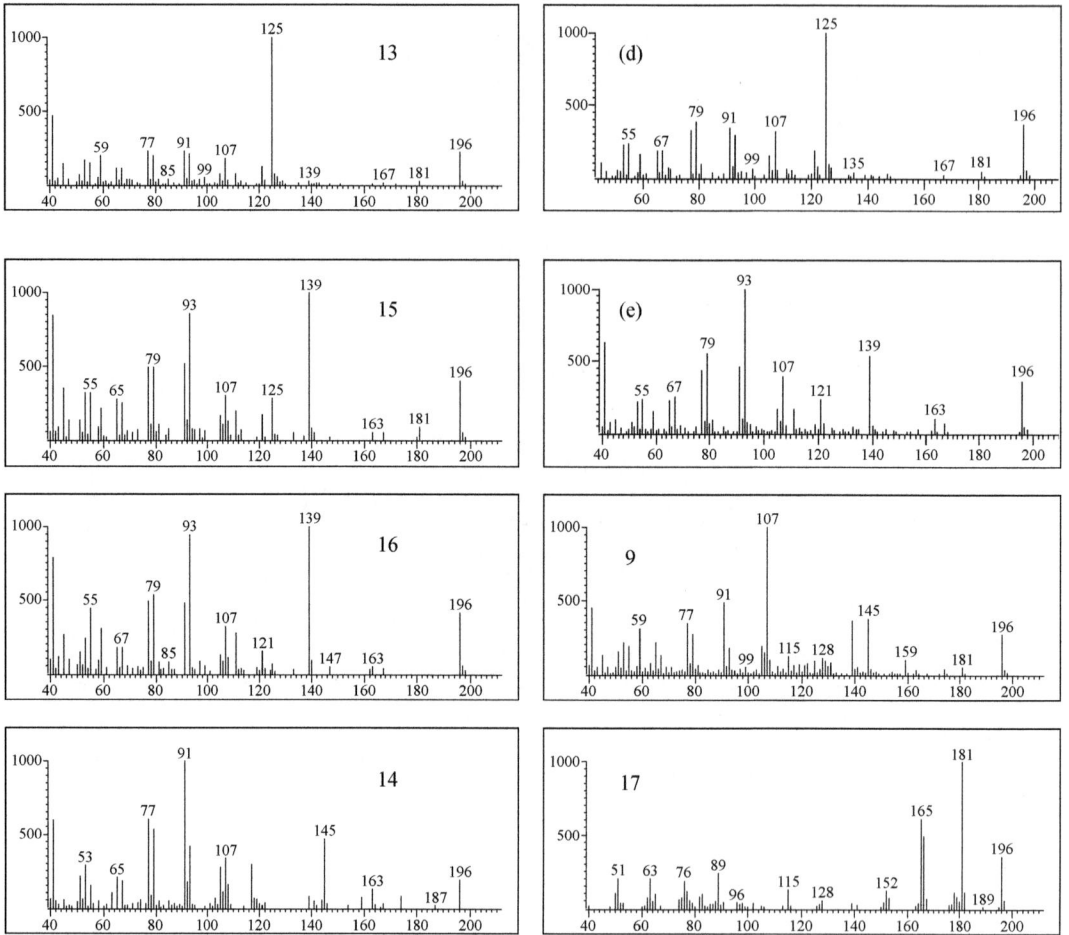

图 19　C₃-硫代单金刚烷质谱图（据 Zhu et al.，2016a）

（a）（b）为 C₃-硫代单金刚烷质谱图（据 Wei et al.，2012）；（c）（d）（e）为 C₃-硫代单金刚烷质谱图

3　含硫化合物的成因与来源

3.1　TSR 成因证据

　　硫代金刚烷通常认为是在深层高温条件下，烃类与硫酸盐发生 TSR 的标志性产物（Wei et al.，2012）。因此，在罗斯 2 井中检测到 17 个含量丰度相对较高的硫代金刚烷，说明该油气藏发生了 TSR 作用。

　　TSR 是指烃类和硫酸盐类在热动力驱动下的化学反应，生成硫化氢，可以用简单的反应通式来表示：

$$4C_nH_{2n+2}+(3n+1)CaSO_4 \rightarrow (3n+1)CaCO_3+(3n+1)H_2S+(n-1)CO_2+(n+3)H_2O$$

　　在高温和 TSR 强烈作用下，导致原油发生裂解，长链烃类断裂生成甲烷（Tian et al.，2008）；烃类和硫酸盐反应，生成大量硫化氢和二氧化碳。而地层中的硫键合到有机物中，形成含硫有机化合物。因此，罗斯 2 井凝析油中大量含硫化合物的发现，与烃类和硫酸盐

在高温下发生 TSR 反应有关，在生成硫化氢、二氧化碳的同时，高温裂解形成的金刚烷，其分子中的碳位被地层中的硫所取代，从而形成硫代金刚烷等高成熟、热稳定性极高的含硫化合物，残留在凝析油中。

TSR 反应不仅导致天然气中 H_2S 的生成，还会引起烃类气体干燥系数的增加和烃类稳定碳同位素的富集（Zhu et al.，2015b，2015c）。从天然气组成来看，罗斯 2 井取得两次气样分析（表 5），其中，H_2S 含量为 3.27%～4.05%，为中高含硫化氢天然气。甲烷含量为 67.59%～68.67%，乙烷含量为 0.45%～0.68%，丙烷含量为 0.163%～0.164%，氮气含量为 6.58%～6.83%，CO_2 含量为 20.05%～20.24%，He 含量较高。天然气干燥系数（C_1/C_{1+}）为 0.984，表现为典型干气特征（Dai et al.，2008），与 TSR 强烈蚀变有关。

罗斯 2 井天然气碳同位素较重，$\delta^{13}C_1$ 为-34.1‰，$\delta^{13}C_{2-1}$ 为 4‰，反映天然气遭受了 TSR 的强烈蚀变改造。与邻区塔中地区奥陶系裂解气同位素相比（Zhu et al.，2014），甲、乙烷碳同位素明显偏重 5～8‰，而且硫化氢含量也高于塔中奥陶系天然气，说明罗斯 2 井天然气比塔中地区奥陶系天然气 TSR 蚀变程度高。

表 5　罗斯 2 井天然气组分与碳同位素组成

天然气组分/%										$\delta^{13}C$（‰，PDB）		
CH_4	C_2H_6	C_3H_8	iC_4H_{10}	nC_4H_{10}	C_{5+}	N_2	CO_2	He	H_2S	CH_4	C_2H_6	C_3H_8
68.7	0.452	0.164	0.047	0.076	0.152	6.834	20.050	—	3.272	—	—	—
67.6	0.677	0.163	0.046	0.077	0.343	6.581	20.240	—	4.051	—	—	—
71.80	0.49	0.19	0.05	0.09	0.14	6.65	20.15	0.24	3.66	-34.1	-30.1	-27.3

3.2　TSR 发生条件

罗斯 2 井凝析油中发现的硫代金刚烷化合物和天然气中硫化氢中高含量，都说明了罗斯 2 井油气藏遭受了强烈的 TSR 作用，而 TSR 作用发生的地点和时间，对预测油气性质及硫化氢含量与分布具有重要意义。特别是，TSR 是在现今油气藏中发生的、还是在其他地方发生后运移至此？这对油气勘探意义十分重大。

从 TSR 发生条件来看，需要蒸发岩（提供 SO_4^{2-}）和 140℃ 以上的高温条件（Worden et al.，1995）。从罗斯 2 井白云岩储集层（下奥陶统—上寒武统）钻探结果来看，在深度为 5736.57m 的储集层中，实测温压数据分别为：温度 144.6℃、压力 64.23MPa，温度梯度 2.56℃/100m，压力梯度 0.31MPa/100m，气藏压力系数 1.14，为常温常压气藏。因此，从温度条件来看，具备 TSR 发生的高温条件。但是，储集层中不发育蒸发岩，缺少 SO_4^{2-} 离子。因此，不具备 TSR 发生条件。

另外，从罗斯 2 井凝析油中发现的 112 个高丰度金刚烷化合物情况来看（表 3，图 3），说明该凝析油成熟度极高。而且常见的生物标记化合物，如甾烷、藿烷和三环萜烷等均未检出，都证明了该凝析油已遭受高温蚀变。而依据目前气藏温度，不可能使原油到达如此高的成熟度。因此，油气一定是从已遭受过 TSR 和高温蚀变的油气藏中运移而来。

从塔里木盆地寒武系—奥陶系沉积演化来看（图 20），中-下寒武统发育一套厚层蒸发岩，下寒武统玉尔吐斯组发育优质烃原岩和肖尔布拉克组储集层（Zhu et al.，2016b），构成一套良好的生储盖组合（Zhu et al.，2015c）。因此，罗斯 2 井油气可能来自于寒武系油气藏。

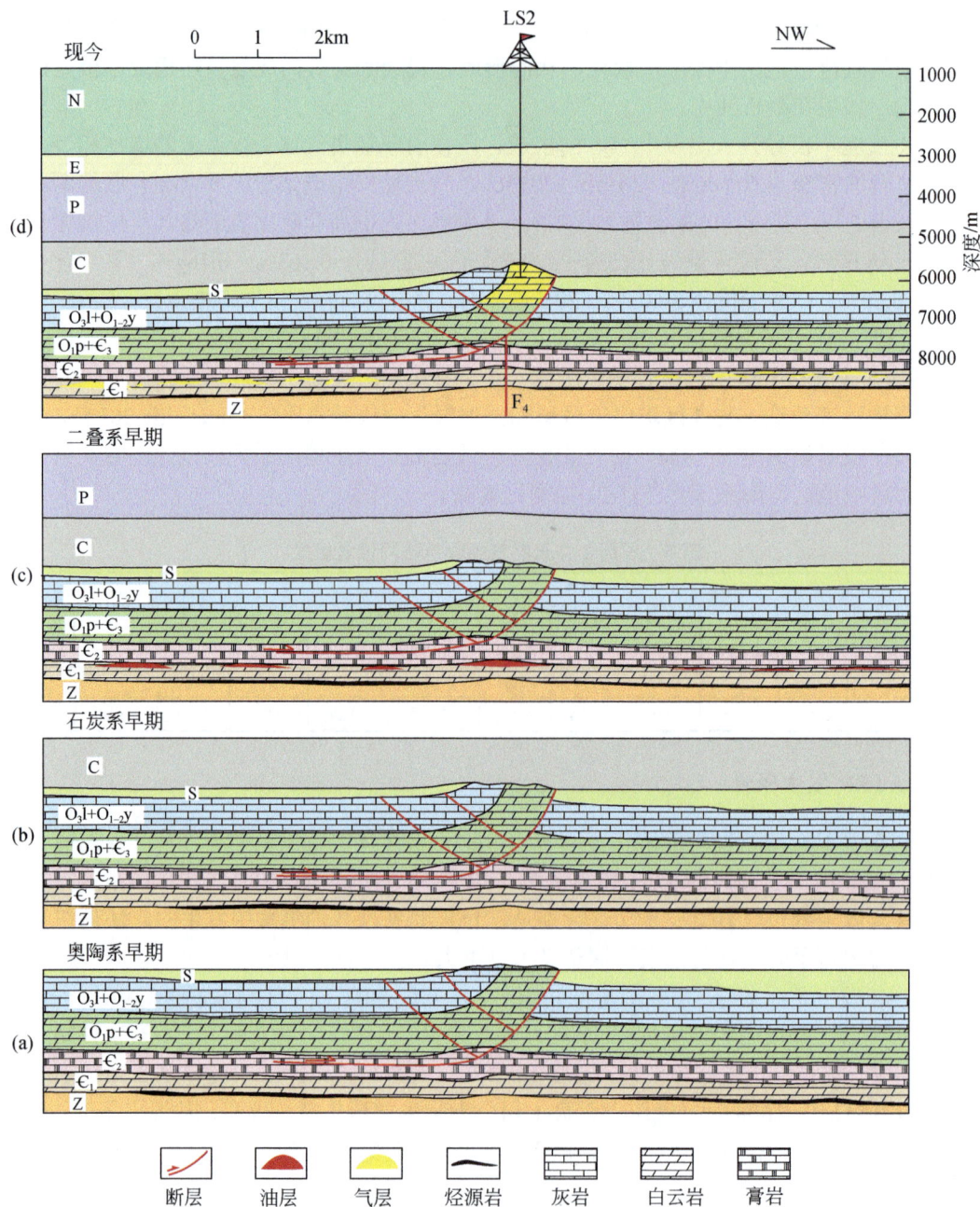

图20　塔里木盆地麦盖提斜坡地区 LS2 井油气成藏演化过程图

（a）罗斯 2 号构造形成；（b）罗斯 2 号构造稳定发育；（c）罗斯 2 井区遭受区域性剥蚀，中生界缺失，罗斯 2 号构造保持稳定；
（d）F4 走滑断裂形成，沟通深层油气藏，形成 LS2 次生气藏。

3.3　油气成藏演化过程与含硫化合物的来源

　　要确定罗斯 2 井含硫化合物的来源，必须分析罗斯 2 井油气藏形成演化过程。罗斯 2 号构造是三条逆冲断裂所夹持的长轴潜山构造［图 1（c）］，经历了复杂的演化过程。巴楚隆起及邻区经历了加里东期、海西期、印支期、燕山期和喜马拉雅期等多期构造运动的改造（Jia and Wei，2005），其中加里东期、海西期和喜马拉雅期三期构造运动对该区的构造格局、沉积环境、断裂形成及成藏演化影响最大（Zhu et al.，2015a）。在区域大地构造背景及其演化的控制下，罗斯 2 号构造形成、演化并最终定型（图 20）。具体来说：

晚奥陶世—早志留世（晚加里东期），塔里木古陆碰撞造山形成多排中寒武统盐层内滑脱的逆冲断层，逆冲断层上盘地层翘倾形成了罗斯 2 号潜山构造（图 20a），即罗斯 2 号构造是 F1 断裂和 F2、F3 两条北倾逆冲断裂所夹持的长轴潜山构造。奥陶系顶部遭受风化剥蚀，形成不整合面。受潜山形态影响，志留系（下志留统上部—中志留统）向潜山超覆沉积。志留纪末—泥盆纪（早海西期），罗斯 2 号构造继续活动，长时间维持古构造高状态，并于石炭系沉积前定型，形成了石炭系与下伏地层之间的角度不整合 [图 20（a）]。

石炭—二叠纪（中-晚海西期）阶段也是罗斯 2 号构造的稳定期，没有发生明显的构造变形 [图 20（b）]。中生代（印支—燕山期）罗斯 2 井区遭受区域性剥蚀，中生界整体缺失 [图 20（c）]，罗斯 2 构造保持稳定，活动性弱。

中新世塔西南陆内前陆盆地形成，巴楚隆起构成塔西南陆内前陆盆地的前缘隆起，麦盖提斜坡成为巴楚隆起的南部斜坡区。受喜马拉雅运动影响，控制罗斯 2 号构造的逆冲断层进一步活动，在其下盘形成切割至基底的走滑断层，即 F4 走滑断裂 [图 20（d）]，该断层在三维地震剖面上非常清晰 [图 20（d）]。喜马拉雅运动中，罗斯 2 号构造的潜山形态保持稳定。切割至基底的走滑断层在罗斯 2 气藏形成中起到了至关重要的作用，断裂沟通储集层与烃原岩，起到油气运移通道的作用，上断至奥陶系，向下切入寒武系烃原岩与古油藏 [图 20（d）]，成为麦盖提斜坡主要的油气垂向运移通道 [图 20（d）]。由此来看，罗斯 2 气藏油气来自于下部寒武系油气藏，形成时间在喜马拉雅运动晚期以来，距今 10Ma 以来。为了锁定成藏时间，对罗斯 2 井储层进行了包裹体分析，因成藏较晚，没有形成成岩包裹体，无法获得均一温度，间接证明了油气成藏时间很晚。

从麦盖提斜坡及罗斯 2 井区油气成藏演化史来看（图 20），自新近纪以来，进入快速深埋阶段，10Ma 内沉积厚度大于 2000m（图 21），深部下寒武统油气藏埋深 8000～9000m，油气藏温度升高 50～70℃（Zhu et al.，2012），寒武系储层温度在 200～220℃（图 21），具备原油发生裂解的高温条件（Pan et al.，2010）。肖尔布拉克组白云岩储集层中富含 SO_4^{2-}，在高温和 TSR 双重作用下，古油藏发生快速裂解，形成富含硫化氢的干气和大量金刚烷；在残余凝析油中富含金刚烷和硫代金刚烷等。其中寒武系地层中的硫键合到有机物中，形成硫代金刚烷、二苯并噻吩类等含硫有机化合物。新近纪，形成的切割至基底的走滑断层，沟通了下寒武统油气藏，将富含硫化氢的干气和富含硫代金刚烷的凝析油运移奥陶系潜山圈闭中，聚集成藏。因此，罗斯 2 油气藏形成时间晚，是深层油气调整至中浅层形成的一个次生气藏。

含硫化合物的硫同位素具有较好的继承性，携带了母源的信息，特别是 DBTs 的硫同位素值更稳定，可以用于油-原岩对比（Amrani et al.，2012；Cai et al.，2015）。从罗斯 2 井原油的单体含硫化合物硫同位素组成来看，DBTs 的 $\delta^{34}S$ 分布范围为 19.5‰～27.4‰（表 6），与塔里木盆地寒武系烃原岩干酪根的 $\delta^{34}S$（10.4‰～22.3‰）接近，而与奥陶系烃原岩干酪根的 $\delta^{34}S$（3.8‰～6.8‰）相距甚远，由此可以确定，LS2 井油气来自寒武系，与地质分析一致。

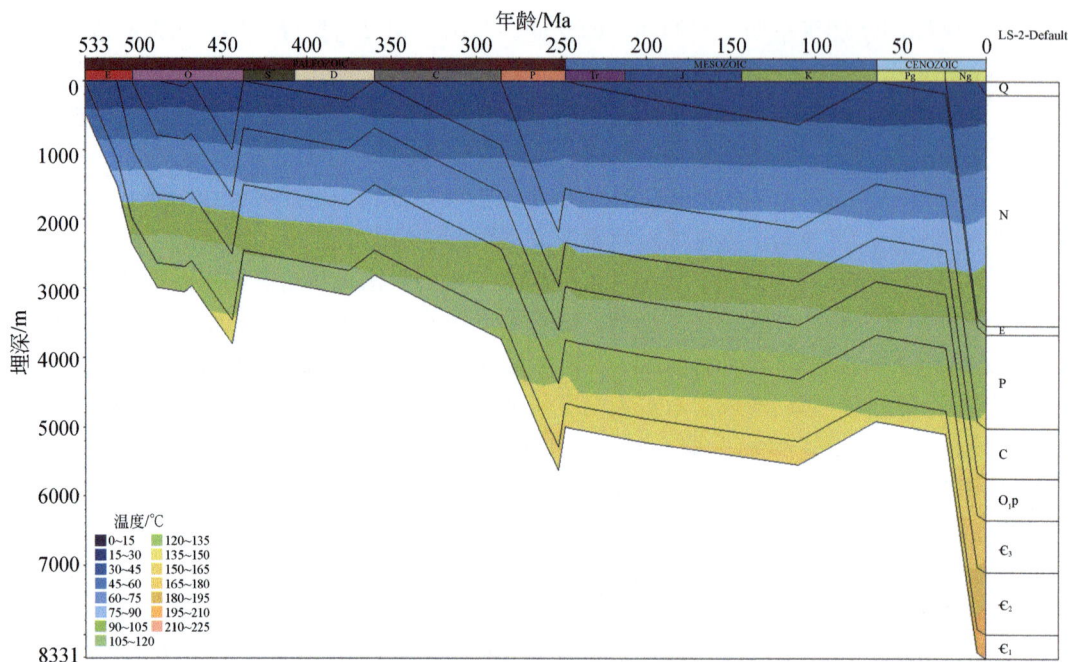

图 21　罗斯 2 井埋藏史曲线图

表 6　罗斯 2 井含硫化合物硫同位素组成与塔里木盆地烃原岩干酪根硫同位素值

含硫化合物或干酪根	$\delta^{34}S$/‰
二苯并噻吩	21.66
mDBTi	21.72
mDBTii	22.26
dmDBti	19.48
dmDBTii	23.33
dmDBTiii	27.36
tmDBT	23.35
tmDBTii	21.27
寒武系干酪根	10.4~22.3*
奥陶系干酪根	3.8~6.8*

* 数据来源：Cai et al.（2015）.

4　深层油气勘探潜力

　　罗斯 2 井捕获到了深层来源的油气，深层是否存在大规模油气聚集呢？从罗斯 2 气藏成藏控制因素来看，具有良好的储盖组合和油气输导条件是成藏的关键。其中，上寒武统—奥陶系高部位白云岩遭受风化剥蚀，潜山顶部裂缝及溶蚀孔洞发育，且为半充填-未充填，为孔洞型、裂缝-孔洞型储层，具有良好的储集条件（图 1）。罗斯 2 井区发育多套区域性盖层，在气藏形成过程中起到重要的上封侧挡作用。石炭系巴楚组下泥岩段披覆在白云岩潜山之上，岩性以褐色泥岩、膏质泥岩为主，厚度 110m 左右，为区域性盖层，与潜山白云岩储层形成优质储盖组合配置关系（图1）。

喜马拉雅期，罗斯2井区发育基底卷入断裂，为晚期天然气充注提供重要输导条件。断裂向上止于中寒武统膏盐岩，与滑脱逆冲断裂相交，并未断穿石炭系泥岩盖层[图1(c)]，因此晚期捕获到深层调整上来的油气，在罗斯2圈闭聚集成藏 [图20 (d)]。由此来看，如果没有晚期断裂破坏或缺少油源断裂，深层油气则无法突破源储间的膏盐岩层向上运移，油气必然被封堵在膏岩层之下。因此，寒武系盐下储层也必然保存了规模聚集的天然气 [图20 (d)]，在中寒武统断裂不发育区域的构造高部位，存在较大油气勘探潜力。

依据塔里木盆地油气的热稳定性和寒武系 TSR 作用（Zhu et al.，2013b），特别是罗斯2井凝析油中发现的硫代金刚烷系列化合物、天然气中硫化氢含量，以及同位素特征等，确认该区寒武系发生了 TSR 作用。巴楚隆起及麦盖提斜坡地区寒武系盐下储层目前埋深在 8000～9000m，该区地温梯度（2.56℃/100m）要高于塔北地区（2.0℃/100m）（Li et al.，2005；Zhu et al.，2012），寒武系储层温度超过 200℃，而且还经历了 TSR 强烈作用，因此，寒武系油气藏已经发生裂解，因此，寒武系盐下以天然气勘探为主，且富含硫化氢，在钻探中要高度防范因硫化氢而导致的各种安全事故。

5 结论

在塔里木盆地新发现的罗斯2气藏中，在凝析油里发现了丰富的金刚烷类化合物；天然气为干气，碳同位素较重，反映出油气成熟度极高，天然气为油裂解气。凝析油中发现了高丰度硫代金刚烷类化合物，而且天然气富含硫化氢，说明油气藏遭受了 TSR 蚀变。

通过对 LS2 气藏成藏条件与演化过程分析，罗斯2气藏为喜马拉雅晚期深部油气调整上来的次生气藏，现今气藏不具备 TSR 发生条件。含硫有机化合物硫同位素证实油气来源于寒武系。

由于中寒武统发育厚层蒸发岩作为有效盖层，在缺少走滑断层切割至基底的区带，寒武系可能保存规模性油气藏。寒武系储层温度高于200℃，还遭受了 TSR 强烈作用，因此，深层油藏已发生裂解成气，寒武系以勘探天然气为主。罗斯2井天然气的发现，将开辟了一个新的勘探层系，引领塔里木盆地向深层开拓油气勘探。

参 考 文 献

贾承造, 魏国齐. 2002. 塔里木盆地构造特征与含油气性. 科学通报, S1: 1-8.

Adahchour M, Beens J, Vreuls R J J, et al. 2006. Recent developments in comprehensive two-dimensional gas chromatography(GC×GC): I. Introduction and instrumental set-up. Trends in Analytical Chemistry, 25(5): 438-454.

Amrani A, Zhang T, Ma Q, et al. 2008. The role of labile sulfur compounds in thermal sulfate reduction. Geochim Cosmochim Acta, 72: 2960-2972.

Amrani A, Deev A, Sessions A L, et al. 2012. The sulfur-isotopic compositions of benzothiophenes and dibenzothiophenes as a proxy for thermochemical sulfate reduction. Geochim Cosmochim Acta, 84: 152-164.

Cai C F, Worden R H, Bottrell S H, et al. 2003. Thermochemical sulphate reduction and the generation of hydrogen sulphide and thiols(mercaptans)in Triassic carbonate reservoirs from the Sichuan Basin, China.

Chem Geol, 202: 39-57.

Cai C F, Worden R H, Hu S H, et al. 2004. Methane-dominated thermochemical sulphate reduction in the Triassic Feixianguan Formation Eastern Sichuan basin, China. Mar Petrol Geol, 21: 1265-1279.

Cai C F, Worden R H, Wolff G A, et al. 2005. Origin of sulfur rich oils and H_2S in Tertiary lacustrine sections of the Jinxian Sag, Bohai Bay Basin, China. Appl Geochem, 20: 1427-1444.

Cai C, Hu G, Li H, et al. 2015. Origins and fates of H_2S in the Cambrian and Ordovician in Tazhong area: Evidence from sulfur isotopes, fluid inclusions and production data. Marine and Petroleum Geology, 67: 408-418.

Cai C F, Amrani A, Worden R H, et al. 2016a. Sulfur isotopic compositions of individual organosulfur compounds and their genetic links in the Lower Paleozoic petroleum pools of the Tarim Basin, NW China. Geochimica et Cosmochimica Acta, 182: 88-108.

Cai C F, Xiao Q L, Fang C C, et al. 2016b. The effect of thermochemical sulfate reduction on formation and isomerization of thiadiamondoids and diamondoids in the Lower Paleozoic petroleum pools of the Tarim Basin, NW China. Org Geochem. 101: 49-62.

Carrigan W J, Jones P J, Tobey M H, et al. 1998. Geochemical variations among eastern Saudi Arabian Paleozoic condensates related to different source kitchen areas. Org Geochem, 29: 785-798.

Claypool G E, Mancini E A. 1989. Geochemical relationships of petroleum in Mesozoic reservoirs to carbonate source rocks of Jurassic Smackover formation, southwestern Alabama. Am Assoc Petrol Geol Bull, 73: 904-924.

Dahl J E P, Liu S G, Carlson R M K, 2003. Isolation and structure of higher diamondoids, nanometer-sized diamond molecules. Science, 299: 96-99.

Dahl J E P, Moldowan J M, Peters K, et al. 1999. Diamondoid hydrocarbons as indicators of oil cracking. Nature. 399: 54-56.

Dai J X, Zou C N, Zhang S C, et al. 2008. The identification of alkane gas of inorganic and organic. Science of China(D), 38(11): 1329-1341.

Ellis G S, Zhang T, Ma Q, et al. 2011. Controls on the kinetics of thermochemical sulfate reduction. 25th International Meeting on Organic Geochemistry. Eur Assoc Organic Geochemistry, Interlaken, Switzerland, 356.

Hanin S, Adam P, Kowalewski I, et al. 2002. Bridgehead alkylated 2-thiaadamantanes: novel markers for sulfurisation occurring under high thermal stress in deep petroleum reservoirs. Journal of Chemical Society, Chemical Communications, 1750-1751.

Hao F, Guo T L, Zhu Y M, et al. 2008. Evidence for multiple stages of oil cracking and thermochemical sulfate reduction in Puguang gas field, Sichuan Basin, China. Am Assoc Petrol Geol Bull, 92: 611-637.

Heydari E, Moore C H. 1989. Burial diagenesis and thermochemical sulfate reduction, Smackover Formation, southeastern Mississippi Salt Basin. Geology, 17: 1080-1084.

Jiang N H, Zhu G Y, Zhang S C, et al. 2008. Detection of 2-Thiaadamantanes in the oil from Well TZ-83 in Tarim Basin and its geological implication. Science Bulletin, 53(3): 396-401.

Krouse H R, Viau C A, Eliuk L S, et al. 1988. Chemical and isotopic evidence of thermochemical sulphate reduction by light hydrocarbon gases in deep carbonate reservoirs. Nature, 333: 415-419.

Li J, Xie Z Y, Dai J X, et al. 2005. Geochemistry and origin of sour gas accumulations in the northeastern Sichuan basin, SW China. Org Geochem, 36: 1703-1716.

Ma Q, Ellis G S, Amrani A, et al. 2008. Theoretical study on the reactivity of sulfate species with hydrocarbons. Geochim Cosmochim Acta, 72: 4565-4576.

Machel H G. 1998. Gas souring by thermochemical sulfate reduction at 140℃: Discussion Am Assoc Petrol Geol Bull, 82: 1870-1873.

Machel H G. 2001. Bacterial and thermochemical sulfate reduction in diagenetic settings -Old and new insights. Sediment Geol, 140: 143-175.

Machel H G, Krouse H R, Sassen R. 1995. Products and distinguishing criteria of bacterial and thermochemical sulfate reduction. Appl Geochem,10: 373-389.

Orr W L. 1974. Changes in sulfur content and isotopic-ratios of sulfur during petroleum maturation—Study of Big Horn basin Paleozoic oils. Bull Am Assoc Petrol Geol, 58, 2295-2318.

Pan C, Jiang L, Liu J, et al. 2010. The effects of calcite and montmorillonite on oil cracking in confined pyrolysis experiments. Org Geochem, 41: 7, 611-626.

Rooney M A. 1995. Carbon isotope ratios of light hydrocarbons as indicators of thermochemical sulfate reduction. 17th International Meeting on Organic Geochemistry. Eur Assoc Organic Geochemistry, Donostia-San Sebestia'n, Spain, 523-525.

Tian H, Xiao X M, Wilkins R W. T, et al. 2008. New insight into the volume and pressure changes during the thermal cracking of oil to gas in reservoirs: implications for the in-situ accumulation of gas cracked from oils. Bull Am Assoc Petrol Geol, 92: 181-200.

Wang Z M, Su J, Zhu G Y, et al. 2013. Characteristics and accumulation mechanism of quasi-layered Ordovician carbonate reservoirs in the Tazhong area, Tarim Basin. Energy Exploration & Exploitation, 31: 545-567.

Wei Z, Mankiewicz P J. 2011. Natural occurrence of higher thiadiamondoids and diamondoidthiols in a deep petroleum reservoir in the Mobile Bay gas field. Org Geochem, 42: 121-133.

Wei Z, Moldowan J M, Paytan A. 2006. Diamondoids and molecular biomarkers generated from modern sediments in the absence and presence of minerals during hydrous pyrolysis. Org Geochem, 37(8): 891-911.

Wei Z, Moldowan J M, Fago F, et al. 2007. Origins of thiadiamondoids and diamondoidthiols in petroleum. Energy & Fuels, 21: 3431-3436.

Wei Z, Walters C C, Moldowan J M, et al. 2012. Thiadiamondoids as proxies for the extent of thermochemical sulfate reduction. Org Geochem, 44: 53-70.

Worden R H, Cai C F. 2006. Geochemical characteristics of the Zhaolanzhuang sour gas accumulation and thermochemical sulfate reduction in the Jinxian Sag of Bohai Bay Basin by Zhang et al. Org Geochem, 36: 1717-1730.

Worden R H, Smalley P C. 1996. H$_2$S-producing reactions in deep carbonate gas reservoirs: Khuff formation, Abu Dhabi. Chem Geol, 133, 157-171.

Worden R H, Smalley P C, Oxtoby N H. 1995. Gas souring by thermochemical sulfate reduction at 140℃. Am Assoc Petrol Geol Bull, 79: 854-863.

Worden R H, Smalley P C, Cross M M. 2000. The influence of rock fabric and mineralogy on thermochemical sulfate reduction: Khuff formation, Abu Dhabi. J Sed Res, 70: 1210-1221.

Zhang S C, Zhu G Y, Liang Y B, et al. 2005. Geochemical characteristics of the Zhaolanzhuang sour gas accumulation and thermochemical sulfate reduction in the Jixian Sag of Bohai Bay basin. Org Geochem, 36: 1717-1730.

Zhang S C, Su J, Wang X W, et al. 2011. Geochemistry of Palaeozoic marine petroleum from the Tarim Basin, NW China: Part 3. Thermal cracking of liquid hydrocarbons and gas washing as the major mechanisms for deep gas condensate accumulations. Org Geochem, 42: 1394-1410.

Zhang S C, Huang H P, Su J, et al. 2014. Geochemistry of Paleozoic marine oils from the Tarim Basin, NW China. Part 4: Paleobiodegradation and oil charge mixing. Org Geochem, 67: 41-57.

Zhang T, Ellis G S, Ma Q, et al. 2012. Kinetics of uncatalyzed thermochemical sulfate reduction by sulfur-free paraffin. Geochim Cosmochim Acta, 96, 1-17.

Zhang T, Ellis G S, Wang K S, et al. 2007. Effect of hydrocarbon type on thermochemical sulfate reduction. Org Geochem, 38: 897-910.

Zhang T, Ellis G S, Walters C C, et al. 2008a. Experimental diagnostic geochemical signatures of the extent of thermochemical sulfate reduction. Org Geochem, 39: 308-328.

Zhang T, Amrani A, Ellis G S, et al. 2008b. Experimental investigation on thermochemical sulfate reduction by H_2S initiation. Geochim Cosmochim Acta, 72: 3518-3530.

Zhu G Y, Zhang S C, Liang Y B, et al. 2005. Isotopic evidence of TSR origin for natural gas bearing high H_2S contents within the Feixianguan Formation of the Northeastern Sichuan Basin, southwestern China. Sci China, 48: 1037-1046.

Zhu G Y, Zhang S C, Huang H P, et al. 2010. Induced H_2S formation during steam injection recovery process of heavy oil from the Liaohe Basin, NE China. J Petrol Sci Eng, 71: 30-36.

Zhu G Y, Zhang S C, Huang H P, et al. 2011. Gas genetic type and origin of hydrogen sulfide in the Zhongba gas field of the western Sichuan Basin, China. Appl Geochem, 26: 1261-1273.

Zhu G, Zhang S, Su J, et al. 2012. The occurrence of ultra-deep heavy oils in the Tabei Uplift of the Tarim Basin, NW China. Organic Geochemistry, 52: 88-102.

Zhu G Y, Wang H T, Weng N, et al. 2013a. Use of comprehensive two-dimensional gas chromatography for the characterization of ultra-deep condensate from the Bohai Bay Basin, China. Org Geochem, 63: 8-17.

Zhu G Y, Zhang S C, Su J, et al. 2013b. Alteration and multi-stage accumulation of oil and gas in the Ordovician of the Tabei uplift, Tarim Basin, NW China: implications for genetic origin of the diverse hydrocarbons. Mar Petrol Geol, 46: 234-250.

Zhu G Y, Zhang B T, Yang H J, et al. 2014. Origin of deep strata gas of Tazhong in Tarim Basin, China. Org Geochem, 74: 85-97.

Zhu G Y, Weng N, Wang H T, et al. 2015a. Origin of diamondoid and sulfur compounds in the Tazhong Ordovician condensate, Tarim Basin, China: implications for hydrocarbon exploration in deep-buried strata. Mar Petrol Geol, 62: 14-27.

Zhu G Y, Wang T S, Xie Z Y, et al. 2015b. Giant gas discovery in the Precambrian deeply buried reservoirs in the Sichuan Basin, China: implications for gas exploration in old cratonic basins. Precambrian Res, 262: 45-66.

Zhu G Y, Huang H P, Wang H T. 2015c. Geochemical Significance of Discovery in Cambrian Reservoirs at Well ZS1 of the Tarim Basin, Northwest China. Energy & Fuels, 29: 1332-1344.

Zhu G Y, Wang H T, Weng N. 2016a. TSR-altered oil with high-abundance thiaadamantanes of a deep-buried Cambrian gas condensate reservoir in Tarim Basin. Marine and Petroleum Geology, 69: 1-12.

Zhu G Y, Chen F R, Chen Z Y, et al. 2016b. Discovery and basic characteristics of high-quality source rocks found in the Yuertusi Formation of the Cambrian in Tarim Basin, China. Journal of Natural Gas Geoscience, 1: 21-33.

中国含油气盆地硫化氢的成因与分布[*]

朱光有，张水昌，梁英波

0 引言

近年来随着海相油气勘探力度的加大，深层、超深层大型碳酸盐岩油气田不断发现[1-5]，含硫化氢和高含硫化氢天然气田也愈来愈多[6]；同时随着采油强度的加大，一些原本不含硫化氢的油气田，在作业过程中形成了硫化氢而且其含量也呈现出逐渐升高趋势；特别是随着人们对 HSE 的重视，硫化氢作为一种有毒气体已引起石油勘探开发的高度重视，钻前有效预测硫化氢的分布及有效防范硫化氢给钻探开发带来的危险就愈显得重要[7-9]。其中在中国的几个大型含油气盆地中都发现含硫化氢的天然气，它们既有属于原生成因的硫化氢，如四川盆地、塔里木盆地和鄂尔多斯盆地等，也有在开发过程中形成的硫化氢，比如松辽盆地、渤海湾盆地和准噶尔盆地等，因此对这些盆地硫化氢的形成机制与分布规律的研究具有重要意义。

1 中国含油气盆地硫化氢的分布特征

硫化氢在碳酸盐岩油气藏中是比较常见的。中国几个大型海相碳酸盐岩盆地均有高含、含或微含硫化氢的油气田发现，其中在四川盆地、鄂尔多斯盆地、塔里木盆地和渤海湾盆地等累计探明高含硫化氢天然气和含硫化氢天然气的地质储量在 $10000×10^8m^3$ 以上[10]。其中在四川盆地分布最广，含量较高，硫化氢资源量也最大，已发现的高含硫化氢大气田（硫化氢含量大于 3%）近 10 个（表 1），还有一批硫化氢含量在 0.5%～3% 的气田。

表 1 中国六大含油气盆地硫化氢的分布特征表

盆地	油气田或地区	层位	H₂S 含量/%		H₂S 分布特点
			分布范围	平均值	
渤海湾盆地	冀中坳陷赵兰庄	Ek、Es	40～92	62.4	H₂S 分布在白云岩为主的储集层
	济阳坳陷沾化—车镇地区	Es	0～4	0.63	H₂S 分布在膏盐层之上的砂泥岩或碳酸盐岩储集层中
	济阳坳陷孤西潜山	O	0.05～0.64	0.32	分布在潜山储层中
	黄骅坳陷乌马营潜山	O	0～16	0.014	分布在潜山储层中
	辽河西部凹陷	Es	0～4.5	0.1	齐 40 和小洼 38 两块蒸汽驱试验区

* 原载于 *Acta Geologica Sinica*（English Edition），2009 年，第 83 卷，第六期，1188～1201。

续表

盆地	油气田或地区	层位	H₂S 含量/%		H₂S 分布特点
			分布范围	平均值	
松辽盆地	长垣油田	K	0~0.023	0.012	分布在长垣老油区的伴生气中
四川盆地	普光	T_1f	12.68~17.20	16.89	高含 H₂S 天然气分布普遍
	罗家寨	T_1f	7.13~14.25	11.02	高含 H₂S 天然气分布普遍
	渡口河	T_1f	12.83~16.24	16.06	高含 H₂S 天然气分布普遍
	铁山坡	T_1f	10.92~14.51	14.37	高含 H₂S 天然气分布普遍
	毛坝	T_1f	12.00~16.00	14.00	高含 H₂S 天然气分布普遍
	卧龙河	T_1j	1.09~10.11	6.0	H₂S 分布在物性较好的储层中
	中坝	T_2l	0.05~8.34	6.52	H₂S 分布在物性较好的储层中
	磨溪	T_2l	0.03~3.09	1.8	H₂S 分布在物性较好的储层中
	威远	Z	0.40~1.53	1.07	含 H₂S 天然气分布普遍
鄂尔多斯	靖边	O_1m	0.014~0.098	0.056	分布在物性较好的储层中
塔里木盆地	和田河	O、C	0~0.06	0.04	主要分布在物性较好的储层中
	塔中	O	0~2.31	0.41	主要分布在物性较好的储层中
	轮南	O	0~0.11	0.017	主要分布在物性较好的储层中
准噶尔盆地	西北缘稠油热采区块	J、T	0~0.14	0.0005	主要分布在稠油热采区块

　　塔里木盆地台盆区油气藏以微含和不含硫化氢为主，近两年来在塔中地区奥陶系油气藏中发现了硫化氢含量较高的天然气，部分高达 2%以上，硫化氢平均含量在 0.4%；塔北轮南地区奥陶系天然气中硫化氢平均含量在 0.017%（表 1）；塔北哈拉哈塘地区部分油藏的伴生气中硫化氢含量较高，它们与深层高含硫稠油有密切的伴生关系。

　　鄂尔多斯盆地硫化氢主要分布在靖边气区下古生界奥陶系马家沟组气藏中（O_1m），硫化氢含量一般小于 0.1%，最高达 1.4%，一般在天然气中占 0.014%~0.098%，平均为 0.056%，属于低含-微含硫化氢天然气。

　　渤海湾盆地黄骅坳陷南部乌马营潜山奥陶系中下部产气层中发现了硫化氢含量高达16%的高含硫化氢的天然气[11]。渤海湾盆地济阳坳陷北部地区沙河街组沙四段硫化氢含量较高，部分井段硫化氢含量高达 4%。渤海湾盆地冀中坳陷西南部的晋县凹陷，在赵兰庄下第三系孔店组和沙河街组沙四段发现了高含硫化氢的天然气，赵 2 井白云岩储层中的硫化氢含量高达 92%，赵 3、赵 7、赵 9、赵 23 等井，硫化氢含量在 40%~63%[12-15]，是目前中国硫化氢含量最高的油气藏，这些井既产油又产气，与四川盆地高含硫化氢井明显不同，四川高含硫化氢地区绝大多数是纯产气井，且属于干气。渤海湾盆地辽河西部凹陷稠油区由于采用蒸汽驱采油技术，导致井场出现高含硫化氢的天然气，硫化氢含量超 4%。准噶尔盆地西北缘浅层稠油分布区采用蒸汽吞吐技术提高采收率，致使井场也出现了低含-微含硫化氢的天然气。

　　松辽盆地长垣油田在注水开采过程中，也出现了低含硫化氢的天然气（表 1）。硫化氢在中国几个大的含油气盆地均有分布，且含量也在不断升高，分布范围不断扩大，成因类型也越来越复杂。

2 中国主要含油气盆地硫化氢的成因

中国六个大型含油气盆地均有硫化氢分布，与其他含油气盆地相比都相对较高，而且都存在较大的安全风险。其中高含硫化氢天然气主要分布在四川盆地和渤海湾盆地；塔里木盆地和鄂尔多斯盆地较高，松辽盆地和准噶尔盆地以低含和微含硫化氢为主。从成因类型来看，既有原生成因型硫化氢，也有原本不含硫化氢而在开发过程中导致的次生成因型硫化氢，如松辽盆地、准噶尔盆地和渤海湾盆地辽河稠油区等。

2.1 原生成因型硫化氢

原生成因型硫化氢是指油气在形成演化过程中自然形成的硫化氢，是相对于油气田开发后人为导致而形成的次生成因型硫化氢。世界上大多数高含硫化氢天然气都属于原生成因型，而且都属于硫酸盐热化学反应（thermochemical sulfate reduction，TSR）成因，且主要分布在碳酸盐岩储层中。中国含油气盆地中原生成因型硫化氢主要分布在碳酸盐岩储层中或以碳酸盐岩储层为主，而且储层的孔渗性能较好，绝大多数属于孔隙型储层，在以裂缝型为主的储层中几乎不存在高含硫化氢的天然气。

1）四川盆地原生成因型硫化氢

四川盆地中三叠统以下海相碳酸盐岩储集层系以含硫化氢和高含硫化氢为主，在一些裂缝型储层中硫化氢含量较低或不含硫化氢。其中含硫化氢较高且储量规模较大的气田主要分布在川东地区：川东北下三叠统飞仙关组的普光气田（包括上二叠统长兴组气藏）、罗家寨气田、渡口河气田、铁山坡气田、毛坝气田、龙岗气田、七里北气田等，下三叠统嘉陵江组的卧龙河气田等，这些气田硫化氢含量一般在6%～17%，属于高含硫化氢的天然气。川东石炭系气田群（如沙坪场、五百梯、卧龙河等），硫化氢含量一般在0.01%～1%，属于低含硫化氢的天然气。另外在川西北中坝中三叠统雷口坡组气藏，硫化氢含量大部分在5%～8%；川南威远气田硫化氢的含量大部分在0.9%～1.5%；川中地区中下三叠统磨溪气田硫化氢的含量一般在0.1%～2%，大部分生产井硫化氢的含量在1.2%～1.9%。硫同位素、碳同位素以及油气地球化学综合研究认为[16-20]，这些气田的硫化氢均属于TSR成因，是油气进入储集层后与储集层中的硫酸盐发生TSR所致，在形成硫化氢的同时，也促进了原油的裂解和甲烷的大量生成，因此这些气藏绝大多数以干气为主，除中坝和磨溪气田外，三叠系飞仙关组、嘉陵江组、雷口坡组等高含硫化氢的干燥系数都在0.995以上，乙烷含量小于0.3%。特别是川东北地区飞仙关组和长兴组气藏，硫化氢含量大部分大于10%，是四川盆地硫化氢含量最高的地区，也天然气的干燥系数最大的地区，部分天然气中丙烷含量甚微而无法检测到，而且天然气的碳同位素也很重（表2）。

2）塔里木盆地原生成因型硫化氢

a. 塔里木盆地硫化氢的分布

塔里木盆地含硫化氢天然气主要分布在台盆区碳酸盐岩储层中，其中在塔中、塔北轮南、塔河等地区的奥陶系灰岩储层中含量较高（图1），石炭系和志留系砂岩储层绝大多数井不含硫化氢或者微含硫化氢。

表 2　四川盆地川东北地区高含硫化氢气田天然气的组分与碳同位素组成特征

气田	井号	深度/m	天然气组分/%								(C_1/C_{1+})	$\delta^{13}C$/‰	
			CH_4	C_2H_6	C_3H_8	H_2S	CO_2	N_2	H_2	He		CH_4	C_2H_6
罗家寨	罗家6	3905	85.00	0.09		8.28	6.21	0.45	0.00	0.02	0.9989	−30.40	
	罗家7	3906	81.40	0.07		10.40	6.74	1.34	0.06	0.02	0.9991	−30.30	−29.40
	罗家16		96.90	0.09			2.53				0.9991	−30.70	
普光	普光1	5610	77.50	0.02		12.70	9.10	0.62	0.04	0.01	0.9997	−31.10	−25.00
	普光2	5062	75.60	0.11		15.80	7.96	0.44	0.03	0.01	0.9985	−31.00	−28.80
	普光2	4958	74.30	0.22		17.20	7.90	0.42	0.01	0.01	0.9970	−30.50	−29.10
	普光2	4801	76.10	0.02		15.50	7.71	0.44		0.01	0.9997	−30.90	−28.50
	普光2		75.09	0.02		14.60	9.04	1.00			0.9997	−30.20	
	普光2	5315	74.20	0.02		16.00	9.46				0.9997	−30.60	−25.20
	普光2		74.22	0.02		15.96	9.46				0.9997	−30.10	
	普光2	5259	75.00	0.33		15.40	8.73	0.47	0.02	0.01	0.9956	−30.10	−27.70
	普光6	5030	75.50	0.03	0	13.92	9.92	0.59			0.9996	−29.50	
	普光7C1	5485	78.31	0.12	0	12.50	8.44	0.29			0.9985	−31.90	
	普光9	5916	77.42	0.04	0.02	13.92	8.08	0.47			0.9992	−31.10	
	普光9	6110	70.53	0.03	0	14.60	14.10	0.61			0.9996	−31.30	−23.90
铁山坡	坡1	3430	78.40	0.05	0.02	14.20	6.36	0.92			0.9991	−30.10	
	坡2	4135	78.50	0.05	0.03	14.50	5.87	0.98			0.9990	−30.30	
七里北	七里北1	5800	77.90	0.50		16.30	3.73	0.50			0.9936	−30.10	
渡口河	渡4	4211	83.70	0.06		9.81	5.03	0.65	0.70	0.02	0.9993	−29.80	−32.40

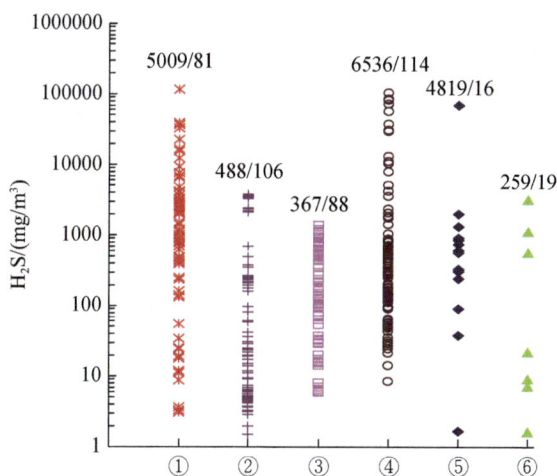

图 1　塔里木盆地各区带硫化氢含量分布特征

其中，塔中奥陶系硫化氢的平均含量为0.4%，主要分布在塔中Ⅰ号坡折带（图2），在塔中地区硫化氢含量大于1.0%的井有：塔中75井（硫化氢含量为1.1%）、塔中823井（硫化氢含量为1.6%）、塔中83井（硫化氢含量为2.3%）、中古4井（硫化氢含量为1.4%）等，这些井均分布在塔中Ⅰ号断裂坡折带地区，储层为奥陶系良里塔格组或鹰山组的碳酸盐岩储层。塔北轮古东地区奥陶系硫化氢的平均含量为0.017%，属于微含硫化氢天然气。塔河油田西北部和哈拉哈塘东北部稠油区部分井硫化氢含量较高，但是，这些井产气量很低，原油较稠，原油密度在0.95g/cm³以上，含硫量大于2%，储层埋深大于6500m，因此这些稠油区的硫化氢可能主要是含硫化合物热分解形成的。

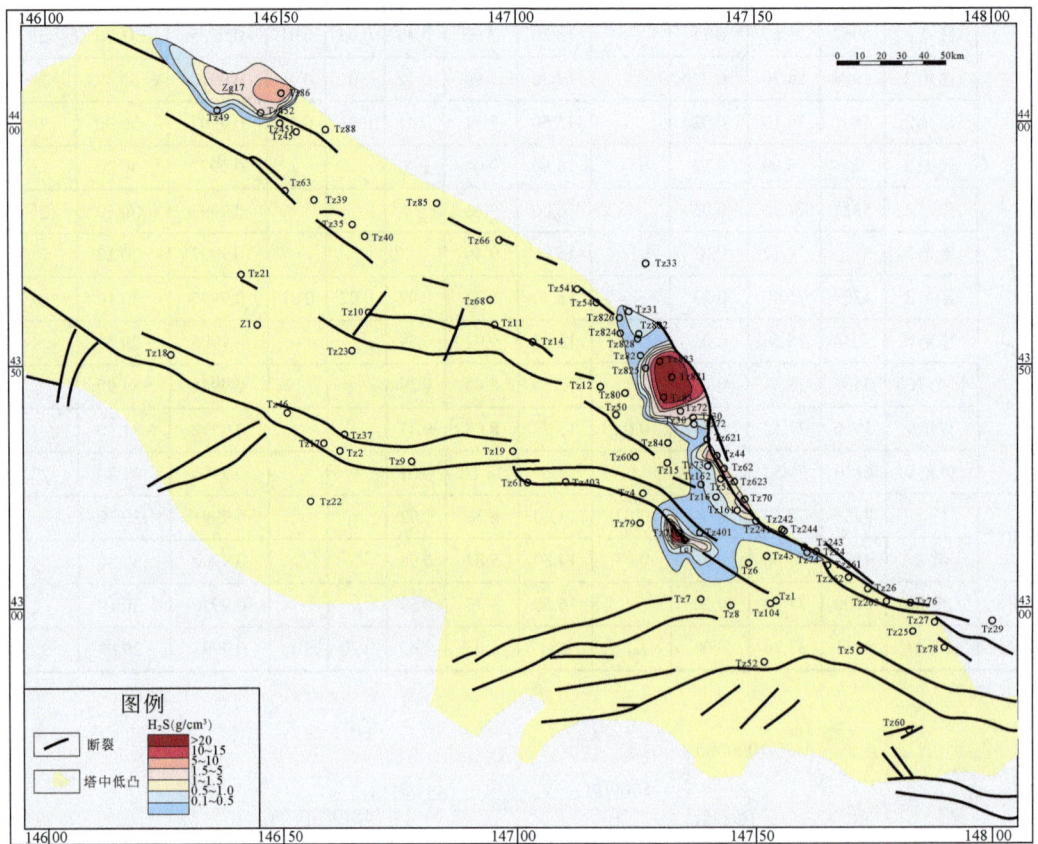

图2   塔里木盆地塔中Ⅰ号坡折带奥陶系油气藏中硫化氢含量分布图

b. 塔中地区硫化氢的成因

碳酸盐岩地层的油气藏含硫化氢是一个比较普遍的现象，其成因多数属于TSR成因，但是也不能排除含硫原油热分解作用形成的硫化氢。目前，塔中Ⅰ号带地区原油的含硫量一般都在0.5%以下，特别是奥陶系原油的含硫量多数在0.3%以下，属于低含硫原油。塔中Ⅰ号带以西地区部分稠油的含硫量较高，大于1.0%，主要与生物降解有关。低含硫量的原油即便是含硫化合物完全发生热分解，其形成硫化氢的量也是很低的，但是也不能完全排除原油中含硫化合物热分解形成的硫化氢。

根据Lamoureux等对含硫原油的热模拟试验[21]（图3），含硫原油只有在很高温度时

（320℃），才能分解出来数量有限的硫化氢，原油中大约有 10% 的硫转移到硫化氢中，其他的硫转移到芳香族化合物或残留在不溶组分中，或者形成少量硫代金刚烷[22]，这些硫均来自胶质和沥青质。虽然模拟时间仅有 200 个小时，无法与地质体相比，但是依据图 3 可以看出，在热分解 50 个小时以后，硫化氢的生成量基本上没有大的增加。依此来计算，含硫量为 0.3% 的原油，如果全部裂解成气，按照 10% 的硫转移到形成的硫化氢中来，最多在裂解的天然气中硫化氢占有量不可能超过 0.3%，因此要形成目前硫化氢含量如此之高的天然气不可能仅仅来自含硫原油的热分解。

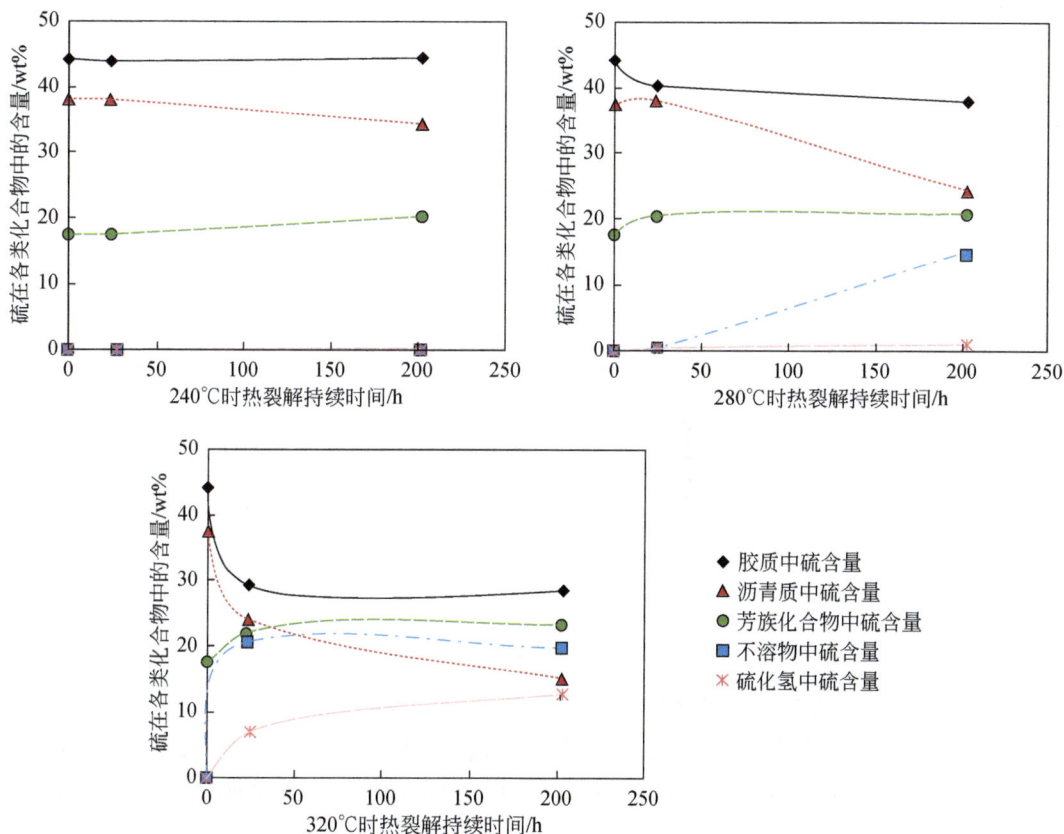

图 3　原油在不同温度下恒温裂解时硫在各组分中的转化

由于塔里木盆地塔中地区奥陶系碳酸盐储层不发育硫酸盐，而该区寒武系石膏的厚度在 200~400m，因此一些学者认为该区硫化氢来自于寒武系。作者系统分析了该区硫化氢的硫同位素、原油的硫同位素以及塔里木盆地寒武系和奥陶系硫酸盐类的硫同位素，发现该区硫化氢的硫同位素与寒武系硫同位素相距甚远，差值在 18‰，而与奥陶系硫同位素的差值在 10‰ 左右；特别是奥陶系地层水中富含 SO_4^{2-}，SO_4^{2-} 的含量平均在 1000mg/L（图 4），而 TSR 的发生也主要在油气水界面附近[10]，这就要求硫酸盐只有在溶解状态时才能发生硫酸盐热化学反应。因此，塔中奥陶系具备 TSR 发生的物质基础，且储层埋深在 5000~6000m，经历的最高温度也在 130~160℃，具备 TSR 发生所需的温度条件，Mg^{2+} 在驱动 TSR 发生中扮演着重要的催化作用，塔中地区地层水中不仅含有丰富的 SO_4^{2-}，而且 Mg^{2+}

含量也很高（图4），Mg^{2+}的含量平均在900mg/L。在奥陶系含硫化氢的储层中也见到了TSR作用形成的硫黄；而且高含硫化氢天然气也主要分布在孔隙型储层中[23]，这些储层厚度大，物性好，这些特点与四川盆地飞仙关组高含硫化氢气藏的石油地质特征十分相似。因此，从奥陶系硫化氢的分布特征及其与储层的岩石学特征、硫同位素的分布、TSR反应条件等各方面证据来看，塔中奥陶系硫化氢主要来自于烃类与奥陶系硫酸根发生TSR反应而形成的。

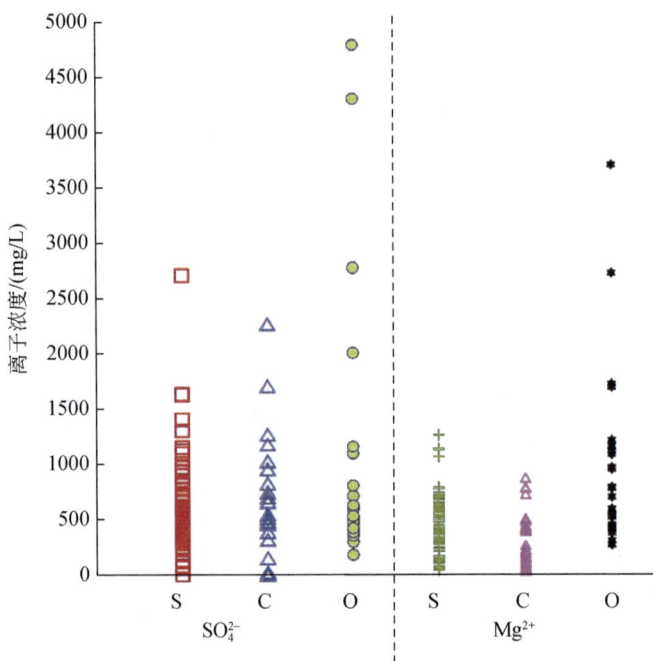

图4　塔里木盆地塔中各层系地层水中SO_4^{2-}和Mg^{2+}含量

3）鄂尔多斯盆地原生成因型硫化氢

鄂尔多斯盆地奥陶系碳酸盐岩储层和渤海湾盆地奥陶系潜山储层一样，在一些深部储集层中具备形成含硫化氢天然气的条件：奥陶系发育蒸发岩，局部区域发育孔隙型储层，大部分地区烃类充注后又经历过较大的埋深和较高的温度，具备TSR发生的条件。目前在靖边气田奥陶系马家沟组气藏中发现了含硫化氢天然气，硫化氢含量小于0.1%，多数在0.05%左右。硫化氢的硫同位素值在18‰左右[24]，而奥陶系石膏的硫同位素分布于25.78‰～27.90‰，奥陶系天然气中硫化氢的硫同位素与之相比轻8%～10%，是比较典型的TSR过程中硫同位素分馏特征值[25]；结合该区硫化氢形成的石油地质条件和分布规律，可以肯定该区硫化氢属于TSR成因。

4）渤海湾盆地原生成因型硫化氢

a. 渤海湾盆地奥陶系油气藏

在渤海湾盆地奥陶系海相碳酸盐岩储集层系中已发现了多处含硫化氢油气藏，如华北苏桥、大港乌马营、济阳孤西等含硫化氢气藏（表1）。这些气藏硫化氢含量变化很大，分布的隐蔽性也很大，因此难以预测。由于渤海湾盆地发育了两套含膏盐地层，即奥陶系和下第三系孔店组—沙河街组[26, 27]，而目前在奥陶系潜山中发现的油气主要来自于沙河街组烃原岩，这些油气与奥陶系硫酸盐或下第三系硫酸盐类矿物离子都有接触的可能，在温度等条件具备的情况下，TSR 就有可能发生形成硫化氢。这些油气藏目前埋深都比较大，储层都曾经历过 120℃以上的高温条件。从目前潜山油气藏中硫化氢的硫同位素分布情况来看，硫化氢的硫同位素分布范围较宽，在 14.2‰～23.7‰，多数在 16‰左右；渤海湾盆地奥陶系硫酸盐的硫同位素一般在 25‰～28‰；沙河街组硫酸盐的硫同位素一般在 28.2‰～34.8‰，根据 TSR 过程中硫同位素的分馏规律，TSR 成因硫化氢的硫同位素一般比参与 TSR 反应的硫酸盐的硫同位素低 8‰～12‰，大部分分馏值在 10‰左右[25]，由此看来，渤海湾盆地潜山油气藏硫化氢中的硫来自于奥陶系硫酸盐，这些硫化氢主要在潜山储集层中通过 TSR 作用而形成的。

b. 渤海湾盆地下第三系油气藏

渤海湾盆地下第三系已在冀中坳陷和济阳坳陷孔店组－沙河街组发现了高含硫化氢的天然气，其中冀中坳陷赵兰庄地区硫化氢含量是目前国内最高的，高达 90%，目前该油气田由于高含硫化氢尚未投入开发。济阳坳陷北部沾化凹陷罗家－渤南地区和车镇凹陷大王庄地区沙河街组沙四段硫化氢含量较高，部分井段硫化氢含量高达 4%。渤海湾盆地下第三系高含硫化氢地区普遍对应下第三系沉积早期的沉降中心，这些地区石膏的沉积厚度很大，沉积中心硫酸盐类的厚度在 500m 以上。含硫化氢的储集层也并非都是砂岩储层，大多数都是白云岩储集层，而且白云岩往往与石膏互层；在储集层中硫黄晶体十分发育。这些特点与四川盆地川东飞仙关组碳酸盐岩储层比较相似，均可在岩心中见到块状硫黄，雪花状的石膏等（图5）。

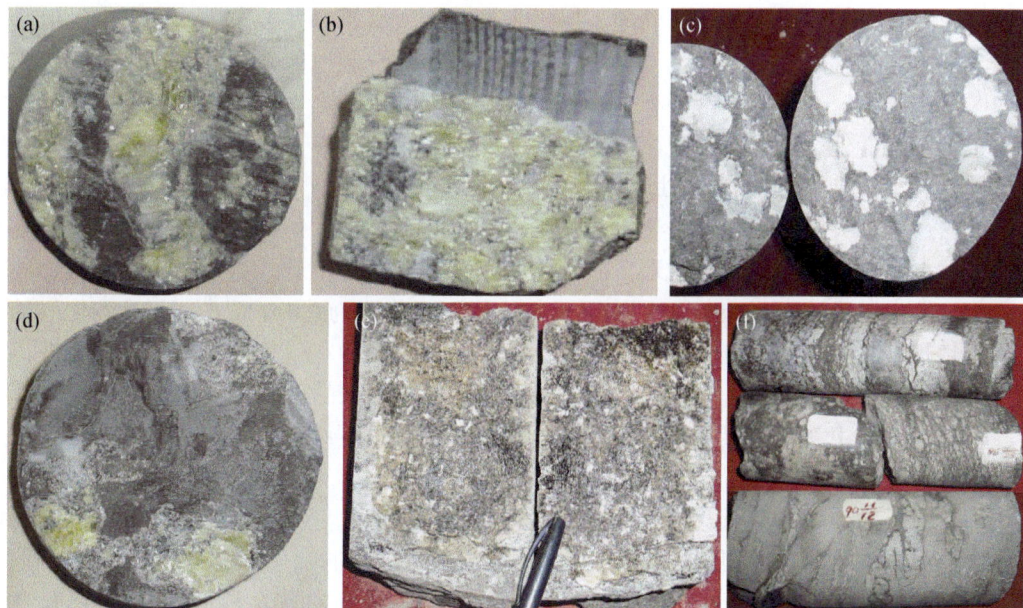

图5　川东北下三叠统飞仙关组和渤海湾盆地冀中坳陷赵兰庄地区下第三系孔店组岩心上硫黄和石膏

（a）川东北罗家寨高含硫化氢气田罗家 5 井白云岩层面上的硫黄晶体；（b）川东北铁山坡高含硫化氢气田坡 2 井白云岩层面上的硫黄晶体；（c）川东北金珠坪高含硫化氢气田金珠 1 井白云岩上的雪花状石膏晶体；（d）华北油田赵芯 2 井孔店组泥质白云岩层面上的硫黄晶体；（e）华北油田赵芯 2 井孔店组泥质白云岩断面上的硫黄晶体，由于取芯时间较早，部分硫黄已氧化变为棕黄色；（f）赵芯 2 井孔店组白云岩与肠状、瘤状石膏互层赵兰庄高含硫化氢气田储层岩性主要为陆屑云岩、灰质白云岩、泥灰岩、膏质白云岩和砂岩等。统计表明，赵兰庄地区赵芯2井高含硫化氢气层共78.2m，其中白云岩类61.5m，砂岩7.9m，泥岩6.8m；赵芯1井高含硫化氢储层6层53.5m，也主要为泥云岩、含膏泥岩类。这些储层的晶间孔隙、溶蚀孔洞和裂缝系统等都比较发育。赵兰庄高含硫化氢气田的油气来源于晋县凹陷北部的 Es_4-Ek_1 盐湖相烃原岩[28]，原油以高含硫为特征，也是目前国内含硫最高的油田，原油的含硫量高达10%以上[12]。由于这套含硫化氢储集层从未经历过120℃以上的高温条件，因此一些学者认为该区的硫化氢不属于TSR成因，可能属于BSR。本文作者通过研究该区高含硫储层中的硫黄、硫化氢的硫同位素分析结果，以及原油中正构烷烃的损失及碳同位素的增重现象和该区硫化氢生成条件的综合研究认为，该区地区高含硫化氢天然气属于硫酸盐热化学反应成因（TSR），而且原油参与的TSR，反应起始温度可能要低一些。

从渤海湾盆地下第三系硫酸盐的发育情况来看，多个凹陷的早期沉降中心区域具有TSR成因硫化氢形成的可能。这些沉降中心一般膏盐发育，储层埋深大，原油参与TSR反应比天然气参与TSR反应更易于进行[29]，而且渤海湾盆地地温梯度高，易于形成高含硫化氢的天然气。

2.2　次生成因型硫化氢

次生成因的硫化氢是指油田投入开发后由于采取一些工艺措施等使油田由原来不含硫化氢变为含硫化氢油气田，这种成因的硫化氢在中国分布较广，主要分布在老油区，如松辽盆地、准噶尔盆地、渤海湾盆地、塔里木盆地东河塘等开发多年的油气田中，但是次生成因的硫化氢含量较低，除了渤海湾盆地辽河稠油蒸汽驱地区硫化氢含量较高外，其他老油区次生成因硫化氢的含量都小于0.5%。在老油区出现硫化氢后，对油田的开发影响很大，除了安全因素外，硫化氢对井筒及管线的腐蚀、环保等带来一系列问题。

1）松辽盆地注水开采次生成因型硫化氢

松辽盆地大庆油田在过去普遍被认为是低含硫的油田，但是近年来，随着注水开采强度的加大，在原油伴生气中发现含有硫化氢，并且含量呈上升趋势，油田天然气总外输中硫化氢的含量已达239mg/m³，即占天然气的体积百分比为0.017%[30]。而且硫化氢的腐蚀作用也越来越明显，近年来大庆油田大部分联合站系统中相继出现了硫化亚铁颗粒在污水沉降罐和储油罐上部大量富集的现象，给油田防腐和污水的处理等工作带来了很大困难。

松辽盆地中、新生界都不发育硫酸盐沉积，而且油层埋藏都很浅，大部分油藏的埋深小于2500m，储集层都以砂岩为主，因此从TSR反应条件来看，这些硫化氢不可能是TSR成因。由于原油中含硫量甚微，而且油藏温度又低，硫化氢又是后期出现的，因此可以排除含硫化合物热分解成因的可能。油田伴生气中后期出现的硫化氢很可能与开采过程有关。

大庆长垣油田的喇、萨、杏油田已进入特高含水期，每采出1t原油将采出9t以上的水，而且水驱年产油量占全油田总产量的60%以上，在长期注水开采过程中，很可能通过注水系统把硫酸盐还原菌引入地下油层中，而硫酸盐还原菌可以通过对硫酸盐的异化还原代谢过程形成硫化氢，也就是BSR成因的硫化氢[31]。在常规油气开发过程中，由于酸化处理或注水不当等出现硫化氢的现象在国内外均有发现。另外，大庆油田在油田开发中还采用聚合物驱、以原油为碳源的微生物采油等技术或注采工艺措施，这些过程都可能导致硫化氢的形成。

2）准噶尔盆地次生成因型硫化氢

准噶尔盆地硫化氢主要分布在盆地西北缘浅层稠油热采区，其中在百重 7 井区最为严重。从层位上来看，在侏罗系齐古组、三叠系克上组、克下组、侏罗系八道湾组均有硫化氢富集，主要分布在侏罗系齐古组、八道湾组[32]。准噶尔盆地西北缘蕴藏着丰富的稠油资源，油层埋深一般在 600～800m。由于这些稠油密度和黏度都很大，要采用注蒸汽开采（蒸汽吞吐），一般是先向油层注入一定量的高温蒸汽（250～350℃），关井一段时间，待蒸汽的热能向油层扩散后，再开井投产的一种开采稠油的方法。加热后原油黏度大幅度降低，流动阻力大大减小，利于稠油的开采。而这种方法目前已在多个稠油热采区发现相同的问题，即在注蒸汽开采过程中，硫化氢也不断地生成，而且分布很广，在浅层稠油热采现场中的井场、计量站、原油处理集输联合站等场地均有硫化氢。

原油中都含有一定的硫，在热采过程中，由于高温作用（250～350℃）可能使含硫化合物发生热分解，从而形成硫化氢。虽然通过这种渠道形成硫化氢的量较低，但是其分布范围广，环境污染大。特别是阴天的低洼地带（通风差），由于硫化氢比重比空气大，可能存在硫化氢的大量聚集，给安全生产带来一定隐患。

3）渤海湾盆地次生成因型硫化氢

在渤海湾盆地成熟探区多处都发现了硫化氢，如胜利油田浅层油藏、辽河油田西部凹陷等地区。其中前者硫化氢的成因与松辽盆地类似，主要是由于注水等开采过程导致 BSR（微生物硫酸盐还原作用）作用而形成硫化氢；而辽河油田西部凹陷的硫化氢成因则较为复杂，虽然是稠油分布区，但是由于后期的热采过程而导致硫化氢的出现，其成因要比准噶尔盆地硫化氢的成因复杂得多。

辽河油田稠油区大部分井段硫化氢的含量都在 0.01%以下，这些地区的硫化氢多数也是在蒸汽吞吐过程中形成的，因此其成因与准噶尔盆地稠油热采区一样，都是原油中的含硫化合物在热采高温作用下发生热分解而形成的。而在蒸汽驱先导试验区发现了较高浓度硫化氢，多口井硫化氢含量大于 3%（图 6），另外在油气的集输管线、联合站等也都出现低含硫化氢的天然气。

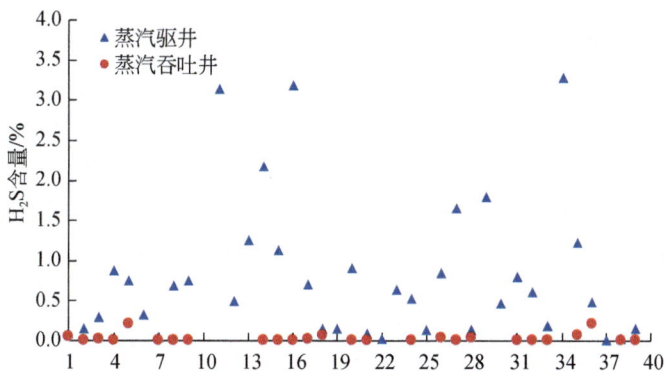

图 6　辽河油田稠油蒸汽驱试验区与早期吞吐区硫化氢含量的对比

注蒸汽开采的后期往往进行蒸汽驱。蒸汽驱就是按一定的注采井网，从注汽井注入蒸汽将原油驱替到生产井的热力采油方法。与蒸汽吞吐相比,蒸汽驱的运作周期较长,对地层持续加热的时间也更长,温度也高,因此蒸汽驱试验区比蒸汽吞吐区的硫化氢含量要高很多(图6)。在蒸汽驱生产过程中,从注蒸汽到蒸汽突破油井,最终淹没油井,一般经历3个过程:注汽初始阶段、注汽见效阶段和蒸汽突破阶段。整个过程从注汽初始开始,一般半年见效,四年蒸汽突破,井底温度一般为220℃,目前在辽河油田两个蒸汽驱先导试验区油层温度都在150℃以上,原油地面温度也在80~100℃。虽然原油在高温作用下可以形成硫化氢,但是由于原油中含硫化合物的量决定了在此过程中不可能形成很高浓度的硫化氢。辽河稠油区原油的含硫量较低,一般在0.3%左右,因此蒸汽驱先导试验区的高浓度硫化氢不仅仅来自原油中含硫化合物的热分解。研究发现,蒸汽驱先导试验区硫化氢的硫同位素分布范围很宽,在3.1‰~22.68‰,因此其成因可能是多种因素综合作用的结果。由于沙河街组沙三段地层水中富含SO_4^{2-},热采温度也具备TSR发生的热动力条件,因此TSR在油层中可能发生了作用而形成较高浓度的硫化氢。

3 硫化氢的成因判识方法与分布预测技术

通过对国内含油气盆地中硫化氢成因机理的探讨,结合模拟试验,以及与国外含油气盆地硫化氢成因的类比研究等,建立了识别硫化氢成因机制和分布预测的一套方法和手段。

3.1 硫化氢成因的判识

1)硫同位素判识技术

不同成因类型的硫化氢,由于硫同位素动力学分馏过程和分馏机理的不同,硫化氢的硫同位素组成差异明显[25]。其中BSR成因硫同位素分馏最大(它是在低温条件下由硫酸盐还原菌代谢而形成),比硫酸盐硫同位素低20‰左右。硫酸盐热化学还原(TSR)则分馏较小,一般比硫酸盐偏低5‰~15‰左右,绝大多数在10‰左右。含硫原油热分解相对TSR成因硫化氢而言,硫化氢形成过程相对较慢,由于^{32}S键比^{34}S键易破裂,因此选择^{32}S的机会更多,分馏明显,所以硫化氢与相应的硫酸盐的硫同位素差值较大,一般在15‰左右。因此运用硫化物的硫同位素可以判别硫化氢的成因。另外,BSR和含硫原油热分解形成硫化氢的浓度一般都较低。

2)碳同位素判识技术

TSR是热动力驱动下烃类和硫酸盐之间的反应,因此伴随着烃类的氧化蚀变,烃类气体的组分和碳同位素则可能会发生相应的变化[29]。在TSR消耗烃类的过程中,重烃类优先参与TSR,从而导致天然气干燥系数增大;在TSR过程中,$^{12}C-^{12}C$键优先破裂,^{12}C更多参与了TSR反应,而^{13}C则更多保留在残留的烃类中,使反应后残留的烃类中相对富集^{13}C。因此TSR蚀变后的烃类气体干燥系数变大,同时烃类气体碳同位素明显变重,且重烃类碳同位素的增重幅度比甲烷大。

在TSR消耗烃类的过程中,烃类气体中的碳参与反应并最终转移到次生方解石中(TSR反应式:$nCaSO_4+{}^*C_nH_{2n+2}\rightarrow nCa^*CO_3+H_2S+(n-1)S+nH_2O+CO_2$),成为次生方解石的碳源,从而导致次生方解石的碳同位素严重偏轻,可低到-18.2‰,如四川飞仙关组储层次生方解石;同时还可能出现碳同位素很轻的二氧化碳。表明烃类中的碳是通过TSR反应形成二氧化碳,最后转移到次生方解石,这也是人们把TSR划归为有机-无机相互作用范畴的最有力证据。

3）储层岩石学判识技术

TSR 是有机-无机相互作用的一个过程，属于水一岩反应的一种类型，在这个过程中对储层岩石产生十分明显的影响。

（1）溶蚀孔隙：TSR 过程及其形成的硫化氢对碳酸盐岩储层具有重要的溶蚀改造作用，能够明显改善储层的储集性能[33-40]。在白云岩中形成很多溶蚀坑，并且可以对原来的孔隙进行顺层扩容改造，大大提高了储层的储集性能。

（2）储层沥青的分布特征：TSR 及硫化氢对储层的深埋溶蚀作用，既可以在原有孔隙基础上进行改造和扩容，形成更大的溶蚀孔洞；也可能形成新的溶蚀孔隙。而这些溶蚀孔隙，往往无沥青充填物或沥青呈环形分布于孔隙中央，与液态烃类及其伴生的有机酸对储层的溶蚀孔隙不同，后者沥青一般分布在孔隙的边缘。

（3）鞍状白云石的形成：鞍状白云石的沉淀形成可能标志着古油气－水界面的存在。含油气水层中的烃类和硫酸根在高温下 TSR 反应生成 H_2S 和 CO_2，CO_2 溶于水后与钙、镁离子结合在高温中过饱和情况下，沉淀形成鞍状白云石，在不存在淡水和卤水混合的情况下，鞍状白云石的出现可能是 TSR 发生的一种标志性矿物。

（4）硫黄与黄铁矿：硫黄作为 TSR 反应的中间产物，由于其化学性质比较活跃，可以和烃类发生 TSR 反应，因此保存下来比较不易。不过在中国硫化氢含量较高的油气田中，都发现了硫黄，有些硫黄大呈块状分布于岩心层面中（图5），也有一些只能在显微镜下才能检测到。黄铁矿的成因类型较多，既可以是早期生物作用形成，也可能是后期形成的硫化氢与地层中的铁离子结合形成的，不过黄铁矿的形态和硫同位素可以判断其是否属于早期生物成因还是后期硫化氢与铁离子结合形成的。

4）原油中特殊生物标志化合物判识技术

原油在参与 TSR 反应形成硫化氢的同时，硫酸盐中的硫可能替代碳键合到烃类化合物中去，形成复杂的化合物，硫代金刚烷就是其中的一种[22]。在原油中检测到硫代金刚烷，就表明该原油受到了 TSR 的蚀变改造，油气藏中的硫化氢就可以确定是属于 TSR 成因。目前我们已在塔里木盆地、四川盆地等高含硫化氢油气藏的原油中检测到 2-硫代金刚烷。该化合物的发现主要是采用银盐色层法，将原油中含量很低的2-硫代金刚烷富集到用 GC/MS 和 GC/MS/MS 可检测出的水平。该检测技术的建立，为判识油气藏中的硫化氢是否属于 TSR 成因提供了准确而便捷的手段。

5）石油地质综合判识技术

硫化氢的形成需要一定的地质条件，石油地质条件的综合分析是正确判识硫化氢成因的重要依据。TSR 成因的硫化氢需要高温条件，与 BSR 正好相反，BSR 成因的硫化氢受微生物活动的控制，因此地质条件要适合微生物的生存繁殖。含硫化合物热分解则需要较高的温度，原油中的含硫量决定其形成的硫化氢量。天然气的组成等对识别硫化氢的成因类型也有一定帮助。因此除了地球化学来识别硫化氢的成因外，油气藏中硫化氢的含量、天然气组成、二氧化碳的含量、原油的物性、盆地沉积演化序列与岩性组合、储层类型与成岩演化、储层埋深与经历的最高温度等，对这些要素的综合分析，对于准确判识硫化氢的成因都具有重要的指导作用。

3.2 硫化氢分布预测技术

1）原生 TSR 成因硫化氢的预测

在相同地区或相似成藏条件下，各井或各气藏硫化氢含量也是存在明显差异的，这些差异除了受到地质条件或地质背景的制约外，TSR 反应程度或原油的含硫量或者微生物作用程度等，以及形成硫化氢的保存条件等等都可能产生重要的影响。

对于 TSR 成因的硫化氢来说，通常情况下，埋藏越深，温度也越高，越利于 TSR 发生，形成的硫化氢量也是越大的。另外，烃类组成中重烃含量也是控制硫化氢形成量的重要因素，重烃越高，越易于 TSR 反应。对于硫化氢的预测，要考虑不同的储集层类型。在海相含硫酸盐的碳酸盐岩储集层中，若经历过较大的埋深，往往容易形成含硫化氢天然气；而在陆相地层中，要形成高含硫化氢，往往要求储层应主要以碳酸盐岩组成为主，砂岩储层的厚度不宜过大。

区域上的预测应考虑两个主要方面的问题：一是储集层系是否发育有膏质岩类或者地层水中是否富含硫酸根离子；其次是储集层是否经历过较高的埋藏温度，这是硫化氢形成的最基本条件；储集性能是另一个重要的条件，如果储层的孔渗性较差或是属于裂缝型储层而非孔隙型储层，则往往难以形成大量的硫化氢。因此，对于海相地层硫化氢的分布预测来说，第一步先确定含硫酸盐（或硫酸根离子）的油气储层，第二步要看该套含油气层系是否经历过较高的温度（用埋藏史或包裹体来确定），第三步要确定储层类型（即孔隙发育情况），最后要看保存状况。一般来说，在含薄层膏质岩类的碳酸盐岩含油气层系中，如果储层属于孔隙型或以孔隙为主的碳酸盐岩储集层中（孔隙度要大于 3.5%以上），且经历过较大的埋藏深度，目前埋藏在 2000m 以下，圈闭附近没有断层或不整合面与地表水沟通，往往是硫化氢形成和分布的可能区域。

而对于陆相沉积体系来说，含硫化氢油气藏多是自生自储型，即在生油层中夹有储集层。生油岩一般是夹于膏盐层系中的薄层泥岩、膏质泥岩、白云质泥岩和钙质泥岩等（盐湖相发育优质烃原岩），生成的油气在运移过程中就可以与膏岩接触，反应形成硫化氢；储集层多以薄层砂岩或白云岩为主。因此对于陆相地层，盐湖相沉积体系一般是硫化氢形成的较有利区域。

2）次生成因硫化氢的预测

次生成因的硫化氢种类很多，有热采过程导致的、也有注水开采导致产生的，还有油层中注入不稳定的化学试剂导致产生的，这些硫化氢的形成主要属于生产作业过程中人为导致产生的，因此预测的难度较大。

注水开采形成的硫化氢含量一般较低，分布一般较广，这些油藏最大的特点是埋藏浅，一般小于 2500m，油层温度一般小于 80℃（油层周围的水体环境适宜微生物的生存繁殖），在老油区长期注水开采的浅层油藏是比较容易出现低含—微含硫化氢的天然气。

热采区也是比较容易出现微含—低含硫化氢的，因为任何原油中都或多或少含有一定量的硫化物，油层受热后一些热稳定性差的含硫化合物可能发生分解而产生硫化氢；另外，在热采过程中有时可能向油层中注入一些含硫酸根或磺酸根离子的起泡剂、破乳剂等化学试剂，部分试剂热稳定性差，可能产生硫化氢，因此热采区硫化氢的含量变化大，预测的前提是要查清整个热采时间、油层注入化学试剂的热稳定性能以及原油的含硫情况等。

在对硫化氢的防范与处理方法上，要对热采现场 H_2S 进行定期有效的监测，防止偶尔出现高浓度硫化氢的聚集，配备充足的硫化氢吸收剂。对于稠油热采现场 H_2S 的治理，要从源头抓起，抑制硫化氢的继续生成。

4 结论

中国含硫化氢天然气分布较广，硫化氢含量差别较大，成因类型多样。在中国六个大型含油气盆地中，四川盆地、塔里木盆地、鄂尔多斯盆奥陶系、渤海湾盆地奥陶系潜山及下第三系深部盐湖相沉积体系中的硫化氢均属于原成因生型硫化氢，TSR 成因，储层多以碳酸盐岩为主，储层性质较好。

在松辽盆地、准噶尔盆地、渤海湾盆地等老油区存在次生成因型硫化氢，即油田投入开发后由于采取一些工艺措施等使油田由不含硫化氢变为含硫化氢油气田，其中，松辽盆地大庆长垣油田、塔里木盆地东河塘油区、胜利油田浅层油藏等，硫化氢属于微生物硫酸盐还原作用（BSR）成因，属于注水开采过程中向油层中引入微生物而形成的，这些油藏一般埋藏浅，油层温度和水介质条件适宜微生物的生存繁殖。

准噶尔盆地西北缘浅层稠油热采区低含－微含硫化氢是在热采过程中由原油中含硫化合物热分解而形成的；渤海湾盆地辽河油田稠油蒸汽驱先导试验区高浓度的硫化氢，是多种因素综合作用的结果，包括 TSR、含硫原油的热分解、储层中注入热稳定性差的含硫化学试剂等，在高温蒸汽驱的过程中导致硫化氢的生成。

建立了识别硫化氢成因机制和分布预测的一套方法和手段。硫化氢的成因判识技术包括：硫同位素判识技术、碳同位素判识技术、储层岩石学判识技术、原油中特殊生物标志化合物判识技术，以及石油地质综合判识技术等，可以对硫化氢的成因进行准确识别。在硫化氢的分别预测上，分别建立了原生成因硫化氢的预测和次生成因硫化氢的预测技术。

参 考 文 献

[1] 赵文智, 汪泽成, 张水昌, 等. 中国叠合盆地深层海相油气成藏条件与富集区带. 科学通报, 2007, 52(增I): 9-18.

[2] 戴金星, 秦胜飞, 陶士振, 等. 中国天然气工业发展趋势及其地学理论重要进展. 天然气地球科学, 2005, 16(2): 127-142.

[3] 邹才能, 陶士振. 海相碳酸盐岩大中型岩性地层油气田形成的主要控制因素. 科学通报, 2007, 52(增I): 32-39.

[4] 张水昌, 梁狄刚, 朱光有, 等. 中国海相油气形成的地质基础. 科学通报, 2007, 52(增I): 19-31.

[5] 朱光有, 赵文智, 梁英波, 等. 中国海相沉积盆地富气机理与天然气的成因探讨. 科学通报, 2007, 52(增I): 46-57.

[6] 朱光有, 张水昌, 梁英波, 等. 四川盆地高含 H_2S 天然气的分布与 TSR 成因证据. 地质学报, 2006, 80(8): 1208-1218.

[7] 戴金星, 胡见义, 贾承造, 等. 关于高硫化氢天然气田科学安全勘探开发的建议. 石油勘探与开发, 2004, 31(2): 1-5.

[8] 朱光有, 张水昌, 李剑, 等. 中国高含硫化氢天然气田的特征及其分布. 石油勘探与开发, 2004, 31(3): 18-21.

[9] 朱光有, 张水昌, 梁英波, 等. 天然气中高含 H_2S 的成因及其预测. 地质科学, 2006, 41(1): 152-157.

[10] 朱光有, 张水昌, 梁英波. 中国海相碳酸盐岩气藏 H_2S 形成的控制因素和预测方法. 科学通报, 2007, 52(增I): 115-125.

[11] 付立新, 陈善勇, 王丹丽, 等. 乌马营奥陶系潜山天然气藏特点及成藏过程. 石油勘探与开发, 2002, 29(5): 25-27.

[12] Zhang S C, Zhu G Y, Liang Y B, et al. Geochemical characteristics of the Zhaolanzhuang sour gas accumulation and thermochemical sulfate reduction in the Jixian Sag of Bohai Bay Basin. Organic Geochemistry, 2005, 36 (12): 1717-1730.

[13] Zhang S C, Zhu G Y, Dai J X, et al. Reply to Comments by Worden and Cai (2006) on Zhang et al. (2005). Organic Geochemistry, 2006, 36 (4): 515-518.

[14] Zhang S C, Zhu G Y, Dai J X, et al. TSR and sour gas accumulation: a case study in the Sichuan Basin, SW China. Geochemica et Cosmochimica Acta, 2005, 69(10): A562-A562 Suppl.

[15] Zhu G Y, Zhang S C, Liang Y B,et al. Discussion on origins of the high-H₂S-bearing natural gas in China. Acta Geologica Sinica, 2005, 79(5): 697-708.

[16] 朱光有, 张水昌, 梁英波, 等. 川东北地区飞仙关组高含 H_2S 天然气 TSR 成因的同位素证据. 中国科学(D 辑), 2005, 35(11): 1037-1046.

[17] 朱光有, 张水昌, 梁英波, 等. 四川盆地威远气田硫化氢的成因及其证据. 科学通报, 2006, 51(23): 2780-2788.

[18] Zhu G Y, Zhang S C, Liang Y B, et al. Formation mechanism and controlling factors of natural gas reservoir of Jialingjiang Formation in Eastern Sichuan Basin. Acta Geologica Sinica, 2007, 81(5): 805-817.

[19] Zhu G, Zhang S, Dai J X, et al. Stable sufer isotopic composition of H₂S and it's TSR origin in Sichuan basin, China. Geochemica et Cosmochimica Acta, 2007, Suppl: A1173.

[20] 朱光有, 张水昌, 梁英波. 川东北飞仙关组 H_2S 的分布与古环境的关系研究. 油勘探与开发, 2005, 32(4): 34-39.

[21] Lamoureux V V, Lorant F. H₂S artificial formation as a result of steam injection for EOR: a compositional kinetic approach. SPE/PS-CIM/CHOA97810, 2005, 375: 1-4.

[22] 姜乃煌, 朱光有, 王政军. 塔里木盆地塔中 83 井原油中检测出 2-硫代金刚烷及其地质意义. 科学通报, 2007, 52(24): 5.

[23] 孙玉善, 韩杰, 张丽娟, 等. 塔里木盆地塔中地区上奥陶统礁滩体基质次生孔隙成因——以塔中 62 井区为例. 石油勘探与开发, 2007, 5(34): 541-547.

[24] 李剑锋, 蔺方晓, 郭建民, 等. 长庆气田奥陶系储层天然气中硫化氢硫的成因研究. 见梁狄刚等主编: 有机地球化学研究新进展-第八届全国有机地球化学学术会议论文集. 北京: 石油工业出版社, 2002: 188-192.

[25] 朱光有, 张水昌, 梁英波, 等. 四川盆地 H_2S 的硫同位素组成及其成因探讨. 地球化学, 2006, 35(3): 432-442.

[26] 金强, 朱光有. 中国中新生代咸化湖盆烃原岩沉积的问题及相关进展. 高校地质学报, 2006, 12(4): 483-492.

[27] 朱光有, 戴金星, 张水昌, 等. 含硫化氢天然气的形成机制及其分布规律研究. 天然气地球科学, 2004, 15(2): 166-170.

[28] 梁宏斌, 朱光有, 张水昌, 等. 冀中坳陷晋县凹陷下第三系断陷湖盆的演化与烃原岩的形成. 石油实验地质, 2005, 27(6): 583-587.

[29] 朱光有, 张水昌, 梁英波, 等. 硫酸盐热化学还原反应对烃类的蚀变作用. 石油学报, 2005, 26(5): 48-52.

[30] 王连生, 刘立, 郭占谦, 等. 大庆油田伴生气中硫化氢成因的探讨. 天然气地球科学, 2006, 17(1): 51-54.

[31] 朱光有, 戴金星, 张水昌, 等. 中国含硫化氢天然气研究及勘探前景. 天然气工业, 2004, 24(9): 1-4.

[32] 尚秦宇, 吴平, 魏新春, 等. 克拉玛依稠油热采 H_2S 的动态分布研究. 特种油气藏, 2004, 11(5), 105-108.

[33] 朱光有, 张水昌, 梁英波. 2006. TSR & H₂S 对深部碳酸盐岩储层的溶蚀改造作用——四川盆地深部

碳酸盐岩优质储层形成的重要方式. 岩石学报, 22(8): 2182-2194.

[34] 朱光有, 张水昌, 梁英波, 等. TSR（H₂S）对石油天然气工业的积极性研究——H$_2$S 的形成过程促进储层次生孔隙的发育. 地学前缘, 2006, 13(3): 141-149.

[35] 朱光有, 张水昌, 梁英波. 四川盆地深部海相优质储集层的形成机理及其分布预测. 石油勘探与开发, 2006, 33(2): 161-166.

[36] 朱光有, 张水昌, 梁英波, 等. 川东北飞仙关组高含 H$_2$S 气藏特征与 TSR 对烃类的消耗作用. 沉积学报, 2006, 24(1): 300-308.

[37] 张水昌, 朱光有. 四川盆地海相天然气富集成藏特征与勘探潜力. 石油学报, 2006, 27(5): 1-8.

[38] 张水昌, 朱光有, 梁英波. 四川盆地普光大型气田 H$_2$S 及优质储层形成机理探讨. 地质论评, 2006, 52(2): 230-235.

[39] 赵雪凤, 朱光有, 刘钦甫, 等. 深部海相碳酸盐岩储层孔隙发育主控因素研究. 天然气地球科学, 2007, 8(4): 514-521.

[40] 马永生, 郭彤楼, 朱光有, 等. 硫化氢对碳酸盐储层溶蚀改造作用的模拟实验证据——以川东飞仙关组为例. 科学通报, 2007, 52(增 I): 136-141.

TSR 对烃类气体的蚀变作用[*]

朱光有，张水昌，梁英波，戴金星，李　剑

0　引言

众所周知天然气组分及其碳同位素组成特征是判识天然气成因类型、追索生气母质类型进行气源对比、推算天然气的成熟度、描述天然气的运移方向和距离等的有效地球化学手段[1-5]。大量的研究结果表明，甲烷碳同位素组成主要受原岩母质类型和热演化程度的影响，乙烷、丙烷和丁烷等重烃气碳同位素组成主要取决于原岩有机母质的碳同位素组成，也受热演化程度的影响[6-9]。但是如果烃类气体遭受微生物氧化改造等作用后，稳定碳同位素则会发生相应的变化，戴金星等总结了天然气可能发生倒转的 6 种原因[10]，为天然气碳同位素的正确运用建立了框架。而近年来，随着高含硫化氢气田的发现和研究，TSR 也逐渐为人们熟知[11]，但是 TSR 对烃类气体组分和碳同位素的蚀变作用却少有关注。TSR是指硫酸盐与有机质或烃类作用，将硫酸盐矿物还原生成硫化氢及二氧化碳的过程[12-14]，即硫酸盐被还原和气态烃被氧化，它是高含硫化氢天然气形成的重要渠道。由于硫化氢的形成是热动力驱动下烃类和硫酸盐之间的反应，因此伴随着烃类的氧化而发生碳同位素的分馏在客观上是不可避免的。本文试图通过对四川盆地东北部地区下三叠统飞仙关组和渤海湾盆地古生界高含硫化氢气藏中烃类气体组分和碳同位素的研究，揭示 TSR 对其影响，恢复这些高含硫化氢天然气的原始面目。

1　高含硫化氢天然气的成因

虽然天然气藏中硫化氢的主要来源有以下三种：生物成因（bacterial sulfate reduction，BSR）、含硫化合物的热裂解（thermal decomposition of sulfides，TDS）、硫酸盐热化学还原（thermochemical sulfate reduction，TSR）[12-20]，但是由于硫化氢对微生物的毒性和岩石中含硫化合物的数量决定了生物成因（BSR）和含硫化合物热裂解（TDS）形成的硫化氢浓度一般不会超过 3%～5%，因此天然气中高含、特高含硫化氢的成因目前普遍认为是硫酸盐热化学还原作用形成的（TSR）[21-22]。也就是说高含硫化氢天然气（硫化氢在气体中的含量一般大于 5%）是 TSR 的结果。

四川盆地东北部地区下三叠统飞仙关组气藏是中国目前已发现的高含硫化氢天然气储量最大的地区，已有近 40 口井在飞仙关组（T_1f）发现了高含硫化氢天然气。其中储量较大的高含硫化氢气藏主要有渡口河、铁山坡、罗家寨、普光等气田，这些气藏硫化氢的含量在 10%以上，即 $140g/m^3$ 以上。硫化氢含量最高的气田为渡口河气田，硫化氢含量占 17%

* 原载于《石油学报》，2005 年，第 26 卷，第五期，48～52。

左右，即 250g/m³。这些高含硫气田都分布在开江—梁平海槽以东的蒸发岩台地上[23]，地理位置在四川省宣汉县以东重庆市开县以北地区。高含硫化氢储层为鲕滩储层，储层之上或储层之间夹有薄层膏质盐类，它们为硫化氢的形成提供了硫源，另外充足的气源和储层曾经历过较高的温度（储层温度在侏罗纪和白垩纪超过 160℃）等特征来看，川东北飞仙关组储层具备发生 TSR 的条件[23]，前人的研究工作表明，该区硫化氢属 TSR 成因[24-26]。另外作者分别从 H₂S 与 CO₂ 的相关性，岩心上的硫黄、次生碳酸盐、沥青等特征显示，储层微观特征，地层水特征，硫酸盐、硫黄、硫化氢、黄铁矿的硫同位素特征，碳酸盐的碳同位素等特征上进一步证实了川东高含硫化氢天然气属 TSR 成因。

渤海湾盆地冀中坳陷北部武清—霸县地区古生界潜山气藏部分井钻遇了高含硫化氢天然气，这些气藏同样具备发生 TSR 的条件：奥陶系的膏盐层、较高的古地温（包裹体平均均一温度在 190℃左右）[27]、C-P 煤系地层提供的充足气源等。由于 TSR 是由烃类与硫酸盐中的 SO_4^{2-} 发生反应，因此 TSR 往往发生在油—水或气—水界面附近，这些位置的硫酸盐才可能溶解在地层水中呈现出游离的 SO_4^{2-} 离子[28]。这一特点反映了 TSR 需要特殊的地质条件，不是说只要具备了膏盐层、较高的古地温和气源就会发生 TSR[29]。所以在该区仅少数井发现高硫化氢天然气，多数井不含硫化氢或硫化氢含量很低。

2 TSR 对烃类的消耗作用及其选择性

川东北飞仙关组高含硫化氢天然气中的总烃含量绝大多数小于91%，大多数只占80%左右；而分布在高含硫化氢气田南侧和西侧的铁山、福成寨、沙罐坪、黄草峡等微含硫化氢或不含硫化氢气田，其总烃含量都在97%以上。显然天然气中非烃含量的增加是导致总烃含量降低的原因。从甲烷、乙烷分别与硫化氢的相关性分析中可以发现（图1），随着硫化氢含量的增加，甲烷和乙烷的含量呈现出快速递减，且线性关系十分明显。这些高含硫化氢气田，除了含有 10%以上的 H₂S 外，还有与 H₂S 含量呈正相关的 CO₂ 气体，大部分CO₂ 含量在 5%～8%；而那些微含硫化氢或不含硫化氢气田，CO₂ 含量也很低。川东北飞仙关组 CO₂ 含量也与甲烷含量存在明显的消长关系 [图1（c）]。显然高含硫化氢气田的二氧化碳也同样来自于 TSR，即

烃类+CaSO₄→ CaCO₃+H₂S+H₂O+S+CO₂，故非烃类酸性气体（H₂S 和 CO₂）的增加来源于烃类的消耗作用，也就是说 TSR 对烃类是一种消耗作用。

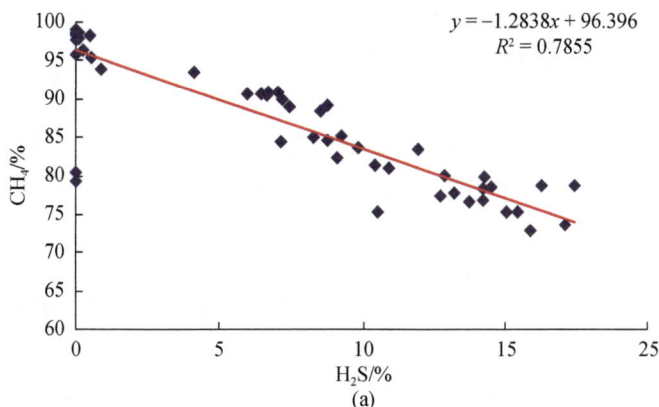

(a)

$$y = -0.0119x + 0.2291$$
$$R^2 = 0.411$$

(b)

$$y = -2.2709x + 95.285$$
$$R^2 = 0.6734$$

(c)

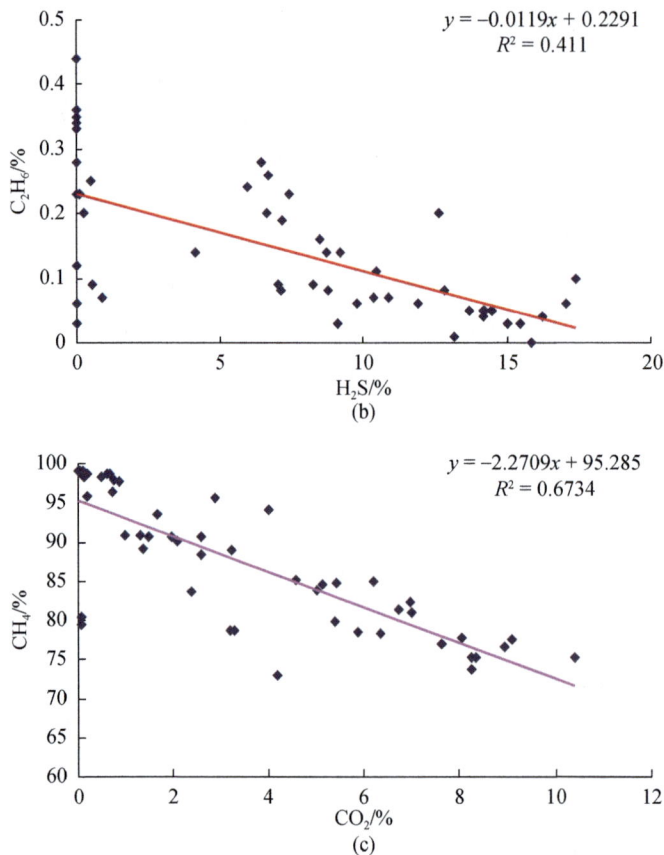

图 1 飞仙关组烃类与酸性气体含量间的负相关关系

从川东北天然气的干燥系数来看（图2），飞仙关组天然气是川东北九套气层中干燥系数最大的，比其埋深更大的志留系、石炭系、二叠系气层还要大；而这种干燥度与硫化氢的含量或酸性气体指数 [$H_2S/$（$H_2S+\sum C_nH_{2n+2}$）] 具有十分明显的正相关关系 [图 2（a）]，也就是说硫化氢含量越高，甲烷在烃类中所占的比例越高。而乙烷和丙烷则正好相反 [图 2（b）,（c）]，酸性气体指数越大，乙烷和丙烷含量越低。这一现象对同一气源的飞仙关组天然气来说更为明显，高含硫化氢天然气中乙烷含量绝大多数小于 0.2%，平均在 0.05% 左右，而没有发生 TSR 反应的飞仙关组天然气，乙烷含量都大于 0.2%，多数在 0.3%。同样丙烷和丁烷在高含硫化氢天然气中几乎为零，而在不含硫化氢天然气中尚占有少量比例。虽然甲烷在发生 TSR 和未发生 TSR 反应的气体中所占比例差异明显，但这种差异是由于前者气体中含有了比例较高的硫化氢和二氧化碳所造成的，并使其密度增重。这种甲烷在烃类中占的比例与硫化氢之间正相关关系 [图 2（a）] 和乙烷、丙烷与硫化氢间的反相关关系表明 [图 2（b）,（c）]，乙烷、丙烷等重烃类易于发生 TSR，甲烷较难发生 TSR。因此TSR 对烃类的消耗过程存在选择性。

由于不同烃类其化学活性存在明显差异，因此与硫酸钙（石膏）发生 TSR 所构成的反应体系的活化能也不相同。根据化学热力学[30]计算，不同温度和不同烃类发生 TSR 反应的活化能差别较大（表 1），温度越高，吉布斯自由能（$\Delta_r G$）越小，反应越容易进行，即高温有利于 TSR 发生；同样，烃类的碳数越高，吉布斯自由能（$\Delta_r G$）越小，反应越容易进行，即丁烷比丙烷容易发生 TSR，丙烷又比乙烷容易，甲烷 $\Delta_r G$ 最大，因此反应难度也最高。这一运算结果进一步揭示了 TSR 对烃类的消耗的选择性，即重烃类易于或优先发生 TSR 反应，从而造成天然气干燥系数增大。

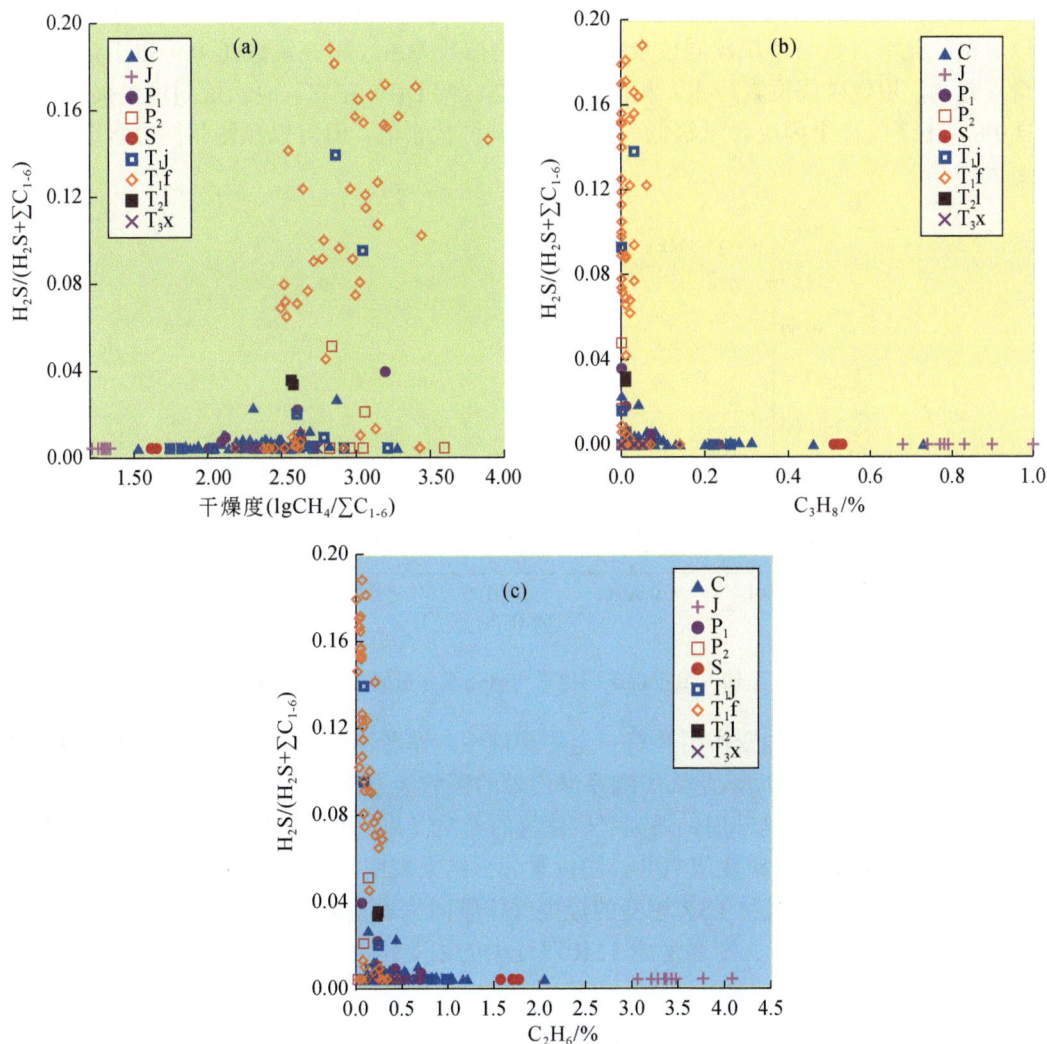

图2　川东北不同层系天然气烃类含量与酸性气体指数的关系

表1　在不同温度条件下各种烃类与硫酸盐发生 TSR 反应的活化能

序号	反应方程式	$\Delta_r G/$（kJ/mol）		
		25℃	120℃	140℃
（1）	$CH_4 + CaSO_4 \rightarrow CaCO_3 + H_2S + H_2O$	−26.96	−42.74	−44.70
（2）	$C_2H_6 + 2CaSO_4 \rightarrow 2CaCO_3 + H_2S + S + 2H_2O$	−89.26	−102.01	−104.82
（3）	$C_3H_8 + 3CaSO_4 \rightarrow 3CaCO_3 + H_2S + 2S + 3H_2O$	−142.89	−159.81	−163.56
（4）	$C_4H_{10} + 4CaSO_4 \rightarrow 4CaCO_3 + H_2S + 3S + 4H_2O$	−194.94	−216.64	−221.46

3 TSR 对烃类碳同位素的蚀变作用

TSR 实质上是一种在热动力条件（120℃以上的高温条件）驱动下烃类和硫酸盐之间的反应，是有机和无机相互作用的一个过程，它通过对有机烃类的蚀变和改造，形成非烃类酸性气体。因此在 TSR 过程中，伴随着烃类的氧化而发生碳同位素的分馏应该存在。图 3 可以看出硫化氢含量与甲烷碳同位素存在明显的指数关系，相关系数在 0.9 以上，即硫化氢含量越高，甲烷碳同位素越重，相差幅度在+2‰（PDB）左右。而乙烷的增重幅度更大，在 4.0‰。由于气样中丙烷含量极低，无法获取其同位素值，但可以预测其同位素增重幅度将更大。

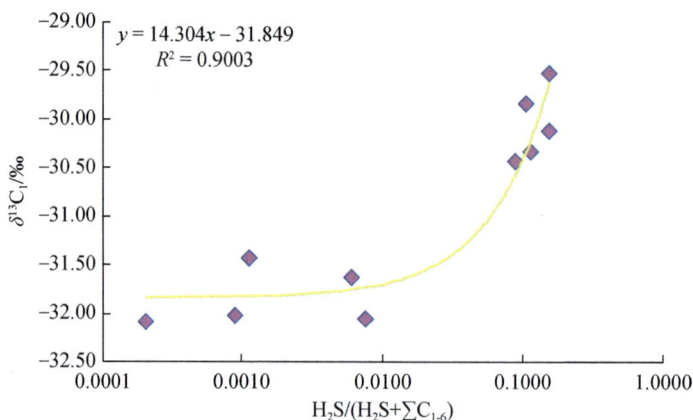

$$y = 14.304x - 31.849$$
$$R^2 = 0.9003$$

图 3　飞仙关组甲烷碳同位素与硫化氢含量间的正相关关系

TSR 对碳同位素的蚀变作用具有一定的普遍性，作者不仅在四川盆地川东北地区发现了这一现象，同样在冀中坳陷北部奥陶系潜山带的碳酸盐岩深层气藏中也发现了相似特征。位于武清地区的苏 50 井是一口钻遇高含硫化氢的天然气井，而位于其南边文安地区的苏 1-7 井和苏 1-2 井等井均不含硫化氢气井，同位素分析结果表明（表 2），发生 TSR 反应后烃类气体碳同位素明显比未遭受 TSR 蚀变的烃类气体碳同位素重。因此在运用碳同位素进行气源对比和成熟度分析时，一定要考虑 TSR 对烃类的蚀变作用（导致烃类碳同位素增重）的影响。

表 2　冀中坳陷北部潜山气藏天然气碳同位素组成特征

地区和井号	层位	井段/m	C_1/%	C_{2+}/%	CO_2/%	$\delta^{13}C_1$/‰	$\delta^{13}C_2$/‰	$\delta^{13}C_3$/‰	$\delta^{13}C_4$/‰	成因类型
武清，苏 50	O	5114～5335	83.86	11.95	0.36	-37.7	-23.1	-22.6	-22.9	TSR 蚀变
文安，苏 1-7	O	4145～4177	78.6	18.4	0.7	-39	-27	-24.6	-24.8	未遭受 TSR 蚀变
文安，苏 1-2	O	4245～4257	82.2	11.98	0.9	-39.2	-27.5	-24.8	-22.9	

由于 ^{12}C—^{12}C 与 ^{13}C—^{13}C 之间的键能不同[31]，在 TSR 的过程中，^{12}C—^{12}C 键优先破裂，^{12}C 更多参与了 TSR 反应，而 ^{13}C 则更多保留在残留的烃类中；使反应残留的烃类相对富集 ^{13}C，而烃类中的 ^{12}C 参与 TSR 反应后形成了碳同位素较轻的次生方解石，即

$nCaSO_4+{}^{12}C_nH_{2n+2}\rightarrow nCa^{12}CO_3+H_2S+(n-1)S+nH_2O$。由于重烃类易于发生 TSR，因此重烃类的碳同位素通常情况下增重幅度比甲烷大。

4　结论

四川盆地川东北地区飞仙关组高含硫化氢天然气较高的干燥系数和较重的碳同位素组成是 TSR 蚀变改造的结果。TSR 反应是消耗烃类的过程，也是一个无机与有机相互作用的过程。由于各种烃类参与 TSR 反应的活性不同，致使 TSR 对烃类的消耗具有选择性。化学热力学计算表明，随着烃类碳数的增多，反应的活化能越小，化学性质变得活泼，与硫酸钙发生 TSR 形成 H_2S 将更易发生。川东北飞仙关组高含硫化氢天然气中乙烷以上的重烃含量极低，其干燥系数比邻区不含硫化氢天然气干燥系数偏大不是成熟度所引起的，而是 TSR 对烃类的选择性消耗所造成的。由于 ${}^{12}C$ 比 ${}^{13}C$ 发生 TSR 反应的速率快，${}^{12}C$ 更多参与了 TSR 反应，而 ${}^{13}C$ 则更多保留在残留的烃类中，从而导致反应残留的烃类相对富集 ${}^{13}C$，且重烃类比甲烷碳同位素增重幅度大。因此 TSR 过程将会导致天然气干燥系数增大和烃类气体碳同位素变重。

致　谢：本研究工作得到西南油气田分公司勘探开发研究院王一刚、王兰生、川东钻探公司地质服务公司周国源、华北油田勘探开发研究院梁宏斌、马顺平等高工的帮助，并在文中引用了部分测试数据，在此深表感谢。

参 考 文 献

［1］Schoell M. Recent advances in petroleum isotope geochemistry. Organic Geochemistry, 1984, 15(6): 645-663.

［2］戴金星. 碳、氢同位素组成研究在油气运移上的意义. 石油学报, 1988, 4: 27-32.

［3］戴金星. 各类烷烃气的鉴别, 中国科学(B 辑), 1992, 22(2): 185-193.

［4］戴金星, 宋岩, 程坤芳, 等. 中国含油气盆地有机烷烃气碳同位素特征. 石油学报, 1993, 14(2): 23-31.

［5］戴金星, 石昕, 卫延召. 无机成因油气论和无机成因的气田(藏)概略. 石油学报, 2001, 22(6): 5-10.

［6］徐永昌. 天然气成因理论与应用. 北京: 科学出版社, 1994, 1-414.

［7］张水昌, 赵文智, 王飞宇, 等. 塔里木盆地东部地区古生界原油裂解气成藏历史分析——以英南 2 气藏为例. 天然气地球科学, 2004, 15(5): 441-451.

［8］戴金星, 戚厚发, 宋岩. 鉴别煤成气和油型气若干指标的初步探讨. 石油学报, 1985(2): 31-38.

［9］Tang Y, Perry J K, Jenden P D, et al. Mathematical modeling of stable isotope ratio in natural gases. Geochim Cosmochim Acta, 2000, 64(15): 2673-2687.

［10］Dai J, Xia X, Qin S, et al. Origins of partially reversed alkane $\delta^{13}C$ values for biogenic gases in China. Organic Geochemistry, 2004, 35(3): 405-411.

［11］朱光有, 戴金星, 张水昌, 等. 含硫化氢天然气的形成机制及其分布规律研究. 天然气地球科学, 2004, 15(2): 166-170.

［12］Orr W L. Changes in sulfur content and isotopic ratios of sulfur during petroleum maturation—Study of the Big Horn Basin Paleozoic oils. AAPG Bull, 1974, 58(11): 2295-2318.

［13］Krouse H R, Viau C A, Eliuk L S, et al. Chemical and isotopic evidence of thermochemical sulphate reduction by light hydrocarbon gases in deep carbonate reservoirs. Nature, 1988, 333(2): 415-419.

［14］Machel H G. Saddle dolomite as a by-product of chemical compaction and thermochemical sulfate reduction. Geology, 1987, 15(6): 936-940.

［15］戴金星. 我国高含硫化氢气的成因. 石油学报, 1984, 1: 28.

［16］Martin M C, David A C M, Simon H B, et al. Thermochemical sulphate reduction(TSR): experimental determination of reaction kinetics and implications of the observed reaction rates for petroleum reservoirs. Organic Geochemistry, 2004, 35(1): 393-404.

［17］Machel H G, Krouse H R, Sassen R. Products and distinguishing criteria of bacterial and thermochemical sulfate reduction. Applied Geochemistry, 1995, 10(4): 373-389.

［18］Cai C F, Worden R H, Bottrell S H, et al. Thermochemical sulphate reduction and the generation of hydrogen sulphide and thiols(mercaptans)in Triassic carbonate reservoirs from the Sichuan Basin, China. Chemical Geology, 2003, 202(1-2): 39-57.

［19］Machel H G. Bacterial and thermochemical sulfate reduction in diagenetic settings-old and new insights. Sedimentary Geology, 2001, 140(1): 143-175.

［20］戴金星. 中国含硫化氢的天然气分布特征、分类及其成因探讨. 沉积学报, 1985, 3(4): 109-120.

［21］戴金星, 胡见义, 贾承造, 等. 关于高硫化氢天然气田科学安全勘探开发的建议. 石油勘探与开发, 2004, 31(2): 1-5.

［22］朱光有, 张水昌, 李剑, 等. 中国高含硫化氢天然气田的特征及其分布. 石油勘探与开发, 2004, 31(4): 18-21.

［23］朱光有, 张水昌, 梁英波, 等. 川东北飞仙关组 H_2S 的分布与古环境的关系研究. 石油勘探与开发, 2005, 32(4): 65-69.

［24］王一刚, 窦立荣, 文应初, 等. 四川盆地东北部三叠系飞仙关组高含硫气藏 H_2S 成因研究. 地球化学, 2002, 31(6): 517-524.

［25］谢增业, 田世澄, 李剑, 等. 川东北飞仙关组鲕滩天然气地球化学特征与成因. 地球化学, 2004, 33(6): 567-573.

［26］朱光有, 张水昌, 梁英波, 等. 天然气中高含 H_2S 的成因及其预测. 地质科学, 2006, 41(1): 6.

［27］孟元林, 肖丽华, 殷秀兰, 等. 渤海湾盆地文安斜坡高温热流体活动与油气藏形成. 岩石学报, 2003, 19(2): 337-347.

［28］Bildstein O, Worden E B. Assessment of anhydrite dissolution as the rate-limiting step during thermochemical sulfate reduction. Chemical Geology, 2001, 176(1-4): 173-189.

［29］朱光有, 戴金星, 张水昌, 等. 中国含硫化氢天然气研究及勘探前景. 天然气工业, 2004, 24(9): 1-4.

［30］天津大学物理化学教研室. 物理化学. 北京: 高等教育出版社, 1992: 288-295.

［31］郑永飞, 陈江峰. 稳定同位素地球化学. 北京: 科学出版社, 2000: 193-217.

TSR 成因 H₂S 的硫同位素分馏特征与机制[*]

朱光有，费安国，赵　杰，刘　策

0　引言

H₂S 是天然气中的一种比较常见的有害组分，含量变化大，从刚能检测出来到体积含量高达 98% 的 H₂S 型气藏（戴金星，1985）。H₂S 的化学活性极大，对钻具、井筒、集输管线等都具有极强的腐蚀作用，导致重大安全事故（戴金星等，2004）。高含硫化氢天然气通常出现在含蒸发岩的碳酸盐岩储层中。油气藏中的硫化氢主要来源有以下方式：①生物成因（bacterial sulfate reduction，BSR）、②含硫化合物的热裂解（thermal decomposition of sulfides，TDS）、③硫酸盐热化学还原（thermochemical sulfate reduction，TSR）（Orr，1974，1977；Krouse et al.，1988；Worden et al.，1995；Worden and Smalley，1996；Worden et al.，2000；Machel et al.，1995；Machel，2001；Cross et al.，2004）。国内外大量含硫化氢油气田勘探实例研究认为，碳酸盐岩油气藏中高含硫化氢的成因是 TSR 成因（Manzano et al.，1997；Cai et al.，2003，2005；Zhang et al.，2005；Zhu et al.，2005a，2005b，2007a；Li et al.，2005；Zhang et al.，2007，2008，2012；Hao et al.，2008；Tian et al.，2008；Liu et al.，2013）。由于硫酸盐的来源是 TSR 发生的一个基本条件，这也决定了 TSR 主要发生在含蒸发岩的碳酸盐岩储层中，所以在碳酸盐岩储集层中，通常存在硫化氢的风险。

虽然油气藏中硫化氢可以通过 TSR、BSR 或 TDS 形成，但是不论何种成因形成的硫化氢，其硫均来自相关地层中的硫酸盐类或有机含硫化合物；由于它们分别通过有机-无机相互作用、生物作用和热分解作用等不同方式完成硫循环，因此，硫酸盐类或有机含硫物均可在动力学分馏的过程中实现硫同位素的分馏（Krouse，1977；Claypool et al.，1980）。不同的分馏过程，硫化氢富集 ³²S 的程度有别（郑永飞和陈江峰，2000）。因此硫化氢的硫同位素组成受硫源（相关地层的硫酸盐类）和动力学分馏类型（硫化氢的形成途径）的控制（Amrani et al.，2008，2012；Zhu et al.，2010）。

由于硫同位素的分布具有较强的规律性，地史时期不同地质时代的海相硫酸盐的硫同位素差异明显，同一地质时代海相石膏的硫同位素相近。Claypool 等（1980）通过收集世界各地各地质年代海相沉积硫酸盐样品的硫同位素分析数据，建立了一条显生宙海相硫酸盐"δ³⁴S 年代变化曲线"。虽然各地质时代硫同位素分布范围较宽，但主峰值拟合出来的曲线还是具有一定的代表性（Holser et al.，1996）。由于不同盆地蒸发强度等的差异，硫同位素组成也可能与国际"δ³⁴S 年代变化曲线"不完全一致。特别是陈锦石等（1986）和林耀庭（2003）对四川盆地三叠系嘉陵江组和雷口坡组海相沉积石膏硫同位素的精细研究，

*　原载于《岩石学报》，2014 年，第 30 卷，第十二期，3772～3786。

发现下三叠统嘉陵江组和雷口坡组硫酸盐的硫同位素组成比国际"$\delta^{34}S$ 年代变化曲线"明显偏重。本文作者也曾解剖过四川盆地含硫化氢气田的硫化物硫同位素分布特征（朱光有等，2006；Zhu et al.，2005b，2007b，2007c），也发现三叠系石膏的硫同位素比国际"$\delta^{34}S$ 年代变化曲线"偏重，硫化氢硫同位素也很重，与三叠系石膏的硫同位素具有相似的演化规律（朱光有等，2006），初步建立了三叠系 TSR 成因硫化氢的硫同位素变化曲线。本文在前期研究的基础上，通过补充采样和系统整理全球含硫化氢气田的硫化物硫同位素数据，并结合地质条件和油气演化过程，分析了 TSR 过程中硫同位素的分馏特征，重新绘制出四川盆地和全球各时代硫化氢和石膏的硫同位素值分布特征曲线，为研究含油气盆地硫化氢成因提供参考。

1 全球含硫化氢天然气的分布

资料统计表明（表1），含硫化氢油气田主要分布在北美洲的加拿大（Belenitskaya，2000；Manzano et al.，1997；Desrocher et al.，2004；何生厚，2008）、美国（Heydari，1997；Henry et al.，1935；Orr，1974）和墨西哥；中东的伊朗（Jafar et al.，2006）、伊拉克、沙特阿拉伯（Carrigan et al.，1998）和阿联酋（Worden and Smalley，1996）；苏联（Belenitskaya，2000）的阿姆河、北里海、伏尔加-乌拉尔、西伯利亚和季曼岭-伯朝拉（Belenitskaya，2000）；欧洲的克罗地亚（Baric et al.，1998）、德国、法国（Winnock and Pontalier，1968）以及亚洲的四川盆地、塔里木盆地（Zhu et al.，2009，2014）和印度（Belenitskaya，2000）等地区，而且这些含硫化氢油气藏都达到工业油气流的规模，除伊朗-伊拉克的 Pazapan 和 Bandar Shachpur、阿拉伯海湾的马里安复合体（AI-Eid et al.，2001）、沙特阿拉伯的加瓦尔、北海盆地（Worden and Smalley，2001）以及渤海湾盆地济阳坳陷罗家地区、华北赵兰庄、塔里木盆地的塔中、轮南为油气藏外（Zhu et al.，2009），其余的为气藏。另外，储层岩性主要为碳酸盐岩和蒸发岩，砂岩储集体很少见。含硫化氢油气藏埋深从 500m 至 6000m 都有分布，深度变化很大（费安国等，2009）。含硫化氢油气藏从震旦系到第三系均有分布，其中，石炭系和三叠系分布最广；其次为奥陶系、泥盆系、二叠系、侏罗系和白垩系。储层岩性以白云岩和灰岩为主。

表 1 全球含硫化氢油气藏特征

地区或油气田		油气藏类型	地层时代	深度/m	储层岩性	H$_2$S 含量/%	CO$_2$ 含量/%	温度/℃	资料来源
中东	Pazapan、Bandar Shachpur（伊朗-伊拉克）	油气藏	E$_1$-N$_1$	2500~4000	灰岩	3~26			Belenitskaya，2000
	马里安复合体（阿拉伯海湾）	油气藏	K$_2$	2000~2500	砂岩	0.21~0.72	1.04~2.12	80~93	AI-Eid et al.，2001
	加瓦尔（沙特阿拉伯）	油气藏	P$_2$	3350~4570	灰岩+白云岩	0~10		150	Carrigan et al.，1998
	南帕尔斯（伊朗）	气藏	P$_2$-T$_1$	2670~3149	灰岩+白云岩	0.17~0.29	2.02~2.42	100	Jafar et al.，2006
	阿布扎比（阿联酋）	气藏	P$_2$-T$_1$	2500~6000	灰岩+白云岩	2~50		100~220	Worden and Smalley，1996

续表

地区或油气田	油气藏类型	地层时代	深度/m	储层岩性	H$_2$S含量/%	CO$_2$含量/%	温度/℃	资料来源
南得克萨斯（美国）	气藏	K	5793~6098	灰岩	98		198	Skrebowski et al., 1996
密西西比（美国）	气藏	J$_3$	5853~6127	灰岩+白云岩	78	20	200	Heydari, 1997
怀俄明（美国）	气藏	P	2500~3000	灰岩	12~60	3~10	80~120	Orr, 1974
东得克萨斯（美国）	气藏	J		灰岩	7.5~13			
阿肯色（美国）	气藏	J	850	灰岩	0.6~0.9	0.08~0.61		
密歇根（美国）	气藏	D	500	灰岩	2.1	0.21~0.7		
肯塔基（美国）	气藏	S	600~720	灰岩+白云岩	2.9			
安大略（美国）	气藏	S	900	灰岩+白云岩	2.5	0.17~0.49		Henry et al., 1935
宾夕法尼亚（美国）	气藏	O		灰岩	4			
伊利诺（美国）	气藏	O		灰岩	1.8			
俄克拉荷马（美国）	气藏	O		灰岩	28~36			
坦皮科填平（墨西哥）	气藏	K		灰岩	18~25			
Tomasville、New Hope（墨西哥海湾）	气藏	T–K$_1$		灰岩	14~35			
克罗斯菲尔德（加拿大西部）	气藏	D$_2$–C$_1$	3950	灰岩+白云岩	27.6	14.7		
奥古托克斯（加拿大西部）	气藏	D$_2$–C$_1$	4200	灰岩+白云岩	40.1	10.4		Belenitskaya, 2000
Pine Greek（加拿大西部）	气藏	D$_2$–C$_1$	3800	灰岩+白云岩	26.72	1.48		
Kocho Lake（加拿大西部）	气藏	D$_2$–C$_1$	1300	灰岩+白云岩	0.77	13.78		
卡罗林气田（加拿大西部）	气藏	D	3500	白云岩+生物礁灰岩	35	7	102	
卡布南气田（加拿大西部）	气藏			灰岩+白云岩	17.7	3.4		何生厚，2008
莱曼斯顿气田（加拿大西部）	气藏			灰岩+白云岩	5~17	6.5~11.7		
沃特棠（加拿大西部）	气藏			灰岩+白云岩	15	4		
布鲁泽河（加拿大西部）	气藏	D$_3$	3000~4000	生物礁灰岩	6~31		150	Manzano et al., 1997
格兰博瑞尔（加拿大西部）	气藏	T$_{1-2}$	800~3200	砂岩+灰岩	0~30	0~17	60~80	Desrocher et al., 2004

（左侧合并单元格：北美洲）

续表

地区或油气田		油气藏类型	地层时代	深度/m	储层岩性	H₂S含量/%	CO₂含量/%	温度/℃	资料来源
苏联	布拉克（苏联费尔干纳）	气藏	N	4000~6000	砂砾岩	3~5			巢华庆，2000
	阿姆河（苏联）	气藏	T-K₁	2100~2300	灰岩+白云岩	5.0~6.5	4.3~5.2	120	Belenitskaya，2000
	奥伦保（苏联伏尔加-乌拉尔）	气藏	P	1600	灰岩+白云岩	1.3~5	14		何生厚，2008
	阿斯特拉罕（苏联北里海）	气藏	C₁₊₂-P	3915	灰岩+白云岩	26	16	125	
	西西伯利亚（苏联）	气藏	C₁	2500~3800	白云岩	75			Belenitskaya，2000
	季曼伯-伯朝拉（苏联）	气藏	D₂-C₁	1800	灰岩+白云岩	11~12			
欧洲	德拉瓦（克罗地亚）	气藏	N₁	3719	白云岩+灰岩	0~7	9.4~24.1	195	Baric et al.，1998
	拉克（法国）	气藏	J₃-K₁	3100~5000	白云岩+灰岩	15.5	9.7	140	Winnock and Pontalier，1968
	美仑（法国）	气藏	J-K	2500~6000	白云岩+灰岩	6.3~15.2	5.4~8.75	145	Belenitskaya，2000
	北海盆地	油气藏	P₂	1000~5000	砂岩	2		120	Worden and Smalley，2001
	南沃尔登堡气田（德国北部）	气藏	C₁₊₂-P	3000~4500	灰岩+白云岩	12~23			Belenitskaya，2000
亚洲	印第安座（印度）	气藏			白云岩+灰岩	3~5			
	济阳坳陷罗家气田（中国）	气藏	E₂	3600	砂泥岩夹白云岩	4		135	
	黄骅坳陷乌马营潜山（中国）	气藏	O	5460~5496	白云岩+灰岩	0~16	3.45	169	
	华北赵兰庄（中国）	油气藏	E₁	1890~2300	砂泥岩夹白云岩	40~92		86.5	
	四川普光、罗家寨、渡口河、铁山坡、七里北、毛坝等（中国）	气藏	T₁f	3500~6000	白云岩	8~17	2.55~8.27	170	
	四川卧龙河（中国）	气藏	T₁j	1800~2200	白云岩	1.09~10.11	0.15~0.55	150	
	四川中坝（中国）	气藏	T₂l	3140~3400	白云岩	0.05~8.34	0.42	150	
	四川磨溪（中国）	气藏	T₂l	2645~2734	白云岩	0.03~3.09	0.12~0.38	140	

续表

地区或油气田	油气藏类型	地层时代	深度/m	储层岩性	H₂S 含量/%	CO₂ 含量/%	温度/℃	资料来源
四川磨溪、高石梯（中国）	气藏	Z、Є	5000～5500	白云岩	0.5～1.5	2.0～8.5	140～160	
四川威远（中国）	气藏	Z	2800～3200	白云岩	0.4～1.53	3.3～6.07	200	
鄂尔多斯靖边（中国）	气藏	O₁	3182	白云岩	0.014～0.367	2.25～4.55	150	
塔里木和田河（中国）	气藏	C	1550～2272	白云岩	0～0.06	1.19～14.39	135	
塔里木轮南（中国）	油气藏	O	5100～6700	灰岩	0～0.11	0.15～5.94	140	
塔里木塔中（中国）	油气藏	O、Є	4300～7000	灰岩、白云岩	0～8.1	0.91～24	130～169	

注：据费安国等（2009），有修改。

2　样品采集与分析方法

由于硫化氢具有极强的腐蚀性，需要在现场将其转化为稳定的硫化物方可送入实验室分析。实验室采用储雪蕾等研制的硫同位素分析方法（Chu et al.，1994），将样品中的硫转化为 SO_2，在中国科学院地质与地球物理研究所，采用 Finnigan MAT 公司的 Delta S 同位素质谱仪进行分析。采用的国际标准为 CDT，分析精度为±0.2‰。同时文中引用了诸多学者用相似方法分析获得的硫同位素资料（表2），这为对比研究提供了良好基础。

表 2　中国含硫化氢油气田硫化氢和石膏的硫同位素值

地区	油气田	井号	储层	深度/m	H₂S/%	硫同位素（$\delta^{34}S$）/‰ H₂S	石膏	资料来源
川东	罗家寨	罗家 11	T₁f	3900	9.12	13.08, 13.17, 12.65, 12.58		a 据王一刚等，2002；b 据于津生和李耀松，1997；c 据徐永昌，1994；d 据 Cai et al.，2003；未标注均为本文数据
		罗家 16	T₁f	3800	9.32	13.71，13.64		
		罗家 5	T₁f₃₋₁	2939			22.59	
	渡口河	渡 3	T₁f	4308	17.06	13.7	26.5，30	
		渡 4	T₁f		9.81		30.7	
		渡 6	T₁f	4465	16.2	11.52		
		渡 11	T₁f			13.08, 13.17, 12.65, 12.58		
		渡 3	T₁f	4290			18.12	
		渡 5	T₁f₃₋₁	4740.28			24.34	
		渡 5	T₁f₃₋₁	4753.38			25.8	
		渡 5	T₁f₃₋₁	4765.98			22.83	
	金珠坪	金珠 1	T₁f₃₋₁	2825.81			22.13	
		金珠 1	T₁f₃₋₁	2877.23			19.35	

地区	油气田	井号	储层	深度/m	H_2S/%	硫同位素（$\delta^{34}S$）/‰		资料来源
						H_2S	石膏	
川东		金珠 1	T_1f_{3-1}	2897.16			22.07	a 据王一刚等，2002； b 据于津生和李耀松，1997； c 据徐永昌，1994； d 据 Cai et al., 2003； 未标注均为本文数据
	铁山坡	坡 1	T_1f	3430	14.19	12.00^a	30.1，30.6	
		坡 1	T_1f_{3-1}	3464.73			19.46	
		坡 3	T_1f_{3-1}	3536			18.92	
	七里北	七里北 1	T_1f	5800	16.25	13.53		
		七里 52	T_1f_{3-1}	3490.43			24.64	
		七里 52	T_1f_{3-1}	3941.89			23.57	
		七里 3	C	4399			16.05	
		七里 24	C	4715.2			20.4	
	普光	普光 2	T_1f	5027	14.71	10.28		
		普光 2	T_1f	5200	15.67	12.47		
	高峰场	峰 15	T_1f_{3-1}	3772-3893	8.05	24.17		
	黄龙场	黄龙 8	P_2	3628	1.04	11.31		
	卧龙河	卧浅 1	T_3x	300	0.016	23.60		
		卧 18	T_2l_1	980	0.160	23.40		
		卧 9	T_1j_5	1960	4.85	22.40^b		
		卧 56	T_1j_3	1464	2.68	31.00^d		
		卧 63	T_1j_3	2285	18.83	30.40^d		
		卧 2	T_1j_1	1643	2.61	22.20^d		
		卧 45	T_1j_1	2105	2.97	24.70^c		
		卧 33	T_1j_1	2307	3.23	26.50^d		
		卧 20	P_2^2	2800	1.34	14.40^b		
		卧 20	P_2^2	2800	0.18	12.80^c		
		卧 83	P_1	3413	0.260	5.70		
		卧 84	P_2^1	4084.6			24.65	
		卧 96	C_2	3951	0.18	5.80^c		
		卧 96	C_2	3960	0.43	8.45^c		
川中	磨溪	磨深 2	T_2l		2.40	9.2		
		磨 14	T_2l			6.88		
		磨 128	T_2l		1.97	8.17		
		磨 132	T_2l		1.81	9.4		
		磨 18	T_2l		1.71	10.13		
		磨 17	T_2l_1	2680	2.12	17.70^d		

地区	油气田	井号	储层	深度/m	H₂S/%	硫同位素（$\delta^{34}S$）/‰		资料来源
						H₂S	石膏	
川中	磨溪	磨 70	T_2l_1	2650	2.43	13.30[d]		
		磨 137	T_2l_1			7.9		
		磨 30	T_2l_1	2654.00			30.58	
		磨 24	T_1j_2			4.56		
		磨 36	T_1j_2			8.26		
		磨 39	T_1j_2			5.53		
		磨 41	T_1j_2			4.67		
		磨 16	T_1j_3	3140.50			31.35	
		磨 149	T_1j_2	3114.60			31.63	
		磨 207	T_1j_2	3179.00			30.12	
		磨 207	T_1j_2	3186.50			31.34	
川南	合江	合 9	T_1j_4	2100	0.35	20.90[b]		a 据王一刚等，2002；
	庙高寺	寺 3	T_1j_2	2110	0.5	22.00[b]		b 据于津生和李耀松，1997；
	威远	威浅 1	T_1j_1	140	1.01	23.10[b]		c 据徐永昌，1994；
		威浅 1	T_1j_1	200	0.9	23.10[b]		d 据 Cai et al., 2003；
		威 7	P_{1m}	1079	2.310	13.20		未标注均为本文数据
		威 7	P_{1m}	1079	2.140	13.30		
		威水 2	$\in_1x$			17.2		
		威 5	$\in_1x$	1911~2037	0.50	15.66		
		威 34	$\in_1x$		0.94	16.32		
		威 39	$\in_1x$		1.03	16.89		
		威 42	$\in_1x$		0.80	18.42		
		威 65	$\in_1x$			17.87		
		威 70	$\in_1x$		0.06	14.85		
		威 93	$\in_1x$			16.04		
		威寒 104	$\in_1x$	1937.62			28.89	
		威 2	Z_2d	2837	1.18	13.70[c]		
		威 2	Z_2d	3005	1.21	14.40[c]		
		威 5	Zd	2810	0.940	19.40		
		威 23	Z_2d	3100	0.66	11.50[c]		
		威 23	Z_2d	3100	0.66	12.60[c]		
		威 5	Z_2d	2810	0.94	19.40[b]		
		威 117	Z_2	3560.00			21.59	

续表

地区	油气田	井号	储层	深度/m	H_2S /%	硫同位素（$\delta^{34}S$）/‰		资料来源
						H_2S	石膏	
川南	威远	威 117	Z_3	3286.20			29.35	
		威 117	Z_3	3378.00			20.84	
		威 117	Z_2	3613.00			22.15	
		威 117	Z_2	3607.00			22.53	
	长宁	宜 5	T_1j_4	2325.50			28.53	
		宜 8	T_1j_4	1741.85			26.4	
		宜 4	T_1j_4	1758.58			27.35	
	石油沟	巴 9	$T_1j_3^4$	1050	0.240	17.00		
	付家庙	付 6	T_1j_1	2250	0.002	13.70		
		付 5	P_1^32	2250	0.030	11.60		
	宋家场	宋 4	P_1^32	2700	0.002	9.60		
	麻柳场	麻 2	$T_2l_1^1$	1740.29			25.26	
		麻 3	$T_2l_3^2$	2242.36			29.4	
	纳溪	纳 21	P_1^32	2645	0.050	11.60		a 据王一刚等，2002；
	阳高寺	阳 7	P_1^32	2030	0.010	11.50		b 据于津生和李耀松，1997；
	自流井	自 2	P_1	2233	0.02	29.10[c]		c 据徐永昌，1994；
		自 3	P_1	2150	0.07	27.80[c]		d 据 Cai et al.，2003；
		自 4	P_1	2200	0.02	24.80[c]		未标注均为本文数据
川西	中坝气田	中 81			8.84	9.42		
		中 21			8.15	14.71		
		中 46	$T_2l_3^2$	3157.00			21.61	
		青林 1	T_2l_3	3713.46~3717.15			26.47	
		青林 1	T_2l_3	3919~3928			25.63	
		中 6	T_2l_2	3807.00			24.17	
		中 46	T_2l_2	3175.00			23.23	
		中 46	T_2l	3305.00			22.98	
		中 46	T_2l	3243.98			21.09	
		中坝永平 1	T_1f_1	1285.00			21.48	
		青林 1	T_2l_2	3923.32			25.06	
	大池干	天东 74				16.59		
		池 58	T_1J	2822.3			22.67	
		天东 75	C_2	4922.3			19.01	

续表

地区	油气田	井号	储层	深度/m	H₂S/%	硫同位素（$\delta^{34}S$）/‰		资料来源
						H₂S	石膏	
川东		河2	T_1f_3	2691.17			16.91	a 据王一刚等，2002； b 据于津生和李耀松，1997； c 据徐永昌，1994； d 据 Cai et al., 2003； 未标注均为本文数据
		菩萨2	Tf_{3-1}	3670~3682	9.24	20.9		
		方安19				12.01		
		龙会6	Tf_{3-1}	3812~3844	3.31	22.81		
		昌10				18.03		
		昌11				16.46		
		芭蕉1	C	4656			16.27	
		温泉2	C_2hl	3991.5			18.78	
		五科1	€	19~639			26.47	
		寨沟2	C	3853			21.28	
		朱家1	T_1f_{3-1}	5648.91			23.74	
		紫1	T_1f_{3-1}	3416.79			25.4	
		紫2	T_1f	3350.48			19.71	
		紫1	T_1f_{3-1}	3481.62			18.09	
塔里木	塔中		O		0.58	15.79	24.52	
			O		0.78	15.04	25.95	
			O		0.37	18.45	27.1	
			O		0.28	17.12	26.8	
			O		0.98	15.46	24.5	
			O		0.18	14.28		
			O		0.65	17.38		
			O		0.34	17.60		
			O		0.26	17.97		
			O		0.18	14.21		
			O		0.28	15.76		
			O		0.86	14.19		
			O		0.64	16.36		
鄂尔多斯	靖边气田		O_1		0.06	17.89	27.90	李剑锋等，2002
			O_1		0.07	18.89	27.10	
			O_1		0.04	16.26	27.70	
			O_1		0.05	19.32	27.80	
			O_1		0.03	18.18	25.78	
			O_1		0.08	18.24	27.82	
			O_1		0.06		27.80	

3　结果与讨论

3.1　天然气组分特征

四川盆地天然气大部分含硫化氢，其含量一般分布在 0.5%～16%。其中高含硫化氢的气藏分布在三叠系的飞仙关组、雷口坡组、嘉陵江组。上二叠统、石炭系、寒武系、震旦系为低硫化氮型气藏（H_2S 含量 0.5%～2%）。下二叠统气藏中硫化氢含量普遍小于 0.5%（表3）。研究表明，各层系的硫化氢都是硫酸盐热化学成因（TSR），各气层的硫化氢中的硫来自于本层系的硫酸盐岩（Zhu et al.，2009，2011；朱光有等，2006）。

川东北下三叠统飞仙关组硫化氢含量最高，在 9.12%～17.06%，平均在 14% 左右；其次是下三叠统嘉陵江组和中三叠统雷口坡组，硫化氢含量分布较宽，大部分在 1.5%～11%，个别含量在 10% 以上；石炭系硫化氢含量分布在 0.12%～1.03%，绝大多数在 0.5% 左右；最新在川中地区发现的高石梯-磨溪大气田，寒武系龙王庙组和震旦系灯影组硫化氢含量都在 0.6～1.6，平均在 1.18%，与威远气田震旦系灯影组气藏相近（Zhu et al.，2007b）；二叠系硫化氢含量普遍较低，在 0.001%～2.2%，大多数小于 1%；上三叠统以上层系属于陆相沉积体系，天然气几乎不含硫化氢。因此，本文主要讨论四川盆地海相碳酸盐岩沉积组合。

硫化氢的生成，通常伴随有大量 CO_2 等非烃气体的生成，使甲烷等烃类气体的含量相对减少，重烃减少更明显，部分气藏中甚至测不到乙烷以上的重烃类；高含硫化氢天然气的干燥系数整体偏高。从天然气组分特征来看，四川盆地天然气均为干气，各气田天然气中硫化氢和二氧化碳含量均呈现正相关性，在三叠系气层中这种相关性尤为明显（图1）。天然气的酸性指数和干燥关系表明，飞仙关组的储层中 TSR 反应程度最高，其次是嘉陵江组，雷口坡组储层中 TSR 反应程度相对最低。

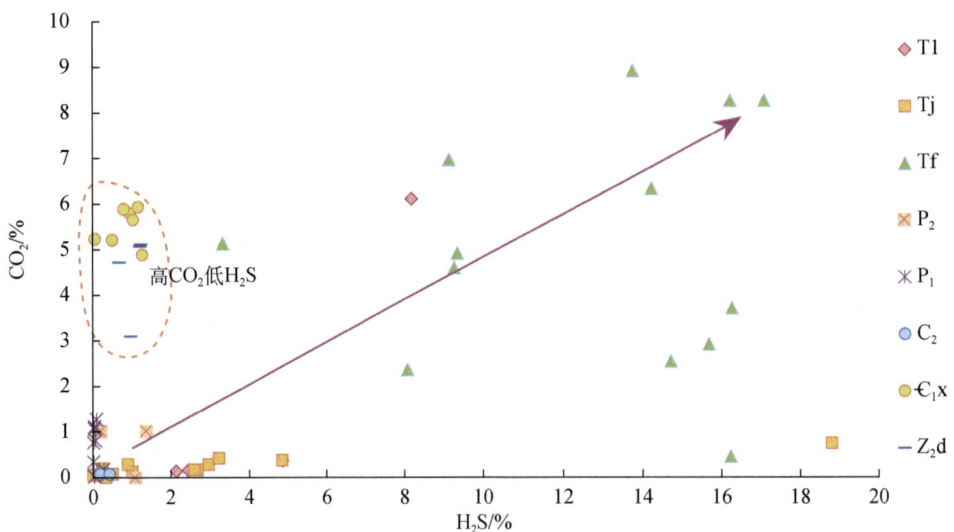

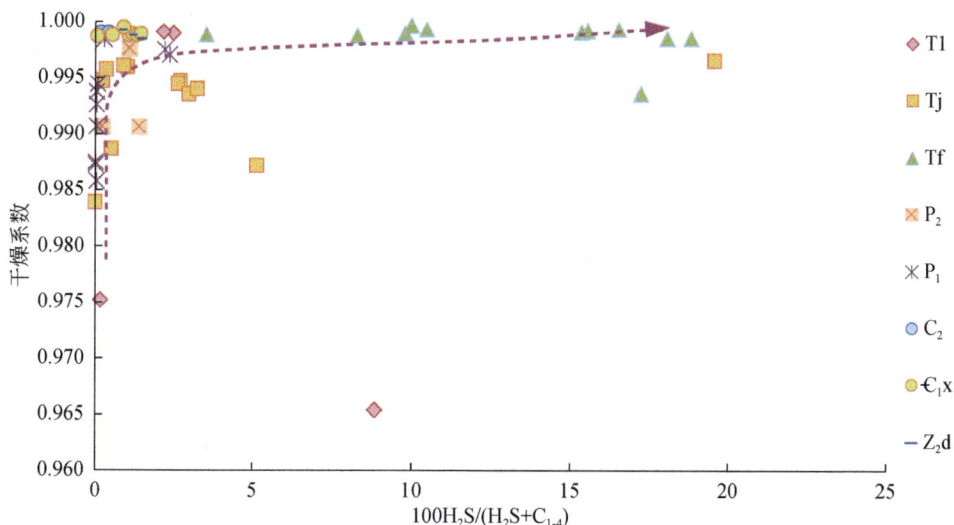

图 1　四川盆地各层系硫化氢和二氧化碳含量关系以及酸性指数和干燥系数关系

从国内外统计情况来看（表 3），含硫化氢油气藏中甲烷的含量都不是很高，绝大部分都在 80% 左右；同时，在含硫化氢油气藏中普遍发现硫化氢与 CO_2 共存，而且含量都较高，平均值分别为 3.82% 和 2.51%，最大值可高达 12.2% 和 14.42%（图 2）；CO_2 含量与 H_2S 含量具有一定的相关性。含硫化氢的油气藏中天然气的干燥系数分布范围为 0.7987～0.9996，平均为 0.9477（图 2），以干气为主。通过对比国内外含硫化氢油气藏的干燥系数，发现国内含硫化氢油气藏的天然气干燥系数分布范围为 0.8080～0.9996，平均值为 0.9815，除中国华北赵兰庄气田和黄骅坳陷的天然气为湿气外，其余油气藏的干燥系数都在 0.99 以上；而国外含硫化氢气藏的天然气干燥系数平均值为 0.9204；除美国阿肯色和苏联阿姆河地区的天然气干燥系数达到干气水平外，其余的都为湿气。相比而言，国内含硫化氢油气藏的干燥系数整体比国外的高。

表 3　国内外含硫化氢油气藏的天然气组分特征

	地区或油田	地层	CH_4/%	C_1/C_{1+}	H_2S/%	CO_2/%	N_2/%	资料来源
国外	南帕尔斯（伊朗）	P_2-T_1	84.47	0.9103	0.29	2.42	3.86	Jafar et al.，2006
		P_2-T_1	85.00	0.9096	0.20	2.41	3.39	
		P_2-T_1	85.15	0.9048	0.19	2.19	2.92	
		P_2-T_1	85.60	0.9085	0.17	2.10	3.22	
	怀俄明（美国）	P	73.00	0.9121	14.00	3.00	1.20	Orr，1974
		P	56.00	0.8932	19.00	9.00	0.43	
		P	48.00	0.9032	45.00	3.00	0.65	
	阿肯色（美国）	J	93.72	0.9554	0.86	0.61	0.48	Henry et al.，1935
		J	93.20	0.9645	0.73	0.32	1.75	
		J	95.30	0.9823	0.60	0.33	2.07	

地区或油田		地层	CH₄/%	C₁/C₁+	H₂S/%	CO₂/%	N₂/%	资料来源
国外	密歇根（美国）	D	61.95	0.8652	1.80	0.27	14.42	
		D	67.90	0.7987	2.13	0.70	3.50	
		D	79.30	0.8759	2.05	0.47	0.40	
	安大略（美国）	S	91.89	0.9496	2.13	0.26	2.20	
		S	88.89	0.9202	1.97	0.49	2.42	
		S	89.92	0.9260	2.50	0.17	2.42	
	阿姆河（苏联）	T–K₁	90.50	0.9771	5.60	4.50	0.31	Belenitskaya，2000
		T–K₁	89.85	0.9733	6.20	4.70	0.36	
	拉克（法国）	J₃–K₁	69.20	0.9377	15.20	9.70	0.50	Lacrampe-Couloume et al.，1997
	美仑（法国）	J–K	81.10	0.9345	6.40	6.40	0.80	
		J–K	0.79	0.9257	6.29	8.75	0.49	
国内	靖边（鄂尔多斯）	O₁m	95.14	0.9900	0.06	2.45	0.65	
	普光（四川）	T₁f	80.02	0.9993	14.71	2.55	0.46	
		T₁f	79.28	0.9994	15.67	2.94	0.43	
	罗家寨（四川）	T₁f	79.77	0.9994	9.32	4.93	1.04	
		T₁f	82.36	0.9996	9.12	6.97	1.48	
	渡口河（四川）	T₁f	73.71	0.9985	16.20	8.27	0.74	
		T₁f	78.65	0.9990	16.06	8.27	0.74	
	卧龙河（四川）	T₁j	96.30	0.9940	2.61	0.16	0.32	Cai et al.，2003
		T₁j	95.60	0.9930	2.97	0.29	0.47	徐永昌，1994
	磨溪（四川）	T₂l	96.20	0.9990	2.43	0.16	0.87	Cai et al.，2003
	威远（四川）	Z	86.72	0.9980	1.18	5.07	6.67	
		Z	87.74	0.9990	0.66	4.73	7.40	
	高石梯（四川）	Z	91.22	0.9996	1.00	6.35	1.36	
	磨溪（四川）	Z	92.03	0.9995	0.86	4.64	1.45	
	磨溪（四川）	Є	96.10	0.9989	0.62	2.44	0.69	
	和田河（塔里木）	C	78.72	0.9947	0.04	8.37	2.70	
		C	77.40	0.9912	0.01	12.20	9.63	
		C	79.95	0.9958	0.01	9.06	10.65	
	赵兰庄气田（渤海湾）	E₁	0.30	0.8080	92.00	3.60	2.57	
	黄骅坳陷（渤海湾）	O	87.74	0.9280	4.30	3.45	0.87	

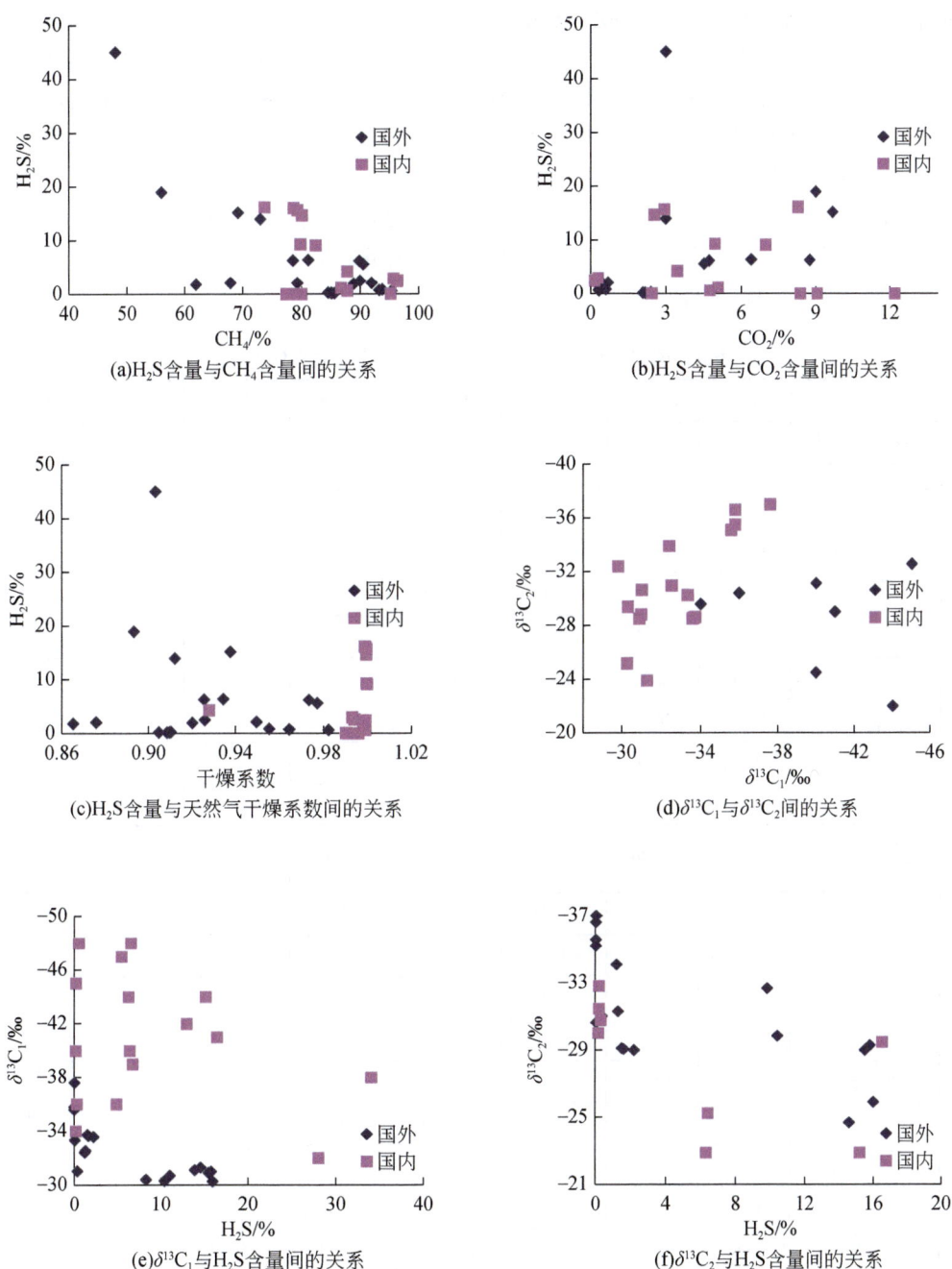

(a)H_2S含量与CH_4含量间的关系

(b)H_2S含量与CO_2含量间的关系

(c)H_2S含量与天然气干燥系数间的关系

(d)$\delta^{13}C_1$与$\delta^{13}C_2$间的关系

(e)$\delta^{13}C_1$与H_2S含量间的关系

(f)$\delta^{13}C_2$与H_2S含量间的关系

图2　国内外含硫化氢气藏的天然气组分及碳同位素组成关系图

3.2　含硫化氢气田天然气碳同位素组成特征

从表4可以看出，国内外含硫化氢油气藏的$\delta^{13}C_1$值的分布范围为-48‰～-28‰，平均值为-36‰；$\delta^{13}C_2$值的分布范围为-37‰～-22‰，平均值为-29.8‰；$\delta^{13}C_3$为-32.9‰～-13.2‰，平均值为-26.13‰；$\delta^{13}C_4$为-29.9‰～-10.7‰，平均值为-24.45‰。根据碳同位

素划分天然气成因标准（Dai，1992；Cao et al.，2012），$\delta^{13}C_2$ 值大于-28‰为煤成气，小于-28‰为油型气，四川普光以及法国拉克和美仑气田的部分 $\delta^{13}C_2$ 值大于-28‰以外，国内外其他含硫化氢油气藏的 $\delta^{13}C_2$ 值都小于-28‰（图 2），也就是说除四川普光以及法国拉克和美仑气田存在有煤型气外或者 TSR 蚀变作用导致碳同位素变重外，表 4 中其他气田的天然气主要属于油型气。对比国内外含硫化氢油气藏的 $\delta^{13}C_1$ 值，发现国内含硫化氢油气藏的 $\delta^{13}C_1$ 值普遍比国外的高，说明国内含硫化氢油气藏中的天然气成熟度比国外的高，这可能是造成国内含硫化氢油气藏的天然气干燥系数比国外高的原因。硫化氢的含量与烃类碳同位素值具有一定的相关性（图 2）。

表 4　国内外含硫化氢气田天然气的碳同位素值组成

地区或油田		地层	H_2S/%	$\delta^{13}C_1$/‰	$\delta^{13}C_2$/‰	$\delta^{13}C_3$/‰	$\delta^{13}C_4$/‰	资料来源
国外	马里安复合体（阿拉伯海湾）	K_2	0.53	-48.00				AI-Eid et al.，2001
	南帕尔斯（伊朗）	P_2-T_1	0.29	-36.00	-30.39	-26.22	-27.50	Jafar et al.，2006
		P_2-T_1	0.20	-45.00	-32.56	-27.86	-28.08	
		P_2-T_1	0.19	-40.00	-31.12	-27.43	-28.45	
		P_2-T_1	0.17	-34.00	-29.58	-26.63	-28.27	
	阿布扎比（阿联酋）	P_2-T_1	32.00	-28.00				Worden and Smalley，1996
		P_2-T_1	28.00	-32.00				
		P_2-T_1	34.00	-38.00				
		P_2-T_1	13.00	-42.00				
	布鲁泽河（加拿大）	D_3	16.50	-41.00	-29.00	-27.00		Manzano et al.，1997
	德拉瓦（克罗地亚）	N_1	6.54	-48.00				Baric et al.，1998
		N_1	5.45	-47.00				
		N_1	6.76	-39.00				
		N_1	4.87	-36.00				
	拉克（法国）	J_3-K_1	15.20	-44.00	-22.00	-13.20	-10.70	Lacrampe-Couloume et al.，1997
	美仑（法国）	J-K	6.40	-40.00	-24.50	-20.60	-20.00	
		J-K	6.29	-44.00	-22.00	-13.80	-12.10	
国内	靖边（鄂尔多斯）	O_1m	0.05	-33.34	-30.24	-27.76	-22.34	
		O_1m	0.37	-31.02	-30.65	-27.01	-24.12	
	普光（四川）	T_1f	15.80	-31.00	-28.80			
		T_1f	13.92	-31.10				
		T_1f	14.60	-31.30	-23.90			
		T_1f	15.50	-30.90	-28.50			
		T_1f	16.00	-30.26	-25.20			

续表

地区或油田	地层	H₂S/%	$\delta^{13}C_1$/‰	$\delta^{13}C_2$/‰	$\delta^{13}C_3$/‰	$\delta^{13}C_4$/‰	资料来源
罗家寨（四川）	T₁f	8.28	−30.40				
	T₁f	10.40	−30.30	−29.40			
	T₁f	11.02	−30.70				
渡口河（四川）	T₁f	9.81	−29.80	−32.40			
磨溪（四川）	T₂l	2.22	−33.58	−28.50			
	T₂l	1.52	−33.73	−28.62			
	T₂l	1.63	−33.64	−28.58			
威远（四川）	Z	1.31	−32.54	−30.95			
	Z	1.22	−32.42	−33.91			
高石梯（四川）	Z	1.11	−32.30	−28.10			
磨溪（四川）	Z	0.91	−33.10	−29.30			
磨溪（四川）	Є	0.82	−32.50	−32.70			
和田河（塔里木）	C	0.01	−35.60	−35.10	−31.10	−27.60	
	C	0.01	−35.80	−36.60	−32.20	−29.30	
	C	0.01	−35.80	−35.50	−32.10	−29.50	
	C	0.04	−37.60	−37.00	−32.90	−29.90	

(国内)

3.3 硫化氢和石膏的硫同位素分布特征与分馏机制

四川盆地各层段石膏的 $\delta^{34}S$ 值分布在 16.05‰～36.4‰（下二叠统不发育膏岩层）。下三叠统嘉陵江组石膏硫同位素最重，平均值在 30.54‰，石炭系石膏硫同位素最轻，平均值为 18.39‰。其余各层段硫同位素值在 25‰左右（表 5）。四川盆地各层段硫化氢硫同位素值差异较大（表 5），$\delta^{34}S$ 值在 5.7‰～30.4‰。各层段硫化氢平均硫同位素值统计显示：石炭系硫化氢的硫同位素平均值最轻为 7.13‰，下三叠统嘉陵江组同位素最重，平均值为 23.08‰，尤其是嘉三段硫同位素平均值高达 30.7‰。

从国内外含硫化氢气藏硫化物的硫同位素数据统计来看（表 6），高含硫化氢油气藏的石膏硫同位素分布区较广，$\delta^{34}S$ 值分布于 8‰～34.68‰，平均值为 23.63‰。阿联酋的阿布扎比、沙特阿拉伯的加瓦尔以及美国的怀俄明和密西西比等地区的含硫化氢油气藏中，除极少数几个样品的石膏硫同位素值大于 20‰外，其余的都小于 20‰，集中分布在 8‰～15‰；而法国的美仑、克罗地亚的德拉瓦、苏联的阿姆河以及加拿大西部的布鲁泽河和格兰博瑞尔等地区石膏硫同位素值却普遍大于 20‰，主频区为 22‰～28‰。国内的石膏硫同位素值分布分成两个区带，四川卧龙河和威远气田寒武系、华北赵兰庄、塔里木塔中以及鄂尔多斯的石膏硫同位素值较高，主要分布范围为 27‰～34‰，其余的油气田集中分布在 18‰～24‰。

表5 四川盆地各层段硫化氢和石膏硫同位素平均值

层位	H₂S 含量/%（样品数）	H₂S 的 δ^{34}S/‰（样品数）	石膏的 δ^{34}S/‰（样品数）	平均分馏值/‰
雷口坡	5.72（3）	15.24（3）	24.03（17）	8.79
嘉陵江	3.18（12）	23.08（12）	30.54（13）	7.45
飞仙关	12.65（13）	14.13（22）	24.01（24）	9.87
上二叠统	0.38（7）	13.78（4）	24.65（1）	10.88
下二叠统	0.06（8）	10.93（7）		
石炭系	0.31（2）	7.13（2）	18.39（7）	11.26
中-上寒武统	0.82（7）	16.66（8）	27.68（2）	11.02
震旦系	1（6）	14.32（5）	23.29（5）	8.97

国内外含硫化氢油气藏的 H₂S 的硫同位素值分布范围为 1‰~31‰，平均值为 15.17‰。主频区间有两个，分别为 10‰~18‰ 和 20‰~25‰。除了加拿大西部布鲁泽河、克罗地亚德瓦拉、四川卧龙河、华北赵兰庄以及鄂尔多斯的硫化氢同位素值分布在第二主频区外，其余的都分布在第一主频区。

表6 国外含硫化氢气藏中硫化氢和地层硫酸盐的硫同位素数据表

地区或油气田	地层	H₂S 的含量/%	硬石膏的 δ^{34}S/‰	H₂S 的 δ^{34}S/‰	资料来源
阿布扎比（阿联酋）	P_2-T_1	32.4	20	18	Worden and Smalley，1996
	P_2-T_1	33.64	21	18	
加瓦尔（沙特阿拉伯）	P_2	0.8	9	4	Carrigan et al.，1998
	P_2	3.9	9.4	5.6	
	P_2	9.5	11	9	
密西西比（美国）	J_3	78	18.5	10	Heydari，1997
	J_3			14	
	J_3			12.8	
怀俄明（美国）	P	14	12	1	Orr，1974
	P	19	18	13.8	
	P	37	14	6.2	
	P	32	27	7.1	
	P	40	26	8.5	
	P	45	13.6	14	
	P	23	11.6	15	
	P	38	8	13	
	P	22		9.4	
	P	12		12.8	

续表

地区或油气田	地层	H₂S 的含量/%	硬石膏的 $\delta^{34}S$/‰	H₂S 的 $\delta^{34}S$/‰	资料来源
	P	34		8	
	P	60		14.5	
布鲁泽河（加拿大西部）	D₃	6	24	11	Manzano et al.，1997
	D₃	15.7	26.7	22.1	
	D₃	18.3	26.5	18.8	
格兰博瑞尔（加拿大西部）	T₁₋₂	5.6	26.3	6	Desrocher et al.，2004
	T₁₋₂	2.9		13.5	
	T₁₋₂	13.8		24	
阿姆河（苏联）	T-K₁	5.13	18	11	Belenitskaya，2000
	T-K₁	5.8	19	18	
	T-K₁	6.5	28.6	15.5	
	T-K₁	6.4	20.4	12	
	T-K₁	5.09	22.8	16.5	
	T-K₁	6.21	24.8	13.4	
	T-K₁	6.5	21.8	14	
	T-K₁	5.98	27.4	14.3	
	T-K₁	6.43	22	16.7	
	T-K₁	5.79	22.3	14.8	
	T-K₁	5	22.5	15.3	
	T-K₁	5.68	20.8	11.5	
	T-K₁	6.45	23.4	15.7	
	T-K₁	6.09	24.2	16.2	
	T-K₁	5.14	21.4	12.5	
	T-K₁	5.65	25.4	14.5	
	T-K₁	6.34	21.9	11.2	
	T-K₁	5.38	28.2		
	T-K₁	5.98	19.8		
德拉瓦（克罗地亚）	N₁	6.78	26.4	18.5	Baric et al.，1998
	N₁	0.98	27.8	18.9	
	N₁	3.56	27.5	19.8	
	N₁	4.65	26.8	18.6	
美仑（法国）	J-K	7.45	21.4	14	Lacrampe-Couloume et al.，1997
	J-K	13.78	25.8	15.8	
	J-K	14.39	24.2	15.2	
	J-K	10.46	24.7	14.8	

从表 7 中可以看出,国内外含硫化氢油气藏的硫同位素的平均分馏值分布范围为 2.5‰～13.82‰,主要分布在 10‰以内。其中阿联酋的阿布扎比平均分馏值为 2.5‰;沙特阿拉伯的

加瓦尔平均分馏值为 3.6‰；美国的密西西比和怀俄明平均分馏值分别为 6.23‰和 6‰；加拿大的布鲁泽和格兰博瑞尔的平均分馏值分别为 8.43‰和 11.8‰；苏联的阿姆河平均分馏值为 8.58‰；法国的美仑气田平均分馏值为 9.08‰。国内四川盆地普光、罗家寨、渡口河、卧龙河、磨溪等三叠系气田、威远气田的震旦系和寒武系以及川东石炭系气藏硫同位素平均分馏值分别为 10.41‰、8.72‰、6.23‰、6.5‰、5.33‰、8.88‰、12.08‰、11.5‰；渤海湾盆地的华北赵兰庄、塔里木盆地的塔中以及鄂尔多斯的硫同位素平均分馏值为 13.82‰、9.65‰和 9.28‰。除加拿大的格兰博瑞尔、四川普光、威远气田的寒武系、川东石炭系气藏和渤海湾的华北赵兰庄的硫同位素平均分馏值大于 10‰以外，其余的都分布在 10‰以内。

把国内外各含硫化氢油气藏的硫化氢和石膏的硫同位素值按地层年代进行统计，发现国内外各层系的硫化氢和石膏的硫同位素具有大致相同的趋势线（图3），两者的分馏值主要分布在 10‰左右，说明 TSR 成因硫化氢的硫同位素分馏值相对比较稳定。

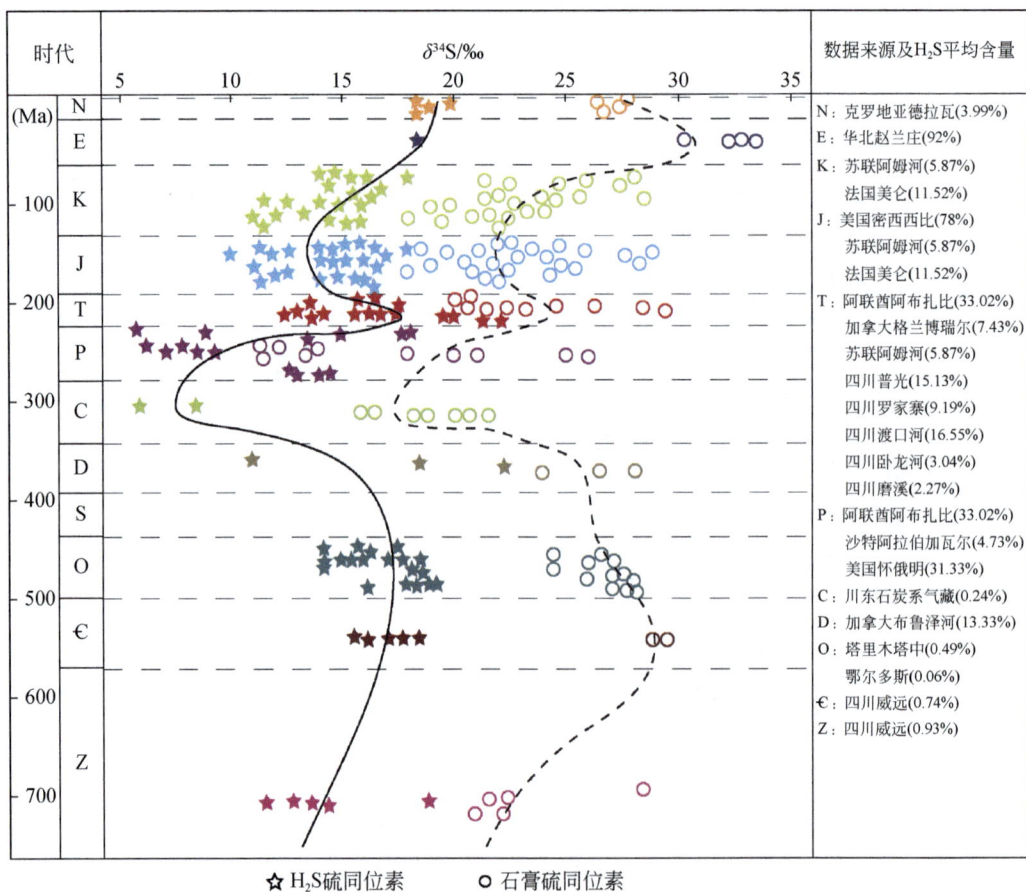

图3　全球各时代硫化氢和石膏的硫同位素值分布特征

温度是控制 TSR 进程的重要因素之一。通常认为 120℃是 TSR 反应的下限。从表 1 可以看出，高含硫化氢的油气田，储层温度一般等于或大于 120℃，只有加拿大的卡罗林气田和中国的华北赵兰庄油气田例外。在相同地质条件下，在一定的温度范围内，温度与硫化氢含量呈正相关关系，温度越高越有利于 TSR 反应的进行，越易形成高含硫化氢油气藏。四川盆地飞仙关组气藏中硫化氢的含量与储层深度之间的关系表明，埋藏越深，硫化氢含量也越高；显然温度越高，相同地区 TSR 的反应程度也会越高，硫同位素分馏值也会越小（表 7）。因此，温度条件控制了硫化氢的生成量和 TSR 的进程，并影响了硫同位素值的分馏。

表 7   国内外含硫化氢油气田的硫同位素平均分馏值

地区或油气田		地层	硬石膏 $\delta^{34}S$ /‰	H$_2$S $\delta^{34}S$ /‰	平均分馏值/‰
国外	阿布扎比(阿联酋)	P$_2$–T$_1$	20～21（2） 20.5	18（2） 18	2.5
	加瓦尔(沙特阿拉伯)	P$_2$	9～11（3） 9.8	4～9（3） 6.2	3.6
	密西西比(美国)	J$_3$	18.5（1） 18.5	10～14（3） 12.27	6.23
	怀俄明(美国)	P	8～27（8） 16.28	1～15（12） 10.28	6
	布鲁泽河(加拿大西部)	D$_3$	24～26.7（3） 25.73	11～22.1（3） 17.3	8.43
	格兰博瑞尔(加拿大西部)	T$_{1-2}$	26.3（1） 26.3	6～24（3） 14.5	11.8
	阿姆河（苏联）	T–K$_1$	18～28.6（18） 22.88	11～18（16） 14.3	8.58
	德拉瓦(克罗地亚)	N$_1$	26.4～27.8（4） 27.13	18.5～19.8（4） 18.95	8.18
	美仑(法国)	J–K	21.4～25.8（4） 24.03	14～15.8（4） 14.95	9.08
国内	普光(四川)	T$_1$f	18.34～24.87（5） 21.79	10.28～12.47（2） 11.38	10.41
	罗家寨(四川)	T$_1$f	20.08～22.39（6） 21.86	12.58～13.71（6） 13.14	8.72
	渡口河(四川)	T$_1$f	16.76～21.68（4） 18.84	11.53～13.7（2） 12.61	6.23
	卧龙河(四川)	T$_1$j	26.46～34.68（15） 30.4	20.38～31（10） 23.9	6.5
	磨溪(四川)	T$_2$l	19.85～21.67（4） 20.83	13.3～17.1（2） 15.5	5.33
	威远(四川)	Z	20.84～28.89（5） 23.2	11.5～19.4（5） 14.32	8.88
		Є	28.89～29.35（2） 29.12	15.66～18.42（5） 17.04	12.08
	川东石炭系气藏（四川）	C	16.05～21.28（6） 18.63	5.8～8.45（5） 7.13	11.5
	华北赵兰庄（渤海湾）	Es	30.27～33.27（4） 32.12	18.3（1） 18.3	13.82
	塔中（塔里木）	O	24.5～27.1（5） 25.77	14.19～18.45（13） 16.12	9.65
	鄂尔多斯	O$_1$	25.78～27.9（7） 27.41	16.26～19.32（6） 18.13	9.28

3.4　全球各时代硫酸盐硫同位素值的分布规律

　　四川盆地各层系硫化氢的硫同位素值随着各时代层系中石膏硫同位素值的变化而变化，说明各层系硫化氢的硫源与对应层系石膏有关。石炭系石膏硫同位素和硫化氢硫同位素的分馏值最大；最小分馏值为三叠系嘉陵江组（图4）。由于在晚二叠世至晚三叠世，盆地蒸发岩形成与海水隔绝的封闭性盆地（林耀庭，2003），所出现了较强的同位素分馏效应，因此，随着蒸发作用的进行和溶解硫酸盐的减少，蒸发岩会越来越贫轻硫同位素，导致四川盆地上二叠统至三叠系地层中石膏硫同位素相对全球上二叠统至三叠系海相碳酸盐储层中硫酸盐的硫同位素值偏重。

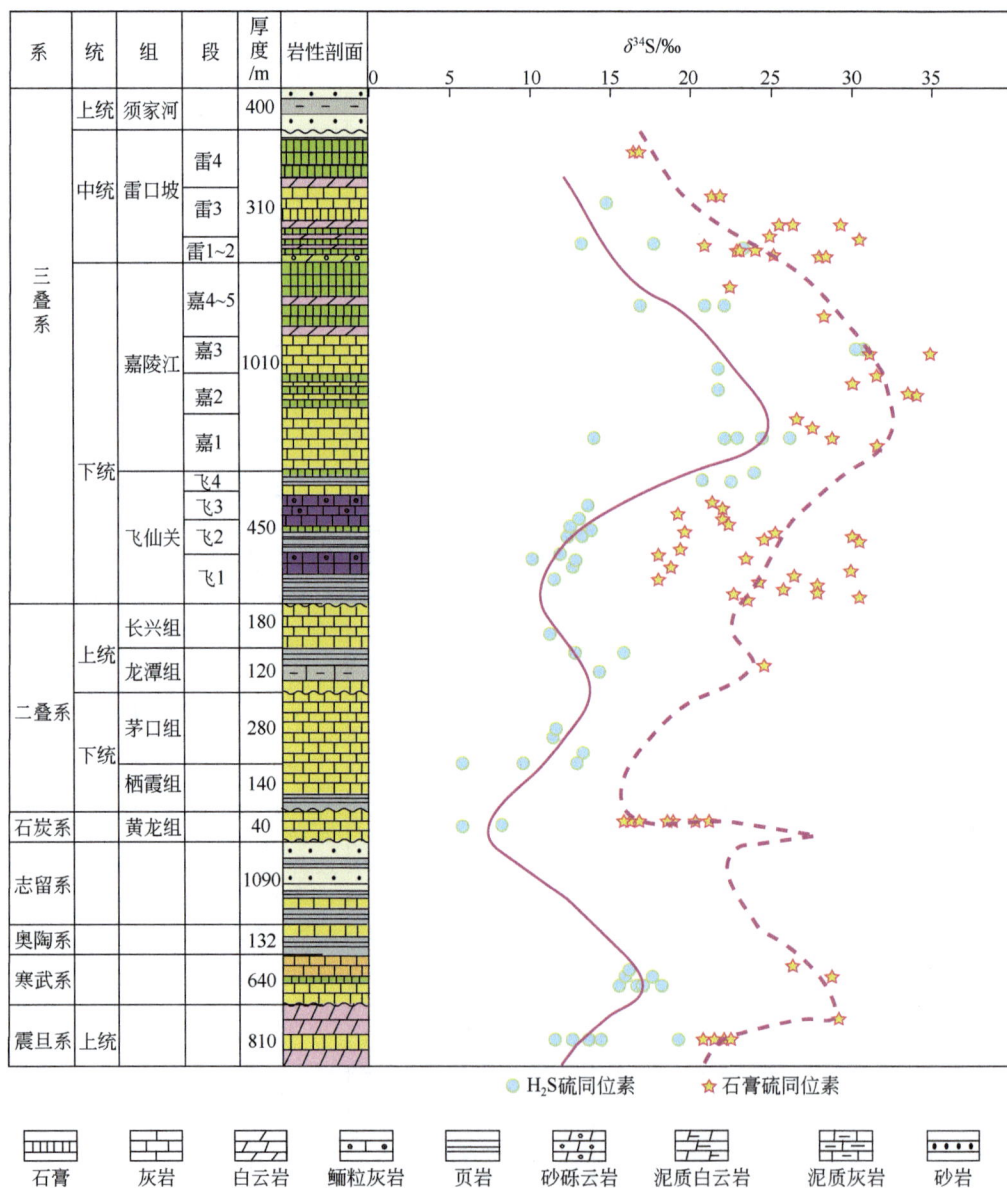

图4　四川盆地各时代硫化氢和石膏的硫同位素值分布特征

全球硫酸盐硫同位素在不同地质历史时期存在差异，而在新元古代晚期—早寒武纪、晚泥盆纪早期、早三叠纪三个时期硫同位素值呈跳跃式变化，该时期硫同位素值异常高，随后又急剧下降，Holser（1984）、Holser 等（1996）因此提出灾变模式：认为这是在裂谷盆地的封闭体系细菌硫酸盐还原作用强烈进行的结果。随后的突然下降是由于它们与开放的大洋连通，造成 δ^{34}S 值快速下降。Claypool 等（1980）的稳定模式认为各地质时代海水硫酸盐的硫同位素变化是流入和流出海洋的硫的来源（不同 δ^{34}S 值）及流量变化。统计中国多个盆地各时代硫酸盐硫同位素值，在晚二叠世后中国各盆地硫同位素值明显大于相应时代全球硫同位素值（图3），尤其在新生代以来差值最大，在 10‰左右。这是由于晚二叠世中国各盆地为湖湘的封闭沉积环境，厌氧细菌促使硫酸盐离子还原后，硫酸盐离子得不到在开放水体环境下的补充，随着还原继续轻的 ^{32}S 优先反应，残余硫酸盐富集重的 ^{34}S。

4 结论

国内外含硫化氢油气藏的 $\delta^{13}C_1$ 值的分布范围为-48‰～-28‰，平均值为-36‰；$\delta^{13}C_2$ 值的分布范围为-37‰～-22‰，平均值为-29.8‰，除四川盆地普光气田和法国拉克、美仑气田可能存在有煤型气外，其他含硫化氢天然气气田的天然气主要属于油型气。

TSR 成因的硫化氢与硫酸盐的硫同位素分馏值小于 15‰，主要分布范围为 2.5‰～13.82‰，绝大多数在 10‰左右。TSR 过程中硫同位素的分馏过程与硫酸盐本身硫同位素的高低无关，与 TSR 反应程度有关；绘制了四川盆地和全球各时代硫化氢和石膏的硫同位素分布曲线图，揭示了 TSR 过程中硫同位素的分馏特征。

致 谢：感谢中国科学院徐永昌研究员、蔡春芳研究员、张同伟研究员、中国石化马永生院士、刘文汇研究员、郭彤楼教授、刘全有高级工程师、中国石油西南油田分公司研究院王一刚教授、王兰生教授、中国石油大学（北京）陈践发教授、金强教授等提供的帮助和支持！同时，文中还引用了大量国内外测试数据，这些数据分别绘制成文中的相关图表，部分数据由于篇幅原因未能一一列出来源，深表感谢！

参 考 文 献

巢华庆. 2000. 俄罗斯大型特大型油气田地质与开发. 北京: 石油工业出版社.

陈锦石, 储雪蕾, 邵茂荦. 1986. 三叠纪海的硫同位素. 地质科学, 4: 330-337.

戴金星. 1985. 中国含硫化氢的天然气分布特征、分类及其成因探讨. 沉积学报, 3(4): 109-120.

戴金星, 胡见义, 贾承造, 等. 2004. 关于高硫化氢天然气田科学安全勘探开发的建议. 石油勘探与开发, 31(2): 1-5.

费安国, 朱光有, 张水昌, 等. 2009. 全球含硫化氢天然气的分布特征及其形成主控因素. 地学前缘, 17(1): 350-360.

何生厚. 2008. 高含硫化氢和二氧化碳天然气田开发工程技术. 北京: 中国石化出版社.

李剑锋, 蔺方晓, 郭建民, 等. 2002. 长庆气田奥陶系储层天然气中硫化氢硫的成因研究. 见: 梁狄刚.有机地球化学研究新进展——第八届全国有机地球化学学术会议论文集. 北京: 石油工业出版社, 188-192.

林耀庭. 2003. 四川盆地三叠纪海相沉积石膏和卤水的硫同位素研究. 盐湖研究, 11(2): 1-7.

王一刚, 窦立荣, 文应初, 等. 2002. 四川盆地东北部三叠系飞仙关组高含硫气藏 H$_2$S 成因研究. 地球化学, 31(6): 517-524.

徐永昌. 1994. 天然气地球化学文集. 兰州: 甘肃科学技术出版社, 103-112.

于津生, 李耀松. 1997. 中国同位素地球化学. 北京: 科学出版社, 520-521.

郑永飞, 陈江峰. 2000. 稳定同位素地球化学. 北京: 科学出版社, 128-240.

朱光有, 张水昌, 梁英波, 等. 2006. 四川盆地 H2S 的硫同位素组成及其成因探讨. 地球化学, 35(4): 432-442.

AI-Eid M I, Kokal S L, Carrigan W J, et al. 2001. Investigation of H_2S migration in the Marjan Complex. SPE Reservoir Evaluation and Engineering, 4(6): 509-515.

Amrani A, Zhang T, Ma Q, et al. 2008. The role of labile sulfur compounds in thermal sulfate reduction. Geochimica et Cosmochimica Acta, 72: 2960-2972.

Amrani A, Deev A, Sessions A L, et al. 2012. The sulfur-isotopic compositions of benzothiophenes and dibenzothiophenes as a proxy for thermochemical sulfate reduction. Geochimica et Cosmochimica Acta, 84: 152-164.

Baric G, Mesic I, Jungwirth M. 1998. Petroleum geochemistry of the deep part of the Drava Depression, Croatia. Organic Geochemistry, 29(1-3): 571-582.

Belenitskaya G A. 2000. Distribution pattern of hydrogen sulphide-bearing gas in the former Soviet Union. Petroleum Geoscience, 6: 175-187.

Cai C F, Worden R H, Bottrell S H, et al. 2003. Thermochemical sulphate reduction and the generation of hydrogen sulphide and thiols(mercaptans)in Triassic carbonate reservoirs from the Sichuan Basin, China. Chemical Geology, 202, (1): 39-57.

Cai C F, Worden R H, Wolff G A, et al. 2005. Origin of sulfur rich oils and H_2S in Tertiary lacustrine sections of the Jinxian Sag, Bohai Bay Basin, China. Applied Geochemistry, 20: 1427-1444.

Cao J, Wang X L, Sun P A, et al. 2012. Geochemistry and origins of natural gases in the central Junggar Basin, northwest China. Organic Geochemistry, 53: 166-176.

Carrigan W J, Jones P J, Tober M H, et al. 1998. Geochemical variations among eastern Saudi Arabian Paleozoic condensates related to different source kitchen areas. Organic Geochemistry, 29(1-3): 785-798.

Chu X L, Zhao R, Zang W X, et al. 1994. Extraction of various sulfurs in coal and sedimentary rock and preparation of samples for sulfur isotopic analysis. Chinese Science Bulletin, 39(2): 140-145.

Claypool G E, Holser W T, Kaplan I R, et al. 1980. The age curves of sulfur and oxygen isotopes in marine sulfate and their mutual interpretation. Chemical Geology, 28: 199-260.

Cross M M, Manning D A C, Bottrell S, et al. 2004. Thermochemical sulphate reduction(TSR): experimental determination of reaction kinetics and implications of the observed reaction rates for petroleum reservoirs. Organic Geochemistry, 35: 393-404.

Dai J X. 1992. Identification and distinction of various alkane gases. Science in China(Series B)2: 187-193.

Desrocher S, Hutcheon I, Kirste D, et al. 2004. Constraints on the generation od H_2S and CO_2 in the subsurface Triassic, Alberta Basin, Canada. Chemical Geology, 204: 237-254.

Hao F, Guo T L, Zhu Y M, et al. 2008. Evidence for multiple stages of oil cracking and thermochemical sulfate reduction in Puguang gas field, Sichuan Basin, China. AAPG Bulletin, 92: 611-637.

Henry A L, et al. 1935. Geology of natural gas. USA: The American Association of Petroleum Geologists.

Heydari E. 1997. The role of burial diagenesis in hydrocarbon destruction and H_2S accumulation, upper Jurassic

Smackover Formation, Black Creek Field, Mississippi. AAPG Bulletin, 81(1): 25-45.

Holser W T. 1984. Gradual and abrupt shifts in ocean chemistry during the Phanerozoic time. In: Holland H D, Trendall A F(eds). Patterns of Change in Earth Evolution. Berlin: Springer-Verlag, 123-143.

Holser W T, Magaritz M, Ripperdan R L. 1996. Golbal isotopic events. In: Walliser O H(ed). Global Events and Event Stratigraphy in the Phanerzoic. Berlin: Springer-Verlag, 63-68.

Jafar A, Hossain R, Mohammad R. 2006. Geochemistry and origin of the world's largest gas field from Persian Gulf, Iran. Journal of Petroleum Science and Engineering, 50: 161-175.

Krouse H R. 1977. Sulfur isotope studies and their role in petroleum exploration. Journal of Geochemical Exploration, 189-211.

Krouse H R, Viau C A, Eliuk L S, et al. 1988. Chemical and isotopic evidence of thermochemical sulphate reduction by light hydrocarbon gases in deep carbonate reservoirs. Nature, 333(2): 415-419.

Lacrampe-Couloume G, Connan J, Poirier Y. 1997. Use of GC-IRMS to characterize thermal maturity and origin of gas and gasoline in the Aquitaine basin(France). In: Grimalt J, Dorronsoro C(eds). Organic Geochemistry: developments and applications to energy, climate and human history. Donostia -San Sebastian: AIGOA.

Li J, Xie Z Y, Dai J X, et al. 2005. Geochemistry and origin of sour gas accumulations in the northeastern Sichuan basin, SW China. Organic Geochemistry, 36: 1703-1716.

Liu Q Y, Worden R H, Jin Z J, et al. 2013. TSR versus non-TSR processes and their impact on gas geochemistry and carbon stable isotopes in Carboniferous, Permian and Lower Triassic marine carbonate gas reservoirs in the Eastern Sichuan Basin, China. Geochimica et Cosmochimica Acta, 100: 96-115.

Machel H G. 2001. Bacterial and thermochemical sulfate reduction in diagenetic settings-old and new insights. Sedimentary Geology, 140: 143-175.

Machel H G, Krouse H R, Sassen R. 1995. Products and distinguishing criteria of bacterial and thermochemical sulfate reduction. Applied Geochemistry, 10(4): 373-389.

Manzano B K, Fowler M G, Machel H G. 1997. The influence of thermochemical sulphate reduction on hydrocarbon composition in Nisku reservoirs, Brazeau River area, Alberta, Canada. Organic Geochemistry, 27: 507-521.

Orr W L 1974. Changes in sulfur content and isotopic ratios of sulfur during petroleum maturation-Study of the Big Horn Basin Paleozoic oils. AAPG Bulletin, 50: 2295-2318.

Orr W L. 1977. Geologic and geochemical controls on the distribution of hydrogen sulfide in natural gas. In: Campos R, Goni J(eds). Advances in Organic Geochemistry 1975, Madrid: Empressa Nacional Adaro de Investigaciones Mineras, 571-597.

Skrebowski C. 1996. World oilfields and world gasfields series. Volume V: South America. London: The Petroleum Economist Ltd.

Tian H, Xiao X M, Wilkins R W T, et al. 2008. New insight into the volume and pressure changes during the thermal cracking of oil to gas in reservoirs: implications for the in-situ accumulation of gas cracked from oils. Bull. AAPG Bulletin, 92: 181-200.

Winnock E J H, Pontalier Y B. 1968. Lacq gas field, France. AAPG Bulletin, 52(3): 555-567.

Worden R H, Smalley P C. 1996. H₂S-producing reactions in deep carbonate gas reservoirs, Khuff Formation, Abu Dhabi. Chemical Geology, 33: 157-171.

Worden R H, Smalley P C. 2001. H$_2$S in North Sea oil field: importance of thermochemical sulphate reduction in clastic reservoirs. Water-rock Interaction, 1, 2: 659-662.

Worden R H, Smalley P C, Oxtoby N H. 1995. Gas Souring by ThermoChemical Sulfate Reduction at 140 deg C. AAPG Bulletin, 79: 854-863.

Worden R H, Smalley P C, Cross M M. 2000. The influences of rock fabric and mineralogy upon thermochemical sulfate reduction: Khuff Formation, Abu Dhabi. Journal of Sedimentary Research, 70: 1218-1229.

Zhang S C, Zhu G Y, Liang Y B, et al. 2005. Geochemical characteristics of the Zhaolanzhuang sour gas accumulation and thermochemical sulfate reduction in the Jixian Sag of Bohai Bay basin. Organic Geochemistry, 36: 1717-1730.

Zhang T W, Ellis G S, Wang K S, et al. 2007. Effect of hydrocarbon type on thermochemical sulfate reduction. Organic Geochemistry, 38: 897-910.

Zhang T W, Amrani A, Ellis G S, et al. 2008. Experimental investigation on thermochemical sulfate reduction by H$_2$S initiation. Geochimica et Cosmochimica Acta, 72: 3518-3530.

Zhang T W, Ellis G S, Ma Q, et al. 2012. Kinetics of uncatalyzed thermochemical sulfate reduction by sulfur-free paraffin. Geochimica et Cosmochimica Acta, 96: 1-17.

Zhu G Y, Zhang S C, Liang Y B, et al. 2005a. Discussion on origins of the high-H$_2$S-bearing natural gas in China. Acta Geologica Sinica, 79(5): 697-708.

Zhu G Y, Zhang S C, Liang Y B, et al. 2005b. Isotopic evidence of TSR origin for natural gas bearing high H$_2$S contents within the Feixianguan Formation of the northeastern Sichuan Basin, southwestern China. Science in China, 48(11): 1960-1971.

Zhu G Y, Zhang S C, Liang Y B. 2007a. The controlling factors and distribution prediction of H$_2$S formation in marine carbonate gas reservoir, China. Chinese Science Bulletin, 52(Suppl): 150-163.

Zhu G Y, Zhang S C, Liang Y B, et al. 2007b. The genesis of H$_2$S in the Weiyuan Gas Field, Sichuan Basin and its evidence. Chinese Science Bulletin, 52(10): 1394-1404.

Zhu G Y, Zhang S C, Liang Y B, et al. 2007c. Origin mechanism and controlling factors of natural gas reservoir of Jialingjiang Formation in Eastern Sichuan Basin. Acta Geologica Sinica, 81(5): 805-817.

Zhu G Y, Zhang S C, Liang Y B. 2009. The origin and distribution of hydrogen sulfide in the petroliferous basins, China. Acta Geologica Sinica, 83(6): 805-819.

Zhu G Y, Zhang S C, Huang H P, et al. 2010. Induced H$_2$S formation during steam injection recovery process of heavy oil from the Liaohe Basin, NE China. Journal of Petroleum Science and Engineering, 71: 30-36.

Zhu G Y, Zhang S C, Huang H P, et al. 2011. Gas genetic type and origin of hydrogen sulfide in the Zhongba gas field of the western Sichuan Basin, China. Applied Geochemistry, 26: 1261-1273.

Zhu G Y, Zhang B T, Yang H J, et al. 2014. Origin of deep strata gas of Tazhong in Tarim Basin, China. Organic Geochemistry, 74: 85-97.

TSR 对深部碳酸盐岩储层的溶蚀改造

——四川盆地深部碳酸盐岩优质储层形成的重要方式[*]

朱光有，张水昌，梁英波，马永生，戴金星，周国源

0 引言

烃-水-岩相互作用是目前国际上研究的热点之一。多数学者认为烃类侵入储层后能够阻滞石英的次生加大、抑制伊利石生长和黏土矿物的转化等，而且无机成岩作用随烃类侵位而终止（Howseknecht，1987；Barth and Bjurlykke，1993）；但也有学者研究发现，石油注入以后成岩作用仍在继续（Nedkvitne et al.，1993），石英的胶结作用仍可发生，并不能阻滞石英的次生加大（Surdam et al.，1993；蔡春芳等，2001），但是石英的加大和钾长石的钠长石化作用速率减弱（Saigal et al.，1992）。近些年来随着深部含烃储层研究的深入和勘探实践，发现烃类注入到油藏中以后，不仅改变了原流体的性质；而且烃类本身是弱还原剂，有可能直接或间接地参与到矿物的成岩作用之中，流体与岩石之间发生相互作用（烃-水-岩相互作用），从而导致储层孔隙度、渗透率和原油物性的变化（Nedkvitne et al.，1993；Saigal et al.，1992；王琪等，1998；顾家裕等，2002；蔡春芳等，1995；王恕一等，2003；李忠等，1999）；多数情况下，抑制了成岩作用，有利于原生孔隙的保存，并可以促进次生孔隙的发育，因此埋藏有机酸性流体的溶蚀作用对油气储层的建设起着十分重要的作用（李忠等，1999；陈学时等，2004；李忠和李蕙生，1994；黄尚瑜和宋焕荣，1997；柳益群和李文厚，1996）。

近年来，我国深层海相碳酸盐岩储集层系勘探取得的突破，改变了过去认为深层碳酸盐岩次生孔隙的形成是碳酸盐岩暴露于大气中、碳酸钙被溶解后留下的岩溶形迹，或过去过多强调古岩溶储层，忽略了埋藏期深溶作用对改善碳酸盐储集层储渗性所起的重要作用（黄尚瑜和宋焕荣，1997），或者认为主要受表生岩溶控制，后期发育的埋藏溶蚀作用只能对岩溶储层产生改造调整（王恕一等，2003）等观点。当然不同地区次生孔隙具有不同的形成机制和发育规律，但是深部含烃碳酸盐岩储层中流体-岩石相互作用逐渐被众多学者关注（Land and Macpherson，1992；Fisher and Boles，1990；Knauth and Beeunas，1986；Williams et al.，2001；Surdam et al.，1989；张晓东等，2005；蔡春芳等，1997）。由于深部岩溶不受地表侵蚀基准面的控制，发生水-岩反应的物质非常丰富和复杂，包括有机质热演化过程中产生的酸性水和酸性气体、岩浆活动、压实或成岩作用等因素产生的热水、盆地深部来

* 原载于《岩石学报》，2006年，第22卷，第八期，2182～2194。

源的酸性气体、含硫酸盐的碳酸盐岩地层通过微生物或热化学还原作用产生的硫化氢气体等（罗平等，2003；Zhu et al.，2005）。但是以往的研究过多强调有机烃类或含二氧化碳的酸性流体对碳酸盐岩储层的埋藏有机溶蚀作用，而对于其他流体对深部储层发生的岩溶作用关注较少。随着近年来四川盆地川东北地区下三叠统飞仙关组高含硫化氢天然气藏的发现，特别是飞仙关组巨厚优质储层的发现，碳酸盐岩鲕滩储层成为研究的重点，多数学者认为，孔隙性鲕粒白云岩的形成与混合水白云石化作用和深埋藏溶解作用有关（王一刚等，1996；Zhao et al.，2005；杨雨和文应初，2002；苏立萍等，2004；魏国齐等，2004）。作者通过对四川盆地 H_2S 形成机理的研究和高含 H_2S 气藏与不含 H_2S 气藏形成演化过程的解剖，发现控制飞仙关组孔隙性鲕粒白云岩的形成除白云石化作用和深埋藏溶蚀作用外，更为重要的是在 TSR 过程中，H_2S 的强烈腐蚀性，加速了白云岩的溶蚀作用，形成海绵状的残余鲕粒云岩溶蚀孔隙性储渗体，对储层起了主要建设性作用。这一新的碳酸盐岩成储类型的发现和确立，将对我国深部碳酸盐岩发育区油气勘探有着重要的现实意义。

1　四川盆地高含硫化氢气藏特征

四川盆地含 H_2S 天然气主要分布在震旦系和三叠系储集层中（戴金星，1985；沈平等，1997；Cai et al.，2003；朱光有等，2004；马永生等，2005）。高含 H_2S 的大气藏主要有下三叠统飞仙关组（T_1f）的普光、罗家寨、渡口河、铁山坡等气田，下三叠统嘉陵江组（T_1j）的卧龙河气田和中三叠统雷口坡组（T_2l）的磨溪及中坝气田，震旦系灯影组（Z_2dn）的威远气田等（图 1）。其中下三叠统飞仙关组气藏储量规模最大，H_2S 含量最高（含量平均为 14%）。这些高含 H_2S 气藏储层的普遍特点是以白云岩组成为主的碳酸盐储层，储层中夹有薄层膏质岩类，储层主要属于孔隙型储渗体，H_2S 是 TSR 在储层中形成的。

TSR（硫酸盐热化学还原反应）是热动力驱动下烃类和硫酸盐之间的化学反应，是指烃类在高温下将硫酸盐矿物还原生成 H_2S、CO_2 等酸性气体的过程，它是高含 H_2S 天然气形成的重要机制（Orr et al.，1974；Worden et al.，1995；Krouse et al.，1988）。由于硫化氢的形成需要三个基本条件，即充足的烃类、储层经历过较高的温度（TSR 在高温驱动下才能发生）和储层中发育有薄层膏质岩类（为 TSR 发生提供 SO_4^{2-}）（朱光有等，2004；朱光有等，2005），所以在含蒸发岩的碳酸盐岩储层中容易形成硫化氢。但是如果蒸发岩含量太高，储层孔渗性将变差，烃类和硫酸盐岩接触的空间（机会）很少，或者烃类不能进入储集层，也就不会形成大量硫化氢，因此在裂缝型储层也不会形成高含硫化氢天然气。另外，储集层要经历过 120℃以上的高温条件，这是 TSR 发生反应的热动力条件（Worden et al.，1995；Martin et al.，2004；戴金星等，2004；Zhu et al.，2005；Zhang et al.，2005），这就要求储层埋藏达到了一定的深度。TSR 发生条件的苛刻性表明，高含硫化氢天然气只能形成于特定岩性组合的储集空间中（朱光有等，2005）。四川盆地震旦系和三叠系储集层具备这些条件（发育一定的膏质岩类和储层经历过较高的温度），只是在多数区带发育致密的岩性组合；而相比之下，川东北下三叠统飞仙关组碳酸盐岩储层具备形成硫化氢的良好条件，目前已发现了普光超大型气田、罗家寨、渡口河、铁山坡等大型气田（图 1），探明储量近 $5000×10^8m^3$。本文以川东北飞仙关组为讨论的重点。

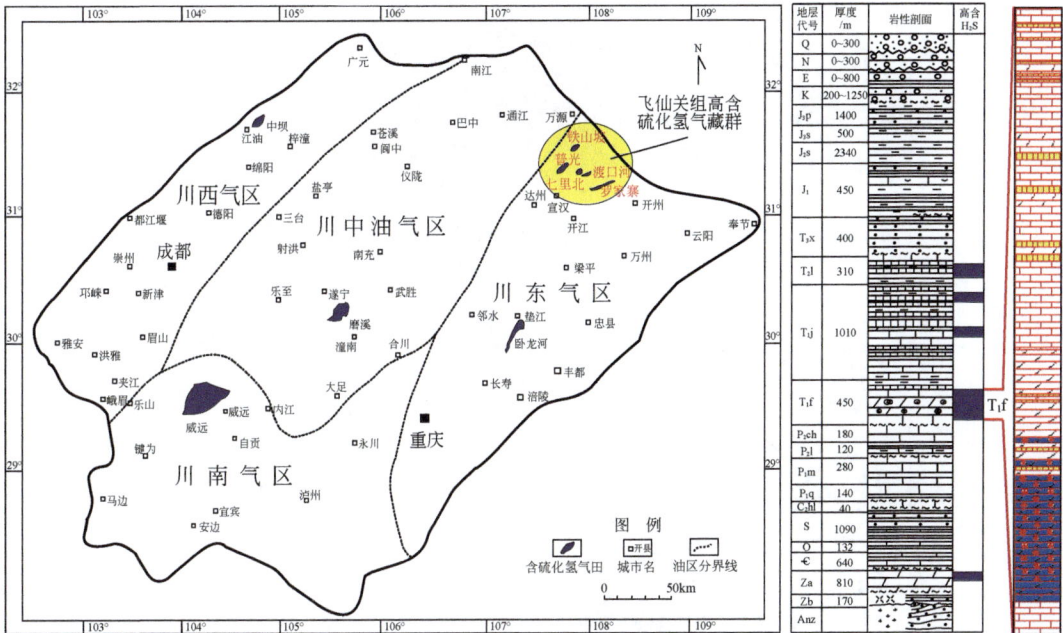

图 1　四川盆地含硫化氢大气田分布与岩性组合特征

川东北飞仙关组在开江—梁平地区以发育深水相-陆棚相沉积为特征，岩性主要是深灰色薄层泥晶灰岩夹薄层钙质泥岩，储层不发育，沉积厚度大于 500m。开江—梁平两侧的台地相沉积厚度一般在 350～400m，主要发育厚层的鲕粒坝沉积（王一刚等，2002），储层发育，是飞仙关组的主力储层。两侧沉积环境存在差异，其中东北部以发育蒸发台地相为特征，由于沉积旋回及滩坝的障壁作用，沉积了少量薄层膏质岩类，累计厚度在 5～10m 左右，成为该区形成高含硫化氢的重要硫源；而在东南部发育开阔台地相等，飞一—飞三段储集层段中不发育膏质岩类，因此该区气藏几乎不含硫化氢。目前已在开江—梁平东北部发现了多个大型气田，储层为残余鲕粒（砂屑）云岩或晶粒云岩，溶蚀孔洞十分发育，呈海绵状或煤渣状，孔隙度一般在 10%～16%，优质储层厚度大于 50m，普光地区厚度在 100m以上，有效储层厚度可达 300m 以上，是我国目前所发现的最好的碳酸盐岩类储层，也是埋藏最深的碳酸盐岩优质储层（平均在 5000m 左右）；同时也是我国目前发现的 H_2S 储量规模最大的地区。这些鲕滩气藏 H_2S 含量多数占气体组分的 10%～17%（图 2）；而开江—梁平西侧虽然也发现了铁山、福城寨等气藏，但气藏规模较小，储层孔渗性明显不如开江—梁平东北部，且天然气中几乎不含硫化氢或微含硫化氢（图 2）。

川东卧龙河气田、川南威远气田、川中磨溪气田等四川盆地所有海相大型气田，均属于含或高含硫化氢。其中高含硫化氢气藏的普遍特点是：岩性主要以白云岩为主，次生孔隙十分发育，优质储层厚度大，气藏产量高。另外，储层都发育有薄层的膏质岩类，储层埋藏都曾达到 4500m 以下，储层温度超过 120℃以上；部分气藏埋深接近 8000m（川东北飞仙关组气藏），温度超过 200℃，这些气藏都具备 TSR 发生条件。

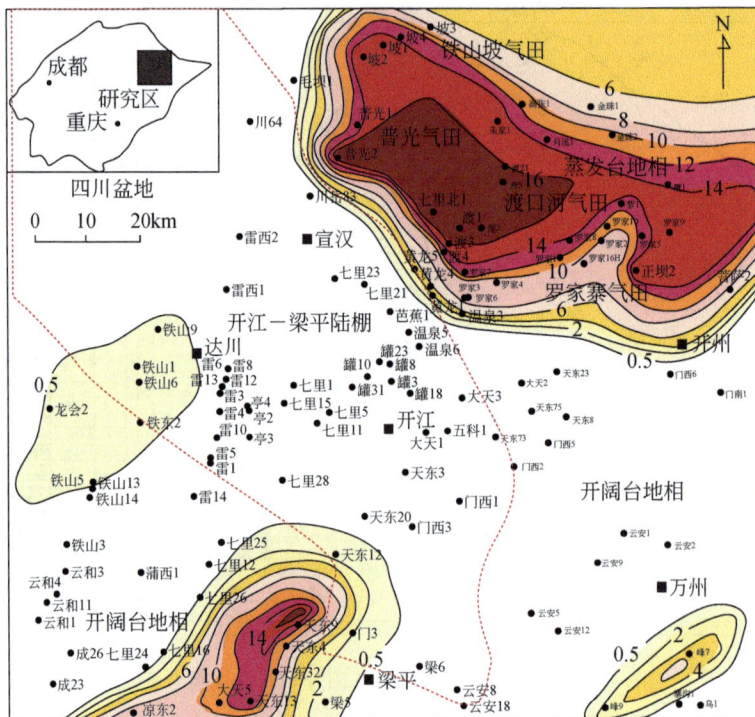

图 2　川东北飞仙关组硫化氢含量等值线图（单位：%）

2　硫化氢的分布与储层的关系

四川盆地高含硫化氢气藏普遍对应了高孔储层，也就是说硫化氢形成于孔隙型的储层，在裂缝型储集层中没有发现高含或含硫化氢天然气；而且几乎所有的高含硫化氢气藏存在硫化氢含量越高、储层的孔渗性越好这一特点。

对于川东北飞仙关组鲕滩储层来说，这种关系最为明显。开江—梁平东北侧为高含硫化氢分布区，硫化氢含量平均在 10% 以上（图 2），储层的孔渗性也很好，孔隙度平均在 12% 左右（图 3）；同样与储层的有效厚度也存在这种对应关系（图 4），高含硫化氢气藏有效储层厚度在 80m 以上；而那些低含硫化氢或不含硫化氢的飞仙关组鲕滩气藏（开江—梁平西侧和南侧）储层的孔渗性也越差，储层厚度也较薄（图 4）。

研究还发现气藏中硫化氢含量越高，气井日产量越高。优质储层较发育的普光气田普光 2 井、普光 4 井、普光 6 井等，罗家寨气田罗家 1 井、罗家 2 井、罗家 5 井，渡口河气田的渡 2 井、渡 3 井、渡 5 井，铁山坡气田的坡 1 井和坡 2 井等，孔隙度都主要分布在 10% 以上，部分大于 20%；硫化氢含量主要分布在 14% 以上，且这些井日产量都较高，多数日产气量在 $30 \times 10^4 m^3/d$ 以上，部分井日产气量超过 $100 \times 10^4 m^3/d$，特别是埋深近 6000m 的七里北 1 井，硫化氢含量占 16.25%，是四川盆地硫化氢含量最高井之一，测试其日产气量超过 $80 \times 10^4 m^3/d$。而那些储层较差的坡 3 井、紫 1 井、朱家 1 井、金珠 1 井等，绝大多数孔隙度都小于 2%，试气结果多为干井或微产井。硫化氢含量与储层孔隙度、日产气量之间的关系表明，这些高含硫化氢气藏的产气能力与储层存在成因联系。

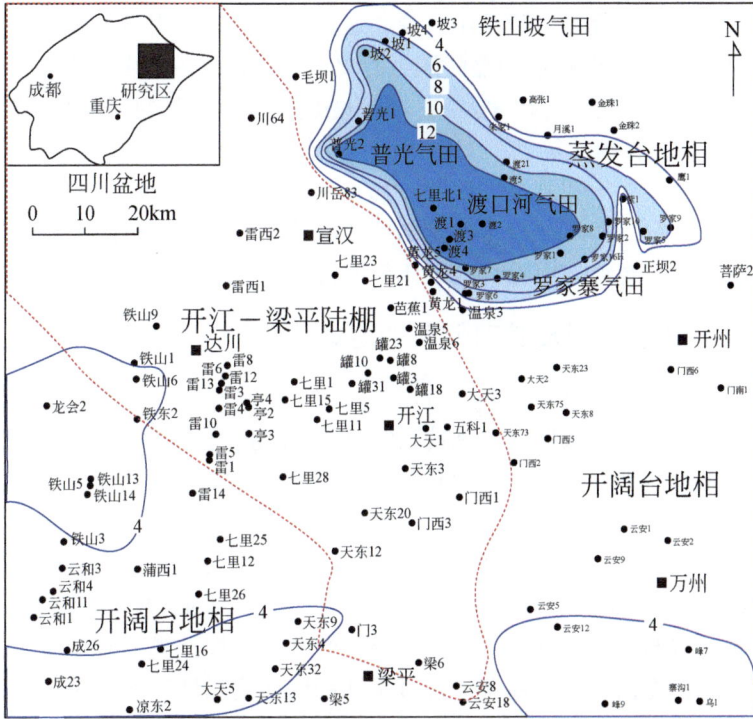

图 3　川东北飞仙关组储层孔隙度等值线图（单位：%）

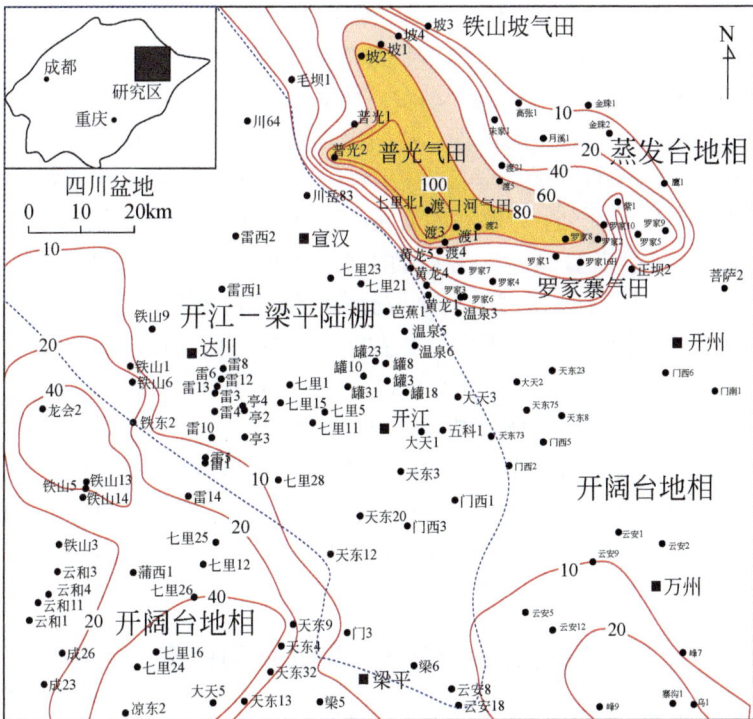

图 4　川东北飞仙关组有效储层厚度等值线图（单位：m）

同样，对于川东下三叠统嘉陵江组来说，这种现象也十分明显。卧龙河嘉陵江组气藏硫化氢含量在6%左右，是四川盆地嘉陵江组硫化氢含量最高的气藏。其储层性质也是全盆地嘉陵江组最好的，平均孔隙度在8%左右。硫化氢含量与储层的孔隙度和有效储层厚度也存在良好的相关性。高含硫化氢的卧龙河气田，其有效孔隙型储层厚度也最大，厚约30m。另外，威远气田、中坝气田和磨溪气田等，都具有这种现象，储层的性质与硫化氢含量之间存在良好的对应关系。而这一规律，是储层的性质控制了硫化氢的形成，还是硫化氢的形成对储层具有明显的改善作用呢？这是一个值得探讨的科学问题。

3　硫化氢的形成过程及其对储层的溶蚀作用

川东北飞仙关组开江—梁平东侧（宣汉县以东）鲕滩储层中发育了薄层膏质岩类，且储层在侏罗纪中期至白垩纪末期经历过较高的温度（120～200℃），以及充足的二叠系、志留系烃源等，使该区具备发生硫酸盐热化学反应（TSR）的物质条件；气藏中如此之高的硫化氢含量也只有TSR成因才能达到（由于硫化氢的毒性决定了生物成因的硫化氢含量不会超过3%；干酪根中含硫化合物的数量也决定了含硫有机质热裂解形成的硫化氢不会超过3%）。由于TSR发生之前，烃类必须进入储层，然后才能与硫酸盐发生反应。因此，TSR发生前对储层有一定的要求，即具备一定的储集性能，这样烃类才有可能与膏质岩类接触或接触的机会更多。飞仙关组鲕粒灰岩经过早期的白云化和埋藏溶蚀作用后，已经具备一定的储集性能。侏罗纪中后期至白垩纪末期，随着盆地持续快速沉降，飞仙关组储层温度不断升高，达到TSR发生的温度条件后，在气水或油水界面附近烃类与SO_4^{2-}发生了热化学反应（TSR），烃类被消耗，形成H_2S、CO_2（$CaCO_3$）、硫黄、水等反应产物。

由于膏质岩类的先期溶蚀（提供SO_4^{2-}参与TSR反应）（图5），使储集孔隙得到改善。虽然反应生成的CO_2溶于水，与钙离子结合，达到一定饱和溶度时便可形成次生方解石沉淀，也就是次生方解石交代石膏的过程；从而出现局部溶解（石膏）与局部沉淀（次生方解石）相伴（图5）。由于H_2S的化学活性较强，很快与Fe^{2+}结合，形成黄铁矿，在显微镜下可以清晰看到，在石膏和次生方解石的交接处（缝合线处）生成黄铁矿晶体（图5）。从储层微观特征来看，柱状石膏晶体存在大片的溶蚀孔洞（图5），而次生方解石和黄铁矿只是少量，因此TSR过程由于膏质岩类的参与反应，储层孔渗性能可以得到初步轻微改善。

随着TSR的持续进行，反应后形成了大量的硫化氢；由于H_2S极易溶解在水中，在0℃和一个绝对大气压下，一个单位体积的水可以溶解4、3个单位标准体积的H_2S气体。大量H_2S溶于水后形成氢硫酸，它对碳酸盐岩的腐蚀性（溶蚀作用）较强。微观上，大部分石膏溶蚀后呈残余的星点状分布或石膏消融后残留有痕迹，而次生的孔洞则极其发育，而且孔洞较大（图6）。这也是为什么川东北飞仙关组储层溶蚀孔隙最发育的根本原因，即由TSR反应形成的硫化氢（溶于水）可以引起的白云石溶解，并使早期的溶孔、溶缝进一步扩大，使孔隙度增大，提高了储集和渗透能力，原储集体改造成为更好的储集体。

4　富含硫化氢流体对碳酸盐岩储层改造作用的机理及其证据

川东北飞仙关组鲕滩储层是一种深岩溶储集体。形成于有利沉积相带上的鲕滩在早期经历混合水白云石化作用和同生期大气淡水溶蚀作用后，可溶岩台地被埋藏以后形成的岩溶，经过多期次的叠加作用而形成，其中两次深埋藏溶蚀作用最为重要。

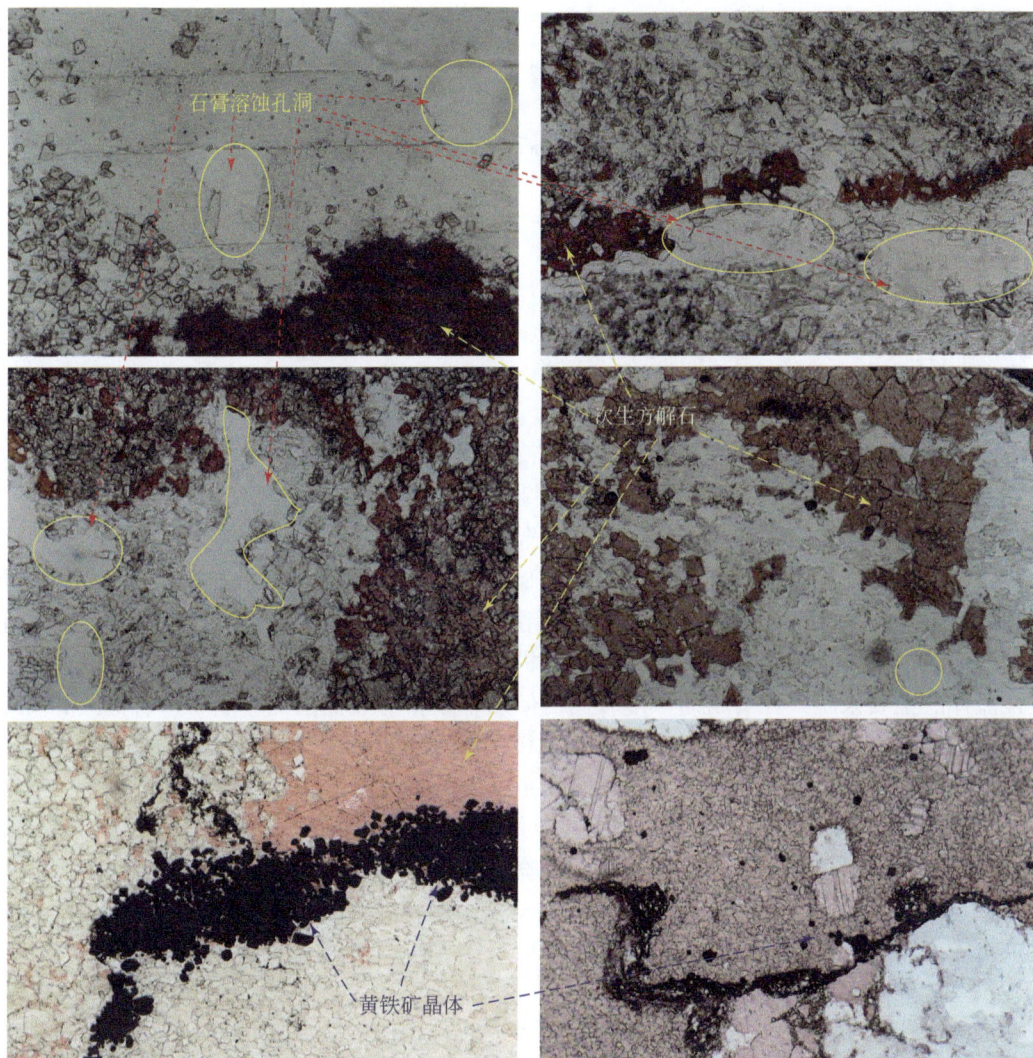

图 5   显微镜下渡口河飞仙关组石膏溶蚀孔洞、次生方解石和黄铁矿晶体以及三者间的分布关系

TSR 发生，需要石膏溶解提供 SO_4^{2-}，在显微镜下，可以看到柱状石膏晶体存在大片的溶蚀孔洞；TSR 形成的 H_2S、CO_2 溶于水，H_2S 与地层水中的铁离子结合黄铁矿晶体，CO_3^{2-} 与该钙离子结合后，形成次生方解石沉淀

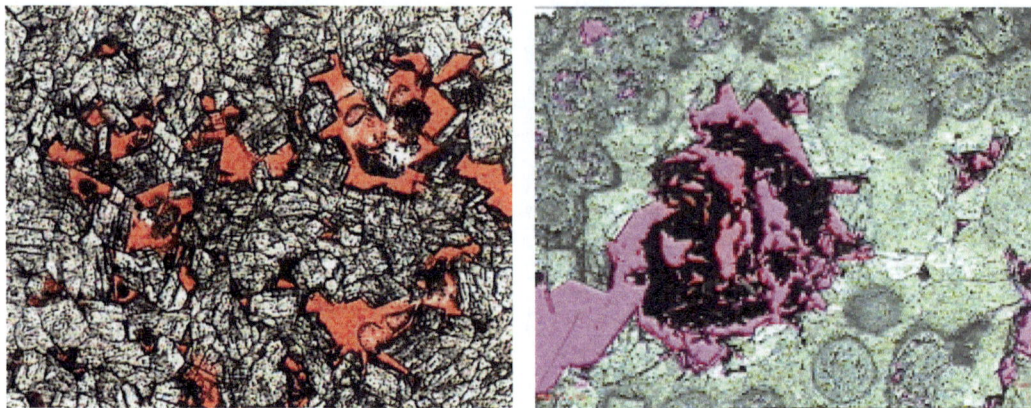

图 6　川东北飞仙关优质储层中岩心次生溶蚀孔隙特征及次生孔洞与沥青的分布关系

上两张为岩心的侧面和断面照片，溶蚀孔洞顺层分布；下两张为红色铸体薄片，溶孔和溶洞发育，其中下左看到黑色沥青多分布在孔隙的边缘，下右为沥青分布在孔洞的中间，4775～5047m

　　第一次是液态烃类及其伴生的有机酸对储层的溶蚀作用，这也是多数盆地含烃储层要经历的成岩事件。腐蚀性的酸性流体是深部溶解作用的基本条件（王恕一等，2003），一般认为埋藏溶蚀与有机成岩作用关系密切，有机质成熟过程中产生有机酸和 CO_2，是地层中酸性流体的主要来源。在有机质丰度较高的储层中或富含烃类的储集层中，有机酸和 CO_2 被禁锢于地层水中不易扩散，特别有利溶蚀作用的发生。深循环的流体动力学和溶蚀地球化学动力学决定了深部储层中地下水具有稳定、缓慢的径流特点（黄尚瑜和宋焕荣，1997；兰光志等，1996），小流量且缓慢运动的径流使溶蚀过程相对较弱，溶蚀强度较小，其形成的溶蚀空间往往只能以毫米或微米计，具"微、细"针孔状特点，很少有大洞穴或溶洞产生。在这次溶蚀中，形成了大量的粒间溶孔、粒内溶孔、白云石晶间溶孔等，溶孔中普遍见沥青充填物，并围绕孔隙边缘形成沥青圆环（图 6 下左）。

　　第二次埋藏溶蚀作用与 TSR 及其产生的 H_2S 有关，这是高含硫化氢储层经历的独特而重要的深埋溶蚀事件。在含石膏等蒸发岩的碳酸盐岩储层中，在地下水径流场中，石膏被溶解（图 5），其结果既可增加水-岩接触面，加速水对碳酸盐岩的溶解作用；同时石膏的溶解又会使大量的 SO_4^{2-} 进入水中（硫同位素证明硫化氢中的硫来自于石膏溶解，后面论述），温度条件和烃类到位后，会促使 TSR 的发生以及硫化氢的形成，这一过程必然改变了水的物理化学性质，也必然加快了白云石的解体和溶解。

　　TSR 过程是一个放热和产水过程，高含硫化氢储层的顶部往往是分布稳定的厚层膏盐隔层（四川盆地高含硫化氢气藏普遍是这样的特点），在它的屏蔽作用下，保证了地下径流的压力传递，大部分水流由高热能区向低势能区作水平运移。这种水动力条件，决定了岩溶作用具水平层状分布特点，溶孔沿水流压降方向顺层发育，构成层控型储层单元（黄尚瑜和宋焕荣，1997），使油气藏呈层状储集特点。在 TSR 作用过程中（TSR 发生在高温条件下），随着深部流体不断地受热升温和酸性较强的氢硫酸形成，构成强腐蚀性的流体，它具有强烈的选择性溶蚀特点。

　　在酸性流体活跃的储层中，白云岩具有最佳的溶孔形成条件，其溶孔发育程度可能等于同条件下石灰岩的 1155 倍，是砂岩的 1176 倍（梅博文，1992），因此其对白云岩岩溶作用特别有利，其溶蚀量最大，石灰岩则次之（肖林萍和黄思静，2003）。特别是对于粗粒结构的白云岩组成为主的岩石，由于其粒间孔隙发育，连通性好，侵蚀性流体可沿粒间孔隙扩散溶滤，分散到整个岩石之中，更易于溶蚀成孔、成层并连通，以致呈现出"空间溶蚀"特征。在岩心中可以见到大量白云岩的溶蚀孔洞，如普光 2 井飞仙关组储层呈海绵状或蜂窝状的次生孔隙，并具有层状分布的特点（图 6 上）。而硫化氢对储层的深埋溶蚀作用，既可以在原有孔隙基础上进行改造和扩容，形成更大的溶蚀孔洞；也可能形成新的溶蚀孔隙。而这些溶蚀孔隙，往往无沥青充填物或呈环形分布于孔隙中央（图 6 下右），与第一次的液态烃类及其伴生的有机酸对储层的溶蚀孔隙不同。

高温对硫化氢的溶蚀作用有利。由于方解石和白云石随着温度和压力的升高，溶解反应的吉布斯自由能降低（肖林萍和黄思静，2003），因而溶解反应增强；在相同温度和压力的地质条件下，白云石较方解石更易溶蚀并形成次生孔隙，因此对于以白云石组成为主的川东北飞仙关组，在埋藏溶蚀过程中，更易于形成次生溶蚀孔隙；而且这些储层都曾经历过 160℃（包裹体资料证实）左右的高温，部分可达 200℃（表 1），因此其溶蚀作用是相当强烈的。对于目前埋深在 5000m 左右的普光 2 井来说，岩心中可以见到大量层状分布的溶蚀孔洞，部分酷似煤渣孔洞。在扫描电镜可以清晰看出白云石大型溶蚀孔洞，并互相连通（图 7 左上），部分白云石晶间大溶洞内无充填物（图 7 右上）；同时还看到了白云石晶面的溶蚀坑（图 7 左下），以及 TSR 反应后的产物之一硫黄（图 7），硫黄呈圆球状，分布在白云石晶间缝隙中。

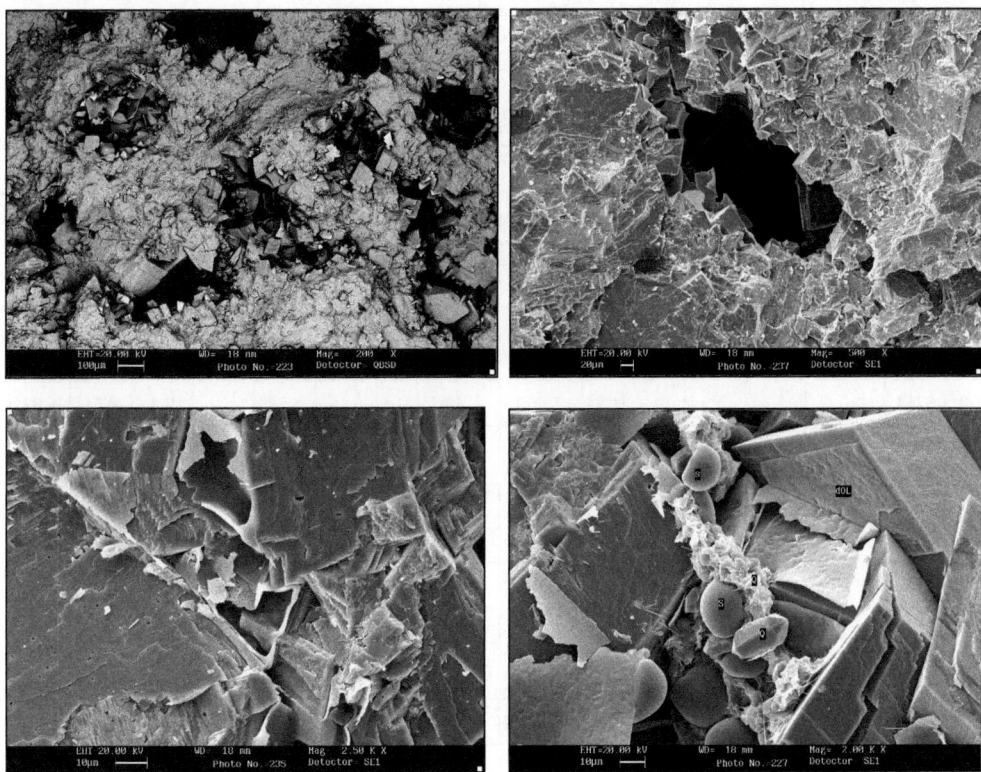

图 7　川东北飞仙关组储层扫描电镜下特征

　　CO_2 是 TSR 的副产物之一，在水中溶解度达到饱和后，与钙离子结合必将产生方解石等碳酸盐沉淀，其余的 CO_2 以气体状态与烃类、硫化氢等在天然气中共存。在阴极发光下，可以看到白云石溶蚀孔隙内，后期次生方解石充填白云石溶蚀孔隙（图 8 左：白云石发粉红色光，孔隙处不发光，呈黑色；后期方解石充填溶洞，发不均匀的橘黄色、橙色光，分布在图片的中上部。右：白云岩溶蚀孔发育；白云石发红色、粉红色光，溶孔处见长英质颗粒残余，发灰蓝色、淡绿黄色光，孔隙处不发光）。用显微拉曼和冷热台对包裹体成分和均一温度测试表明（表 1），次生方解石中包裹体发育，均一温度都很高，比白云石中包裹体温度高；另外，次生方解石中包裹体富含硫化氢，而白云岩中的包裹体硫化氢含量一般较低，说明次生方解石形成在 TSR 发生的高峰时期。

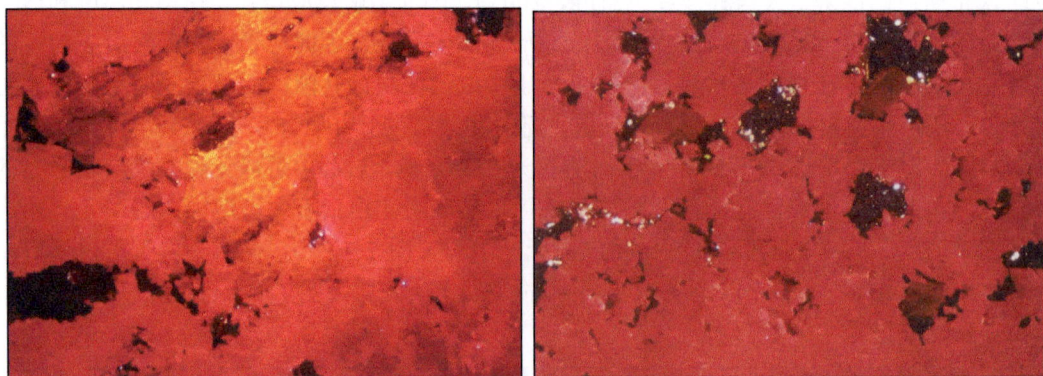

图 8　普光 2 井飞仙关组储层阴极发光镜下特征

表 1　川东北飞仙关组储层气体包裹体成分测试结果

井号	井深/m	赋存矿物	均一温度/℃	测试个数	无机组分/%						烃类组分/%							
					H_2S	CO_2	SO_2	N_2	O_2	CO	CH_4	C_2H_6	C_2H_4	C_2H_2	C_3H_8	C_3H_6	C_4H_6	C_6H_6
普光2	4870	方解石	161	8	5.01	4.45	2.36		2.43		63	3.26	7.95	4.16	1.97	0.8	1.57	3.04
普光2	4905	白云石	119.2	3				0.72			77.1	10.4	3.48		6.65	0.74	0.55	0.36
普光2	4905	方解石	124.1	2	0.29	0.55	0.49			0.6	73.5	4.59	4.6		10.1	3.72	0.65	0.94
罗家2	3264	白云石				1.84	9.23	6.14		2.75	41.8	6.15	5.28		9.4	4.65	5.03	7.75
罗家2	3264	方解石	209.8	2	6.21	3.34	3.77	10		4.72	58.3			3.53	4.19	0.83	5.1	
罗家2	3286	白云石				0.94	0.52	0.75		1.13	92	1.43		0.86	2.38			
罗家2	3286	方解石	121	1	4.68	3.42	2.83	7.55		3.55	63.6			3.12	3.07	4.39		3.84
坡2	4160	白云石					1.57	0.92			86.8	3.37		0.81	3.39	1.87	1.28	
坡2	4160	方解石	183	1	8.2	3.92	2.09	3.76	2.47		31	6.23	4.99	6.72	6.9	4.84	8.38	10.5
渡4	4192	方解石	171.2	8	4.42		2.59	2.35			64.3	8.56			4.59	5.97	7.24	
渡5	4780	白云石					0.14	0.24	0.32		78	5.12	4.45		10.6		0.66	0.48
渡5	4780	方解石	179.8	10	0.83	0.49	1.55	1.88	1.05	2.45	74.3	2.94	2.59		1.86	2.53	5.5	2.06
渡1	4305	白云石	170.2	3	3.52					4.21	54.8	2.37	6.85		14.4	3.49	10.4	

由于 TSR 是一个有机和无机相互作用的过程，在高温驱动下，完成烃类氧化和硫酸盐还原，即

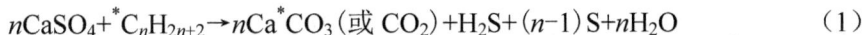

$$nCaSO_4 + {}^*C_nH_{2n+2} \rightarrow nCa{}^*CO_3 (或 CO_2) + H_2S + (n-1)S + nH_2O \qquad (1)$$

诸多证据表明，川东北飞仙关组发生了 TSR。从上式可以看出，储层次生碳酸盐岩的碳是来自于烃类，硫黄和硫化氢中的硫是来自于硫酸盐，因此碳硫同位素的分析结果将为 TSR 提供依据。从碳同位素组成来看，飞仙关组碳酸盐（鲕粒灰岩、泥晶灰岩、灰质白云岩和白云岩等岩类）的碳同位素分布在 0.9‰～3.7‰，平均在 2.0‰；而白云岩溶洞中的次生方解石晶体（呈大块状或晶族状分布，晶体颗粒干净，晶形完整）的碳同位素值明显偏负，分布在 -10.3‰～-18.2‰，平均值为 -14.5‰，与地层碳酸盐有较大差异，是罕见的低碳同位素碳酸盐岩。从方程式（1）分析可知，这些次生方解石（CaCO₃）的碳来自于烃类，由于烃类碳同位素系有机成因，同位素较轻，有机物质氧化造成次生方解石 $\delta^{13}C$ 偏负。因此这些方解石较轻的碳同位素组成，是 TSR 储层岩石学的可靠证据。

除了在白云岩的溶蚀孔洞中可以见到圆球状的硫黄外（图 7），岩心上也可以看到大片呈层状分布的硫黄晶体，这些硫黄和天然气中 H₂S 的硫都是来自于地层硫酸盐中的硫（方程式 1），飞仙关组硫化氢、硫黄和硫酸盐的硫同位素平均值分别为 12.7‰、13.6‰、22.5‰，分馏值在 8‰～10‰。由于在 TSR 作用过程中，键能决定了 ³²S 先逸出，因此 TSR 形成的各类硫化物的硫同位素要轻于硫酸盐的硫同位素值。碳、硫同位素的分析结果证实了 TSR 的发生及其对岩石学的作用。

硫化氢对储层的溶蚀作用，除了在地球化学和储层岩石学中有明显的体现外（溶蚀孔隙类型、期次、沥青的分布规律等）；对于高含硫化氢所有气藏来说，普遍存在气藏压力系数低的现象，多数高含硫气藏存在底水或边水，气藏充满度低，这与 TSR 对储层的改善扩容作用有关。因此高含硫化氢天然气藏低的压力系数和低的充满度，以及硫化氢含量间的关系充分表明，硫化氢对储层具有重要的溶蚀扩容作用。因此从气藏特征来看，鲕粒储层在硫化氢的溶蚀作用下，储集孔隙体积增加量很多。硫化氢对储层的埋藏溶蚀作用是高含硫化氢气藏优质储层形成的关键因素。

5 硫化氢对储层改造模式讨论

从硫化氢对储层的溶蚀机理看，硫化氢在水中溶解没有达到饱和之前，硫化氢含量越高，其形成的氢硫酸浓度也会越高，与储层接触机会也必然越多，因此其溶蚀作用也更强烈，溶蚀孔隙更发育。勘探结果也证实了这一点。从川东北飞仙关组十多口高含硫化氢取心井的 12800 多个孔隙度和渗透率分析数据来看，高含硫化氢气井储层的孔隙度明显好于飞仙关组和石炭系不含硫化氢和低含硫化氢的储层（图 9 左）。这些高含硫化氢储层不仅孔隙度高，渗透率也高，而且二者间有良好的相关性，表明属于孔隙型储层，因此硫化氢不仅改善了储层的储集能力，也改善了其渗透能力（图 9 右），使气藏内部流体达到平衡均一，这也是高含硫化氢气藏各井间硫化氢百分含量相近的重要原因。

由于高温有利于 TSR 的持续快速进行、有利于大量硫化氢的形成，以及硫化氢对储层溶蚀的作用，因此深部高含硫化氢气藏的储层一定较好。钻探结果也证实了这一推论。由于开江—梁平陆棚（海槽）的发育对鲕粒岩的分布有明显控制作用（王一刚等，1996；Zhao et al.，2005），特定的沉积背景，发育了粒度较粗、厚度较大的鲕粒沉积体，其分布平行于

台地边缘；并随着台地增生，鲕粒岩分布区也不断迁移，因此在开江—梁平附近，发育台缘鲕粒滩且目前埋藏较深，具备 TSR 发生条件，并能形成高含硫化氢的天然气。因此在这一区带，必然发育受硫化氢强烈溶蚀改造的优质储层。

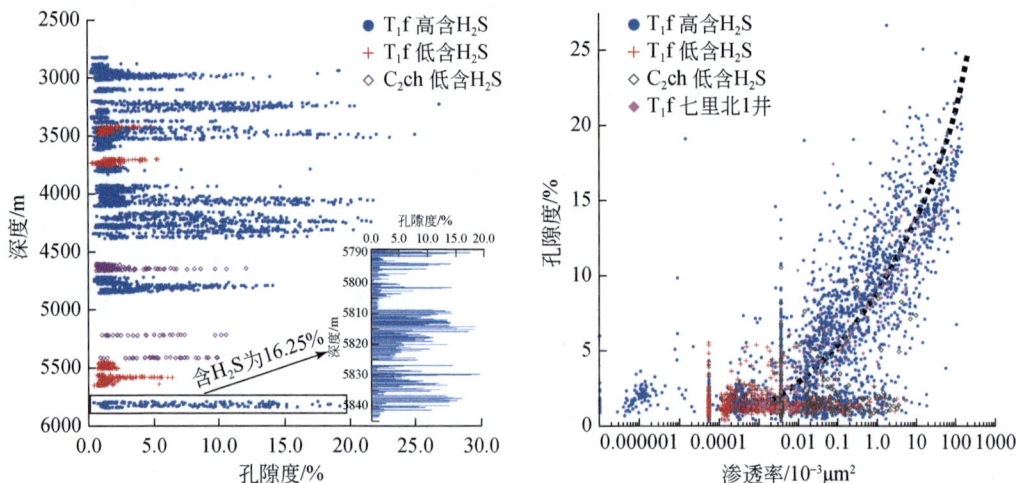

图 9　川东北三叠系飞仙关组主力储层和石炭系储层孔隙度垂向分布及其与渗透率的关系

另外，川东北飞仙关组高含硫化氢气藏储层储集性能的优化主要发生在燕山中晚期以后。在燕山早期，即烃类充注初期，开江—梁平两侧飞仙关组储层性能差异不大（图 10）；随着埋深增大，到达 TSR 发生的温度条件时，重烃类优先参与 TSR 反应，促进了原油的裂解，即在第Ⅳ阶段，开江—梁平东侧比西侧原油裂解得早，裂解速度也快；TSR 形成的硫化氢，其溶于水后对碳酸盐岩的溶蚀改造开始发生，对储层的扩容作用，使孔隙度迅速增大，并促使大型孔洞的形成和连通；而西侧缺少这次重要的深埋溶蚀过程，因此孔隙度在原油裂解过程中没有明显变化（图 10）。后期喜马拉雅运动使盆地抬升，地温降低，硫化氢对东侧储层依然具有一定的溶蚀作用，因此东侧储层孔隙度一直在增大。开江—梁平两侧气藏及储层特征的差异性，表明 TSR 对储层具有重要的蚀变改造作用。

从四川盆地硫化氢分布与储层的关系中可以看出，由于硫化氢对储层可以产生强烈的溶蚀改造作用，促使优质储层形成，因此运用硫化氢可以预测储层的发育规律和分布特征。特别是对于深部储层而言，硫化氢的溶蚀作用依然较强，深部仍然可以发育优质储层。

6　结论

四川盆地高含硫化氢天然气是烃类在储层中与硫酸盐岩发生热化学反应（TSR）形成的。在硫化氢形成过程中，随着膏质岩类的溶蚀，使储集孔隙初步得到改善；而 TSR 产生的硫化氢等酸性流体具有强烈腐蚀性，对深部碳酸盐岩储层进行溶蚀和改造，促进了高孔高渗优质储层的形成，是高含硫化氢气藏优质储层形成的关键因素。

烃类在同硫酸盐发生热化学反应的过程中，随着次生孔隙和孔洞的形成，储集空间增大，导致气藏压力降低和充满度降低，因此高含硫化氢天然气难以形成超高压气藏。

研究发现，在具备形成硫化氢的储集层中，其埋藏越深，储层温度越高，形成的硫化氢含量也会越高，其溶蚀作用也更强烈，溶蚀改造后的优质储层也更发育，气藏的产能也会越大。因此硫化氢的含量和分布可以用于评价储层次生孔隙的发育特征和预测优质储层的分布。

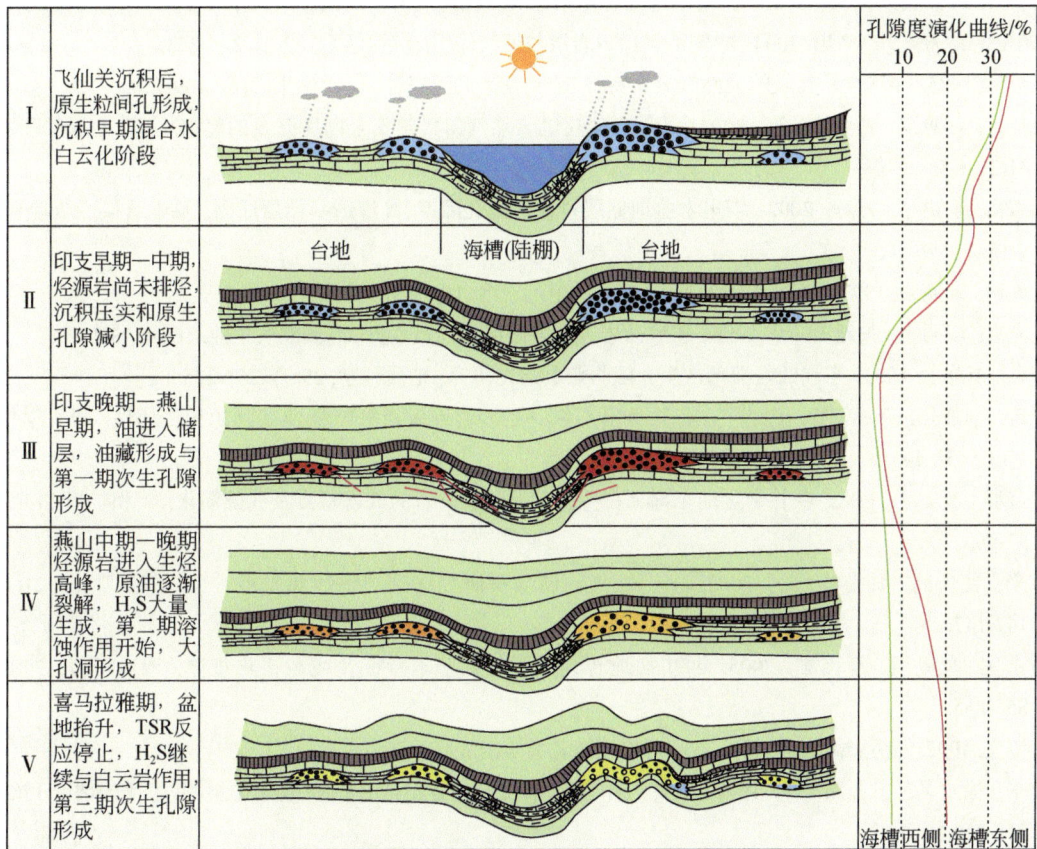

图 10　川东北飞仙关组成储、成藏模式图

中国海相地层普遍具有时代老、埋层深和演化程度高的特点，多数盆地在寒武系、三叠系、奥陶系－石炭系发育膏质岩类，不少地区具备 TSR 发生的条件，或已经发现 TSR 作用过的证据，可以肯定的是，如果发现硫化氢，必然会找到优质储层。因此，在海相油气勘探中，可以利用硫化氢来预测储层。硫化氢对碳酸盐岩的溶蚀机理和成储类型的确立，将会推动我国深部碳酸盐岩的油气勘探。

致　谢：本文的孔渗等数据由川东钻探公司地质服务公司、中石油西南油田分公司研究院和中石化南方勘探开发公司提供；在成文过程中，多次与张兴阳博士进行了深入探讨；中国石油勘探开发研究院张鼐完成了包裹体测试，罗忠、崔京钢、朱德生高级工程师协助了扫描电镜、阴极发光和储层薄片的鉴定；中国科学院地质与地球物理研究所分析了硫同位素，中国石油勘探开发研究院实验研究中心完成了碳同位素的分析；中国科学院地质与地球物理研究所李忠研究员提出了宝贵的修改意见，在此一并致以诚挚的谢意！

参 考 文 献

蔡春芳, 梅博文, 马亭, 等.1995. 塔里木盆地不整合面附近成岩改造体系烃-水-岩相互作用.科学通报, 24:

2253-2256.

蔡春芳, 梅博文, 马亭, 等. 1997. 塔里木盆地流体-岩石相互作用研究. 北京: 地质出版社, 1-155.

蔡春芳, 顾家裕, 蔡洪, 等. 2001. 塔中地区志留系烃类侵位对成岩作用的影响. 沉积学报, 19(1): 60-65.

陈学时, 易万霞, 卢文忠. 2004. 中国油气田古岩溶与油气储层. 沉积学报, 22(2): 244-253.

戴金星. 1985. 中国含硫化氢的天然气分布特征、分类及其成因探讨. 沉积学报, 3(4): 109-120.

戴金星, 胡见义, 贾承造, 等. 2004. 关于高硫化氢天然气田科学安全勘探开发的建议. 石油勘探与开发, 31(2): 1-5.

顾家裕, 贾进华, 方辉. 2002. 塔里木盆地储层特征与高孔隙度、高渗透率储层成因. 科学通报, 47(增刊): 9-15.

黄尚瑜, 宋焕荣. 1997. 油气储层的深岩溶作用. 中国岩溶, 16(3): 189-198.

兰光志, 江同文, 张廷山, 等. 1996. 碳酸盐岩古岩溶储层模式及其特征. 天然气工业, 16(6): 13-17.

李忠, 李蕙生. 1994. 东濮凹陷深部次生孔隙与储层演化研究. 地质科学, 29(3): 267-275.

李忠, 李任伟, 孙枢, 等. 1999. 合肥盆地南部侏罗系砂岩碎屑组分特征及其物源构造属性. 岩石学报, 15(3): 438-445.

柳益群, 李文厚. 1996. 陕甘宁盆地东部上三叠统含油长石砂岩的成岩特点及孔隙演化. 沉积学报, 14(3): 87-96.

罗平, 裘怿楠, 贾爱林, 等. 2003. 中国油气储层地质研究面临的挑战和发展方向. 沉积学报, 21(1): 142-147.

马永生, 蔡勋育, 李国雄. 2005. 四川盆地普光大型气藏基本特征及成藏富集规律. 地质学报, 79(6): 858-865.

梅博文. 1992. 储层地球化学(译文集). 西安: 西北大学出版社.

沈平, 徐永昌, 王晋江, 等. 1997. 天然气中硫化氢硫同位素组成及沉积地球化学相. 沉积学报, 15(2): 216-219.

苏立萍, 罗平, 胡社荣, 等. 2004. 川东北罗家寨气田下三叠统飞仙关组鲕粒滩成岩作用. 古地理学报, 6(2): 182-190.

王琪, 史基安, 肖力新, 等. 1998. 石油侵位对碎屑储集岩成岩作用序列的影响及其与孔隙演化的关系——以塔西南石炭系石英砂岩为例. 沉积学报, 16(3): 97-101.

王恕一, 陈强路, 马红强. 2003. 塔里木盆地塔河油田下奥陶统碳酸盐岩的深埋溶蚀作用及其对储集体的影响. 石油实验地质, 25(增刊): 557-561.

王一刚, 文应初, 刘志坚. 1996. 川东石炭系碳酸盐岩储层孔隙演化中的古岩溶和埋藏溶解作用. 天然气工业, 16(6): 18-23.

王一刚, 刘划一, 文应初, 等. 2002. 川东北飞仙关组鲕滩储层分布规律、勘探等方法与远景预测. 天气工业, (增刊): 14-18.

魏国齐, 陈更生, 杨威, 等. 2004. 川北下三叠统飞仙关组"槽台"沉积体系及演化. 沉积学报, 22(2): 254-260.

肖林萍, 黄思静. 2003. 方解石和白云石溶蚀实验热力学模型及地质意义. 矿物岩石, 23(1): 113-116.

杨雨, 文应初. 2002. 川东北开江—梁平海槽发育对 T_1f 鲕粒岩分布的控制. 天然气工业, 22(增刊): 30-32.

张晓东, 谭秀成, 陈景山. 2005. 川中—川南过渡带嘉二段储集性及储层控制因素研究. 天然气地球科学, 16(3): 338-342.

朱光有, 戴金星, 张水昌, 等. 2004. 含硫化氢天然气的形成机制及其分布规律研究. 天然气地球科学, 15(2): 166-170.

朱光有, 张水昌, 李剑, 等. 2004. 中国高含硫化氢天然气田的特征及其分布. 石油勘探与开发, 31(4): 18-21.

朱光有, 张水昌, 梁英波, 等. 2005a. TSR 对烃类气体组分和碳同位素的蚀变作用. 石油学报, 26(5): 54-58.

朱光有, 张水昌, 梁英波. 2005b. 川东北飞仙关组 H_2S 的分布与古环境的关系研究. 石油勘探与开发, 32(4): 34-39.

朱光有, 张水昌, 梁英波, 等. 2005c. 川东北地区飞仙关组高含 H_2S 天然气 TSR 成因的同位素证据. 中国科学(D 辑), 35(11): 1037-1046.

Barth T, Bjurlykke K. 1993. Organic acids from source rock maturation: generation potentials, transport mechanisms and relevance for mineral diagenesis. Applied Geochemistry, 8: 325-337.

Cai C F, Worden R H, Bottrell S H, et al. 2003. Thermochemical sulphate reduction and the generation of hydrogen sulphide and thiols(mercaptans)in Triassic carbonate reservoirs from the Sichuan Basin, China. Chemical Geology, 202, (1): 39-57.

Fisher J B, Boles J R. 1990. Water rock interaction in Tertiary sandstones, San Joaquin basin, California, USA: Diagenetic controls on water composition. Chemical Geology, 82: 83-101.

Howseknecht D W. 1987. Assessing the relative importance of compaction processes and cementation to reduction of porosity in sandstones. AAPG Bull, 71(6): 633-642.

Knauth L P, Beeunas M A. 1986. Isotope geochemistry of fluid inclusions in Permian halite with implications for the isotopic history of ocean water and origin of saline formation waters. Geochimica et Cosmochimica Acta, 50: 419-433.

Krouse H R, Viau C A, Eliuk L S, et al. 1988. Chemical and isotopic evidence of thermochemical sulphate reduction by light hydrocarbon gases in deep carbonate reservoirs. Nature, 333(2): 415-419.

Land L S, Macpherson G L. 1992. Origin of saline formation waters, Cenozoic section, Gulf of Mexico sedimentary basin. AAPG Bullin, 76(9): 1344-1362.

Martin M C, David A C M, Simon H B, et al. 2004. Thermochemical sulphate reduction(TSR): experimental determination of reaction kinetics and implications of the observed reaction rates for petroleum reservoirs. Organic Geochemistry, 35: 393-404.

Nedkvitne T, Karlsen D A, Bjorlykke K, et al. 1993. Relationship between reservoir diagenetic evolution and petroleum emplacement in the Ula Field, North Sea. Marine and Petroleum Geology, 10: 255-270.

Orr W L. 1974. Changes in sulfur content and isotopic ratios of sulfur during petroleum maturation—Study of the Big Horn Basin Paleozoic oils. AAPG Bulletin, 50, 2295-2318.

Saigal G C, Bjorlykke K, Larter S. 1992. The effects of oil emplacementon diagenetic processes examples from the Fulmar reservoir sandstones, Central North Sea. AAPG Bull, 76(7): 1024-1032.

Surdam R C, Crossey L J, Hagen E S, et al. 1989. Organic-inorganic interactions and sandstone diagensis. AAPG Bull, 73: 1-23.

Surdam R C, Crossey L J, Gowan M. 1993. Redox reactions involving hydrocarbons and mineral oxidants: A mechanism for significant porosity enhancement in sandstones. AAPG Bull, 77(9): 1509-1518.

Williams L B, Hervig R L, Wieser M E. 2001. The influence of organic matter on the boron isotope geochemistry of the Gulf Coast Sedimentary basin, USA. Chemical Geology, 174: 445-461.

Worden R H, Smalley P C, Oxtoby N H. 1995. Gas Souring by Thermochemical Sulfate Reduction at 140℃. AAPG, 79(6): 854-863.

Zhang S C, Zhu G Y, Liang Y B, et al. 2005. Geoche-mical characteristics of the Zhaolanzhuang sour gas accumulation and thermochemical sulfate reduction in the Jixian Sag of Bohai Bay Basin. Organic Geochemistry, 36(11): 1717-1730.

Zhao W Z, Luo P, Chen G S, et al. 2005. Origin and reservoir rock characteristics of dolostones on the early Triassic Feixiangan Formation, NE Sichuan Basin, China: significance for future gas exploration. Journal of Petroleum Geology, 28(1): 83-100.

Zhu G Y, Zhang S C, Liang Y B, et al. 2005. Discussion on origins of the high-H_2S-bearing natural gas in China. Acta Geologica Sinica, 79(5): 697-708.